COUVERTURE SUPÉRIEURE ET INFÉRIEURE
EN COULEUR

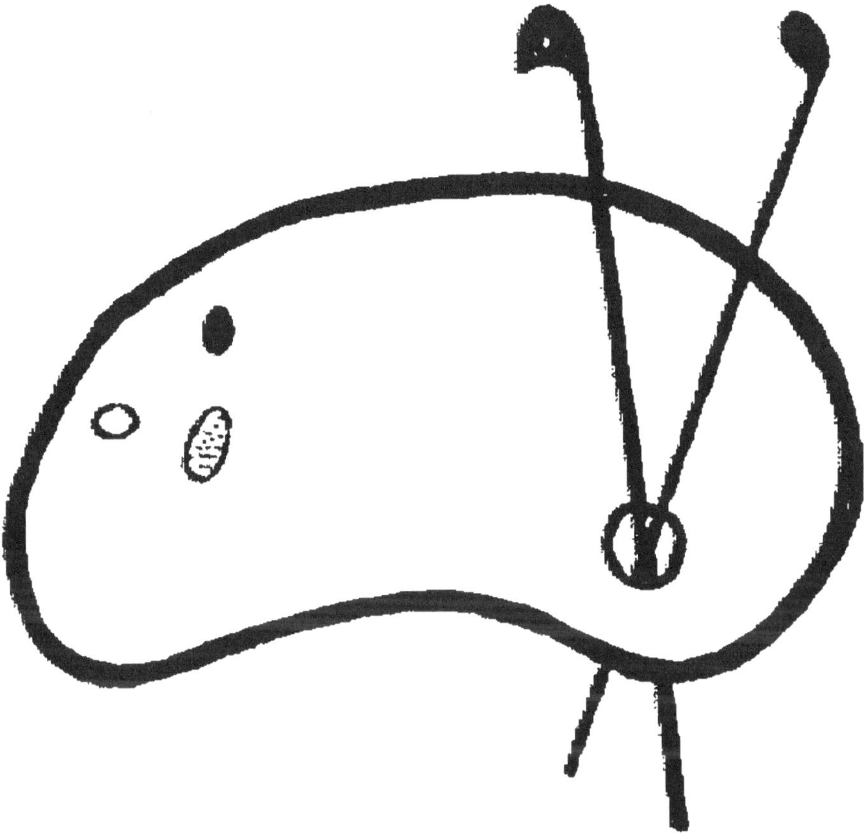

SOCIÉTÉ D'AGRICULTURE, SCIENCES ET ARTS
D'AGEN

TOME Ier

JURADES

DE LA

(1345-1355)

TEXTE PUBLIÉ, TRADUIT ET ANNOTÉ

PAR

ANCIEN SECRÉTAIRE PERPÉTUEL DE LA SOCIÉTÉ

AUCH

M DCCC XCIV

JURADES

DE LA

MDCCCLXXXIII. ÆTATIS SÆ. LXV

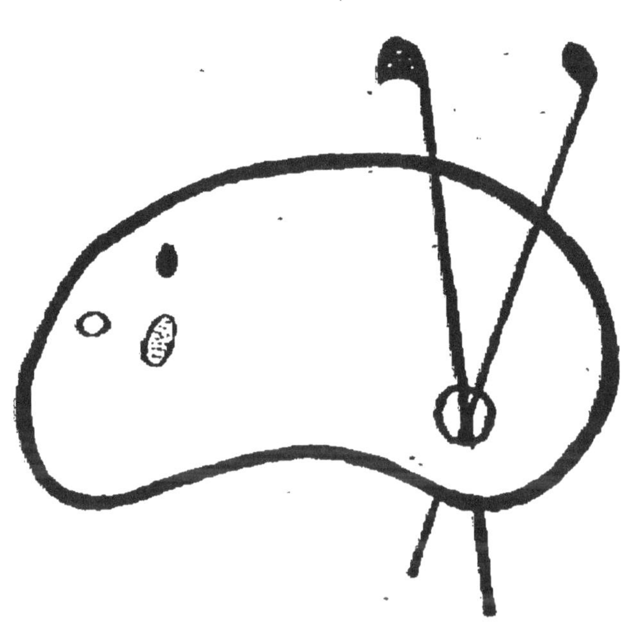

ORIGINAL EN COULEUR
NF Z 43-120-8

SOCIÉTÉ D'AGRICULTURE, SCIENCES ET ARTS
D'AGEN

TOME Ier

JURADES

DE LA

VILLE D'AGEN

(1345-1355)

TEXTE PUBLIÉ, TRADUIT ET ANNOTÉ

PAR

ANCIEN SECRÉTAIRE PERPÉTUEL DE LA SOCIÉTÉ

AUCH

M DCCC XCIV

ADOLPHE MAGEN

(19 octobre 1818-3 octobre 1893).

Parmi les hommes dont on écrit les biographies, il en est qu'un rang élevé, les honneurs, le bruit qui s'est fait autour de leur nom au milieu des conflits d'opinion et des grandes luttes, la production de chefs-d'œuvre ou d'importantes découvertes signalent tout naturellement à l'attention publique.

Il en est d'autres dont la position fut modeste, dont la vie, confinée dans un cercle étroit, s'est passée tout entière à travailler, à cultiver leur esprit, à faire le bien sans ostentation, à rendre des services à leur pays, à leurs concitoyens, de tout cœur, et dans toute la mesure de leurs forces. Ceux-ci n'attirent pas de loin les regards, mais les témoins de leurs œuvres doivent s'appliquer à fixer leur mémoire : les faire connaître, c'est à la fois les donner en exemple et marquer l'étendue des dettes de reconnaissance.

M. Adolphe Magen, dont nous déplorons la perte, était du nombre de ces derniers. Nous accomplissons un pieux devoir en plaçant une esquisse de sa biographie en tête d'un ouvrage posthume. Ces quelques pages sont destinées principalement à faire ressortir la participation de notre maître et de notre ami au mouvement intellectuel qui s'est produit dans le Lot-et-Garonne depuis un demi-siècle.

M. Magen appartenait à une famille agenaise que recommandaient ses traditions de probité, la fermeté de ses principes religieux et de ses convictions politiques, et cette délicatesse de sentiments d'où dérive une courtoisie naturelle. Ses parents s'imposèrent des sacrifices et ne ménagèrent rien pour lui assurer les bénéfices d'une instruction solide. Après avoir fait de brillantes études et témoigné, tout enfant, de cette ardeur pour le travail qui ne devait pas se démentir jusque dans la vieillesse, il prit le chemin de Paris, avec une joie que tempéraient de tristes pressentiments.

Il fallait alors trois jours pour faire parvenir un courrier d'Agen à la capitale, autant pour faire un voyage de retour. Sa mère ayant été atteinte d'une maladie grave, il en reçut la nouvelle trop tard : arrivé en toute hâte, il ne devait pas avoir la consolation de l'embrasser une dernière fois.

Dans son immense douleur, il resta du moins pénétré des conseils reçus au départ et se promit de les suivre. Il tint parole; la mort de cette mère qu'il avait tant aimée ne put rompre la communion des deux âmes.

Il se remit au travail avec courage, cherchant à tirer le plus grand profit possible de ces années précieuses que tant d'autres gaspillent follement. Dénué d'ambition, il avait au contraire de hautes aspirations et des goûts délicats qu'il cherchait à satisfaire à tout prix.

L'étudiant en pharmacie, dominé par son admiration pour des hommes célèbres au point d'oser frapper à la porte de Châteaubriand[1], d'Augustin Thierry, de Nodier[2], accusait ainsi ce culte pour les lettres qui devait charmer, sinon remplir sa vie. Ce fut peut-être Nodier qui lui donna le goût des livres, avec toutes les délicatesses qu'il comporte : le choix des belles et bonnes éditions, la recherche des meilleures conditions matérielles, la propreté, les grandes marges pour les feuilles, et, à défaut du luxe, qui coûte cher en ce genre, l'élégance et la solidité de la reliure.

Les économies qu'il est possible de faire sur la bourse légère d'un étudiant furent appliquées en partie par M. Magen à constituer le premier fonds de sa bibliothèque. Notre ami nous a dit bien des fois avec quel plaisir il avait découvert chez un bouquiniste le plus ancien livre qui ait été publié sur l'histoire de l'Agenais, un Darnalt. Le marchand n'ignorait point la valeur de cet ouvrage, dont il demandait 40 francs, une grosse somme, qui lui fut comptée.

Et, jusques à la fin de sa vie, M. Magen acquérait, chaque année, avec un parfait discernement, les livres nécessaires pour compléter diverses séries auxquelles il tenait plus particulièrement.

C'étaient d'abord les ouvrages de science, plus

---

[1] M. Magen a rapporté lui-même cet épisode dans le *Recueil des travaux de la Société d'Agriculture, Sciences et Arts d'Agen*, 1re série, t. V, p. 224.

[2] Les visites à Nodier furent, je crois, assez fréquentes. L'auteur de Trilby était, comme on sait, un bibliophile passionné. Je tiens de M. Magen qu'il eut, pour la première fois, l'occasion de feuilleter dans sa bibliothèque un exemplaire rare des *Panégyriques* de Rangouze. Il conçut ainsi la pensée, réalisée dix ans plus tard, de consacrer une étude à ce compatriote si justement défini par lui *Un trafiquant littéraire au XVIIe siècle*. (*Recueil*, 1re série, t. VI, p. 282.)

spécialement de chimie et d'hygiène, qui constituaient les outils professionnels. Pour l'histoire, les ouvrages de renseignements et de sources, les meilleures monographies relatives à un règne, les publications intéressant l'Agenais, d'autres sur le folke-lore et sur les langues romanes. Pour la littérature, tous nos vieux auteurs français, les classiques, un bon choix de nos romantiques, qui avaient enchanté sa jeunesse et qu'il ne délaissa jamais.

Le goût de M. Magen pour les arts était attesté par un lot de livres spéciaux, depuis la *Grammaire* de Charles Blanc jusques à des monographies sur des peintres, à des traités sur la gravure.

Sans avoir beaucoup voyagé, M. Magen était un connaisseur en peinture et en estampes. Tout ce qui était beau, original le séduisait; il ne pouvait supporter en rien le laid et le médiocre. Il souffrait réellement de feuilleter un livre mal imprimé; il ne l'admettait que forcé et contraint, à prendre place sur les rayons de sa bibliothèque parmi tant d'autres qu'il proposait comme modèles aux éditeurs assez avisés pour solliciter ses conseils.

Parmi les bibliophiles, il en est d'égoïstes auxquels la célèbre devise de Grolier ne convint jamais. M. Magen était si naturellement bon et désintéressé qu'il prêtait volontiers ses livres et, bien plus, ses notes, ses manuscrits, quels qu'en fussent l'importance et le sujet [1].

---

[1] En voici deux exemples :

Je n'ai pas déterminé à quelle date M. Magen fut chargé officiellement du service météorologique pour Agen. Il s'acquitta pendant au moins trente années de cette tâche, qui exige de l'assiduité et de l'exactitude : des séries d'observations doivent se faire à trois heures différentes de la journée. Ces notes quotidiennes remplissaient un carnet tous les deux ou trois ans. J'ai vu M. Magen

Cette libéralité n'avait qu'une limite : celui qui ne lui avait pas rendu un livre ou l'avait remis détérioré ne devait pas s'attendre à voir aussi bien accueillir ses nouvelles demandes ; M. Magen pensait avec raison qu'un emprunteur de livres devait avoir de la conscience et des soins.

A ses amis, à ses meilleurs collaborateurs, il voulut, peu d'années avant sa mort, laisser des souvenirs choisis parmi ses plus beaux livres : à l'un il offrit ce même Darnalt dont l'acquisition avait fait battre son cœur de vingt ans ; à l'autre un exemplaire superbe et d'un grand prix de l'*Histoire de Béarn* de Marca. Et, comme on le pressait de ne pas se dessaisir de ces joyaux, comme on hésitait à accepter : « Je le « veux, disait-il, je vous donne ces ouvrages d'abord « parce que vous êtes mes amis, ensuite parce que « vous avez à vivre, c'est-à-dire à les utiliser plus « longtemps que moi. » Pour M. Magen, vivre c'était travailler.

Il est rare, surtout quand on est jeune, d'aimer avec passion les lettres sans rêver d'être auteur soi-même, dût-on s'arrêter aux plus modestes essais.

Dès sa vingtième année, M. Magen avait sous les yeux un exemple fait pour le séduire. Son frère aîné, Hippolyte Magen, avait déjà abordé le roman et le drame ; plus tard, il essayait, non sans quelque succès,

---

prêter, pour un temps indéterminé, tous ces cahiers à un savant qui s'occupait de statistique. Celui-ci déclarait n'avoir jamais trouvé complaisance plus grande.

Mon ami fut moins heureux en communiquant à l'auteur d'un lexique, habitant Paris, les copies faites par lui des plus vieux textes français qui existent à l'hôtel de ville d'Agen. Ce dossier fut égaré. Très sensible à cette perte, M. Magen n'en resta pas moins disposé à obliger d'autres chercheurs, comme s'il n'avait pas été exposé à être de nouveau la victime de semblables risques.

la tragédie; enfin, jeté dans la presse, il y figura toujours au rang des plus militants. Le cours des événements devait lui faire subir, dans une vie orageuse, les fortunes les plus diverses.

En écrivant les premières pages qu'il destinait aux imprimeurs, M. Adolphe Magen s'était bien promis de résister aux entraînements : il utiliserait son séjour à Paris en y apprenant le plus possible, mais sans esprit de retour dans la capitale, sans l'arrière-pensée d'être avant tout un homme de lettres. Une fois son diplôme conquis, il viendrait s'établir pharmacien dans sa ville natale, et toutes les heures libres que lui laisserait cette honorable et paisible carrière seraient consacrées à la famille et à l'étude.

Telle fut la part, à l'avance limitée, qu'il sut réserver à des travaux qui, malgré tout, avaient le don de le passionner.

Tandis qu'il était encore à Paris, on publiait une œuvre collective qui reste fort curieuse : *Les Français peints par eux-mêmes*. Ses éditeurs avaient fait appel aux spécialistes. M. Magen essaya de tracer pour ce recueil le portrait du *Pharmacien*. J'ignore pour quelle cause cet article ne fut pas admis, car il ne déparerait nullement la galerie. Il parut du moins dans *L'Esculape, Gazette des Médecins praticiens* (numéros du 3 septembre 1840 et suiv.). Cette étude fut suivie d'une autre, *Croquis d'un portrait médical*, dans laquelle le docteur Flambart personnifie une des variétés de médecins aux procédés charlatanesques (même journal, numéro du 27 septembre 1840). Citons, dans le même genre, *Un Officier de santé de village* (même journal, numéro du 7 mars 1841).

Des articles adressés au *Mémorial Agenais : Jasmin
à Paris* (numéro du 26 mai 1842); — *Concert de
Mme Roaldès* (numéro du 13 mai 1843)[1]; — d'autres publiés dans le *Journal de Lot-et-Garonne :
M. Quinsac fils* (numéro du 9 janvier 1845. M. Quinsac, peintre et lithographe, fixait alors pour *Maltro
l'innoucento* de Jasmin « le type si délicat de la femme
« martyre de son amour »), etc., ces pages si courtes
mais jamais banales et écrites avec autorité attestaient le goût de M. Magen pour la poésie et les arts,
la musique, la peinture. Il est d'autres articles,
publiés dans les mêmes journaux, qui touchent à des
questions d'hygiène et de salubrité publique, à des
études faites par les congrès médicaux. Par là
M. Magen rentrait dans les spécialités profession-
nelles. Il croyait à la médecine, aux progrès lents et
incertains, mais surtout à la médecine préventive;
c'est pourquoi les questions d'hygiène le préoccupaient fort. Il est bien le seul, je crois, qui ait eu la
patience de consulter une partie des cinquante
volumes de procès-verbaux et de mémoires des
Conseils d'hygiène et de salubrité des départements
qui sont départis aux archives départementales par
voie d'échange.

En chimie, la moindre découverte l'intéressait, et,
comme cette science marche à pas de géant, pour se
tenir au courant, il achetait tous les nouveaux
ouvrages. Je le surpris un jour dans une expansion
de joie; il venait d'appliquer avec succès à une exper-
tise médico-légale des plus difficiles un procédé de

---

[1] Longtemps après (22 janvier 1848). M. Magen publia dans le même journal
un article critique remarquable sur *La Femme*, poëme par J.-A. Cassius.

recherches divulgué par un maître de la science depuis quelques jours à peine : son ouvrage, acheté aussitôt qu'il avait paru, lui avait fourni la meilleure solution.

Je n'ai pas qualité pour apprécier tous les services rendus par M. Magen comme membre du Conseil central d'hygiène publique et de salubrité du département de Lot-et-Garonne (1858-1893) et du Comité central d'étude et de vigilance contre le phylloxéra (1878-1893). Il me suffira de rappeler — le suffrage de ses confrères étant un éloge — qu'il exerça constamment les fonctions de secrétaire dans ces deux Sociétés. Ses procès-verbaux, tous publiés et qui ont fini par former des volumes, sont remarquables par leur précision et par leur clarté.

M. Magen se rattachait aux plus grandes Sociétés savantes : il avait été nommé correspondant du Ministère de l'Instruction publique, correspondant de la Société nationale des Antiquaires de France; il faisait partie de la Société française d'Archéologie, de la Société de l'Histoire de France, etc.

Ceci nous révèle son goût pour l'histoire. Il nous faut remonter à la source.

Au temps où M. Magen faisait ses études à Paris, Michelet professait ce cours resté célèbre qui attirait la foule et provoquait les applaudissements de toute la jeunesse studieuse. Ce maître n'eut pas, on le devine, d'auditeur plus assidu que celui dont nous racontons la vie; le disciple goûtait si bien ses leçons, qu'après cinquante ans, il se rappelait non seulement les sujets traités par lui mais aussi les détails, les vues ingénieuses qui leur donnaient la vie et la couleur.

Il sentait ainsi s'éveiller le désir de contribuer à faire mieux connaître l'histoire de son pays natal. Mais, une fois établi à Agen, il se rendit compte bien vite qu'une longue préparation lui était nécessaire pour bien s'acquitter de cette tâche. Rien ne le rebuta. Il fallait savoir lire les documents; il devint paléographe. Il apprit l'archéologie en étudiant les premiers livres qui commençaient à faire apprécier notre moyen âge jusques alors si peu connu, pour ne pas dire si méprisé. Il tirait profit de tous les exemples que pouvaient lui fournir les meilleurs ouvrages d'érudition pour acquérir la méthode moderne si rigoureuse dans ses principes [1].

Une fois bien armé, il commença des fouilles un peu au hasard dans le fonds si riche des archives de l'Hôtel de ville d'Agen. Je dis au hasard, parce qu'à cette époque, ces documents, pêle-mêle avec les papiers administratifs, étaient dans le plus grand désordre. On ne savait dans quel monceau retrouver les pièces se rapportant à l'époque ou au sujet qui intéressaient particulièrement. Mais aussi de vraies découvertes récompensaient le chercheur; tout était inédit dans la série des chartes, dans la collection des livres de jurade, depuis les lettres patentes de Richard Cœur-de-Lion et les textes des coutumes jusques aux cahiers des doléances du tiers état, aux registres d'enrôlement des volontaires de l'an II.

La tentation fut si grande pour M. Magen qu'il se

[1] Cette préparation lui coûta près de quinze années. Après avoir traité quelques sujets faciles, il se révéla comme érudit et comme critique en éditant les deux premières dissertations d'Argenton sur l'Agenais : *Les Nitiobriges* (1856) ; — *Les livres liturgiques de l'église d'Agen* (1861).

proposa de publier des documents de choix, de préparer une histoire de l'Agenais, des biographies de personnages célèbres, une bibliographie, un folke-lore : programme si vaste qu'il eut fallu plus d'une vie d'homme pour le remplir, une vie toute de loisirs. Malheureusement la gestion de sa pharmacie lui causait des dérangements de toutes les heures. On ne vient facilement à bout d'un sujet qu'en le traitant avec suite, à tête reposée. Si, pour des séries de coups de sonnette, du matin au soir, il faut voir trancher toutes ses phrases par le milieu et sans cesse perdre le fil de sa pensée, la composition coûte les plus pénibles efforts. Un accident vint aussi le paralyser au moment où il était le mieux préparé et dans toute sa force : ayant perdu une bonne partie de ses notes dans l'inondation de 1875, il n'eut pas le courage de recommencer toutes ses recherches ou même de remplir les quelques vides de certains dossiers. D'ailleurs, formée à son exemple, une escouade de travailleurs se partageait et défrichait une bonne partie du domaine. M. Magen a pu voir achever la bibliographie de l'Agenais par M. Jules Andrieu, et éditer son folke-lore par M. Bladé et par M. l'abbé Dardy.

Il a laissé, malgré tout, beaucoup de fragments, tous achevés, irréprochables comme fond et comme forme. L'ensemble des travaux publiés par lui sur notre histoire, documents et mémoires, remplirait cinq à six volumes, ce qui est une belle contribution aux annales de l'Agenais.

Il me souvient de ma surprise lorsque, à peine sorti de l'école des Chartes, à peine installé à Agen,

je pus apprécier l'étendue des connaissances de
M. Magen. C'était en 1867; dès le premier abord,
il me dit : « J'ai été l'ami de tous les archivistes vos
« prédécesseurs, MM. Pécantin, Crozet, Bosvieux;
« j'espère que cette bonne tradition se perpétuera
« avec vous. Si j'avais voulu, il ne tenait qu'à moi
« de remplacer M. Bosvieux comme archiviste dépar-
« temental. On m'a fait des offres et assuré d'un
« appui qui laissaient peu de doutes sur l'accueil qui
« eût été fait à ma demande; mais je suis et veux
« rester pharmacien, ce qui m'assure le pain de cha-
« que jour et l'indépendance. Vous verrez cependant
« que j'aime beaucoup l'histoire, qui m'occupe à
« temps perdu. Nous aurons sans doute l'occasion de
« piocher ensemble. Je vous engage à ne pas tarder
« à vous présenter à notre Société d'Agriculture,
« Sciences et Arts. Nous avons besoin de recruter
« des jeunes. Détachez pour nous quelques chapitres
« de la thèse que vous préparez et je me ferai un
« plaisir de soutenir votre candidature. »

Il fut fait ainsi, et de ce jour date notre amitié
que le temps a fortifiée et que la mort ne peut
détruire, car elle se perpétuera à jamais dans mes
souvenirs. Nos collaborations datent aussi de ce
jour-là et ne sont point terminées puisque, en faisant
paraître ce livre, je suis simplement l'éditeur des
travaux préparés par mon maître et mon excellent
ami.

Ce n'est point seulement par des œuvres personnelles qu'on peut être utile à son pays, mais aussi
par son initiative, par l'aide que l'on apporte aux
hommes de bonne volonté. Il me tarde de rappeler

les œuvres les plus méritoires qui recommanderont à jamais la mémoire de M. Magen. Il a été président de la Société du Musée d'Agen, et doit être considéré comme le principal fondateur de cet établissement. Il a été secrétaire perpétuel de la Société d'Agriculture, Sciences et Arts d'Agen depuis l'année 1857 jusques à sa mort.

Les présidents de l'Académie d'Agen sont renouvelés chaque année, délai trop court pour qu'ils marquent la Société de leur empreinte. Ils peuvent l'élever pour un peu de temps, la bien diriger pendant dix ou quinze séances; mais, en réalité, c'est au secrétaire perpétuel à la soutenir sans relâche. Je crois devoir définir le rôle de ce dernier, et dans un seul but, afin d'ajouter que toutes les qualités requises pour les bien remplir M. Magen les possédait au degré le plus éminent.

Il a pu prendre la direction de cette société littéraire, l'exercer avec autorité longtemps, toute sa vie, de l'assentiment de tous, sans froisser personne, car il était doué des qualités les plus rares et les plus diverses : le dévouement, l'abnégation, l'entregent, — que l'on me passe ce vieux mot très expressif, — la tolérance tempérée par la fermeté. Le domaine des sciences, des arts étant infini, à défaut de connaissances encyclopédiques, il avait une grande faculté d'assimilation, un esprit ouvert à toutes choses.

Il n'est pas facile, comme on le voit, de régir des associations libres d'hommes faits, spécialistes pour la plupart et d'un bon rang, parfois trop infatués de leur mérite. Ceux-ci voudraient tout absorber, n'estimant que leurs propres ouvrages, exigeant plus que leur part légitime dans l'ensemble des travaux qui se lisent ou s'impriment; il convient tout doucement de les réduire, de les maintenir dans le rang. Ceux-là, tout au contraire, bien doués, bien préparés, mais timides ou enclins à la paresse, n'apportent qu'une trop faible contribution à l'œuvre commune et restent au pied du mur; il s'agit de les stimuler et de venir à bout de leur modestie ou de leur indolence. D'autres, en dépit de la meilleure volonté et sans en avoir conscience, ne fournissent que des études imparfaites; combien il est malaisé de les conseiller et surtout de leur faire admettre les conseils et les corrections! Être respectueux et bon pour les anciens qui faiblissent; être indulgent et plein d'encouragements pour les jeunes qui ont le bon vouloir, mais auxquels il reste beaucoup à apprendre, c'est également un devoir à remplir avec une sage mesure. Enfin des rivalités entre confrères peuvent se produire; pour les atténuer, pour intervenir avec succès n'est-il pas nécessaire de leur être quelque peu supérieur par le caractère, par la science, les services déjà rendus, par la dignité de la vie sinon par l'âge. Et nous, les collègues de M. Magen, nous savons tous avec quel tact il s'est acquitté de son devoir en toutes ces choses et combien la Société a prospéré sous une tutelle aussi sage.

Lui seul avait le choix des mémoires ou des articles à insérer dans le *Recueil* et dans la *Revue*. Il n'éliminait qu'à bon escient; il retouchait un bon nombre des travaux destinés à être publiés. Nul — je tiens de lui ce détail — ne s'est jamais plaint d'une révision aussi intelligente qu'amicale, un seul excepté, qui de cinquante corrections proposées ne voulut en admettre aucune. Mais aussi, c'était un poète.

Je ne fais pas une épigramme. L'auteur d'une pièce de vers soigneusement élaborée peut tenir aux moindres détails de son œuvre : un tour de phrase, une inversion voulue, une épithète cherchée, un effet de rhythme, une image qui lui a souri. Les poètes, même de second et de troisième ordre, ont quelquefois leur originalité ; les retouches sont d'autant plus délicates à opérer qu'elles peuvent détruire ce caractère.

M. Magen excellait à rectifier justement, sans altérer la couleur ; c'est pourquoi les poètes mêmes acceptaient ordinairement et si volontiers les variantes qu'il leur proposait. Il pensait ainsi, un des meilleurs, notre regretté collègue M. Goux, dont les œuvres réunies formeraient plusieurs volumes d'une lecture agréable, car son talent était facile et ses vers harmonieux rayonnent de cette clarté française que nos écoles décadentes ne connaissent plus : « Si mon « ami Magen jugeait que mon poëme de Jeanne « d'Arc ne vaut rien, disait-il, s'il me conseillait de « le jeter au feu, je n'hésiterais pas une minute à en « faire l'entier sacrifice. »

M. Magen a toujours conservé un goût si prononcé pour la poésie, qu'il eût remué tout le fumier d'Ennius pour trouver une paillette d'or.

Il entrait un jour chez Leuthéric au moment où cet imprimeur revoyait les épreuves d'un gros volume de poésies, œuvre collective, toute de spéculation, où le bon et le mauvais se coudoient, où le

mauvais domine. Il prend quelques pages : « Bonne
« strophe! dit-il. De la couleur! et aussi des chevilles.
« C'est dommage. Ah! mon Dieu, un vers de treize
« pieds! Il faut forcément retoucher cela. Donnez-
« moi cette feuille. » Le lendemain, il rapporte la
feuille corrigée, en ajoutant : « Et vous en avez beau-
« coup comme cela. — Mais oui. Plus de cinq cents
« pages contenant deux cent vingt-neuf pièces de
« cent dix-sept auteurs différents. — Décidément,
« pour tout revoir, c'est trop. »

« J'ai corrigé beaucoup de vers dans ma vie et je
« n'en ai jamais fait pour mon compte, » me dit un
jour mon ami. Peut-être ne s'est-il infligé qu'un
seul démenti, dans une circonstance où il fut quelque
peu provoqué par le fond de notre conversation.
Nous nous demandions s'il était permis de rire de la
mort, de la braver d'avance, à la façon de nos ancêtres les Gaulois, et si pareil sentiment pouvait être
avoué par un chrétien. Nous exprimions notre éton-
nement que cette mâle bravade n'ait pas été traduite
dans quelque poëme connu. M. Magen composa le
soir même sur ce thème le sonnet suivant, qui parut
dans la *Revue de l'Agenais* (1880, t. VII, p. 460),
sous la signature X. X., avec une dédicace à un de
ses bons amis, un charmant poète, M. Ch. de Trenquelléon.

DANSE MACABRE.

Jeunes ou vieux, ayons toujours en la pensée
Qu'un spectre hâve et nu, sans pourpre ni paillon,
La mort, cette danseuse âpre et jamais lassée,
Du bal universel mène le cotillon.

Elle pousse sans bruit l'heureuse fiancée
Et le vieillard morose au même tourbillon ;
On la voit tour à tour froidement empressée,
Arracher l'un du trône et l'autre du sillon.

Que m'importent, à moi, tes faciles victoires,
O mort ? Quand nous ferons, à deux, les noces noires,
Cet hymen infécond de deux cœurs sans amour,

Presse-moi sur ton sein une heure, une seconde,
Moins encor, je m'en ris. Fuyant ta nuit immonde,
Mon âme s'en ira, plus rapide, au grand jour.

M. Magen fut très frappé d'une étrange coïncidence qui lui arracha des larmes : au moment où ces lignes arrivaient à leur adresse, M. Ch. de Trenquelléon, qu'il ne savait même pas malade, se mourait.

Et, nous aussi, nous n'avons pas transcrit sans émotion ces quelques vers où M. Magen a mis l'expression de ses hautes pensées : la mort leur a donné de nouveau une douloureuse actualité. Mais il appartient, semble-t-il, aux âmes fortes, à ceux dont la conscience est droite et dont la vie est pure de répéter après les livres saints : *O mors ! Ubi est stimulus tuus ? O mors ! Ubi est victoria tua ?*

Disons maintenant quelle fut la part prise par M. Magen à la fondation du Musée qui honore aujourd'hui sa ville natale.

La Société d'Agriculture, Sciences et Arts était dépositaire, depuis le premier empire, de quelques épaves du Musée qui avait été fondé par l'administration du département, le 26 ventôse an VII.

Les collections, primitivement déposées dans une annexe de l'École centrale, furent dispersées lors de la fermeture de cet établissement. Les plus belles toiles, celles qui provenaient du château d'Aiguillon, servirent à la décoration de l'ancien palais épiscopal devenu la préfecture. On avait remis à l'hôtel de ville un vrai joyau, alors méconnu, une très ancienne et admirable copie — sinon une répétition originale — du *Saint-Jean-Baptiste au désert* de Raphaël.

La Société fut chargée pour sa part des objets lourds, encombrants, d'un intérêt purement archéologique : quelques inscriptions, des sarcophages anciens, des fragments de sculpture.

M. Bartayrès, qui fut après Saint-Amans secrétaire perpétuel de la Société, avait ajouté à ce fonds une collection géologique, constituée par lui au prix d'incessantes recherches. Le tout, déposé pêle-mêle dans deux salles du rez-de-chaussée de la maison appartenant à la Société, était loin de faire bonne figure. Aussi, lorsque le Congrès archéologique organisé par la Société française fut tenu à Agen, en 1874, ce ne fut pas sans quelque honte qu'on lui ouvrit les portes du soi-disant Musée.

Il fallait une fondation, une installation dignes de la ville. Ce qui était dans les vœux de tous, M. Meynot, maire d'Agen en 1875, tenta de le réaliser. L'entreprise échoua par suite d'une discussion sur la propriété du Musée, auquel la majorité de l'assemblée aurait voulu donner le titre de départemental. Ce qu'il faut retenir de cette séance préparatoire, c'est que M. Magen fut nommé, par acclamation, président de la Société du Musée.

En 1876, sous l'administration de M. Lugeol, maire d'Agen, la question fut reprise. Après qu'il eut été convenu que le Musée serait la propriété de la ville, le concours de la municipalité fut acquis. Comme la première fois, et d'un suffrage unanime, M. Magen fut élu président.

Il y eut un véritable entraînement. La Société comptait, en 1878, deux cent cinquante-six membres, qui payaient une cotisation annuelle de 12 francs, quatre-vingt-quatre fondateurs, qui donnèrent 100 fr. et ce nombre devait s'accroître par la suite. Une souscription populaire réussit au-delà de toute espérance et produisit près de 15,000 francs. Un appel aux collectionneurs, aux artistes, à tous provoqua des dons si nombreux que les salles du nouveau local étaient à peine appropriées qu'elles se remplissaient à vue d'œil. Tout dévoué à l'œuvre patriotique, M. Magen eut le don d'utiliser au mieux toutes les bonnes volontés; il se montra parfait organisateur. La Société était évidemment trop nombreuse pour agir directement, pour prendre part à la besogne quotidienne; on nomma une Commission de spécialistes choisis parmi les plus experts et les plus actifs: les architectes, les peintres, les sculpteurs, les archéologues, les naturalistes qui la composaient eurent chacun leurs attributions. M. Magen était l'âme de cette Commission, qui tenait des réunions fréquentes et, pour ainsi dire, campait dans la place.

Le hasard même vint en aide à tant de bonnes volontés. On découvrait au Mas-d'Agenais une statue antique, une Hébé ou une Vénus. M. Magen et ses collègues n'eurent de repos que lorsque ce chef-d'œuvre eut pris place triomphalement au Musée, grâce aux libéralités du Conseil général.

Trois tablettes de bronze célébrant les services rendus par Claudius Lupicinus, grand personnage du ive siècle, étaient exhumées près de Villeneuve. Un casque gallo-romain, d'un modèle à peu près inconnu, était extrait d'un puits funéraire sur le coteau de l'Ermitage. Tous ces objets précieux furent acquis au moyen de souscriptions privées : on se montrait économe des deniers de la Société appliqués surtout à l'aménagement fort coûteux du local. La Société dépensa pour cet objet plus de 25,000 francs [1].

Enfin M. Magen prit la part la plus active à l'exécution de deux mesures propres à assurer l'avenir de la fondation et qui furent votées par le Conseil municipal : la nomination d'un conservateur payé et l'achat de la collection Combes.

Il me reste à dire, quoiqu'il m'en coûte, mais à dire en toute indépendance, comment la Société finit, tristement.

On se plaint beaucoup en France qu'il n'y ait plus d'initiative privée. La faute en est peut-être aux lois, aux règlements, aux pratiques qui entravent cette initiative. Notre exemple est probant.

Le Musée d'Agen avait été créé et aussi administré pour le mieux, six ans durant, par une société libre. Absolument neutre au point de vue politique, elle fut cependant en perpétuel contact et en accord constant avec les diverses municipalités.

Il parut que ce n'était pas assez. Le Musée étant une propriété de la ville, le Conseil municipal seul

---

[1] Voir pour l'historique de la création et de la gestion du Musée les rapports de M. Magen et divers articles insérés dans la *Revue de l'Agenais*, t. II, p. 43 ; V. 170 ; VI. 73 ; VII. 554 ; VIII. 569 ; IX. 572.

devait en avoir l'administration, sauf à utiliser la Société dans la mesure qui lui conviendrait, à lui déléguer telle ou telle faculté. La Commission devait être nommée par lui.

Ces modifications si graves aux statuts primitifs, et parfaitement approuvés de la Société, devaient être imposées : ceci résulte de lettres du Ministère de l'Instruction publique et de votes du Conseil municipal datant de la fin de l'année 1883.

Alors il y eut une entente entre les principaux membres de la Société pour démissionner sans le moindre éclat, sans écrire même deux lignes de lettre ou de procès-verbal. On cessa de se réunir et de percevoir les cotisations, tout simplement.

La ville d'Agen perdit les 2,000 francs par an que donnaient encore à cette date les cotisations. Elle n'eut plus à compter au même degré sur des collaborations précieuses pour la rédaction du catalogue, catalogue indispensable, qui, aujourd'hui encore, après dix ans, reste à faire.

Inutile d'ajouter que ni M. Magen ni ses collaborateurs les plus zélés n'eurent jamais un remerciement.

Et, parmi les monuments les plus rares recueillis au Musée par les soins de M. Magen et de ses collègues, et grâce à leurs souscriptions personnelles et volontaires, il en est un qui, justement, sur un tel sujet, pourrait servir de leçon. Dans les diplômes d'honneur délivrés à Claudius Lupicinus figure ce témoignage que la cité des Auxerrois donnait à ce grand personnage, de son vivant : *Heureuse par toi et reconnaissante de tes services, la province qui t'a dédié ces tablettes eût voulu te décerner des statues.*

Nos ancêtres du IVe siècle, on le voit, savaient rendre un juste hommage à leurs bienfaiteurs. De notre temps aussi, du moins il faut le croire, on sait rendre justice à qui la mérite : l'ingratitude et l'oubli ne sont pas encore passés dans nos mœurs. En visitant nos musées de province, on peut constater que le souvenir de leurs principaux fondateurs et donateurs est généralement consacré par des inscriptions, des bustes et des portraits. Espérons que la ville d'Agen ne fera pas exception. Sans doute, les nombreux amis de M. Magen sont prêts à se cotiser pour faire exécuter une copie d'un excellent portrait de lui dû au pinceau de M. Calbet; mais il semble que l'honneur serait plus grand s'il était public, si le Conseil municipal prenait à sa charge les frais d'ailleurs bien minimes de cette copie ou mieux encore d'un buste : il payerait ainsi une petite partie de sa dette de reconnaissance.

Tout ce que je viens d'écrire sur l'homme d'étude, le lettré, le savant est bien incomplet et ne dispensera pas de recourir aux notices biographiques et bibliographiques qui ont été déjà publiées, si l'on veut embrasser l'ensemble de l'œuvre accomplie par M. Magen [1]. Je voudrais maintenant dépeindre en quelques mots sa vie privée.

[1] Voir notamment la notice consacrée par M. Ph. Tamizey de Larroque à son ami, dans la *Revue de l'Agenais*, livraison de septembre-octobre 1893, et tirage à part.

Une liste très complète des ouvrages de M. Magen se trouve dans la *Bibliographie générale de l'Agenais*, par M. Jules Andrieu, Paris, Picard; Agen, Michel et Médan, 1887-91, 3 vol. in-8°. Cette énumération ne remplit pas moins de six pages à deux colonnes.

Le dernier ouvrage publié à part par M. Magen est une notice biographique sur *M. J.-L. Combes*, signée simplement *Ad. M. Memor*, s. d. (1893), s. n. d'imp. (v Lenthéric), 15 pp. in-8°. On y trouve le portrait le plus ressemblant de cet

Il donnait à sa famille la meilleure part de ses loisirs. Il fut en retour entouré d'affection et de soins par une compagne dévouée, qui savait comprendre ses goûts et s'estimait heureuse d'être associée à cette vie de sage. Comme père, comme grand-père, il éprouva les joies les plus vives et subit aussi des épreuves : il ne fut jamais consolé de la perte d'un fils qui mourut tout jeune.

Les causeries avec des amis choisis parmi ceux dont il appréciait le cœur et l'intelligence, quelques promenades, faites d'un pas alerte, en amateur délicat des paysages, étaient les seules diversions qu'il donnât à ses travaux incessants. Même les heures libres lui paraissaient devoir être employées de la façon la plus utile. Avec de tels sentiments, la société des oisifs, les relations purement mondaines et frivoles ne pouvaient lui convenir. Il n'aurait tenu qu'à lui cependant de briller dans ce qu'on est d'usage d'appeler *le monde* : c'était un causeur des plus aimables, qui ne s'imposait pas et savait aussi écouter; il contait avec esprit, comme il écrivait. Ses correspondants savent que ses lettres, même sur les sujets les plus simples, étaient charmantes. Les qualités les plus rares de l'intelligence, en même temps que le don de la mémoire se révélaient, étaient prodiguées par lui dans la moindre page et dans le cours des conversations familières. Nul n'avait l'érudition moins

homme aimable, de ce collectionneur infatigable qui fut un des bons amis de M. Magen. La description du joli domaine qu'il habitait, des passages pleins d'humour ne paraissent pas écrits par un septuagénaire. Dans un *instantané* donné, il y a deux ou trois ans, par *l'Écho de Gascogne*, on traitait M. Magen de *jeune*, non dans un sens irrévérencieux, mais pour faire son éloge; il est très vrai que ni son cœur ni son esprit n'ont vieilli.

pédante; aussi la solennité ou les trop grandes prétentions qu'il voyait parfois affichées chez les autres le faisaient-elles légèrement sourire.

Les pauvres, les malades savaient quelle était sa bienfaisance. Mais la bonté du cœur a des façons diverses de se traduire : ni les soins, ni l'aumône ne résument toute la charité; il faut aussi savoir obliger. Je n'ai connu personne qui, plus que M. Magen, ait été disposé à rendre service, à tout instant, en toutes circonstances : il était, sous ce rapport, infatigable. On le voyait interrompre ses travaux les plus pressés pour faire une visite demandée ou pour écrire une lettre contenant une recommandation sollicitée. Il me souvient d'un interminable défilé d'instituteurs ou de candidats aux divers postes de l'enseignement qui se produisit pendant de longues années dans sa pharmacie ouverte à tous les passants. On connaissait son intimité avec l'Inspecteur d'académie et aussi sa complaisance, sa bonté sans limites, et, vraiment, on en abusait. Je ne pus m'empécher de dire à M. Magen, dans une circonstance où je le surpris à faire des promesses qu'il allait tenir sur l'heure : « Connaissez-vous bien tous les candidats « que vous recommandez ? — Non, me dit-il, « mais je les interroge assez pour savoir à peu près « s'ils sont dignes d'obtenir ce qu'ils demandent. Si « je me trompe, les notes défavorables qui doivent « se trouver dans leurs dossiers neutraliseront l'effet « de mes démarches, et ce sera justice. — Et « après avoir rendu service à tant de gens, avez-vous « eu quelques témoignages de reconnaissance? — « Fort peu. Si je m'attendais à un résultat contraire,

« je prouverais en même temps que je connais bien
« peu les hommes. Cette considération ne m'arrêtera
« jamais. »

En effet, on le prenait sans cesse en flagrant délit
de récidive bien voulue. Il me lut un jour une lettre
adressée à un de nos députés les plus influents pour
lui recommander trois personnes : « Mais, vous
« l'obligez, lui dis-je, à frapper à la porte de trois
« ministres différents. Vous allez me faire plaindre
« le sort de nos députés. — Qu'ils fassent comme
« moi, répondit-il, et ne me plaignez pas. »

La charité est, sans conteste, la plus grande des
vertus chrétiennes. Elle pouvait chez M. Magen être
rendue facile par une prédisposition naturelle, mais
elle était certainement fortifiée par la foi.

Après une vie exemplaire et pleine de mérites, il
devait être donné à notre ami de faire une sainte
mort.

Toutefois, ces sentiments religieux, toujours haute-
ment professés sans respect humain, n'ont jamais
exclu la plus large tolérance. Il estimait qu'il fallait
être plus qu'indulgent pour toute croyance de bonne
foi. Il était aussi partisan des domaines à part pour
la religion, la politique, la science. Mêler la religion
et la politique lui semblait une profanation. D'accord en ceci avec des auteurs catholiques autorisés,
il approuvait que l'on fît de l'astronomie, de la
géologie, de l'archéologie préhistorique sans se préoc-
cuper des textes encore si obscurs et si mal commentés
de l'Ancien Testament. En politique et pour tout ce
qui touche aux questions sociales, il se défiait des
ambitieux et des sectaires. Les questions de per-

sonnes, qui résument presque tout dans les petits cercles de la vie provinciale, le préoccupaient infiniment moins que les questions de principes. De tous temps très libéral et d'abord légitimiste, comme son père, il s'était rallié sincèrement au régime nouveau dès la chute de l'Empire.

Il était jadis d'usage de célébrer dans les épitaphes les vertus et les mérites de tout défunt. Ceci a changé comme une mode, et les inscriptions gravées sur les tombes sont devenues plus simples. Cependant les discours prononcés à l'occasion des funérailles ne vont jamais sans de grands éloges; en dépit de cette grave solennité de la mort, il peut arriver que les auditeurs, les amis eux-mêmes du défunt ne souscrivent pas dans leur for intérieur à des appréciations trop flatteuses et de pure convenance.

Il est toutefois des hommes — M. Magen est de ce nombre — dont on ne saurait dire assez de bien. Le souvenir fait de piété respectueuse et de regrets infinis qui pénètre l'âme des témoins de leur vie va plus loin que les discours. Parmi ceux qui ont entendu l'expression des derniers adieux, parmi ceux qui lisent les passages les plus émus de leurs notices biographiques, beaucoup pourraient ajouter encore quelque chose à leur portrait qui reste inachevé.

G. THOLIN.

FUNÉRAILLES D'ADOLPHE MAGEN.

Ce matin, à dix heures, un très nombreux cortège a accompagné les dépouilles mortelles de M. Adolphe Magen, dont les obsèques ont été célébrées à l'église Notre-Dame des Jacobins.

En l'absence de M. le sous-intendant Azéma, gendre du défunt, que les impérieuses obligations de sa charge ont retenu loin d'Agen, le deuil était conduit par ses cousins, MM. de Bigouse, Montels et Fabre.

Devant le char funèbre, orné de plusieurs couronnes, hommages de la famille, des pharmaciens de la ville, de la Société Sciences et Arts, et à la suite du clergé, marchait une délégation des employés de la maison Thomas et Cie qui portait une couronne offerte par tout le personnel.

Venaient ensuite deux draps mortuaires, dont les cordons étaient tenus par MM. le docteur Fourestié, Thomas, Delbrel, Roulliès pour le premier; par MM. Oswald Fallières, Prosper de Lafitte de Lajoannenque, Dessez, inspecteur d'académie, Bladé, Pichon et Bitaubé, pour le second.

Au cimetière, après les dernières prières, des discours ont été prononcés, sur le bord de la tombe, par M. le docteur Fourestié, au nom du corps médical et pharmaceutique de notre ville, par M. Fallières, président de la Société d'Agriculture, Sciences et Arts d'Agen, par M. Thomas, interprète des regrets de la maison industrielle qu'il dirige [1].

DISCOURS DE M. LE DOCTEUR FOURESTIÉ.

MESSIEURS,

L'assistance d'élite et nombreuse qui entoure cette tombe témoigne de la grande perte que vient de faire notre cité. Les sciences et les lettres regrettent un disciple fidèle. Beaucoup d'entre nous pleurent un véritable ami.

Né en 1818, Adolphe Magen fit ses études au Collège d'Agen dont il fut, sous le professeur Bartayrès, devenu plus tard son ami familier, un des plus brillants élèves.

Étudiant en pharmacie à l'École supérieure de Paris, il ne tarda pas à se distinguer entre tous, si bien que Gaultier de Chaubry, un des chimistes le plus en vue de son époque, l'attacha d'office à son laboratoire de l'École polytechnique. Là, par un labeur assidu, il apprit à vaincre les difficultés de l'analyse chimique et de la toxicologie, et, après avoir soutenu une thèse sur les *Alcoolides* qui lui valut une médaille d'or, il rentra dans sa chère ville d'Agen, s'y établit pharmacien et compta bientôt parmi les principaux chimistes de la région.

Les tribunaux du ressort s'adressaient à lui pour rechercher les preuves palpables du crime, et la médecine avait souvent recours à son savoir pénétrant pour extraire des liquides organiques les traces laissées par la maladie.

Tous ces titres scientifiques le désignèrent à l'administration préfectorale, presque au lendemain de son arrivée, pour en faire un membre du conseil d'hygiène et un inspecteur des pharmacies du département. Il exerça ces dernières fonctions pendant quarante-huit ans, enveloppant beaucoup de finesse et de fermeté sous une bonhomie séduisante. Aussi tous ses inspectés étaient-ils devenus ses amis. Plusieurs l'attendaient tous les ans avec impatience pour demander un conseil à sa vieille expérience ou un service à son inépuisable bonté. Pendant la tournée de cette année, la seule qu'il n'ait pas faite, que de marques d'amitié, que de cordiales poignées de main nous avons recueillies pour lui !

---

[1] Compte rendu par M. X. de Lassalle. *Journal de Lot-et-Garonne*, numéros du 6 et 7 octobre 1893.

A le fréquenter, on s'apercevait vite que l'étude des sciences physiques et naturelles n'avait pas suffi à son impérieux besoin de tout sentir, de tout connaître. Il possédait à merveille la littérature du commencement de ce siècle et, moins vieilli que nous, il se rappelait avec émotion les enthousiasmes troublants de ses premiers contacts avec l'école romantique qui s'affirmait alors avec tant d'éclat.

Il aimait à raconter qu'il fut l'ami et le conseiller de Jasmin, qu'ils allèrent ensemble rendre visite à Châteaubriand, « l'arbre aux branches duquel nous sommes tous suspendus, » leur dit Augustin Thierry qu'ils allèrent voir en le quittant.

Plus tard, l'archéologie, la numismatique, l'hygiène des villes, la lutte contre le phylloxéra, absorbèrent sa féconde activité. Des collaborateurs plus compétents que moi diront que, dans les nombreuses sociétés savantes dont il fut le secrétaire assidu, personne mieux que lui ne sut mettre dans un rapport, quelque aride qu'en fût le sujet, plus de clarté et plus de trait, plus de distinction dans la forme, plus d'impartialité dans le fond.

Il m'appartenait de rappeler seulement le pharmacien lettré et le chimiste savant qui illustra sa profession, mais une qualité maîtresse s'imposera forcément à tous ceux qui raconteront la vie d'Adolphe Magen, je veux parler de son dévoûment à sa ville et à ses concitoyens. Personne ne fut plus Agenais que lui. Pas une rue de notre cité dont il ne connût l'histoire, pas une maison qui n'évoquât pour lui, aussi bien dans le présent que dans le passé, des souvenirs très précis. Nombreuses aussi sont les familles où sa protection bienfaisante apporta un peu de joie. Il se croyait largement dédommagé des pénibles travaux que lui imposaient les commissions dont il faisait partie, si ses collègues lui venaient en aide pour redresser une injustice ou relever un déshérité.

Son savoir aimable, à la disposition de tous, sa phrase pétillante et nourrie, d'où s'écoulaient toujours par quelque fissure l'indulgence et la bonté, avaient fait d'Adolphe Magen une personnalité bien neuve que le temps n'effacera pas. Ses travaux et ses bienfaits sauront le défendre contre l'oubli et maintiendront longtemps réunis les débris de ce faisceau rompu, où, parmi tant de qualités, l'amour de la famille occupa le premier rang.

Aussi quel vide dans ce foyer si intimement uni ! Il avait, pour l'ensoleiller, une compagne aimante qui entoura ses derniers moments des tendresses les plus assidues, et une fille respectueusement dévouée que toutes nos marques de sympathie ne parviendront pas à consoler.

Adieu, mon cher Magen ! Le sillon que vous avez tracé restera long-

temps ouvert, et puisque rien ne se perd, pas plus le grain de poussière
que le dévoûment et le sacrifice qui en sont un jour sortis, vous arri-
verez à la place qui vous est réservée, escorté de toutes les vertus qui
ont fait de vous un chercheur passionné de vérité, un amoureux de
justice, un citoyen dévoué.

———

DISCOURS DE M. FALLIÈRES,

PRÉSIDENT DE LA SOCIÉTÉ D'AGRICULTURE, SCIENCES ET ARTS D'AGEN.

MESSIEURS,

Il n'est pas dans les usages de notre Société de parler sur la tombe
de ses membres, même les plus considérés. Cependant, et de l'avis de
tous nos confrères, une dérogation à cette règle nous est aujourd'hui
imposée par la place exceptionnelle que M. Adolphe Magen occupait
parmi nous, et c'est un devoir pour nous de témoigner publiquement
des regrets et de la douleur que nous inspire sa perte.

Il fut, pendant plus de trente ans, le secrétaire perpétuel de notre
compagnie. Plus que personne et du consentement de tous, il était
qualifié pour tenir cet emploi, autant par la modération et l'aménité de
son caractère, que par la variété, on pourrait presque dire, l'universalité
de ses connaissances. Sciences physiques et naturelles, archéologie,
histoire, littérature et bibliographie, il avait tout étudié, il avait des
clartés de tout et son aptitude à tout comprendre n'avait guère de
comparable que sa facilité à tout exprimer.

D'autres vous ont dit sa valeur et sa compétence dans les sciences
qui furent plus particulièrement l'objet de ses études et de ses travaux
professionnels. Il appartenait à notre Société de célébrer ses mérites
comme historien et littérateur et de signaler les services qu'il a rendus
à l'histoire et à l'érudition locales, soit par la création du Musée, soit
par de nombreuses publications relatives au passé de notre pays et de
notre ville. Il avait formé le projet d'en écrire en entier l'histoire. Mais
venu tard à ce genre d'études auxquelles rien ne l'avait préparé sinon
un ardent amour du pays, l'impossibilité de mettre la main sur des
documents indispensables, malheureusement hors de sa portée, et aussi
le manque de loisirs le firent renoncer à cette entreprise. Il n'en laisse
pas moins des matériaux d'un prix inestimable et quelques fragments
d'une rare valeur. En effet, depuis sa publication des *Mémoires* d'Ar-

genton et de Labrunie sur la géographie des Nitiobriges et sur les
origines de notre Église, depuis cette publication, enrichie de notes qu'il
serait difficile, malgré les progrès accomplis par la science en ces dernières années, de faire plus sûres et plus complètes, jusqu'à son édition
des *Annales* de Proché et surtout jusqu'à ses Souvenirs personnels,
rédigés avec tant de bonne humeur, sur les Agenais contemporains de
sa jeunesse et qui nous montrent, à défaut d'illustres, une si curieuse
galerie d'originaux, quelle importante série de travaux utiles, quel
magnifique complément ajouté à l'œuvre des historiens ses devanciers !

Et ce qu'il y a d'admirable dans cette inappréciable contribution à
notre histoire locale, c'est que l'auteur de tant d'intéressantes publications, que ses premières études avaient préparé à de tout autres travaux, sut y apporter du premier coup la méthode, la compétence et la
précision d'un homme du métier.

Il est vrai qu'il avait reçu en partage une faculté souveraine : l'intelligence ; et cette faculté maîtresse était encore servie et pour ainsi
dire doublée chez lui par un travail assidu. Au moment même de sa
mort, pour donner une suite à son Recueil de chartes municipales,
première assise de toute histoire agenaise, il poursuivait l'impression
du plus ancien registre de notre Hôtel-de-Ville. Il y a huit jours à
peine, sa main défaillante en corrigeait les épreuves avec une conscience
scrupuleuse et cette connaissance des antiquités du vieil Agen que
personne ne possédait au même degré que lui. L'œuvre paraîtra malgré
tout, et nous avons la certitude qu'elle ajoutera encore à l'éclat de ses
précédents travaux historiques.

Que dirai-je maintenant de ses mérites littéraires et de la forme
heureuse qu'il savait donner à ses moindres écrits ? Lettré, il l'était
jusqu'au raffinement, parfois même jusqu'à la recherche. Mais de fortes
études classiques lui avaient inspiré de bonne heure le sentiment élevé
du style. Il avait, en outre, le goût inné et passionné de la poésie. Dans
les derniers jours de sa vie, il lisait encore les poètes avec l'enthousiasme
qu'on y met à vingt ans. Rien ne lui échappait de la production littéraire contemporaine et il savait en parler comme il parlait de toute
chose, avec cette justesse et cet esprit qui percent dans tous ses ouvrages. C'est pourquoi les purs littérateurs n'avaient pas moins à apprendre de lui que les érudits.

Ils lui demeureront reconnaissants les uns et les autres de la part
prépondérante qu'il a prise à la publication de cette double collection,
je veux dire : le *Recueil de la Société d'Agriculture, Sciences et Arts
d'Agen* et cette *Revue de l'Agenais,* parvenue aujourd'hui à sa vingtième

année, recueils sans doute fondés avant lui ou par d'autres que lui, mais dont il a, par son activité, plus que doublé le nombre des volumes. Qu'il me soit permis d'y joindre deux grands registres des procès-verbaux de nos séances, chefs-d'œuvre de clarté et d'élégance, écrits tout entiers de sa main et qui seront consultés avec profit par les chercheurs et les curieux de l'avenir.

Après avoir proclamé les rares qualités intellectuelles de M. Adolphe Magen, il me resterait à vous entretenir de ses qualités morales. Mais après l'éloge qui vient d'en être fait et si bien fait, je comprends que je ne dois pas insister. Vous tous qui m'entourez, Messieurs, il vous a été donné d'apprécier l'excellent homme que nous pleurons. Vous avez éprouvé sa droiture, sa courtoisie, son inépuisable obligeance. Sa bonté, et c'est tout dire, égalait son intelligence. Il était toujours prêt à rendre service ; et ces vertus me donnent le droit de promettre à cet ami, à ce maitre à jamais regretté, avec l'impérissable gratitude de notre compagnie, le fidèle souvenir de tous ceux qui l'ont connu.

DISCOURS DE M. THOMAS.

DISCOURS DE M. THOMAS.

MESSIEURS,

Je viens, au nom de la Droguerie Centrale du Sud-Ouest, déposer sur cette tombe l'hommage de notre grand respect et de notre reconnaissance.

M. Adolphe Magen, qui a été pendant douze ans notre collaborateur et ami, n'a cessé de nous apporter chaque jour, avec sa régularité exemplaire, une science consommée et une grande prudence, ses sages et lumineux conseils.

Chef technique de notre laboratoire, sa réputation incontestée de chimiste était appréciée et connue de très loin, et les pharmaciens, ses confrères, en appelaient à lui dans les cas difficiles ; la compétence et l'autorité de M. Magen étaient partout reconnues.

Le personnel de notre maison l'aimait et l'entourait d'attentions respectueuses et dévouées.

Il m'honorait de son estime et de son affection, dont il me donnait des preuves. Dans ces derniers temps, nous parlions souvent des choses graves d'outre-tombe, et, quoique ne partageant pas entièrement les mêmes idées, nous nous rencontrions, spiritualistes tous deux, au même

but : Dieu, l'âme immortelle ! Il avait la foi pure et simple, mais pro-
fonde ; il envisageait la mort avec une parfaite sérénité et levait les
yeux, plein de confiance, vers le Ciel.

N'avait-il pas le droit d'espérer dans la justice divine, ce bon et
honnête homme, ce citoyen probe et dévoué jusqu'à l'excès dont toute
la vie a été consacrée au service de ses semblables ?

Son esprit, rayonnant aujourd'hui, touche la juste récompense de son
labeur et de ses vertus terrestres, récompense que les hommes n'ont pas
su lui décerner ici-bas. Il attend, plus vivant que jamais, sa bonté et sa
tendresse tournées vers sa famille, vers ses amis, que, comme lui, au
bout de leur vie d'épreuves, ils viennent le retrouver et goûter le bonheur
d'être éternellement réunis. Puisse cette certitude pénétrer dans le cœur
des siens et adoucir leur grande douleur !

Pour notre maison, pour moi, la mort de ce collaborateur si distingué,
de cet homme si aimable et si bon, laisse en nos cœurs un vide cruel
et profond que nous ne comblerons jamais.

Au nom de tous les employés de la maison dont vous étiez l'un des
directeurs aimés et respectés, je ne vous dis pas adieu, mais au revoir,
M. Magen : au revoir, cher et vénéré ami, au revoir !

***

INTRODUCTION.

Le plus ancien livre des jurades d'Agen, dont le texte est publié intégralement dans ce volume, consiste en un registre in-folio oblong (H. 395 mill.; L. 135 mill.), en papier épais et lustré, ayant pour filigrane une épée. Ce registre, recouvert en vélin, comprend 177 feuillets. Coté BB. 1 dans les anciens inventaires, il figure sous le numéro BB. 16 dans l'inventaire sommaire des Archives de l'Hôtel de ville d'Agen.

Il contient : les listes annuelles des consuls et jurats; quelques testaments politiques des consuls sortant de charge; les procès-verbaux des délibérations de la jurade et des assemblées populaires; des notes administratives diverses; des copies de chartes octroyées à la ville, de contrats passés par les consuls, de décisions judiciaires, de pièces de comptabilité. On y trouve aussi des inventaires ou récolements d'archives, des rôles de distribution d'armes, des procès-verbaux de prestation de serment des

magistrats, officiers et employés de la ville, de
réception de bourgeois, de remise des minutes
de notaires, etc.

Le premier acte est daté du 29 mars 1345, et le
dernier du 23 juin 1355. Des notes sur les récolements d'archives, quelque peu postérieures à
cette dernière date, ont seules été intercalées
dans cette série, établie à peu de choses près
dans l'ordre chronologique.

Ce registre, du plus grand intérêt en raison de
la variété des documents qu'il contient et de la
période à laquelle il se rapporte, qui est celle
des guerres nationales, n'a cependant pas été
utilisé par nos anciens annalistes, car il était
fort difficile autrefois d'obtenir la communica-
tion des archives anciennes d'Agen. De notre
temps, il a été mis à profit pour quelques
parties afférentes aux sujets traités par divers
auteurs (1). Mais, en somme, ce sont des fragments de ce livre qui ont été cités et mis en
œuvre ; le texte restait inédit. Il a été transcrit,
il y a près de trente années, par M. Amédée
Moullié, conseiller à la Cour d'Appel, éditeur
des coutumes d'Agen, par M. Bosvieux, archiviste départemental (2), enfin par M. Ad. Magen,

(1) M. l'abbé Barrère (*Hist. religieuse et monumentale du diocèse
d'Agen*. Agen, imp. P. Noubel, 1855-56, 2 vol. in-4°) ; — M. Bertrandy-
Lacabane (*Études sur les Chroniques de Froissart. Guerre de Guienne,
1345-46*. Bordeaux, imp. Lannefranque, 1870, in-8°) ; — G. Tholin
(*Ville libre et barons*, Paris. A. Picard, 1886, in-8°) ; — M. André Ducom
(*La commune d'Agen. Essai sur son histoire et son organisation*, Paris.
A. Picard. Agen. Michel et Médan. 1892. in-8°).

(2) Cette copie, peut-être égarée, n'a pas figuré dans le catalogue des
manuscrits et des livres de M. Bosvieux, vendus après son décès. Mon
prédécesseur avait laissé à M. Magen des notes prises par lui (avec des

qui, dès l'année 1872, se disposait à le publier. J'avais cru alors son impression si prochaine que, dans l'*Inventaire sommaire*, je me bornai à donner sur le contenu de ce registre des indications fort abrégées, en une page et demie. Après vingt ans de retards, dus à des causes diverses, la Société d'Agriculture, Sciences et Arts prit une décision d'après laquelle le livre des jurades devait être édité à ses frais. M. Magen, ayant mis la dernière main à son manuscrit, en y ajoutant des sommaires, ou plutôt de vraies traductions, et des notes, le livra à l'imprimeur au cours de l'année 1893. Il a donné le bon à tirer des huit premières feuilles ; nous avons collationné et corrigé les épreuves à partir de la feuille 9.

M. Magen devait rédiger une introduction, préparer une table des matières et un index des noms de personne et de lieu ; surpris par la mort, il n'a pas exécuté ces travaux dont une partie ne pouvait d'ailleurs être élaborée qu'après la réception des bonnes feuilles. Nous avons dû nous charger de parfaire l'ouvrage, en y ajoutant tous ces compléments utiles, mais sans nous dissimuler les difficultés de cette tâche.

La meilleure méthode pour donner de l'intérêt à une introduction placée en tête de documents aussi variés que l'est notre livre de jurades, consiste à grouper toutes les notions qui se rapportent à un sujet déterminé : institutions,

références à la pagination de sa copie) pour dresser des tables et faire une préface. Ce n'est qu'un brouillon, mais dans lequel se trouvent des observations fort judicieuses.

condition des personnes, affaires militaires, justice, archéologie, linguistique, etc. Une préface de ce genre se compose en réalité d'une série de notices aussi complètes que possible; c'est presque un livre et, si ce livre est bien fait, les chercheurs peuvent s'y référer de confiance : les textes passent au rang de pièces justificatives (1).

On peut aussi se contenter de signaler les divers sujets d'étude auxquels peuvent servir les documents et donner tous ses soins à la table analytique, de façon à rendre faciles toutes les recherches, à grouper tous les éléments similaires (2). Comme le temps pressait, il fallait adopter forcément ce dernier système. Il ne semble pas d'ailleurs qu'il fût dans les intentions de M. Magen et de la Société de donner trop d'ampleur à la préface; il s'agissait non de faire une œuvre personnelle, un volume dépassant le format ordinaire, mais de mettre au jour le texte.

Durant la période comprise entre les dates

---

(1) Un des modèles les plus parfaits d'une introduction ainsi comprise est celle que M. Edouard Forestié a rédigée pour les *Livres de comptes des frères Bonis*. (Fascicules 20ᵐᵉ et 23ᵐᵉ des *Archives historiques de la Gascogne*; un 3ᵐᵉ et dernier fascicule doit paraître prochainement.) Elle n'a pas moins de 213 pages. Il faut des années de travail pour s'assimiler ainsi les documents et mettre en relief tout ce qu'ils peuvent comporter, à tous les points de vue, d'enseignements utiles.

(2) Par exemple, il serait facile de placer dans l'introduction un chapitre ou un long paragraphe sur les attributions diverses des consuls, qui nomment les notaires, autorisent la création des banques de change, tarifent les journées d'ouvriers et les dépenses dans les hôtelleries, etc., etc. Il suffit de consulter la table au mot *Consul* pour trouver toutes ces indications.

extrêmes de notre registre, le seigneur de l'Agenais était le Roi de France. La capitale du pays lui resta fidèle et, de toutes ses forces, constamment, défendit sa cause. Toutefois, nombre de villes et de seigneurs avaient d'autres préférences ou subissaient le joug Anglais par contrainte, en sorte qu'Agen était souvent entouré d'ennemis — de *rebelles*, comme disent les actes consulaires, en faisant allusion aux partisans des Anglais (1). — En dépit des dangers, les Agenais demandaient rarement du secours au Roi, mais plutôt à ses lieutenants et sénéchaux, qui faisaient preuve d'activité et résidaient non loin du pays, ce qui assurait la prompte exécution des mesures défensives.

S'il s'agissait au contraire du maintien de leurs privilèges, de la conservation intégrale du territoire de la juridiction sur lequel empiétaient les barons, la commune s'adressait au Roi directement plutôt qu'à ses représentants. Pour exercer utilement ces recours, des lettres paraissaient insuffisantes. Un mémoire en dit trop ou trop peu ; il peut être reçu avec indifférence et risque

(1) Aucun historien de l'Agenais ne s'est donné la peine de compulser à ce sujet des ouvrages de sources, tels que ceux de Rymer et de Thomas Carte. Dans les *Rolles gascons* de ce dernier auteur, nous trouvons entre autres les renseignements suivants : Étaient soumis à la domination anglaise : en 1347, Monclar et Lavardac ; — en 1348, les villes et seigneuries de Lusignan (?), Port-Sainte-Marie, Aiguillon, Nicole, Miramont d'Aiguillon, Saint-Sardos, Lacépède, Granges, Le Temple, Montpezat, Laparade, La-Sauvetat-de-Savères, Castelsagrat, Sauveterre, Monjoi ; — en 1352, Grayssas, Auradon, Penne, Mézin ; — en 1354, Frespech, Marmande, etc.

Nous aurons vingt fois plus de renseignements quand le texte même des *Rôles gascons* aura été publié.

fort de n'être pas discuté à fond et pris en considération : c'est pourquoi, malgré la longueur et la difficulté des voyages, malgré les frais énormes qu'ils entraînaient, dans toutes les circonstances critiques, on envoyait des députés *en France;* dans cette période de dix ans, le fait se renouvela quatorze fois, tandis qu'on écrivit seulement six lettres. Philippe VI et Jean-Le-Bon donnaient sans doute facilement audience aux représentants de leurs bonnes villes; ce dernier souverain paraît avoir été particulièrement favorable aux Agenais, qu'il connaissait pour avoir parcouru leur pays et auxquels il accorda de nouveaux privilèges.

La commune jouissait encore de toutes ses libertés et franchises, et le livre des jurades permet d'étudier le fonctionnement des institutions municipales: mais on n'y trouve pas, non plus que dans le texte des coutumes, des statuts municipaux écrits et faisant loi (1). La

(1) Il paraît certain qu'il n'y avait pas alors de statuts écrits et qu'il n'y en eut pas dans le cours du Moyen âge, mais seulement des fragments, des notes pouvant servir de précédents. Certains registres ont des cotes, rédigées postérieurement, à ce point de vue. Lorsque la liberté des élections de l'année 1351 fut troublée (p. 231), les consuls protestèrent et invoquèrent non des textes, mais l'usage immémorial.

Le premier exemple de rédaction d'un règlement est moderne. Au commencement du siècle qui devait voir abolir les vieilles institutions municipales en même temps que les privilèges des communes, en 1609, les consuls d'Agen éprouvèrent le besoin de formuler les règles suivies par leurs prédécesseurs : c'est une sorte de testament, car l'avenir n'était plus assuré.

Ce document, publié dans le tome V, 2ᵐᵉ série du *Recueil de la Société*, a pour titre : « Instructions en general pour Messieurs les consulz de la « ville et citté d'Agen, quy entrent nouveaux au consulat, laissées par « traddiction de main en main et en partie tirées des vieux registres pratiqués de longue main jusques à présent. »

commune était régie suivant de vieux usages devenus traditionnels. Des inductions tirées des pratiques administratives peuvent seules permettre de reconstituer l'ensemble de ces usages non codifiés, et cette tâche n'est pas aisée. Le présent registre est complet pour dix années de gestion, cependant, après l'avoir étudié, lu même entre les lignes, on ne saurait être fixé absolument sur un point capital, à savoir quelle était au juste la participation au gouvernement de la commune des consuls, des jurats, des bourgeois, du peuple.

Les consuls, au nombre de douze, choisis par gaches ou quartiers, exerçaient leurs fonctions pendant une année. Le mardi de Pâques, ils désignaient leurs successeurs et faisaient aussi l'élection des jurats, au nombre de vingt-quatre, en y ajoutant parfois quelques suppléants. Les jurats étaient ordinairement choisis parmi les anciens consuls.

En raison de cette origine, de l'autorité que leur donnaient les services rendus et l'expérience des affaires, les jurats paraissent en certaines circonstances délicates avoir à trancher des questions que leur réservent les consuls; nous en avons un seul exemple, mais bien probant (p. 203). En 1350, un ancien consul travaillait à jeter la discorde entre l'évêque et la commune; les jurats, assemblés à part, décident d'abord qu'il y a lieu de noter d'infamie ce personnage et de l'exclure des conseils de la ville. Cette décision prise, les jurats s'unissent ensuite aux consuls pour prononcer, d'accord avec eux, une sentence conforme. Dans les procès-verbaux des jurades des siècles suivants, il n'est pas rare de rencontrer la formule « les consuls remontrent aux jurats ». On prenait donc d'abord leur avis; on avait pour eux la déférence due aux *seniores*.

Des bourgeois ou notables étaient admis dans la plupart des assemblées de jurade; ils étaient dit *del sagrament* ou *del secret* de la ville (p. 203). Mais nous ignorons la façon dont ils étaient recrutés. Les anciens jurats faisaient sans doute partie de droit de cette élite de la bourgeoisie mêlée aux affaires communales.

D'après les chapitres 25 et 53 de la coutume d'Agen, des prud'hommes pouvaient statuer d'accord avec les consuls, faire des règlements (*establimens*). Les prud'hommes qui figurent dans notre registre (*probi et providi viri, proshomes, solempnials personas*) ne paraissent pas avoir formé de corps distinct ni avoir participé ordinairement à la gestion de la commune; leurs délégations étaient limitées; ils ne traitaient que d'affaires spéciales. En somme le mot prud'homme est employé dans son acception littérale d'homme honnête, expérimenté et d'un bon rang, de ceux qu'il convient de choisir pour remplir les missions délicates.

On le voit : des éléments complexes entrent dans l'administration de la commune, et faute de textes sur les principes admis et leur application à tel ou tel cas, nous avons peine à déterminer les attributions respectives des consuls, des jurats, des notables du secret de la ville.

Des décisions graves étaient prises quelquefois dans certaines réunions auxquelles pas un seul consul n'assistait (pp. 75, 86, 88, etc.). Ce n'étaient point cependant des assemblées factieuses comme celles qui sont parfois dénoncées (p. 69), attendu que les procès-verbaux de leurs délibérations sont transcrits dans le registre officiel; mais comment concilier une telle anomalie avec les scrupules dont les consuls font preuve en d'autres circonstances ? Ainsi, voulant avoir l'unanimité dans une décision, nous voyons la jurade se transporter au domicile du seul consul qui fût absent pour cause de maladie, afin d'avoir aussi son opinion (p. 71). Dans une autre occasion, la jurade décide que ses décisions seront valables malgré l'absence de deux consuls (p. 100). On trouve des exemples d'assemblées de notables seuls qui approuvent les décisions prises par les consuls (p. 241). Dans une affaire des plus importantes, à savoir si une somme disponible de 2,000 livres serait appliquée, comme il était convenu, à la construction des remparts ou détournée de cette destination pour payer partie de la rançon du sénéchal, il y eut deux assemblées différentes de jurats et de notables, délibérant hors de la présence des consuls, puis des assemblées populaires par quartier auxquelles prirent part des artisans de tous métiers : cordonniers, savetiers, bouchers, couteliers, tanneurs, etc. (pp. 86 et suiv.). Cet usage d'en référer au suffrage universel dans les circonstances les plus critiques a persisté dans la ville d'Agen jusques à la fin du XVIe siècle. La jurade avait recours à cet expédient pour dégager sa responsabilité; jusques au règne de Henri IV, elle paraît avoir été seule juge de l'opportunité de ces consultations.

La fondation des États d'Agenais, qui donna une si grande influence aux consuls d'Agen institués syndics du pays, est postérieure au milieu du XIVe siècle, car il n'est pas question dans notre registre de convocation pareille, mais seulement de quelques tentatives pour provoquer un accord entre les principales villes.

On n'a pas non plus à signaler d'assemblées dites des trois ordres, dans le genre de celles qui se tenaient assez fréquemment au XVIe siècle: elles se composaient alors de députés des villes, de la noblesse et du clergé; le plus ordinairement elles n'étaient convoquées qu'avec l'assentiment ou sur l'initiative du gouverneur de la province ou d'un lieutenant du Roi.

Au XIVe siècle on n'organise pas non plus de conseils de guerre comme au XVIe.

Tout ceci prouve assez que les institutions fondamentales de la commune d'Agen ont subi de grandes variations.

Quelques sentences et des notes sur les procédures et sur les conflits fournissent des indications sur les attributions respectives, en matière civile et criminelle, du sénéchal, des baillis de la ville et de l'évêque, des consuls, de l'official.

Il est plus difficile de se faire une idée exacte de la condition des personnes, à cause de la brièveté des textes. Les bourgeois formaient une caste privilégiée; aussi voit-on des nobles et des ecclésiastiques solliciter l'honneur d'être reçus bourgeois d'Agen. La franchise pour l'entrée de leurs vins était un de leurs privilèges les plus appréciés.

Le principal revenu de la ville consistait dans le produit des droits d'entrée et de débit des vins, mais on accordait facilement des exemptions : les remises de droit aux grands personnages équivalaient à un présent; il y avait aussi des nécessités pressantes pour l'approvisionnement de la ville, ce qui obligeait à faire fléchir les règlements, sans tirer à conséquence. Parfois il fallait combattre les prétentions de particuliers ou de collectivités telles que les chapitres, réprimer les fraudes, modifier les tarifs. On remarquera la place considérable que tiennent dans le registre les délibérations relatives à l'entrée des vins.

En les étudiant avec soin, on aura des précisions sur le *souquet*, le *cès*, les règles ordinaires appliquées au trafic des vins et les exceptions si nombreuses à ces règles.

Le droit seigneurial de banvin (appelé *cès* ou *devet*), c'est-à-dire le droit exclusif de vendre du vin pendant des périodes déterminées, était parfois appliqué au profit de la commune. Bien plus, le commerce des vins exercé par l'administration pouvait être aussi un moyen de battre monnaie ou de gager des emprunts. On achetait des vins pour les revendre plus cher et, s'ils étaient faibles en couleur, on les renforçait par des coupages. Curieuse industrie officielle, bien inoffensive auprès des falsifications modernes !

Je passe sur les fermes de la ville, sur ses fiefs, dont on trouvera l'énumération dans plusieurs passages du registre, pour indiquer en quelques traits les divers modes d'impositions. La *questa* et collecte municipale n'était peut-être que périodique et d'un chiffre variable ; les comptes du trésorier ne figurant pas dans le registre, il est difficile d'élucider ce point. En cas de nécessité, on avait facilement recours à l'emprunt forcé sur tous les habitants, ce qui était l'équivalent d'une imposition non remboursable ; on usait aussi de la capitation. Les emprunts sur les plus riches et autres emprunts, gagés avec de la vaiselle d'argent ou autrement, constituaient au contraire de véritables obligations contractées par la ville ; les consuls nouveaux se déclaraient solidaires de leurs prédécesseurs pour leur remboursement. Il y a un exemple d'impôt sur la terre, légèrement progressif (p. 322).

En ce temps on ne payait pas de contributions au Roi, qui avait pour lui des droits de salin et de greffe et le bénéfice de la fabrication de la monnaie. Sur ce dernier revenu, les Agenais obtenaient facilement une bonne part ; bien plus, ils administraient quelque peu l'atelier royal ; les consuls allaient jusques à surveiller et à assurer le bon aloi des espèces.

Des péages exceptionnels, les dons volontaires pour des œuvres comme celle du pont, dons quelquefois provoqués par des indulgences, ajoutaient quelque chose aux maigres ressources d'une cité qui avait à achever l'enceinte agrandie de ses remparts et à pourvoir à sa défense.

Aussi ce fut une période de grands travaux que les dix années auxquelles se rapporte le livre des consuls. On tentait d'achever le pont sur la Garonne au moment même où cet important ouvrage, commencé au xii⁰ siècle, allait être détruit par une inondation. Aussitôt on songea à le rétablir. Nos textes fournissent de curieux détails sur les travaux de défense des deux têtes du pont et les constructions diverses qui s'y rattachaient, y compris la loge de *la recluse*. L'enceinte fortifiée était établie ou restaurée avec une telle hâte, en raison de la guerre, que, sur bien des points, il fallait se contenter d'ouvrages provisoires en bois, de simples palissades élevées en arrière de fossés. On utilisait beaucoup aussi les matériaux de démolition, pierre ou briques, faute du temps et de la sécurité indispensables pour exploiter les carrières. Un certain nombre de contrats passés avec des architectes ou entrepreneurs donnent des renseignements à noter sur le prix des travaux d'art.

Il n'est pas moins curieux d'étudier les passages relatifs à la défense des remparts et des portes et à l'armement des milices. La ville d'Agen était déjà munie d'armes à feu, mais on ne saurait voir des pièces d'artillerie dans les *canons* qu'elle possédait en si grand nombre et qui, pour la plupart, étaient distribués aux particuliers. Il s'agit évidemment de canons à main, de mousquets d'un modèle primitif. On remarquera les formes diverses d'arbalètes alors en usage. Ces dernières armes, comme les autres, sont désignées dans le texte sous le terme d'*artillerie*.

Indépendamment des indications relatives au service intérieur de la place, on trouvera des renseignements sur les faits de guerre intéressant le pays. Il suffit de rappeler que la campagne de lord Derby eut lieu en 1345, et que le siège d'Aiguillon, grave échec pour l'armée française, date de l'année suivante. Quelques passages ont servi à contrôler et à rectifier les *Chroniques* de Froissart. Au point de vue plus restreint de l'histoire locale, les épisodes abondent. Nous voyons, par exemple, les barons, dont les possessions étaient limitrophes de la juridiction d'Agen, s'appuyer sur le parti Anglais afin d'assurer la défense des territoires qu'ils avaient usurpés. Entre eux et la commune d'Agen, la lutte est des plus violentes; l'énergie de la jurade Agenaise se révèle surtout dans les décisions prises à l'occasion de ces conflits. Il fallait combattre à la fois pour la grande et pour la petite patrie.

Les services rendus par les sénéchaux sont également mis en relief dans ces annales. Il faut descendre jusques aux guerres de religion du xvi siècle pour en trouver d'aussi actifs. d'aussi dévoués aux Agenais; tant que durait la paix, le rôle de ces représentants du pouvoir royal était des plus effacés.

Le latin et la langue vulgaire sont employés indifféremment et dans des proportions presque égales pour la rédaction du registre; le français n'y apparaît que dans quelques lettres transcrites lors de leur réception ou écrites par les consuls.

On trouvera dans bien des passages des mots romans latinisés : (p. 144) « super *anata* Parisius « quod fiat ». *Anata*, n'est pas un terme de basse latinité; il a le sens de voyage, ou peut être rapproché du verbe roman *anar*, aller.

Comme dans la plupart des textes du Moyen âge, les langues sont assez maltraitées; les solécismes ne sont pas rares; par exemple, le nominatif associé à l'ablatif : (p. 147) « *consules magis-* « *tro Arnaldo* ». La variété des formes romanes est grande : la formule si fréquemment répétée : *tous voulurent*, est exprimée indifféremment par *tot volgorou, tot volguero, totz volgueron.*

Les fautes sont naturellement reproduites et l'on n'a pas cru utile de les signaler ordinairement par des *sic*, tant elles sont nombreuses.

Le futur auteur du glossaire de nos langues vulgaires au Moyen âge — cet ouvrage qui serait si utile et reste toujours à faire — pourra recueillir dans ces pages des expressions particulières et peu connues, parfois difficiles à traduire ou à définir.

Ceux qui s'intéressent à l'étude des prénoms, ou mieux des noms usités au Moyen âge, trouveront là une importante nomenclature.

****

Assez fréquemment, les hommes de métier sont désignés seulement par leur prénom, — ou mieux leur nom sans surnom : — les maîtres maçons *Sylvester Clerici, Belenguerius de Gaillac, Odinus de Valencort*, figurent souvent, même dans les traités passés avec eux par les consuls, sous les simples noms de *Sylvester, Belenguerius, Odinus*. Pareil usage existe encore à Agen, au point que maçons, menuisiers, charpentiers, etc., sont parfois plus connus sous leur prénom que sous leur nom de famille.

Les noms sont reproduits, selon le cas, tantôt sous la forme romane, tantôt sous la forme latine.

La traduction en roman d'un nom latin significatif fournit des formes éloignées l'une de l'autre : *Textoris* devient *Teissender*.

La forme latine des noms de personne est celle adoptée pour l'index, mais on en a rapproché la forme romane : *Vineis (de), Vinhas (Guillelmus). — Media Valle (de), Mechval (Guillelmus)*.

Dans les récolements des archives, il y a des centaines de chartes désignées sans cotes par le nom de leur auteur : *Ramon, Philippus*. On a cru inutile de surcharger l'index de références à ces listes, malheureusement trop sommaires pour être utiles.

Tel personnage qualifié bourgeois est devenu, dans un laps de dix ans, consul, puis jurat. Il fallait simplifier : en pareil cas, le titre de consul est seul mentionné dans l'index, bien que toutes les références ne se rapportent pas à l'année du consulat. En recourant au texte, on peut facilement rétablir le *cursus honorum;* il sera moins aisé d'identifier les personnages que les similitudes de prénom confondent sous la même rubrique.

Pour les noms de lieu aux diverses formes latine et romane, on a ajouté naturellement la forme française actuelle.

Rappelons, à ceux qui consulteront ces textes, que dans l'Agenais, au xiv⁰ siècle, l'année commençait le 25 mars, jour de l'Annonciation.

G. T.

JURADES

VILLE D'AGEN

ANNO DOMINI Mᵒ CCCᵒ XLᵉ QUINTO.

IN DEI NOMINE AMEN.

Élection des consuls et des jurats de l'année 1345.

Fuerunt electi consules civitatis Agennensis isti qui sequuntur et habuerunt possessionem consulatus die martis post festum pasche, videlicet xxix marcii.

Distribution entre les douze consuls des neuf gaches ou quartiers de la ville, des clés des portes et des tours et de celles des coffres garnis de fer à conserver les papiers d'archives.

Primo : de Vesaco : En Johan Pelicer, en B. Bocalh.

De Floyraco : En G. de Lescura, 1 clau desus; En coli Berot.

De la Clausura : Moss. Guillelm del Castanher, 1 clau dejus.

De Moliner : Mestre P. de la Vernha, 1 clau desus.

De Sent Gili : En Guilielm Sentonge, *alias* Machet lo jone, 1 clau desus et 1 dejus.

De Sent Estephe : En Guillelm de Vinhas. thes[aurarius], 1 clau desus.

De Moncorni : Mosser Guilhelm de La Costa, 1 clau dejus.

De Sent Anthoni : Thomas Compte.

De Sent Ylari : Mestre Gilis de Coturas, 1 clau desus et autra dejus; N'Arnaut de Cabanas.

Item de la caussetta pestra ferrada ; En Johan Pelicer, una.

Moss. Guillelm de La Costa, autra dedins.

Guillelm de Vinhas, autra.

Guillelm Xantonge, autra.

Noms des vingt-quatre jurats.

Sequuntur nomina xxiiii juratorum :

Johan de la Devesa, Guillelm Sobira, Guillelm Delfach, Stephe Pelicer, R. Delfach, mestre Arnaut Broc, B. Veiran. Ar. Daynart, mestre B. Oler, B. de Cabanas, En Guillelm de Taliva, R. Sobira, N'Aymar de Salmo, Moss. G. Donadeu. Johan Lormer, mestre R. de Marsac, Guill. Bru, B. Guarner. B. Bonis, St. de Valceron, N'Arnaut de Ferran, Guill. de Limona, mestre R. de la Pesa, En P. de Mansac.

Memorandum ou testament des consuls sortant de charge.

Sequitur memorandum.

Consules civitatis Agennensis de anno xliiii finiente xl quinto tradiderunt successoribus suis memorandum de rebus et negociis ville prout sequitur.

Demander à Bernard Martin de La Ville le compte des sommes qu'il a reçues pour la construction du mur de clôture de cette ville, et de l'ouvrage qu'il a déjà fait, ouvrage mesuré par Guillaume de Talives, lequel a touché pour cette tâche 20 livres tournois : arrêter ledit compte et veiller à ce que Bernard emploie au plus tôt ce qui lui reste en caisse et, si cela ne suffit pas, verser entre ses mains le produit du soquet de la présente année 1345. Il a été condamné à faire ledit ouvrage à raison de 40 sols tournois par brasse, payables en n'importe quelle monnaie ayant cours.

Primo habeatur et affinetur compotus de receptis per Ber. Martini a Villa, pro facienda clausura lapidea dicte ville, et de operatis per eum in eadem clausura, que mensurata existunt per Guillelmum de Talivia et alios, cui Guillelmo commissum est finem dicti compoti recipere una cum aliis eligendis, et eidem pro labore suo, impensis et inpedia (?)

in predictis date sunt xx[ti] libre turonenses, et solute; et
provideatur quod idem Bernardus ponat in clausura predicta
celeriter restam quam debebit per finem dicti compoti et nisi
ipsa resta sufficeret, potuntur (*sic pro* possunt) sibi tradi
emolumenta soqueti anni presentis xl. quinti; et ut scitius
faciat dictum opus, fiat sibi, si vobis dominis videatur,
super hoc injunctio per dominum, virtute literarum domini
ducis et juxta ipsarum tenorem qui foras est. Ipse idem B.
condempnatus est ad faciendum dictam clausuram et conten-
tandum de facta et facienda cum xl. solidis turonensibus pro
brachiata quarumvis monetarum currentium, ipsa durante,
prout hoc in sentencia lata vobis tradenda latius continetur,
et videatur cum diligencia si muri facti et faciendi sunt et
erunt sufficientes.

Il est dû audit Bernard 40 livres pour 12 pipes de vin, et lui-même est
débiteur pour la collecte de ses biens et de ceux de Guillaume de La
Cassaigne. Son fils, déjà émancipé, l'est également pour ses biens.

Dicto etiam Bernardo debentur pro xii pipis vini xl.[lb] et
ipse debet pro collecta bonorum suorum et bonorum Guillelmi de Cassania, et Bernardus, ejus filius, debet collectam
pro bonis suis, quare emancipatus, et debet etiam pro libra
bladi ville.

Avoir aussi dudit Bernard et des héritiers de Me Pierre Gassies le compte
des dépenses occasionnées par leur voyage à Paris et celui des appointe-
ments qu'ils ont reçus pour l'obtention des lettres intéressant la ville
d'Agen et autres villes ou personnes.

Item habeatur compotus a dicto Bernardo et heredibus
magistri Petri Guassie de receptis pro anata parisiensi
quam fecerunt dictus B. et dictus P. et de expensis inde
factis, ac de emolumento inde habito propter impetrationes
plurium literarum alias villas et personas quam civitatem
tangentium, que expense ville impetrate et procequte fuerunt.

Comme il y a crainte de guerre, recouvrer des mains de Bernard Martin
jeune 1.230 livres tournois dues pour le soquet de l'an passé, et veiller à
ce qu'il soit fait de cet argent autant d'entablements que possible aux
murailles; et cela en se conformant aux vues plusieurs fois exprimées par
les jurats et d'autres personnes de la ville.

Item, cum suspicetur de guerra, quod recuperentur a
Bernardo Martini juniore m ii[c] xxx lib. t. debite pro soqueto

anni preteriti, et de ipsa pecunia fiant celeriter intaulamenta
ampreti edita murorum que pro ipsa pecunia fieri poterunt, et hoc juxta consilium et requestam juratorum et
plurium personarum ville pluries super hoc factas, cum alias
dicti muri sint indeffencibiles, et sint secundum formam de
predictis faciendis cum magistro Odino de Valencort, videlicet brachiatam pro XLVI solidis turonensibus.

Forcer M⁵ Odon de Valencourt à faire au plus tôt, près de la porte Saint-
Pierre, vingt brasses d'entablements et douze de murailles, puis à raser
le portail de la Croix, ainsi qu'il y est tenu en vertu de l'acte passé par
Mᵉˢ Bernard Topinier et R. de Galapian. Il a déjà reçu le prix de ce travail.

Item, compellatur magister Odinus de Valencort ad faciendum celeriter viginti brachiatas intaulamentorum ampreti
et editorum prope portam Sancti-Petri et faciendum alibi
XII brachiatas murorum, et rasandum portale de cruce : quod
facere debet mediante rotulo et instrumento per magistros
Bernardum Topinerii et R. de Galapiano factis, de quibus
eidem magistro Odino est integre satisfactum.

Prescrire à Mᵉ Jacques Maynard, à Béranger de Gaillac et aux héritiers de
Mᵉ P. Guassies, de construire deux cents brasses de muraille (y comprises
celles déjà faites) et à la suite de celles-ci.

Item ordinetur quod magister Jacobus Maynardi, Belenguerius de Gualhaco et heredes magistri P. Guassie faciant
IIᶜ brachiatas muri in locis inceptis, una cum operatis per eos,
cum assignati fuerunt et integre soluti, vel stetit per eosdem.

Que Mᵉ Sylvestre Olit soit tenu de faire et parfaire la muraille qui se trouve
derrière Saint-George, d'autant que nous lui avons récemment compté
dix livres qu'on restait lui devoir.

Item compellatur magister Silvester Oliti ad faciendum et
perficiendum murum existentem retro Sanctum Georgium,
cum noviter sibi solvimus decem libras de resta sibi debita.

Qu'on achève la tour de la tête du pont d'Agen si et comme les consuls
jugent que cela doit être fait.

Item perficiatur turris de capite pontis Agenni, si et prout
dominis consulibus videatur faciendum.

Poursuivre avec diligence l'affaire de Madaillan, à l'occasion de laquelle
Mr B. de Chantelause est à Paris, d'où il rapportera, croyons-nous, une
heureuse solution.

Item procequatur cum diligencia negocium de Madalhano
pro quo magister B. de Cantalausa est Parisiis, et credimus
ipsum bonam reportare, dei gracia, expedicionem.

Voir et terminer les traités relatifs aux leudes, péages, entrées et sorties
réclamés par le seigneur évêque et les chapitres d'Agen; veiller à ce que
le péage de Castilhon ne soit pas exigé deux fois; traiter enfin avec ces
seigneurs pour les dîmes qu'ils ont à toucher, soit treize charges de bêtes
de somme en deçà des limites de la juridiction et quinze au delà, s'il vous
agrée qu'il en soit ainsi.

Item videantur et perficiantur tractata super solutionibus
leude, pedatgii, introitus, exitus petitorum per dominum
episcopum et capitula Agenni, et provideatur ne pedatgium
de Castilhone bis exigatur, et eo tractetur cum dictis dominis
de facto decimarum quas habeant recipere : XIII sarcinata
de infra decos et XV de extra, si vobis dominis videatur.

Achever la chambre commencée dans la maison commune et obliger
B. Gassies à faire le travail à quoi il s'est engagé.

Item perficiatur camera domus communis incepta, si vobis
dominis videatur, et compellatur B. Guassie ad faciendum
ea que debet facere in predictis.

Entrer en jouissance de la place, selon la manière accoutumée, dès que, au
nom du Roi et pour la commodité publique, la cour du sénéchal d'Agen
en aura donné la mainlevée, au moyen de l'acte reçu par Mr R. de Galapian, acte qu'il faudra retirer d'entre ses mains, de même que ceux
relatifs à l'interdit lancé par le duc de Normandie, seigneur de la province,
à la rémission accordée par la cour du sénéchal à B. de Gassies, accusé
par-devant elle, à l'annulation des acaptes prononcée contre ledit Bernard
au préjudice de la ville, et aux interdits prononcés par le seigneur sénéchal, le juge mage et le juge ordinaire.

Item explectetur platea modo debito consueto, cum manus
regia ad nostri comodum amota fuerit de eadem per curiam
domini senescalli Agenni, mediante instrumento recepto per
magistrum R. de Galapiano, quod recuperetur ab eodem, et
etiam instrumenta recepta per eum de interdicto domini
ducis Normandie, domini patrie, et de remissione nobis facta,
per curiam domini senescali, de Bernardo de Guassia accusato
coram eo, et de revocatione acatatorum in eorum curia

contra dictum Bernardum in ville prejudicium, et de interdictis factis per dominos, senescallum, judicem majorem et
ordinarium.

Faire garder la partie du mur d'enceinte faite en palissade de bois.

Item incorseramenta murorum facta de postibus custodiantur.

*Faire rendre compte des sommes touchées par les collecteurs tant au
dedans qu'au dehors de la ville, et presser la rentrée des arrérages, qui
sont importants et pour lesquels des gages ont été donnés.*

Item habeatur compotus a Bertrando de Got, Guillelmo
de Faeto, R. de Galapiano, Bernardo Topinerii, de receptis
per eos de collectis intus et extra, videlicet a dictis Guillelmo
et Bernardo, de anno preterito, et etiam a dicto Guillelmo
de aliis emolumentis ville receptis per eum, ut thesaurarium; et ayreyratgia que magna sunt, leventur cum magna
diligencia, de quibus pro parte pignora habentur.

Acheter, s'il plait aux consuls, avec le produit de ces arrérages, des emplacements sur lesquels on construira une chambre et une chapelle.

Item emantur de airayratgiis predictis, si dominis videatur,
platee que fuerunt Bernardi Guassie, et fiant camera et
capella, nam obtime fieri poterunt de airayratgiis predictis,
et ultra.

Conserver les privilèges des péages et autres.

Item serventur privilegia de pedatgiis et alia.

*Réaliser les remises gracieuses qui nous ont été concédées sur les
confiscations et amendes, à raison du produit total.*

Item exequantur gracie nobis facte, videlicet de incursibus
et *finunciis* in quibus villa habet tertiam partem et quod
debetur recuperetur a thesaurario.

*Recouvrer à la date fixée 1,000 livres tournois qui ont été attribuées pour la
réparation des murailles par des lettres de M. le duc, qu'a vérifiées le trésorier de France.*

Item recuperentur a dicto thesaurario mille libre turonensium nobis date per dominum ducem, suis litteris mediantibus, verificatis per dominum thesaurarium Francie, pro clausura ville, advenientibus terminis in ipsa gracia declaratis, et iste nostre gracie exhibeantur eidem thesaurario indilate, et fiat cum eo quod exequantur et ponantur in libris ubi sunt alia privilegia, una cum litera interdicti domini ducis.

Item provideatur ne fustes octo arpentorum et dimidio nemorum quos dictus dominus dux nobis dedit in foresta de Gandelone et jam liberati sunt, et satisfactum forestario et procuratori, et de die in diem scindantur, ne pereant, sed pocius cum diligencia colligantur et apud Agennun adportentur pro reparatione pontis.

Faire débiter, quand il y aura lieu, deux cent quatre arbres, achetés pour ledit pont à Raymond d'Espagne, dans sa forêt près Castelmoron, au prix total de 120 livres dont la moitié a été payée, le reste devant l'être à la Saint-Jean prochaine.

Item scindantur, cum fuerit oportunum, ii^c iiii arbores empte pro ponte, mediante instrumento recepto per magistrum R. de Galapiano, empte a Raymondo de Yspania, prope Castrum-Mauronem, in quodam nemore suo, precio vi^{xx} decem librarum turonensium, de quibus solvimus medietatem : alia medietas debetur sibi in instanti festo beati Johannis-Babtiste.

Faire rendre compte à Mes Geraud de Scire et à R. de Chantelauze des sommes qu'ils ont reçues des consuls pour l'affaire de Madaillan et des frais qu'elle leur a coûtés.

Item habeatur compotus a magistris Geraldo de Scira et R. Cantalausa de receptis per ipsorum quemlibet a consulibus, pro negocio de Madalhano, et expensis inde factis.

Item explectetur jurisdictio coti et guardiatgiis in locis de Mejam et et de Vesaco, prout est usitatum et fuerit rationis.

Terminer l'affaire pendante entre la ville et les consuls de Lusignan au sujet
de la juridiction d'une pièce de terre dans laquelle un porc fut tué; exercer
les droits de cot. de gardiage et tous autres sur ce territoire, pour éviter
d'être devancés par ceux de Lusignan.

Item detur finis cuidam negocio quod habet villa cum
consulibus de Lesinhano de jurisdictione cujusdam pecie
terre in qua fuit mortuus quondam porcus. Procurator
regius. ex comissione. habet informacionem factam pro villa.
et sibi satisfactum de c solidis turonensibus pro ea. Explectetur jurisdictio coti et guardiatgii et alia circumquaque
illud territorium. ne occupetur per illos de Lesinhano.

Terminer l'affaire pendante entre la ville et les seigneurs Arnaud Valade et
Guillaume Fournier. laquelle est en instance à la cour du sénéchal.

Item detur finis negociis ville et dominorum Arnaldi
Valade et Guillelmi Furnerii ventilantibus in curia domini
senescalli. quorum status dicet magister Benedictus Topinerii. sindicus.

Terminer aussi l'affaire de B. de Gassies. Pons de Laval et autres, qui a
été portée devant le bailli et les consuls d'Agen.

Item detur finis negociis B. de Guassias, Poncii de Laval
et aliis ventilantibus coram bajulo et consulibus Agenni.
quarum status scientur cum scriptorum (sic) dicte curie.

Rechercher et recouvrer des pièces d'artillerie de la ville. qui ont été
confiées à divers dont les noms sont inscrits sur un registre. et les faire
déposer à la maison commune. ou ailleurs. en lieu sûr et pour le mieux.

Item perquiratur et recuperetur artilharia ville tradita
pluribus personis ville in libro nominatis et quibusdam aliis.
et ponatur in tuto infra domum communem vel alibi. ubi
videbitur. ut scicius valeat inveniri. cum fuerit necesse.

Faire rendre compte par R. de Galapian des sommes qu'il a reçues
pour la queste avant la peste.

Item habeatur compotus a magistro R. de Galapiano de
questis per ipsum receptis. de avito tempore ante mortali-
tatem.

Treize canons de la ville sont confiés le 20 janvier 1415 aux habitants dont les noms suivent :

XIII CANONES VILLE TRADITI XX DIE JANUARII ANNO XL. QUINTO.

Primo : domino Guillelmo de Costa. pro guacha sua : duo canones. Magister Benedictus habuit eos post decessum dicti domini Guillelmi.

Item domino Guillelmo de Castanherio. pro guacha sua : duos canones. Item IX cadrellos unius pedis.

Item Magister P. de Vernha. pro turre cornaleria : II canones. De quibus Guillelmus de Fageto habet unum et Magister P. Mancelli alium.

Item Colino Beroti. pro guacha sua : I canonem.

Item Guillelmo Santongerii. pro guacha sua : I canonem (restituit Magister Ber. Maynardi a II de jener XLVIII°).

Item Guillelmo de Vineis. pro guacha sua : I canonem.

Item. Arnaldo de Cabanis. pro guacha sua : I canonem.

Item Johanni Danios. pro turre capitis pontis : I canonem.

Item fuerunt dati duo canones cuidam militi domini Borbonensis, vocato domino P. Brando.

Inventaire des archives de la ville en 1415.

INVENTARIUM VILLE DE ANNO XL. QUINTO.

Sequuntur privilegia antiqua.

Lo premier privilegi comensa : R. per la gracia de Dieu.

Lo segon : R. filh del senher en R.

Lo ters comensa : Conoguda causa sia.

Lo quart : R. filius del domini senher en R.

Lo quint : Conoguda causa sia.

VI : Simon.

VII : Noverint universi.

VIII : R. Dei gracia.

IX : Alphonsus.

X : Noverint universi.

XI : Alphonsus.

XII : Noverint universi.

xiii : Alphonsus.

xiiii : Johanna. Tholose.

xv : Richardus.

xvi : Eddwardus. Dei.

xvii : Johannes de Sancto-Johanne.

xviii : Conoguda causa sia.

xix : Eddwardus. Dei gracia.

xx : Philippus. Dei gracia.

xxi : Eddwardus. Dei gracia.

xxii : Eddwardus. Dei gracia.

xxiii : Philippus. Dei gracia. (Omnia supra dicta sunt in primo scrinio.)

xxiiii : Philippus.

xxv : Eddwardus. Dei gracia.

xxvi : Eddwardus. Dei gracia.

xxvii : Eddwardus. Dei gracia. (xxviii *manque*.)

xxviiii : Edduardus.

xxx : Eddwardus. Dei gracia.

xxxi : Noverint universi.

xxxii : Universis. (Et sunt duo ejusdem tenoris.)

xxxiii : Radulphus (super moneta).

xxxiv : Bertrandus (super moneta).

xxxv : Arnaldus. Dei gracia.

xxxvi : Conoguda causa sia. (Sunt duo.)

xxxvii : Noverint universi.

xxxviii : Universis.

xxxix : (Vacat. diu est).

xl : Universis presentibus.

xli : Noverint universi.

xlii · Noverint universi.

xliii : Conoguda causa.

xliiii : Venerabilibus et discretis.

Lo xlv : (Vacat. diu est).

Lo xlvi : Philippus. (Confirmatoria privilegii antiqui communitatis Tholose.)

Lo xlvii : Philippus. Dei gracia.

Lo xlviii : Noverint universi.

Lo xlix : Philippus. Dei gracia.

Lo l : Philippus. Dei gracia.

Lo li : Philippus. Dei gracia.

Lo lii : Philippus. Dei gracia.

Lo liii : Philippus. Dei gracia.

Lo liiii : (Vacat, diu est).

Lo lv : Philippus. Dei gracia.

Lo lvi : Philippus. Dei gracia.

Lo lvii : Philippus. Dei gracia.

Lo lviii : Philippus.

Lo lix : Robbertus. (Usque hic in alia techa secunda.)

Lo lx : Robbertus.

Lo lxi : Robbertus.

Lo lxii : Robbertus.

Lo lxiii : Robbertus.

Lo lxiiii : Robbertus.

Lo lxv : Robbertus.

Lo lxvi : Robbertus.

Lo lxvii : Robbertus.

Lo lxviii : Conoguda causa sia. (Loquitur de Macellis. Fuit receptum per magistrum Ber. Maseti. viii die junii, anno m° cc° liiii.)

Lo lxix : Conoguda causa sia.

Lo lxx : Notum sit. (Acordum Sancti Caprasii sine receptione.)

Lo lxxi : Notum sit.

Lo lxxii : Conoguda causa sia. (Non reperitur.)

Lo lxxiii : Notum sit.

Lo lxxiiii : In nomine domini.

Lo lxxv : Conoguda causa sia.

Lo lxxvi : Noverint universi.

Lo lxxvii : Noverint universi.

Lo lxxviii : Robbertus, comes.

Lo lxxix : Robbertus.

Lo lxxx : Noverint.

Lo lxxxi : (Vacat et deficit).

Lo lxxxii : Conoguda causa sia.

Lo LXXXIII : In nomine Patris.

Lo LXXXIIII : Conoguda causa sia. (De interdicto facto ville per communitatem Tolose. — Vacat.)

Lo LXXXV : Arnaut.

Lo LXXXVI : Nos. R.

Lo LXXXVII : Noverint universi.

Lo LXXXVIII : Conoguda causa sia. (Memor[iale] de obliis hospitalis novi magistri H. de Prohensa factum instante anno domini M° CC° LXXIX en novembre.)

Lo LXXXIX : (Deficit. — Instrumentum emptionis platee Guillelmi Costelh; non reperitur. In papiris magistri B. del Cauzen reperitur.)

Lo LXXXX : Philippus Dei gracia. (Usque hic est in alia techa tercia.)

Lo IIII^{xx} XI : Robbertus.

Lo IIII^{xx} XII : Radulphus.

Lo IIII^{xx} XIII : Notum sit.

Lo IIII^{xx} XIIII (In inferiori techa est; Instrumentum est Ramfredi de Bajolimonte; inferius est).

Lo IIII^{xx} XV : Noverint universi.

Lo IIII^{xx} XVI : Nos. Blasius Lupi.

Lo IIII^{xx} VII : Nobili.

Lo IIII^{xx} XVIII : Venerabilibus et magnificis.

Lo IIII^{xx} XIX : Hoc est. (Usque hic in quarta.)

La bulla e la exequtoria del papa, quod nullus trahatur extra diocesim, inferius est.

Item tria privilegia domini Anglie Regis, de regimine patrie, in uno scrinio.

Item IX litteras sigillatas sigillo magno regis Anglie, in uno *(trois mots illisibles.)*

Item quamdam techam ferratam viridam (*sic*) in qua sunt plures sentencie et instrumenta.

Item unam caychetam albam, cum instrumentis et litteris, videlicet VII.

Item duas caissas de fach cum litteris sive scripturis.

Item una buistia, en laqual es lo privilegi des lechs.

Item una buistia en qua a doas letras del pont.

Item xxvii buistias en quas a diversas infructuosas letras.

Item una buistia de cuer en qua son letras de la condempnation del fach de S. Cabrasi e las quitansas del Rey.

Item xvi cartas liadas *(sic)* de diversas maneras.

Item iiii sacs en quals [son] actas del fach de S. Cabrasi. (Duo fuerunt reporti.)

Item dus libres de costuma (inferius).

Item lo libre dels privilegis incorporats.

Item los contes del fach del soquet sagelat des comissaris. (*Article barré et à côté :* Inferius.)

Item ii baneras del senhal del Rey de Fransa.

Item i peno.

Item lo gran sagel de la universitat ab doas prenssas.

Item lo petit sagel ab sa cadeneto d'argen.

Item una buistia de cur en que es la confermacion dels privilegis e costumas d'Agen, del Rey Carles, filh del Rey Phelipes. Doas d'una tenor.

Item una letra de la feira de sancta Fe de Mossenher en Karles de Valoys, duc de Guinas. (*Article barré et à côté :* Lo conte dit alibi est.)

Item i vidimus del Castelet de la dicha letra.

Item la letra de la redra de Bajolmont que est ab las letras de las feiras dessus dichas.

Item i vidimus. (*Article barré ainsi que la fin du précédent.*)

Item los contes e quitansas de las barras e del soquet dels commissaris que auziron lo conte.

Item doas buistias en que a plusors letras cum los cosselhs devon estre a totz intramens d'omes servens e autres, e i son los noms.

Item tres letras de la feira, e l'autra de la perdonansa de Puchmirol, e l'autra de la barra del pont d'Agen, que son en un escrinh, en la cayssa. (*Article barré.*)

Item unas salvagardas general e la exequtoria en una buistia. (*Article barré.*)

Item peno de la vila nuo. (Vacat. Remansit apud Bajolmontem anno xlvi°.)

Item vii notz de lasquals iii ne foron misas en tres espingalas.

Item i privilegi del Rey de Beanha *(sic* pour Boemia), que
degun privilegis ni gracia autreialz als loes de Puchmirol ni
als autres que son entorn la ciotat d'Agen, no prejudicien
als privilegis, costumas et libertatz d'Agen. (*Article barré,
et au-dessous :* Inferius, sunt alibi.)

Item una autra del conte du delmudament de la foira de
Sancta Fe.

Item una salva garda ab coa dobla del Rey nostre Senher,
de la universitat e dels habitadors, in una buistia.

Item la letra del cot e del gardiatge.

Item la licencia del avesque de Condom de cantar al cap
del pont.

Item la licencia de la capella de la ⁓ ⸱⁓n cominal. (Son
en i buistia.)

Item la letra reiyal dels partidos de la bastida que deu far
davant los carmes. (*Article barré :* alibi est.)

Item una buistia del barratge.

Item autra buistia del focatge.

Item una letra que negus borges no sia remes contra los
privilegis de la vila ni las costumas. Item alia quod debita
burgensibus Agenni preferantur fiscalis. Item absolucio
penitenciarii Pape pro illis qui fecerunt contra statuta ville.

Item lo proces del fach de Bajolmont, en que a tres pels.
Item duo instrumenta ejusdem facti.

Item la carta de la composicio de la vila e dels forts.

Item la carta en que en Bertran de Savinhac deu xx' t. a la
vila de renda, per so que te en la honor d'Agen, per questa.

Item las enformacios en Pape escriutas sabre la leda el
peatge de S. Cabrari.

Suivent les privilèges obtenus en l'année 1441, lesquels sont déposés
dans un coffret recouvert en cuir à ferrure neuve.

*Sequuntur privilegia impetrata anno XL primo et posita in
quadam techa de corio cooperta ferrata nova. Et sunt
XII privilegia in illo* (sic).

Primum incipit : Guillelmus, permissione divina.

Secundum : (La confirmacio d'aquel.) Incipit : Philippus.

Lo ters comensa : Guillelmus permissione divina.

Lo quart comensa : Philippus. (Confirmacio dictarum literarum. Sunt in uno cofre inferius.)

Lo quint : Johannes, dei gracia Rex Boemie.

Lo vi : Johannes, dei gracia. (Confirmacio dictarum literarum.)

Lo vii : Johannes, Dei gracia Rex Boemie. (Revictio de trangrecios de monedas et de ordenacios reyals.)

Lo viii : Philippus. (Confirmacio dictarum literarum.)

La carta del loc de Baljamont : Cum es borgues. (E fo recebuda per mestre R. del Vernet, anno domini m° cc° lxxix, viii die aprilis; in buistia est.) (*Barré.*)

Doas cartas de la composicio facha entre la vila e S. Cabrari sobre l'esclausa de S. Jorgi.

Item litere in buistia quibus servientes armorum compellantur ad solvendum tallias.

Item plures litteras in uno massapa, ne victualia, lecti, et hospicia capiantur a burgensibus ultra voluntatem eorum.

Item duas literas in una buistia, quod privilegia concessa apud Grande-Castrum et aliis locis non noceant nobis. (*Article barré :* Superius est.)

Item litera in una buistia, ne a quocumque loco apud Agennum possint adportari victualia. (*Entre* buistia *et* ne, *au-dessus, un mot abrévié qui semble être* universis.)

Item in una buistia litere quibus possumus congregare cum consulibus aliarum villarum hobed[iencie].

Item tres literas : unam de materia hospicii uxoris Monini de Cassanea, aliam materie ecclesie et hospiciorum Fratrum Minorum, aliam de nemore de Calvas, in una buistia.

Item litera doni iiii°r balistarum turni et v° cadrellorum. Item remissio penarum, in una buistia.

Item duas buistias cum pluribus exequtoriis privilegiorum.

Item aliam buistiam cum pluribus literis quibus clerici et capellani compellantur solvere tallias et collectas.

Item aliam buistiam cum pluribus recognicionibus Guillelmi Bulbeti.

Item unam buistiam in qua sunt due litere, una domini episcopi, et alia domini Ludovici, de emolumento licen[cie] vini unius anni. Item litere nove pro licencia vinorum. Item aliam gabele et aliam pensi ville, in eadem buistia.

Item xvi balestas d'estreup.

Item una granda balesta de torn.

Item doas balestas de torn paucas.

Item vi caissas de cayrels de ii pes non plenas. (*Article barré : Alibi est.*)

Item i torn de balesta de torn. (*Même remarque.*)

Item unam buistiam seu massapa in quo sunt tres litere, videlicet litera doni domini ducis de ii^m l. t. nobis datis super focatgio **Tholose**.

Item lo vidimus dicte gracie.

Item litera domini comittis Armaniaci, locum-tenentis regii, quibus mandat thesaurario guerre ut tradat nobis de dicto dono vi^c l. t.

Item recognicio dictarum vi^c l. t. (*Article barré, ainsi que les trois précédents.*) Quarum x libre fuerunt recuperate anno xlvii°, proüt continetur in compotis B. de Carcassona illius anni, et alie x libre date domino senescallo eodem anno.

Item ix privilegium incipit : Philippus.

Item x privilegium incipit : Philippus.

Item xi privilegium incipit : Philippus.

Item xii privilegium incipit : Johannes, permissione divina, episcopus Belvacensis.

Suite des privilèges. Ceux-ci sont contenus dans un vieux coffret
garni de fer.

Sequencia privilegia sunt in alio scrinio veteri ferrato.

xiii privilegium incipit : Johannes, permissione divina, episcopus Belvacensis.

xiiii privilegium incipit : Agotus de Baussio.

xv privilegium incipit : Johannes, permissione divina, episcopus Belvacensis.

Item xvi privilegium incipit : Johannes, primogenitus.

Item xvii privilegium incipit : Johannes, primogenitus.

Item xviii privilegium incipit : Johannes, primogenitus.

Item xix incipit : Johannes, primogenitus. (De facto de Madalhano.) ·

Item xx incipit : Johannes, primogenitus. (Gracia gentesiorum *(sic)* mortuorum.)

Item xxi incipit : Philippus, Dei gracia. (Ne barones faciant guerram.)

Item xxii incipit : Karolus, regis Francie filius. (Confirmacio consuetudinis.)

Item xxiii incipit : Philippus. Dei gracia. (Remissio penarum incursarum pro ordinacionibus monetarum Regis.)

Item xxiiii incipit : Philippus. (Continentur litere Pape ne cessus ponatur in villis.)

6 avril, après-diner.

Die vi aprilis. Post comestionem (1). — Dominus B. de Cassanea, dominus thesaurarius Agenni, Stephanus Pelicerii, Johannes de Devesia, Guillelmus Sobirani, Guillelmus de Faeto, R. de Faeto, magister Arnaldus Broc, Aldomarus Salmonis, magister Bernardus de Marsaco, Guillelmus Bruni, Arnaldus d'Aynardo, Arnaldus de Ferrando, Stephanus de Valceron, Guillelmus de Limona, magister B. de la Pesa, P. de la Costa, B. Martini, P. de Mansaco, Belenguer de Gualhac, Fors de Bonis, magister P. de Liobosel, Forcius de Castris, Magister B. de Sancto Melione, Grimoardus de Roquali, B. Guarnerii, Guillelmus de la Genesta, magister P. de Montes, Arnaldus de la Rossela, magister Guillelmus de Cassaneis, Guillelmus de Talivia, junior, B. Bonis, R. Guarnerii, magister Geraldus de Serra, Moss. B. Calvet, Bertran del Verger, Stephanus de Blaymont, Bertherius dels Cortials, W. Bonet, B. Guasc, P. Darman, Fors de Audebert, En Guilhem de Calma, R. Sobira, R. Coq, mestre Willelmus

____

(1) Ces deux mots, « après-diner », ont été placés dans le manuscrit, par une singulière distraction du scribe, non en vedette, mais dans la liste des noms des jurats, entre celui de *Forcius de Castris* et celui de *Magister B. de Sancto-Melione.*

Baste, B. de Carcasona, P. de Galayshac, B. de Tamponeras, Ar. Raphi, R. Frances, Guiraud de Nagorssia, St. de Costelh, Guilhem R. de Preyshac, Matheus d'au Corn, Bonafos de Costelh, Dordes Frener, Johannes de Voisilhana, Willelm de Merenxs, Bernardus Gasias, Willelm de la Seuba, Ar. de Bertran, P. de Bazets, P. de Payrac, Fors de Bonis, Fors de Feyrac, P. de Valseron, Guilhem de Fials, Ar. de Verda, Johan Audoy, Ar. de Cazals, R. de Guicart, Johan Paget, P. Forne, Wilhem Forne, mestre P. St[evenet], P. R. Febre, Fors del Brugal, B. de la Cepeda, P. de Solhac, mestre Berthomieu lo Faure, Vidal d'Espienxs, P. Salbert Aymerigot, W. de la Costa, P. de Brafont, B. de Cabanas, Johan lo Bergonhos :

Quatre prud'hommes, deux consuls et deux bourgeois honorables seront envoyés en France, pour l'affaire de Madaillan, en conformité de l'ordre du Roi. Un procureur fondé les accompagnera à l'occasion de cette affaire.

Omnes isti voluerunt quod mitterentur quatuor probi viri, duo consules et duo burgenses onorabiles et discreti, in Francia, pro mandato regio eis facto et pro negocio de Madalhano. Item mittatur procurator pro negocio predicto.

Me Géraud de Serres se rendit postérieurement à Paris, d'où il adressa à Me Guillaume Dorlhes les enquêtes, informations et toutes autres pièces relatives à l'affaire de Madaillan.

Postea accessit in Franciam pro dicto negocio de Madalhano magister G. de Serra, et dimisit inquestas et informaciones et quedam alia munimenta dicti facti, dicto anno, magistro Guillelmo Dorlhes, notario secreto regis, proūt idem magister Geraldus retulit.

Anno Domini M° ccc° xl quinto.

Lo disabte, en la festa de S. Georgi, se avisseron aquitz per la anada de Paris, Mosser B. de la Cassanha, Moss. B. Calvet, mestre B. Cleri, Willelm de Taliva, B. de Cabanas, Falquet de la Cassanha, Guiraud del Frayshe, Ar. de Taliva, P. de Valseron, mestre R. de la Pesa, St. de Costelh, Arn. de Ferran, B. Guarner, B. de Gassias, B. Martin, mestre Johan Vinet, mestre Johan de Bajoli, P. del Cluzel, Belenguer de Galhac, St. de Valceron, B. de Carcasona, Arn. de Feran.

On décide que Me Bertrand de Chantelauze sera envoyé en France
pour l'affaire des paroisses (1).

Tots aquestz desus escriutz ab los senhos del coselh disero
e se acordero que sia trames en Fransa sobre lo fagh de las
perroquias, so es asaber Me Bertran de Cantalauza.

P. du Cluzeau est nommé inspecteur des travaux de construction de la tour
sur la Garonne et de réparation des murs de la ville, aux gages de 12 livres
par an.

III^a die maii, domini consules Agenni, videlicet dominus
Guillelmus de Costa, Johannes Pelicerii, B. Bocalh, magister
Egidius de Culturis, Guillelmus de Vineis, Thoma Comittis,
Colinus Beroti, Guillelmus Macheti, consules, constituerunt
et ordinaverunt P. de Clusello in manobrerium turris que fit
super flumen Garonne, et quod inspiciat opera murorum
ville quod fiant de bonis petris, ligaturis et cemento; et
juravit se bene et fideliter habiturum. Et promiserunt sibi
XII libras turonenses, pro labore per annum. Presentibus
P. de Costa, Johanne Malberti, bajulis, magistro Raymondo
de Gresolis.

7 mai. — Guillaume Du Prat, pâtissier, se soumet à l'amende qu'il avait
encourue pour injures envers un sergent de ville.

Consules, domini Guillelmus de Costa, Guillelmus de
Castanherio, Johannes Pelicerii, B. Bocalh, magister P. de
Vernhia, Colinus Beroti, Thoma Comitis, Guillelmus de
Vineis, Guillelmus Sanctongerii, VII^a die maii, Guillelmus de
Prato, pasticerius, se submisit voluntati dominorum bajulo-
rum et consulum Agenni, sub pena L. librarum turonensium
super eo quod dixerat injurias Guillelmo de Fageto, servienti
Agenni ipsorum, et juravit. Presentibus magistro Benedicto
Topinerii, R. Servientis, P Genesta. (*Article barré.*)

(1) Il y eut durant tout le xive siècle des contestations entre les consuls
d'Agen et les seigneurs de Madaillan et de Bajamont, au sujet de la propriété
des paroisses de Fraysses, Saint-Denys, Cardounet, Doulougnac, Artigues,
Metges, Sainte-Foy-de-Jérusalem, Saint-Amand, Sainte-Gemme, Serres et
Cassou. Quelques-uns des incidents de luttes à main armée ou de procédures auxquels donnèrent lieu ces interminables conflits ont été exposés dans
Ville libre et Barons, de notre savant ami M. Tholin, pp. 5, 25, 36, 40, etc.
Notre texte, très sommaire, paraît se rapporter aux usurpations de territoire commises aux dépens de la juridiction d'Agen par le seigneur de Bajamont. Il en sera question plus bas aux jurades du 24 juin et du 4 novembre 1351.

Guillaume Saintonge dispensé, comme consul, de payer
le droit du soquet du vin.

Ibidem dicta die cum B. Martini junior, seu ejus collec-
tores soqueti Agenni, petierunt a Guillelmo Sanctongerii,
alias Machet, consule Agenni, vivente patre suo, videlicet
Guillelmi dicti soquetum vini venditi infra domum dictorum
patris et filii, et dictus Guillelmus consul diceret se non
teneri ad hoc, dicti domini consules, videlicet dominus Guillelmus de Costa, dominus Guillelmus de Castanherio,
magister P. de Vernha, Johannes Pelicerii, colinus Beroti,
Guillelmus de Vineis, dixerunt et ordinaverunt, attentis
infra scriptis, quod idem Guillelmus debebat esse quittus de
soqueto.

27 mai. — Don de 12 livres aux Carmes pour les frais d'un diner
à l'occasion de la tenue de leur chapitre général.

xxvii die maii. — Guillelmus de Talivia, St. Pelicerii, Aldemarus Salmonis, magister Jacobus Maynardi, Arnaldus
d'Aynardo, Bertrandus de Talivia, magister Arnaldus Broc,
B. Guarnerii, mestre B. Cler, mestre P. de Liobosol, B. de
Cabanas, P. de Mansac :

Omnes voluerunt quod darentur xii l. t. pro una refectione
fratribus carmelitanis in eorum capitulo generali quod debet
esse hoc anno, circa festum beatorum Petri et Pauli usque
(sic).

2 juin. — Construction de la tour du pont de Garonne. Prix d'une
canne de muraille en briques.

Die secunda junii fuit consilium habitum quod darentur
i. solidi turonenses pro canna muri tegule Johanni Dosseti,
in constructione turris capitis pontis.

9 juin. — Composition, au sujet de la valeur relative de la monnaie d'argent et de la livre tournois, entre les consuls, le collecteur du soquet et le
juge ordinaire.

ix die junii. — Dominus Geraldus Donadei St. Pelicerii,
Aldemarus Salmonis, non compositores, Bonassosius de
Costelh, St. de Valceron, Arnaldus d'Aynardo, B. Guarnerii,
B. de Cabanis, B. Deiraud, R. de Faeto, P. de Mansaco, B.
de Cabanis (sic), Johannes Lormerii, Guillelmus Sobira,
Guillelmus de Limona :

Omnes voluerunt quod fieret composicio cum Bernardo Martini de pecunia ar[genti] ei de anno XLIIII° soqueti de IX° libris turonensibus, prout est ordinatum, seu tractari inceptum, per dominum P. de Castrone, judicem ordinarium et locum-tenentem domini senescalli, cum consilio regio et dominis consulibus. Est sciendum quod de V° libris tur. per eum debitis et mutuatis ville, debilis monete valentibus C libras bone monete nunc currentis, de quibus debebat facere II° L. cannas juxta convenciones, et non fecit nisi C cannas, et defalcat ville CL. cannas.

Prise de Montrevel par les Anglais.

Dictum fuit Agenni quod die lune, vel sabbati, ante festum beati Barnabe, Anglici ceperunt prodicionaliter locum Montis-Revelli, treugam frangendo.

21 juin. — Jean Barthélemy, anglais, est chassé de la ville d'Agen
pendant la durée de la guerre.

Die XXI junii. — Quod magister Johannes Bartholomei, oriundus episcopatus Eboracensis, fuit sibi interdictum per dictos consules civitatis Agenni, ne moretur infra jurisdictionem civitatis Agenni et ejus honorem, durante guerra, et eidem inhibitum ne dampnum daret aliquibus habitatioribus Agenni, et quod exeat infra diem Jovis de cero *(sic pro sero)*, sub pena corporis et bonorum. Presentibus B. de Cambis, R. Sobira, B. Bois.

22 juillet. — G. Bonis, ancien entrepreneur du pont, touchera ce qui lui est
dû sur le travail qu'il a déjà fait, à raison de 20 livres Arnaudines par an.
Ses affaires avec Arnaud de Verdun ne regardent nullement les consuls.
(Arnaud l'avait remplacé dans l'œuvre du pont, non par le choix des
consuls, mais par celui de Bonis.)

XXII julii anno Domini XL quinto. — Dominus B. Calveti, Guillelmus de Talivia, St. Pelicerii, Aldemarus Salmonis, Arnaldus d'Aynardo, B. de Cabanis, B. Bonis, P. Fornerii, magister Odinus de Valencort, B. Derau, Johannes Lormerii :

Omnes isti, super facto Guillelmi Bonis, olim operarii pontis, voluerunt quod XX libre arnaldenses anno quolibet sibi taxate exsolventur de temporibus retroactis, quantum

operaverit in opere predicto dumtaxat. Item celarium (*pro*
salarium) per eum datum Arnaldo de Verdinio subrogato per
eum. fuit dictum quod idem Guillelmus debebat solvere
illum. vel deducantur de pencione sua. Item quod agatur
contra ipsum Guillelmum. si non recuperaverit pecuniam ab
arrendatoribus. juxta ordinacionem in alio libro scriptam et
ipse habeat recursum contra illos arrendatores barrarum.
Item de moneta que debuerat posuisse restam *(sic)* quam
debet in opere pontis supercedeatur.

Hugues du Bosc est chargé par les consuls de l'œuvre du pont et des
murailles. Son salaire est fixé à 10 livres tournois par an.

Item voluerunt quod Hugoni de Bosco darentur annis
singulis. de moneta in quolibet anno currenti. decem libras
turonenses videlicet c solidos tur. pro labore operis clausure. et alios c solidos tur. pro labore per ipsum impen-
dendo in opere pontis. Nam illo anno Guillelmus Bonis
fuit amotus ab officio. et idem Hugo operarius institutus;
et Guillelmus de Vineis. thesaurarius ville. recepit emolumentum barrarum pontis illius anni.

17 août. — B. d'Ayquart. ayant fait tort à la juridiction des consuls en
traduisant plusieurs personnes devant l'official d'Agen. est condamné à
100 livres tournois qui seront employées aux réparations des murailles.

XVII die augusti. — B. de Aygardo se supposuit voluntati
dominorum consulum Agenni. super eod quod movere fecerat Aymericum de Marchia. Falquetum de Cassanea et quosdam alios. pro deffectibus curie consulum. coram officiali
Agenni. in prejudicium curie consulum et juridicionis sue.
et hoc sub pena c librarum turonensium danda operi clausure. Presentibus Arnaldo d'Aynardo. P. de Valceron.
B. Guassie. Bernardo Guarnerii.

18 août. — Attribution de 30 livres tournois d'indemnité à Bérenger de Gaillac pour terminer 200 cannes du mur de ville dont il a fait l'entreprise.

XVIII die augusti. — Dominus B. de Cassanea. Dominus
B. Calveti. Guillelmus de Talivia. Stephanus Pelicerii.
Aldemarus Salmonis. magister Jacobus Maynardi. Johannes
de Termis. P. Calveti. R. Calveti. Guillelmus R. Calveti.
Gualhardus Textoris. Aymericus de Marchia. Gualhardus

Ayquelini, magister Guido de Podio. — Consules : dominus Guillelmus de Costa, dominus Guillelmus de Castanherio, magister P. de Vernhia, Guillelmus de Vincis, Colinus Beroti, Guillelmus Santongerii, Arnaldus de Cabanis, Geraldus de Lescura :

Omnes voluerunt quod Belenguerio de Gualhaco darentur, in adjutorum operis murorum clausure quos facere debet, xxx libras turonenses, et quod teneatur perficere ii^e cannas muri quas facere debet.

Anno Domini m ccc xlv, die Jovis, in crastinum beati Laurencii, videlicet xi^a die mensis Augusti, domini consules Agenni receperunt in burgensem Agenni dominum Othonem de Merucis, rectorem ecclesie Sancti Johannis de Turaco, qui promisit et ad Sancta Dei evangelia corporaliter juravit contribuere talliis et collectis sibi [impositis] de bonis suis, eclesiasticis exceptis, solvere dominis consulibus Agenni qui nunc sunt vel qui pro tempore erunt, secundum facultatem bonorum suorum.

L'an m ccc xlv en julh, Moss. lo senescal Agenni dederat ville omnem materiam hospicii destructi Carite (ou Carice) de Helia Guillelmi, uxore Monini de Cassanea, rebellis. Et est sciendum quod idem dominus senescallus assignavit nobili Guillelmi de Viverio, domicello, olim capitaneo Agenni supra dictum hospicium seu ejus materiam, vii^{xx} libras tur. in quibus noster dominus Rex eidem tenebatur pro restauris equorum, quas quittavit et remisit ville pro vi^{xx} libres tur. quas domini consules solverunt eidem, seu de ejus mandato, personis infra scriptis particulatim, quibus idem nobilis debebat summas infra scriptas. Et primo : (*cet état des créanciers du capitaine et des sommes qui leur furent comptées est donné plus loin*).

27 août. — On vote 200 sergents pour le service du Roi ou de 40 sols par
homme, au choix du Roi. Ordre est donné de faire bonne garde nuit et
jour et de réparer les fossés.

xxvii augusti. — B. Marti, N'Aymar de Salmo, mestre
Jacmes Maynart, Bonafos de Costelh, N'Arnaut d'Aynart,
Guiraut de Nagausia, Belenguer de Gualhac, Aymeric de la
Marcha, Arnaut de Taliva, mestre Guilhem del Forn, Gual-
hart Tissender, Johan de la Devesa, St. de Costelh, Johan
dels Termes, En Guilhem de Taliva, Moss. Guiraut Donadeu,
Gaucelm de Taliva, Fors de Bonis, R. del Faet, B. de Caba-
nas, B. de Guassias, B. de Carcassona, Jacmes de la Tapia,
Guillem del Faet, Matheu d'Aut Corn., Johan Lormier,
R. Capelet, P. de Mansac, B. de Sordas, V. de Costas, Guil-
lelmus Gamanso, Gualhart d'Ayquelin, R. Guarner, Johan
Bonis, P. Blanc, Guillem Mercer, Johan del Vinhal, Moss. B.
de la Cassanha, H. d'Yzarn, B. Coc, mestre Ar. d'Archinhac,
P. de Valceron :

Tot foron de oppenio que ii sirvens trametos hom al
senhor per xl. jorns, o que hom fine per xl. sols per cada
sirven, si lo senhor o vol. Item que hom gache be de
nuichs e de jorns. Item que hom repare los valatz e
redresse los embanamens.

5 septembre. — Vingt carreaux de deux pieds et trente d'un pied sont
donnés à P. de Roquefort pour porter au Limport.

Lo v jorn de septembre. — Bailhem a P. de Roquafort,
per portar al Limport, xx cairels de ii pes. Item xxx cayrels
de i pe.

État de l'artillerie que les consuls font rentrer.

Artilharia recuperata eodem anno, mense septembri, Bar-
tolomeo Laguacha quos habebat ejus predecessor : vii archos,
iii de turno et iiii duorum pedum, de quibus habuimus
unum de turno et alium de ii pedibus. — Item bailhem li
xviii ares d'estreups.

Artilharia recuperata per Arnaldum de Cabanis consulem,
ab hospicio Guillelmo del Bosco : videlicet i arcum de turno,
item aliud de duobus pedibus, item duas scutas, item xii

targas. item unum anssaprem. item unum banquetum. item unam caxam cum cadrellis : quasi dimidia.

Item aguem de S. Gili. ii espingalas. lasquals balhero per adobar a mestre Philipes lo Buder, per la ma de Guillem del Faget.

Die xiii Septembris fuit ordinatum quod quilibet infra scriptorum habeant canones :

Dominus P. de Casatone : ii canones.

Dominus B. de Cassanea : i canonem.

Dominus B. Calveti : i canonem.

Guillelmus de Talivia : i canonem.

Dominus Geraldus Donadei : i canonem.

B. Martini : ii canones.

Magister Jacobus Maynardi : i canonem.

Guillelmus de Faeto : i canonem.

Dominus Poncius Duriani : i canonem.

Magister P. Mancel : i canonem.

Magister B. Cleri : i canonem.

Guillelmus de Limona : i canonem.

P. Pelicerii : i canonem.

Arnaldus d'Aynardo : i canonem.

Guillelmus de Vinhas : i canonem.

Geraldus de Lescura : i canonem.

Magister Gilis : i canonem.

Arnaldus de Cabanis : i canonem.

Coli Berot : i canonem.

Guillelmus Macheti : i canonem.

Guillelmus Bonis : i canonem.

B. de Carcassona : i canonem.

Arnaldus d'Aynardo (sic) : i canonem.

Bertrandus et Arnaldus de Talivia : i canonem.

Guillelmus Furnerii : i canonem.

Magister R. de la Pesa : i canonem.

Stephanus Pelicerii : i canonem.

Geraldus de Galayssaco : i canonem.

N'Arnaut de Ferran : 1 canonem.

Magister Arnaldus Broc : 1 canonem.

Magister Guill. R. d'Albinhone : 1 canonem.

Guillelmus de Talivia junior : 1 canonem.

R. Guitart : 1 canonem.

Heredes R. Calveti : 1 canonem.

Magister Guillelmus de Furno : 1 canonem.

P. d'Ayquart : 1 canonem.

Thoma Comittis : 1 canonem.

B. Bocalh : 1 canonem.

P. de la Costa : 1 canonem.

B. Guarner : 1 canonem.

Jacmes d'Albaterra : 1 canonem.

P. Furnerii : 1 canonem.

Johannes Pelicerii : 1 canonem.

R. d'Albaterra : 1 canonem.

N'Aymar de Salmo : 1 canonem.

Guillelmus Torti, filius R. : 1 canonem.

Magister P. de Vernhia : 1 canonem.

Johannes de Terminis : 1 canonem.

B. d'Aynart : 1 canonem.

R. del Faeto : 1 canonem.

Mestre P. de Liabosol : 1 canonem.

P. Calvet, saisset Tort : 1 canonem.

Mestre Arnaut de Gamanso : 1 canonem.

Mestre Silvestre Clerc : 1 canonem.

B. Veiran : 1 canonem.

Mestre Johan Nicasi : 1 canonem.

N'Arnaut de la Cassanha : 1 canonem.

Moss Guillem del Castanher : 1 canonem.

Guillem del Moli : 1 canonem.

P. de la Casa : 1 canonem.

Mestre Odinet de Valencort : 1 canonem.

Guillem Bru : 1 canonem.

Gnillem Sobira : 1 canonem.

Matheu d'Aut Corn : 1 canonem.

Guillem de Mechval : 1 canonem.

L'ostal del Palaytz : 1 canonem.

Ayquelin de la Casa : 1 canonem.

Mestre P. de Montes : 1 canonem.

V. Tirat : 1 canonem.

Aymeric de la Marcha : 1 canonem.

L'ostal de Drulheda : 1 canonem.

Fors del Brugal : 1 canonem.

Moss. Aymeric de Noalhac : 1 canonem.

Moss. V. Abelha : 1 canonem.

Moss. R. de Vilotas : 1 canonem.

Moss. R. de Bergonhac : 1 canonem.

Moss. Ar. de Tavernas : 1 canonem.

Moss. Jorda de Bedeyssa : 1 canonem.

16 septembre. — R. Guillem de Viviers, capitaine de la ville, donne reçu aux consuls de 120 livres qui lui étaient dues sur la maison de Monin de la Cassaigne, rebelle. (Voir à la p. 23.)

xvi die septembris. — Nobilis B. Guillelmi de Viverio, domicellus, recognovit habuisse a dominis consulibus Agenni, tam presentibus quam absentibus, sex viginti libras turonensium parvorum sibi assignatas per dominum senescallum Agenni supra hospicium uxoris Monini de Cassanea, rebellis, et per ipsum remissum dictis dominis pro dicto precio, videlicet tam in debitis et assignacionibus per dictos dominos consules solutis, nomine dicti nobilis, et sibi assignatis, eo modo, etc., et quitavit eos et bona consulatus, et promisit reddere litteras doni seu assignacionis sibi facte per dominum senescallum et restaurorum equorum. Presentibus : Guillelmo Secor, magistro Bernardo Topinerii, Durando de Manso, R. Servientis, etc. *(Suit l'état des paiements faits pour B. Guillem de Viviers, sans indication de la nature des dépenses.)*

11 octobre. — Mort de la mère du seigneur de Castelcuiller. Un service sera célébré dans l'église des Carmes; la ville fournira deux draps de soie et douze torches. (Les draps coûtèrent 16 livres tourn. et les torches 60 sous tourn.)

xi die octobris. — Mater domini Castri-Culherii decessit et fuit opinio infrascriptorum quod fieret sibi, die crastina

qua sepeliretur. apud Agennum, in ecclesia fratrum Carme-
litarum. honor maximus. et darentur sibi duo panni ciricei
et xii torche. signo ville. — Dominus P. de Casatone. dominus B. de Cassanea. dominus B. de Calveto. dominus
G. Donadei. St. Pelicerii. Aldemarus Salmonis. Bertrandus
de Talivia. Arnaldus de Talivia. dominus Johannes de Lecadone. Guillelmus Bonis. Johannes de Termis. magister
B. Cleri. magister Poncius Duriani. G. de Gausia. magister
Guillelmus de Furno. P. de Mausaco. mestre Arnaldus
d'Archinhaco. — Et decostarunt panni a Guillelmo de Vineis
xii libras turonenses; item torche. in xxxvi libris cere.
lx solidos turonenses. Valet summa : xv libr. tur.

28 octobre. — Les fossés de la Bretonnerie et les fossés neufs seront recurés ;
    une écluse sera construite devant la porte de la Bretonnerie. Pour subve-
    nir à cette dépense. il sera levé un denier par livre de la somme imposée
    pour le don qu'on fait au duc de Bourbon. Les murs de la ville ne seront
    relevés au delà du moulin de Saint-Caprais qu'après l'achèvement de l'en-
    tablement et des créneaux de la portion déjà construite. Le collecteur
    chargé de la levée du subside sera exempt de contributions et profitera.
    s'il y a lieu. du bénéfice du change de la monnaie.

Die xxviii octobris. — St. Pelicerii. B. Martini. Aldemarus
Salmonis. magister Jacobus Maynardi. Bertrandus de Talivia. St. de Valceron. B. de Carcassona. B. Guarnerii. Ar. de
Talivia. Guil. del Faet. R. Guitard. magister Arnaldus de
Proence. B. Veiran. Joh. de Lancre, R. Sirven, mestre Odi
de Valencort. Joh. de la Devesa. Guir. de Nagausia. Ar.
d'Aynart. Saisset Tort. St. de Costelh. V. Triat. B. Bonis.
mestre P. de la Metgia, mestre P. Bosiguet. mestre Johan
de Blaymont. Fors de Nuirit. Guil. B. Valade. Joh. del
Vinal. mestre R. Capeler. R. Guarner. R. Roger. Guil. de
Mechval. B. Bissol. mestre P. del Fossal, Guil. de Fials,
Joh. dels Montelhs. Guil. Sobira. B. de Cabanas, Grimoart
de la Roqual. mestre B. de Melio. Matheu d'Aut Corn, R.
Boy. mestre Johan Vinet. mestre P. de Montes. H. d'Yzarn,
P. de Vernat, Bertran Cirel. Guil. del Vernet :
Omnes voluerunt quod vallata de la Bretonaria vecurentur
per gachas. videlicet qualibet die per ii gachas. — Voluerunt
etiam quod illi qui habent recurare alia nova vallata. compel-
lantur ad recurandum. — Item voluerunt quod pro magnis

et diversis sumptibus, incortenamento et sclausa quam fieri
voluerunt juxta turrem, vel portale de la Bretonaria, levetur
1 denarius pro libra que exigitur pro dono facto domino duci
Borbonensi. — Item voluerunt quod sclausa fiat ad dictum
portale de la Bretonaria. — Item voluerunt quod non proce-
datur ad faciendum muros nisi usque ad molendinum Sancti
Caprasii, quo usque intaulamenta et dentelhamenta fuerunt
facta in aliis muris factis. — Item voluerunt quod Guillelmus
de Facto levet libram predictam et sit quittus a questa sua, et
habeat comodum cambii, si quodam veniat et accedat in
moneta.

xxix die octobris. — Quod Johannes de Nutrito, burgensis
Agenni, se submisit voluntati dominorum consulum, sub
pena 50 l. t. operi ville danda, super injuriis, vulneribus et
verberibus factis in personam Senhoreti de Mayrot, et juravit.
Presentibus magistris Michaele Cardonis, Geraldo de Serra,
Guillelmo del Faeto.

Item ibidem P. et Guillelmus Spanholii, fratres, de la
Tricharia, se submiserunt etiam voluntati dictorum dominorum consulum sub pena 1. l. t. super eo quod ceperant et
sibi appropriaverant fustes ville, et juraverunt, etc.; presentibus ut supra.

iii die novembris. — Venit ad dominos consules Agenni
ibidem existentes, videlicet ad dominum Guillelmum de
Costa, Guillelmum de Castanherio, magistrum Petrum de
Vernhia, magistrum Egidium de Cultura et Guillelmum
Macheti, consules, Johannes de Charros, bothelerius magni-
fici et potentis viri, domini Petri, ducis Borbonensis, comitis
Claramontensis et Marchie, camerarii Francie et locum tenen-
tis domini nostri Francie Regis, qui petiit a dictis dominis

consulibus quod sibi facerent apperire portas ville, pro intro-
ducendis x doliis ville (*sic pro* vini) pro provisione sua : qui
quidem domini miserunt magistrum Bernardum pro faciendo
apperire portas ad ejus peticionem.

14 novembre. — Autorisation pour les bourgeois d'Agen qui ont du vin
dans la franchise de la ville, en lieu non défendu, de le transporter dans
la ville et de l'employer pour leur consommation seulement, sans pouvoir
le vendre. — Même autorisation à la prieure de Renaud. — Destruction
de la maison des Frères Mineurs.

xiii die novembris. — St. Pelicerii, Guillelmus de Talivia,
B. Martini, Guillelmus de Limona, Guillelmus de Talivia
junior, magister R. de la Pesa, magister Odinus de Valencort, B. Veiran, Aldemarus Salmonis, magister B. Clerii,
Bonafossius de Costelh, Bertrandus de Talivia, magister
R. de Marssaco, R. de Faeto, B. d'Aynardo, Arnaldus Fornerii, Johannes de Devesia, magister Guillelmus Doati,
magister Guillelmus de Podio, magister Raymundus Capelerii, H. Saunerii, magister Odinus de Valencort, magister
Arnaldus de Gamansone, B. d'Ayquardo, magister St. Flaurent, B. de Gausia, magister Guillelmus de Furno, Johannes
Lormerii, Matheus de Alto Cornu, St. Beronie.

Fuit ordinatum per dictos supra nominatos, presentibus
consulibus Agenni, quod, propter magnam necessitatem que
est nunc de presenti et timore guerre, detur licencia omnibus
burgensibus civitatis Agenni contribuentibus talliis et collectis civitatis Agenni, ponere vinum quod habent infra
honorem Agenni in loco perdicionis, pro potu suo dumtaxat,
et quod habeant jurare quod illud non vendant et quod
ponantur in uno libro nomina ipsorum et numerum vinorum
que ponentur infra villam. — Voluerunt etiam quod priorissa
de Rinaldo ponat vinum suum infra villam Agenni, ne ini-
mici gaudeant dictis vinis, et quod P. de Costa ponat vinum
quod habet in loco Fratrum Minorum qui hodie diruitur; —
quodque quilibet habeat litteras licencie dicti vini. Opinio
quasi omnium fuit prima; modicorum *(sic)* autem fuit
quod ubicumque haberent vina de eorum vineis in loco
perdicionis.

30 novembre. — On attendra quatre jours les députés de Condom et de Marmande et, s'ils ne viennent pas, on enverra en France, devers le Roi et le duc de Normandie et d'Aquitaine, deux prud'hommes de la ville, pour dénoncer, comme il est du devoir de la commune, les rébellions et oppressions qui se commettent journellement dans la contrée.

Ultima die novembris. — Dominus P. de Casatone, dominus B. de Cassanea, dominus B. Calveti, Guillelmus de Talivia senior, St. Pelicerii, B. Martini, Aldemarus Salmonis, magister B. Clerii, P. Pelicerii, magister Johannes Nicasii, Geraldus de Gausia, Guillelmus de Talivia, junior, Geraldus de Galayssaco, Johannes de Termis, Johannes de Devesia, Guillelmus Bonis, Arnaldus de Talivia, Johannes Vineali, Guillelmus de Limona, B. de Galayssaco, B. Guarnerii, Guillelmus Bernardus Valadet, Fors de Bonis, Fors del Brugal, P. de Mansac, P. Gaucelm de Taliva, St. de Costelh, Bertran de Taliva, B. d'Aynart, mestre P. del Clusel, mestre Salvestre, mestre Jacobus Maynardi, mestre Guill. del Forn, B. de Gaussias, Guill. del Moli, mestre Odi, B. Veira mestre P. de la Pesa, R. Sirven, mestre R. de Marsac, N. Arnaut del Ferran, Saisset Tort, Gualhardus Textoris, B. Berot, St. de Valceron, Ar. d'Aynart, Jacobus dels Termes, mestre Johan Danios, P. Blanc, B. Marti Junior, R. Guitart, B. Coq, P. Fors, Guill. B. Boe, Guill. de Lescura, B. de Carcassona, Johan Carence, mestre Ar. d'Archinhac, Joh. Dosset, Fors de Noyrit, Guill. Casas, Auger d'Ayquart, mestre Ar. de Gamanso, Huc del Bosc, R. d'Ayquart; — Consules presentes : dominus Guillelmus de Costa, Dominus Guillelmus de Castanherio, magister P. de Vernhia, Arnaldus de Cabanis, Colinus Beroti, Guillelmus de Vineis, Geraldus de Lescura, Guillelmus Macheti, Thoma Comittis, magister Egidius de Cultura, Johannes Pelicerii :

Omnes voluerunt quod expectarentur illi de Condomio et de Marmanda per   dies, et nisi veniant, aut veniant [ulterius], mittantur duo probi viri de civitate nostra in Francia domino nostro Regi et domino nostro duci Normandie et Acquitanie, pro manifestandi sibi dampnis et oppressionibus et rebellionibus que de die in diem occurrunt et committuntur in partibus istis, ut tenentur juramento.

Il est permis aux bourgeois d'Agen, et aux forains qui, par crainte de la
guerre, se retirent dans la ville avec leurs meubles, d'y apporter du vin
pour leur propre usage, pourvu qu'il provienne de leurs vignes.

Item voluerunt pro attento periculo et necessitate urgente
propter guerram, cum forenses intrent civitatem et adpor-
tent bona sua mobilia, fuit ordinatum quod sibi dicti forenses
habeant licenciam ponendi vinum infra civitem Agenni pro
potu suo, videlicet de vineis suis proprium et non emptum.
Item idem voluerunt quod burgenses Agenni ponant vinum
suum quod habent infra honorem Agenni de eorum vineis
et teneantur jurare quod non vendent. Et hoc voluerunt
omnes xxiii et viii consules. Et videbatur eis necessitatem
esse, juxta capitulum consuetudinis.

Imposition d'un souquet de deux deniers par livre sur toutes les marchandises qui se rendront dans la ville ou dans sa franchise, outre celui qui
était déjà établi sur le vin et sur le blé.

Item voluerunt quod pro magnis sumptibus et expensis
quas villa facere habet, tam pro clausura ville quam anata
Parisiensi, quam aliis negociis cothidie emergentibus, adque
libra (sic) incepta levare de uno denario pro libra non suffi-
ciat, et si imponerentur alia, esset valde grave habitatoribus
et burgensibus Agenni, fuit consilium quod soquetum impo-
neretur pro rebus aliis ultra vinum et bladum vendendis
infra civitatem Agenni et ejus honorem, et de dicto soqueto
levarentur duo denarii pro libra, vel alias, prout dominis
consulibus videbitur faciendum.

5 décembre. — On vote en présent au duc d'Armagnac six pipes de vin
garanti bon, douze terches de cire et douze boîtes d'épices.

Dominus B. de Calveto, Guillelmus de Talivia, St. Pelicerii,
Guillelmus de Limona, Aldemarus Salmonis, Geraldus de
Gualayssaco, Johannes de la Devesa, magister B. Oleri, B.
de Gualayssaco, P. de Galayssaco, P. de la Costa, St. de
Costelh, Bonafacius de Costelh, P. Pelicerii, P. Calveti, Ge-
raldus de Gausia, St. Bonet, R. de Ecclesia :

Omnes voluerunt quod, pro augmentando amore et benivo-
lencia domini comittis Armaniaci, detur sibi munus, videlicet

sex piparum bonarum axicurarum vini, duarum albarum et
IIIIe rebrarum (*sic pro* rubrarum) et XII torchas cere IIIIe librarum cere et XII massapas speciarum et quod amor continue-
tur et provideat sibi.

7 décembre. — La maison commune et toutes les maisons d'au delà du pont
doivent être détruites à la fois.

Die VII decembris. — Dominus B. Calveti, dominus Geraldus Donadei, P. de Costa, Arnaldus de Ferran, St. de Costelh, Bertrandus de Talivia, Bernardus Guarciens, H. Saunerii Bernardus de Cabanis, mestre P. Seguini, Guillelmus
de Fials, Augerius d'Ayquardo, Geraldus de Nagausia, Gualhardus Textoris, Geraldus Vesaci, Johannes de la Devesa,
mestre B. de S. Melio, Johannes de Termis, R. Rotgerii,
Geraldus de la Serra, Johannes Gregori, Guillelmus Bernardi
Boet, Guillelmus Bonis, Guillelmus Sobira, R. Sobira, Joh.
Rocel, Guill. de Gamanso, Geraldus de la Toez, B. Coe, P.
de las Venas, P. de la Sanha, Ar. Guill. Daurader, Jacmes
de Castras, B. Veiran, G. del Fraysse, P. Esquivat, P. Miquel, Guill. de Taliva, F. de Galaissac, G. d'Aut Corn., Joh.
Berelha, Joh. de Cabanas, Matheu d'Aut Corn., Ar. d'Aynart, Aymar de Salmo, mestre Ar. de Gamanso, St. Beronie, F. Vesac, Ayquelin de la Casa :

Quia fuerat ordinatum quod omnes domus pontis Agenni
diruerentur et jam diruebantur, voluerunt quod domus communis capitis pontis de ultra Garonnam dirueretur.

14 décembre. — Construction d'un mur de six cannes de longueur (la canne
valant 4 pieds) sur le fossé, au delà de l'écluse de Bordeilhe.

Anno XLV° XIIII die decembris. — Domini consules, videlicet dominus Guillelmus de Costa, dominus Guillelmus de
Castanherio, B. Bocalh, Colinus Beroti, Arnaldus de Cabanis, Geraldus de Lescura, Guillelmus de Vineis, Thoma
cornittis, consules, ordinaverunt quod B. Martini faceret supra sclausam de Bordelha VI canas muri supra sclausam,
videlicet canna IIII^{or} pedum d'espes, canna pro XLV s. :. Item
que fes I *(mot abrévié illisible)* allen sobre tota l'esclusa per
lo meis for.

*10-12 décembre. — Autorisation royale pour l'imposition du souquet
voté à la jurade du 30 novembre.*

L'an M CCC XLV, lo ters dia de desembre, fo autreiat lo soquet a II ans per lo senhor sobre vitalhas et mercadarias,
aissi com en las letras de Moss. de Borbo, loc-tenen del Rey
nostre senhor, es contengut : e lo XIII° jorn del dit mes, fora
deputatz per los senhos cosselhs certas personas a culher
l'argen de las mercadarias.

Nomination des percepteurs du souquet.

Et premiarament es deputat per e sobre los merces, drapes,
ferraces, aver de pes, pelicers, basters, faures, frenes lanes,
bossers, estanhers e sobre autres mercaders, exceptatz sabaters, aflachadors, maseles, blades et revendedors de sal et
d'oli, de candelas e de blat, es deputat Guill. de Gamanso ;

Item es deputat sobre los sabaters, mestre B. lo Tholsa ;

Item es deputat per los aflachadors, B. de Cabanas ;

Item als maseles e als revendedors de salvatgia, de polalha,
d'oli, de sal et d'autras marcadarias menudas, son deputatz
St. Bonet e G. Bosset ;

Item dels blatz, e dels legums que no se molo ni n'on an
acostumat de pagar soquet, es deputat Gasbert Baran ;

Losquals jureron que be e leyalment si auran, e que cascuna senmana, al dissapte o al dimmenge, rendran so que
pres n'auran an B. Guarner, thesaurier per nos sobre aisso
deputatz *(sic)*, loqual isse.

*16 décembre. — Permission aux chanoines d'introduire du vin pour leur
consommation, aux bourgeois de faire mettre en sûreté dans la ville le
vin qu'ils ont dans la franchise.*

XVI die decembris. — Guillelmus de Talivia, Aldemarus
Salmonis, magister B. Olerii, Johannes de Devesia, Arnaldus
d'Aynardo, Guillelmus de Faeto, B. de Carcassonha, T. Guar-
nerii, Johannes Lormerii, B. de Cabanis, B. Veiran, St. de
Valceron, Arnaldus de Ferran, Johan Lormer, mestre Od.
de Valencort, H. Saunerii, Guillelmus de Molendino,
G. Bosser, Laurens Triat, P. R. Febrer, St. Bonet, St. de
Costelh, Guillelmus del Pi, magister Johannes Vineti, Guill.
Sobira, Guill. de Limona, mestre R. de la Pesa. — Consules

dominus Guillelmus de Costa, dominus Guillelmus de Castanherio, magister P. de Vernhia, magister Egidius de Cultura, Arnaldus de Cabanis, Thoma Comittis, Guillelmus de Vineis, Colinus Beroti, B. Bocalh, Guillelmus Macheti, Johannes Pelicerii, Geraldus de Lescura :

Omnes voluerunt quod dominis de Capitulo daretur licencia ponendi vinum in villa pro potu suo. — Item quod burgenses qui habent vinum in honore Agenni habeant licenciam ponendi infra villam, pro custodia dumtaxat.

Construction d'une halle au pain.

Item quod fiat ala panis.

Remise aux fermiers de l'impôt, à cause du préjudice
que leur occasionne la guerre.

Item quod arrendatorum fiat deductio et emenda de dampnis que sustinent pro guerra.

22 décembre. — On brûlera sur la place publique huit barils de vin qui ont été introduits irrégulièrement. Une amende de 65 sous tourn. est infligée au délinquant, à qui on fait grâce de la note d'infamie.

xxii die decembris. — Guillelmus de Monclea, textor, fuit condempnatus ut viii barrilia vini comburarentur in platea Aginni eo quod posuerat eos contra formam licencie sue et contra statuta consuetudinis et usus Agenni, et in lxv solidos turonenses pro gatgio, reservata sibi sua bona fama, protestante de gracia sibi facienda. — Presentibus dominus Arnaldo de la Vigaria, Galterio Corte, seniore, B. d'Ayquardo.

22 décembre. — Il sera fait don au duc de Bourbon et au comte d'Armagnac, à chacun, de 20 à 24 torches et de 30 lapins ou perdrix, si l'on peut en trouver, et de 10 boîtes d'épices.

Die xxii decembris. — Dominus B. de Calveto, St. Pelicerii, Aldemarus Salmonis, magister B. Olerii, Arnaldus de Ferrando, B. de Gualayssaco, Arnaldus d'Aynardo, magister Odinus de Valencort, B. Coc, Johannes de Vineali, St. Beronie, Johannes de Carence, H. Capelerii, R. Guillelmi, Drulheda, mestre R. de Causac :

Omnes voluerunt quod fierent munera dominis de Borbonio et Armaniaci, videlicet cuilibet de xx vel xxiv torchis de iiij libris, et de x massapanis speciarum, et de l. cirogrillis vel perdicibus, si reperiantur.

29 décembre. — Il est permis aux bourgeois bien méritants d'Agen de faire entrer le vin qu'ils ont en lieux de perdition, mais seulement pour le mettre en sûreté. Même licence à Gaillard des Perriers, bailli de la Plume, pour sa provision de vin.

Ante penultima die decembris. — St. Pelicerii, Aldemarus Salmonis, Geraldus de Gausia, Guillelmus de Talivia, junior, Arnaldus de Talivia, Guillelmus de Limona, magister B. de Melione, B. Veiran, magister B. del Verdier, P. del Clusel, B. de Cabanis, magister Odinus de Valencort, magister Guillelmus del Furno, B. Guarnerii, W. Sobira, Joh. Lormer, P. de Valceron, Guill. Bonis, B. de Gualayssac, R. Guitart, R. Roger, Fors de Nuyrit, Mingot, Ar. de Verdu, mestre St. Delart, Joh. Ciran, mestre H. Aymeric, G. de la Roqua, Fors Bonis, Guill. del Moli, B. Cot, Ar. dels Plas, Belenguer de Galhac, consules omnes :

Voluerunt omnes quod burgenses et habitatores Agenni qui habent vina in loco perdicionis, ponant vina ipsa apud Agennum, causa custodie, et jurent, illi videlicet qui fuerunt bene meriti, ad voluntatem et arbitrium et proüt dominis consulibus videbitur faciendum. — Item quod Gualhardo Desperrerio, bajulus Plume, habeat licenciam pro potu de v vel vi doliis vini.

2 janvier (1) (1345-46). — Cent toises de pierres et deux mille tuiles du couvent des Frères Mineurs sont données en dédommagement des maisons démolies du port d'Agen, à E. de La Couture et St. de Valceron.

Secunda die januarii. — Domini consules, videlicet Guillelmus de Costa, dominus Guillelmus de Castanherio, Johannes Pelicerii, B. Bocalh, Arnaldus de Cabanis, Colinus Beroti, Guillelmus Macheti, Thoma Comittis, magister Egidius de Cultura dederunt eidem magistro Egidio de Cultura c teyrals de petris fratrum minorum; item Stephano de Valceron ii^m tegulas de fratribus predictis, quas diruat (sic) et hoc, in recompensacionem dampni domorum dirutorum in portu Agenni.

(1) L'année commençait en Agenais, comme dans presque tout le Midi, le 25 mars, jour de l'Annonciation. Nous marquons toutefois en tête de page l'année grégorienne.

Le duc de Bourbon ayant donné aux consuls huit arpents de la forêt de Gandelon pour les palissades de clôture de la ville, les consuls cèdent ces huit arpents, moyennant environ 2,200 pals de 2 brassées ou 2 brassées 1/2 qui devront être rendus avant la mi-carême au Gravier.

Die II^a januarii. — Cum domini consules obtinuissent a domino duce Borbonensi, locum tenente regio, octo arpenta nemorum de Gandalone pro faciendis palis pro clausura Agenni et venalia ẽxposita non reperissent nec reperirent nisi duo milia palorum per medium (1) duarum brachiatarum et duarum et dimidie, ideo tradiderunt et libreraverunt dicta octo arpenta nemoris magistro R. Martinola presenti pro II^m et II^c palis per medium, ut superius est dictum, quorum x ad minus faciant cannam in amplitudine : quos quidem palos idem magister R. debet reddere ville quittos et absque expensis quibuscumque infra mediam cadragesimam, expensis suis propriis, conductos in ripperia Garone, ad Graverium, etc. — Presentibus magistris Benedicto Topinerii, Hugo de Bosco.

III die januarii. — Fuit ordinatum quod habeatur racio et compotum ab illis qui habuerunt usque ad diem presentem de lapidibus et tegulis fratrum minorum dirutorum ; item quod deinceps nulli tradantur, nisi habeant licenciam seu litteram sigillo curie consulatus nostri sigillatam.

4 janvier. — Il ne sera vendu des briques provenant du couvent des Frères Mineurs que ce qu'il faut pour payer à Me Silvestre Leclerc 100 l. t. à lui promises pour élever d'une canne 1/2 la grande écluse des Frères Mineurs, et 80 l. pour démolir la moitié restant de leur église. Les pierres serviront aux réparations des murs.

IIII die januarii. — S. Pelicerii, Aldemarus Salmonis, Aymericus de Marchia, Arnaldus de Taliva, Guillelmus de Taliva, Belenguerius de Galhaco, R. Guitard, R. de Cabanis, Geraldus de Gualayssaco, Bertrandus de Talivia, B. Veirand, Johannes Lormerii, Forcius Bonis, R. de Plasencia, B. de Gualayssaco, P. de Clusello, P. de Valceron, Bertrandus de Porta, magister R. de Pesa, Bertrandus de Gausia, Gualhardus

______

(1) *Per medium*, en moyenne.

Textoris. magister Guillelmus de Furno. Johannes Nigri, Guil. Sobira, mestre B. Oler, P. Pelicerii, R. del Crance :

Omnes voluerunt quod vendentur tantum de tegulis dumtaxat fratrum minorum datis per dominum Borbonensem, locum tenentem domini nostri Regis, ville, pro clausura ville, quousque magistro Silvestro Clerici sit satisfactum de c lb. t. sibi promissis pro elevando esclausam magnam fratrum minorum (1) quam debet levare per unam cannam et dimidiam et de IIII^{xx} lib. t. sibi promissis pro diruendo mediatem ecclesie, et alia edificia olim fratrum minorum ville data cum alia medietas esset diruta ; et quod petra portetur in clausura ville.

9 janvier. — Autorisation de tenir une banque de change au nom des enfants d'Ar. de Galayssac et au nom de B. de Galayssac leur tuteur.

Die ix januarii. — Domini consules dederunt licenciam Johanni Mandannii tenendi tabulam nummulariam Agenni, nomine liberorum Arnaldi de Gualayssaco et Bernardi de Gualayssaco, eorum tutoris; et tenuit per dictum Bernardum et liberos usque ad xi lb. tur.

18 janvier. — J. des Termes, accusé d'avoir introduit par fraude quarante tonneaux de vin et d'avoir insulté un consul, se soumet, s'il est reconnu coupable, à la peine portée par la coutume d'Agen, ou, en échange, à construire une halle au pain et à faire amende au consul.

Die xviii januarii. — Super submissione facta in dominos consules per Johannem dels Termes, super eo quod posuerat, ut dicebatur. infra civitatem Agenni, xl. dolia vini, absque licencia dominorum consulum, et injuriaverat dominum Guillelmum de....., consulem, fuit consilium habitum per dominos Guillelmum de Castanherio, magistrum Petrum de Vernhia, Johannem Pelicerii,. magistrum Egidium de Culturis, Ar. de Cabanis, B. Bocalh, Colinum Beroti, Guillelmum de Vineis, quod si reperiatus (sic) sit veritas, quod fiat sibi jus juxta consuetudinem Agenni, vel. in loco illius pene. faciat alam panis bonam et largam ad ordinacionem domi-

(1) Un annotateur, dont l'écriture accuse le xviie siècle, a mis en marge : « L'eglise des Frères Mineurs, ensemble le bastiment rompeus, et l'escluse « bastie, qui est aujourd'hui l'escluse derriere la tour de la poudre où estoit « anciennement le vieux couvent. »

norum consulum. Item faciat honorem et emendam de injuriis domino Guillelmo predicto, juxta eorum ordinacionem, et audiatur seu vocetur.

Autorisation à un capitaine de quartier de prendre chez des forgerons mille fers de carreaux.

Item fuit ordinatum quod tradantur domino Guillelmo de Castanherio, pro guacha sua, seu Belenguerio de Galhaco, ipsius nomine, per fabros, м ferri cadrellorum.

Du 15 au 29 janvier. — Le souquet imposé sur la vente des marchandises, à raison de 2 deniers par livre, est adjugé en ferme pour le prix de 240 livres de petits tournois, jusqu'à la prochaine fête de Pâques.

Memorandum quod anno м. quinto, xv die januarii, domini consules Agenni exposuerunt venale emolumentum soqueti seu impositionis duorum denariorum pro libra de mercaturis vendendis apud Agennum, et xxix die dicti mensis fuit sibi liberatum, tanquam plus offerenti, precio ii͡c xl. lb. turonensium parvorum, hinc ad instantem festum Pasche domini, solvendo in duobus terminis.

Emprunt pour achat de bois destiné aux fortifications. Guillaume des Vignes, consul, s'oblige personnellement. Le remboursement est assigné sur le souquet.

Et est sciendum quod propter necessitatem clausure, oportuit dictos dominos consules manulevare a personis infra scriptis pecunie summas infra scriptas, pro quibus summis pecunie solvendis, Guillelmus de Vineis se obligavit eisdem et fuerunt assignati supra arre[ratgium *ou* arrendatorem] predictum : quas quidem summas manulevarunt pro solvendo et mittendo fustes Tholose pro clausura.

Primo mutuo habuerunt dicti domini consules, seu Guillelmus de Vineis a Benedicto Martini seniore xxx denarios auri, de l'escut.

Item a Stephano Pelicerii, xl. lb. t.

Item ab Arnaldo Ferrandi, xl. lb. t.

Item a Guillelmo de Limona, xx lb. t.

Item a Bernardo Gualayssaco, xx lb. t. (1).

(1) Paragraphe barré ; au-dessous : « Guillelmus de Vineis solvit eis, ut in « suo compoto continetur ».

6 février. — Compte avec les maçons qui ont construit la tour de la tête du
pont. Les parties vides des créneaux seront comptées comme si elles
étaient pleines. Il n'en est pas de même pour le grand arc-boutant et les
chambres; les maçons devront remplir le vide de l'arc-boutant et faire
deux fenêtres. Il leur est dû 108 cannes et 2 palmes de maçonnerie, qui, à
5 s. la brasse, montent à 281 l. 9 s. ;

Die vi februarii, retulerunt magistri Silvester et Odinus
Lathomi, suo juramento, quod denthelamenta turris capitis
pontis debent computari vacuum pro pleno, et arebout
magnum non debet computari vacuum pro pleno, ac camere.
Fuit ibidem dictum quod adimpleat dictum arebot et faciat
duas fenestras suis expensis; et fuit ibidem [dictum] quod,
completo dicto arebout, erunt ibidem cix cannas et dimidiam,
de quibus habet arbotum predictum tres cannas et dimidiam
de vacuo, de quibus debet deduci tercia pars, videlicet canna
et ii palmos *(sic)*. Sic restat quod debet sibi satisfieri de
cviii cannis et ii palmis. Ascendunt, a i.ii s. t. pro brachiata,
cc iiii^{xx} i lib. ix s. t. : de quibus habuit in diversis particulis
ii^c i. lib. t. tam a Guillelmo de Vineis, thesaurario ville,
quam ab arrendatore soqueti bladi et vini. Sic restat
xxxi lib. ix s. t.

4 s. t. par charge de chaux employée à la cheminée et à l'escalier
du portail du bout du pont, de ce côté de l'eau :

Item debentur xii salmate calcis que fuerunt posite in
ad *(sic)* chanmieyam et scalam portalis capitis pontis citra,
iiii s. tur. pro qualibet salmata;

Douze charges de chaux pour une portion de muraille attenant
à l'hôpital Saint-George;

Item xii salmate calcis pro muro coherenti cum hospitali
beati Georgii, eodem precio;

Deux cent dix briques plates;

Item ii^c x bioletas positas in dicta chanmieya, viii s. t.,
summa iiii lib. iii s. t.;

Douze charges de chaux pour l'échaffaud (hourds?) du moulin
de Saint-Caprais;

Item xii saumadas de caus que pres En Coli Berot per
metre al gadafale que es pres del moli S. Cabrari (1):

(1) Cet alinéa et les quatre suivants se rapportent au compte du 17 mars
1345-46. (Voir plus bas.)

Trois charges de chaux pour l'escalier de la tour de la tête du pont :

Item III salmatas calcis quas habuit P. de Clusello pro construendo scalas turris capitis pontis ;

En somme trente-deux charges de chaux à 4 s. t. la charge, valant 6 l. 8 s. t. ;

Que particule calcis faciunt XXXII salmatas, valentes a IIII s. t. salmata, VI lib. VIII sol. tur. ;

4 s. t. pour la brique plate et le pavement de l'échaffaud de la tour de la tête du pont.

Item pro violeta et paymento ad paymentandum guadafalcum capitis pontis citra Garonam, que habuit Hugo de Bosco : IIII sol. tur.

Il est dû, en somme, à Mᵉ Jean, compte arrêté hier, 27 mars, 40 livres 17 s. tournois.

Summa totalis de iis que debentur dicto Johanni, facto compoto die hodierna XXVII marcii anno XL. quinto, XL. lib. XVII s. t. que fuerunt sibi solute per Guillelmum de Vineis, thesaur. ville, prout in suo computo continetur.

Janvier 1345-1346. — Distribution de la vieille artillerie de la ville.

L'an M CCC e XL quinto, en jener, la artilharia velha de la vila devisada per los portals e per... (1).

Armement de la porte des Rages.

Item del hostal de mestre Gilis entro a la porta dels Rages, 1 arc de torn (2) al portal, e 1 arc de 11 pes (3), e XXV cayrels de torn, e c cayrels de 11 pes e IIII arcs d'estremp (4), e 11 sintas furcas e 1ª caissa de cayrels. — Pres P. Fors (die festi beati Marcialis, anno XLVI recognovit ea habuisse idem Forcius).

---

(1) Le 1ᵉʳ article est barré : il est ainsi conçu : « Tot primieramant, a la tor « Cornalera de Malbec, darrey S. Jorgi. 1 arc de torn e XXV cayrels e 1 arc « de 11 pes e c cayrels, e 1 caissa de cayrels d'estrenp. Pres mestre Gil. de « Coturas, per balhar a B. del Suc. Michel recepit quare fuit cancellatus. »

(2) *Arc de torn*, ou *de turn*, ou *de turno* (voir plus bas), engin non portatif, manœuvré au moyen d'un tour.

(3) *Arc de 11 pes*, arc muni de deux anses ou étriers fixés au sommet de l'arme et dans lesquels l'archer engageait les pieds pour bander avec plus de force l'arc préalablement couché à terre.

(4) *Arc d'estrenp, de estrivo*, arc à un seul étrier.

Armement de la porte Saint-Antoine.

Item en la porta de S. Antoni, a En Thomas Compte ı arc
de ıı pes e c cayrels e une caissa de cayrels d'estremp e ı torn
petit.

Et magister Guillelmus Bernardi d'Alvinhone habet ı arc
de torn et unam caxam de cayrels de garrotz e ı torn. Ipsius
magistri Bernardi sunt; tamen obtulit ea pro tuicione et
valitate ville.

Armement de la porte du pont de Garonne.

Item a la porta del pont, ı arc de ıı pes e cı. cayrels (1)
e ıⁱ caissa de cayrels d'estremp en que'n a vᶜ ı. (des quals
aguero alaval ıııᶜ cayrels, ıx die junii, de mandato dominorum consulum. Item pro eadem causa et de dicto mandato.
ııᶜ cayrels). — Pres N'Arnaut d'Aynart. (Dictus Arnaldus
recognovit habuisse dicta artilharia et ulterius ı arc de torn
nuo de ceys (2) e ı arc de ıı pes e ıı arcs d'est. .p de ceys
nuos, die festi beati Marcialis, anno xlvı. Restituit in domo
communi.)

Armement du portail des Frères Mineurs. (Souvenir d'une
expédition contre Bajamont.)

Item al portal des Frais Menors, ı arc de torn e xxv cayrels
e ı arc de ıı pes e c cayrels, e ıııı balestas d'estrenp (3) boys e
ıⁱ caissa de cairels. (Laqual caissa bailhet En R. Guitard, de
mandament dels senhos quant anero a Bajolmont. Restituit
Ar. Guitart ı arc de ıı pes e ı arc de torn e v arcs d'estrenp
e ı quantitat de cairels d'estrenp e ıı canos. tercia die
novembris anno xlıx.) Pres. Mos. W. de la Costa per En
R. Guitart.

Armes livrées à divers particuliers.

Item ago mestre Guill. de Cassanhatz ıı balestas d'estrenp
boys.

---

(1) Les portions de texte qu'isolent des parenthèses sont des notes consi-
gnées postérieurement à la rédaction des procès-verbaux de jurade et à
l'occasion des différents récollements de l'artillerie municipale.

(2) *Arc de turn nuo de ceys*, arc de tour neuf en cuir.

Tout l'alinéa compris entre ces mots: « Item a la porta del pont »; et ces
autres : « restituit in domo communi », a été barré, les armes ayant été
restituées postérieurement à la rédaction primitive.

(3) *Balestras d'estrenp boys*, arbalètes à un étrier.

Item tradidit Guillelmus de Fageto domino Guill. de Castanherio, pro sua garda, 1 arc de corio de turno.

Item magister Guillelmus R. d'Alvinhone de 11 cone 1 arcum turni de cornu.

Item B. Bocalh, consul, eodem modo aliud (restituit).

Armement de la porte de la Croix.

Item a la porta de la Crotz, 1 arc de 11 pes e c (1) cayrels. En Guill. de Taliva a v^e cayrels per tota la guacha.

Armement de la gache Saint-Étienne.

Item en la guacha Sent-Estephe, 1 arc de 11 pes de corn, e 11e cayrels de 11 pes. e 1^a caissa de cayrels d'estrenp. Et B. de Galayssaco alium de 11 pes. — Pres Guill. Bonis. (Guillelmus Provins restituit die tercia januarii anno xlviii° 1 arc de corn de 11 pes; cadrellos dixit divisos fuisse tempore dicti Willelmi Bonis quondam.)

Armes livrées à un particulier.

Item pres Guill. de Vinhas 11 balestas d'estrenp et 11 senturas.

Armement de la porte Saint-Jean.

Item a la porta S. Johan, an lor propre (2), 1 arc de torn e lo torn e 1^a caissa de cayrels lor propre. Item an de la vila 1111 balestas d'estrenp boys e 1111 issintas de fial (3), e 1 arc de 11 pes e c cayrels de 11 pes (e 1 torn e 1 cano) Prens En Guill. Santonger. (Restituit magister W. Maynardi tutor liberorum dicti Willelmi Santongerii dicta artilheria, excepto arcu de duobus pedibus quem habet, ut dixit, B. Veiran. Item dixit se tradidisse magistro P. d'Embaco ci. cayrels d'estrenp. Actum anno xvliii, 11 januarii.)

Armes livrées à un particulier.

Item ago mestre P. Mancel 1 arc d'estrenp de boys e xxv cayrels. Item ago lo dich P. 1 cayssa de cayrels d'estriop *(sic pro* estremp).

____

(1) Le début de cet article jusqu'à *cayrels* est rayé, par suite sans doute de la restitution à la ville des engins dont il y est question.

(2) Armes appartenant en propre au quartier.

(3) Ne seraient-ce pas des ceintures de toile de fil ?

Armement de la tour du bout du pont.

Item a la tor del cap del pont, ı arc de torn e ı. cayrels e
· ..e de ıı pes e c cayrels. — Pres mestre Johan Danios
(restituit totum anno ı. primo) (1).

Armement de la porte de Saint-Pierre.

Item a la porta de S. Pei, ı arc de torn e ıı arcs de ıı pes e
ı torn que pres de S. Gili e xxv cairels de torn e c cairels de
ıı pes e ıᵃ ucha de cairels d'estrenp; item ıııı arxs d'estrenp.
— Pres N'Esteve Pelicer o sas gens. (Idem Stephanus
Pelicerii, die festi beati Marcialis, anno xlvı°, recognovit
predicta. Item die ıx septembris, anno xlvıı, tradidit
Stephanus Pelicerii, consul, seu posuit in dicto portali sancti
Petri, presentibus et recipientibus magistro Geraldo Textoris
et Stephano Delars, Johanne Ciran, Johanne Carence, ıı arcs
ıı pedum cum c cadrellis duorum pedum e ıı arcs d'estrenp
cum una caxa cadrellorum et fecerunt portali de cetero duos
anssaprins.)

Armement de la tour Cornalière.

Item a la tor Cornalera de la Bretonaria, ı arc de torn e
xxv cayrels e ı torn e ı arc de ıı pes e c cairels e ıᵃ caissa de
cayrels. — Pres mestre P. del Clusel e R. Sirven.

Armes confiées à des particuliers.

B. de Sordas : ı paves. W. d'Espienx : ı paves. Ar. d'Aynart : ı paves (solvit al Pinhedre). Guill. Bonis : ı paves.
Joh. Pelicer : ı paves. Coli Berot : ı paves. (Reddidit.)

Armement de la porte de la Bretonnerie.

Item a la porta de la Bretonaria, ı arc de ıı pes e ı arc de
torn e lo torn garnit, e xxv cairels de torn e c de ıı pes e
ı anssaprim e una ucha de cayrels e ıııı arcs d'estrenp. —
Pres P. Segui exepta techa quam habuit dominus Guillelmus
de Castanherio.

---

(1) On a ajouté après coup des barres en croix sur cet article.

**Armement du rempart entre la porte de la Gravière et le moulin
de Saint-Caprais.**

Item de la porta de la Gravera entro al moli S. Cabrari
IIII arcs d'estrenp e II sintas e Iª ucha de cayrels. — Pres
H. Sauner, exepta techa.

**Armement du rempart entre le moulin de Saint-Caprais
et celui de Bordelhes.**

Item del moli S. Cabrari entro al moli de Bordelha (1)
IIII arcs d'estrenp e I caissa de cayrels; item L cayrels de
II pes. — Preseron En Coli Berot, Guir. de Lescura (confessus fuit die festi beati Marcialis anno XLVIº idem Colinus
[quod] distribuerat in gacha sua dictos cadrellos, prout
continetur in libro suo).

**Armement de la portion de rempart située entre le moulin de Bordelhes
et l'égout, derrière la maison de M. La Viguerie.**

Item al moli de Bordelha, entro a l'escorredor (2) darrey
l'ostal de Moss. Ar. la Vigaria, I arc de II pes e C cayrels e
IIII arcs d'estrenp. — Pres en B. de Cabanas.

Armes confiées à un particulier.

Item ago Moss. Ar. de la Vigaria Iª balesta e Iª issinta.

**Armement du rempart de l'égout susdit jusques et y comprise
la porte de Saint-Georges.**

Item del dich escorredor entro al portal S. Jorgi, aquel
inclus, I arc de torn el dich portal e'l torn e L cayrels. —
Pres Guill. de Limona. (Restituit in domo communi.)

Armes et engins confiés à divers particuliers.

Item ago N'Arnaut de Cabanas : I sinta de balesta de cur.
Item En B. Bocalh : I sinta de cur. Item Guill. del Faget :
I sinta de cur. Item dominus Guillelmus de Castanherio :
I sinta de cur. Item Thomas Compte : I sinta de cur.

IX die februarii habuit P. Forcii Iª nocz (3) forcada e II nocz

----

(1) L'annotateur du XVIIᵉ siècle a mis en marge : « Molin derrière les
« Augustins, qui est le molin de Bordelhe, où sont encore les vielhes mazures
« dans le fossé de la ville. »

(2) Le même annotateur a mis : « C'est le gourbaud de Bordelhe. » *Escoru-
torium* (Ducange). égout.

(3) *Nox. nux*, noix fourchue, noix de métal. C'est le rouet de l'espingole ou
de l'arbalète.

de metal per las espingalas que foran balhadas a mestre
Philipes lo Buder. (Hinc restituit.)

9 février. — B. Martin aîné reconstruira, moyennant 48 s. t. la canne, y
compris entablement et créneaux, les deux tours qui sont entre la porte
Saint-Pierre et la tour cornalière de la Bretonnerie, sous peine d'un denier
envers le seigneur s'il dépasse le terme assigné.

ix die februarii. — Pres dels senhos cosselhs En B. Marti
lo vehl a levar las doas tors que son entre lo portal de S. Pei
e la tor cornalera de la Bretonaria, a levar massif entro a la
fi dels dentelhs del mur, e puy entaular et dentelhar per
LXVIII sol. tur. la cana, una per autra, contam voch per ple (1),
et deu o aver fach d'aissi a la feira de careme en pena d'un
dinnar als *(sic)* senho.

13 février. —Les pierres des bâtiments des Frères Mineurs, qui n'excéderont
pas la charge d'un à quatre hommes ou d'un cheval, seront déposées en
ville à la porte de la Croix ou derrière les palissades de la porte des Frères
Mineurs pour servir aux réparations de ladite porte de la Croix ou d'autres
travaux. — B. Martin et B. Olier sont établis maitres de l'œuvre des
fortifications. Si l'un d'eux cesse les travaux, l'autre sera tenu de les
continuer et de les finir.

xiii die februarii. — Dominus B. de Cassanea, dominus
B. de Calveto, Guillelmus de Talivia, senior, St. Pelicerii,
B. Martini, mestre B. Oler, Aymar de Salmo, Guillelmus de
Talivia junior, Guillelmus de Limona, mestre Guillelmus
Ar. d'Aubinho, Ar. de Taliva, P. de Costa, Guill. del Faeto,
Johan del Vinhal, Saisset Tort, Guill. del moli, P. Calvet,
B. de Cabanas, B. Marti junior, Bonafos de Costelh, St. de
Costelh, B. de Gualayssac, Guill. Bonis, mestre Ar. Broc,
R. Guarner, G. de Gualayssac, Johan de la Devesa, N'Arnaut
d'Aynart, Guill. Sobira, G. de Nagausia :

Omnes voluerunt quod omnes lapides Fratrum Minorum
que possent portari per 1, duos, vel iiii[or] homines, vel unum
roncinum, ponantur infra villam a la crot[z] et citra palos de
portali Fratrum Minorum et ponantur in opere et pro portale
de cruce, vel alium locum. — Item deputentur duo operarii
clausure, videlicet B. Martini et magister B. Olerii, ita quod
exequtionem per ipsos vel eorum alterum contra illos qui

____

(1) *Voch per ple.* en comptant le vide pour le plein.

cessabunt vel recusabunt facere domini consules non impediant : quod fuit per eos concessum.

Sylvestre Clerc, maitre maçon, achète au prix de 70 l. t., les briques et les bois provenant de l'église des Frères Mineurs. — Le 30 mars, Silvestre Clerc reçoit l'ordre de démolir les murs restés debout, dans l'intérêt de la défense de la ville, et de retirer dans un bref délai les bois qui lui ont été vendus, sous peine de perdre son recours contre les consuls.

Cum magister Silvester Clerici, lathomus, obtulisset in muris tegulariis olim Fratrum Minorum et materia (1) que die hodierna erat in dicto loco tam in pedes quam dirutum (2) exceptis omnibus petris eclesie olim Fratrum Minorum et aliorum hedificiorum, LXX lib. tur. parvorum, dominis consulibus civitatis Agenni, est sciendum quod domini consules, videlicet dominus Guillelmus de Costa, dominus Guillelmus de Castanherio, Johannes Pelicerii, B. Bocalh, Arnaldus de Cabanis, Guillelmus de Vineis, Geraldus de Lescura, Guillelmus Sentongerii et Thoma Comittis, consules, nomine consulatus et ville, liberaverunt dicto magistro Silvestri, tanquam plus offerenti, dictos muros tegularios et tegulas et materiam, exceptis lapidibus, precio LXX lib. tur. (Et penultima die marcii anno XLVI fuit intimatum eidem magistro Silvestri quod dirueret muros predictos ne dampnum ville posset devenire, et quod hinc ad instantem festum Pasche Domini diruisset et cepisset materiam, nam ex tunc sibi non portarent garentiam si debatum tunc sibi fieret.)

13 février. — Les pierres que la ville s'était réservées sont livrées à Silv. Clerc et à Odin, pour refaire une portion du mur, depuis la porte de la Croix jusqu'à la porte des Frères Mineurs.

XIII februarii. — Ibidem magister Silvester Clerici et magister Odinus receperunt ad faciendum murum ville, de portali de Cruce versus portale Fratrum Minorum tantas cannas quod fieri poterunt de petris ecclesie et edificiorum Fratrum Minorum quas ipsi suis expensis facient adportare infra villam, quamlibet cannam pro XXVIII sol. turon. parvorum.

(1) *Materia*, bois de construction, madriers, poutres, poutrelles.
(2) *Tam in pedes*, murs en brique tant sur pied que renversés.

Délibération du 23 février. — Les ventes de blé sincères seront exemptes du droit de souquet; les ventes simulées payeront 2 s. par livre. — On fera rentrer les arrérages de la quête ou impôt municipal ordinaire. — Les consuls saisiront moyennant prix compétent et revendront les vins introduits en ville pour y être mis en sûreté. Si cette ressource ne suffit pas, on avisera à d'autres. — Les consuls continueront à faire la garde toutes les nuits.

XXIII die februarii. — Dominus B. de Calveto, Dominus Arnaldus de Cassanea, miles, St. Pelicerii, P. Pelicerii, magister B. Olerii, B. de Gualayssac, B. de Carcassona, Bonafos de Costelh, Aldemarus Salmonis, Johannes de Devesia, Geraldus de Gualayssaco, Arnaldus d'Aynardo, P. de Costa, magister Odinus, Arnaldus de Talivia, Guillelmus Sobirani, Guillelmus de Limona, magister Guillelmus de Furno, Aymericus de Marchia, magister R. de la Pesa, H. d'Yzarn, Guillelmus Bors, Guillelmus Fornerii, P. Folberti, B. Guarnerii, St. Beronie, Johannes Vineti, B. de Cabanas, B. Veiran, B. Martini, senior, B. Martini, junior, Guill. del Faet, P. de la Nausa, R. Boy, St. Bonet, Laurens Triat :

Omnes fuerunt opinionis quod imposicio non levaretur de bladis que revera, sine ficta, emuntur et venduntur; de aliis vero contractibus fictis et simulatis exhigatur II den. pro libra. — Item quod arrayratgia ville leventur de questis. — Item quod capiantur ad precium competens vina reposita Agenni pro custodia, et vendantur, et ni sufficiant, quod adhibetur aliud remedium. — Item voluerunt quod continuetur lo gach per dominos consules per totam noctem.

*Dernier jour de février. — G. Bouyssou se soumet à l'amende
pour injures envers deux consuls.*

Ultima die februarii. — Guillelmus Boysso, habitator Agenni, super eo quod injuriaverat Petrum de Marchia et Geraldum de Lescura, consules, se submisit voluntati dominorum consulum sub pena L lib. tur. et juravit. — Presentibus : magistro H. Aymerici, magistro Benedicto Topinerii et Johanne Blondelli.

*26 février. — Don fait au seigneur de Caumont de dix livres d'épices
et de six torches de cire pesant dix-huit livres.*

Acordat fo XXVI jorns en fevrier, l'an M CCC XLV per moss.

En Willelm del Castanher, mestre P. de la Vernha, Ar. de Cabanas, mestre Gilis de Colturas, Guilhem de Vinhas, Coli Berot, Thomas Compte, W. Santonger, G. de Lescura, de voluntat o de coselh de Moss. P. de Cayeto, de mestre W. R. d'Aubinho, Guilhem de Limona, B. Marci, mestre B. Oler, Moss. En B. Calvet, St. Pelicer, Moss. B. de la Cassanha, Moss. N'Ar. de la Cassanha e plusiors d'autres que fossan donadas al senhor de Caumont x libras d'especias et vi torchas de xviii libris de cera.

17 février. — Mort de Guillaume de la Coste, consul en exercice. — La ville fait les frais de douze torches et de deux draps de soie pour sa sépulture.

Die xvii februarii. — Illa die decessit dominus Guillelmus de Costa, consul.

Domini consules Agenni, Dominus B. de Cassanea, Dominus P. de Casatone, Dominus Johannes de Lecadone, † Guillelmus de Limona, Arnaldus de Ferrando, † Bernardus de Gualayssaco, Bertrandus de Taliva, † Bernardus Guarnerii, † B. Martini, junior, B. de Cabanis, magister Guillelmus del Furno, † N'Aymar de Salmo, Johan de la Devesa, G. de Gualayssac, B. de So..., Arnaldus de Taliva, Guillelmus Bonis, Forcius Bonis, G... imus de Talivia, senior, Stephanus de Valceron, Arnaldus d'Aynardo, Imbertus Fornerii, R. Guitard, Galhardus textoris, Johannes Malberti, Guillelmus de Silis, Guillelmus de Faeto, C. Bruni, Johannes Gassias, magister Guido de Podio, Bertrandus de Palacio, St. Bernardus d'Ayquem, B. Guillelmi de Viverio (1), St. Pelicerii, P. Pelicerii, dominus Arnaldus de Cassanea, magister B. Olerii, dominus Geraldus Donadei, magister Guillelmus R. d'Albinhon, Geraldus de Gausia, magister Arnaldus Barberii, Geraldus de Tapia, Sayssetus Torti, Guillelmus de Medio-Valle :

Omnes crosati (2) voluerunt quod, nisi esset statutum contrarium juramento vallatum, quod daretur domino Guillelmo de Costa defuncto die hodierna, xii torcie et ii pannos

(1) Guillaume de Vivier était capitaine de la ville.
(2) Ceux dont les noms sont précédés de †.

de serico. Ceteri vero voluerunt quod daretur munus predictum dicto domino Guillelmo quondam.

1ᵉʳ mars. — Emprunt forcé de quarante-cinq tonneaux et une pipe de vin
(la pipe valant un demi-tonneau) et reconnaissances d'une somme totale
de 188 l. 8 s. données aux prêteurs.

Prima marcii. — Ordinatum fuit per dominos consules
quod de vinis repositis in villa pro custodia, capiantur et
detur eis iiii lib. tur. parvorum pro quolibet dolio.

Vina capta pro negociis ville de quibus Guillelmus de
Vineis se oneravit pro solvendis fustibus et aliis ville :

Primerament d'En B. Bocalh, iiii tonels de vis a iiii l. t. lo
tonel, montan xvi l. t. de quibus habuit bilhetam (in festo
natalis beati Johannis Babtiste).

Item d'En Arnaut de Ferran, vii tonels de vis a iiii l. t.
valo xxviii l. t., de quibus habuit bilhetam.

Item de mestre R. de la Pesa, vii tonels e pipa, a iiii l. t. lo
tonel, xxx l. t. de quibus habuit bilhetam.

Item d'En Arnaut de Cabanas, v tonels de vis a iiii l. v s. t.
lo tonel, valo xxi l. v s. t. de quibus habuit bilhetam.

Item d'En P. Duran, i tonel de vi a iiii l. t. de las quals
at (sic) bilheta.

Item d'En V. de la Rival, i tonel de vi a iiii l. t. de las quals
a bilheta.

Item d'En St. de Costelh e de Guill. Auriol, per ii tonels
de vi, viii l. t. des quals a bilheta.

Item de Guill. Yzarn de la Tricharia, per tres tonels de vis,
xii l. t. de quibus habuit bilhetam.

Item de magistro H. Auger, per i tonel de vi, viii l. t. de
quibus habuit bilhetam.

Item de R. Yzarn de la Tricharia, iiii tonels per xvi l. t. de
que at letra.

Item de Johan Osset, clerc, per i pipa de vi xl s. t. des
quals at bilheta.

Item de Thomas Augerii de la Tricharia, de i pipa de vi,
xl s. t. des quals a bilheta.

Item B. Aymeric de la Tricharia, per i tonel de vi, iiii l. t.
de que a bilheta.

Item Petro de Rupe pro ii pipis vini cxiiii s. t.

Item de Moss. Faure del Forn, prestre, per vii tonels de vis, xxxi l. x s. t. (1).

2 mars. — Tentative infructueuse d'un emprunt de 20 l. t.

Die secunda marcii. — Voluerunt domini consules, videlicet dominus Guillelmus de Castanherio, Arnaldus de Cabanis, magister Egidius de Cultura, B. Bocalh, Geraldus de Lescura, Thoma Comittis, quod Aymericus de Marchia mutuaret xx lib. tur. de quibus traderet pro operibus ville Hugoni de Bosco decem lib. tur. et Belenguerio de Galhaco pro operibus de la Bretonaria, de quibus ipsi respondebunt, et quod de vinis habitis mutuo per villam, ut continetur precedenti folio, satisfiat eis de dictis xx lib. tur. *(Article barré. Au-dessous :* non mutuavit).

4 mars. — Il est fait une diminution sur le prix de leur bail aux fermiers des droits de barrage et d'amende, pour le temps écoulé depuis l'ouverture des hostilités dans le pays. — Pas de remise aux fermiers des autres revenus, excepté à P. de Valceron et à ses associés, pour le souquet du blé dû par l'official d'Agen, à qui les consuls en avaient fait remise, et pour deux cartes de froment données aux Frères Prêcheurs.

Die iiii marcii. — Mestre G. Donadeu, Guill. de Taliva junior, Arnaldus Broc, magister Jacobus Maynardi, St. de Costelh, Fors de Bonis, Johan Dosset, Laurens Triat, mestre Guill. de Belinhac, P. Pelicer, mestre B. Oler, St. Pelicer, P. de la Costa, Johan de la Devesa, Ar. d'Aynart, Aimeric de la Marcha, Bonafos de Costelh, Saisset Tort, B. de Carcassona, Johan dels Termes, P. Gaucelm de Taliva, mestre Guill. del Forn, mestre G. de la Serra, Bertran del Port, mestre Odi de Valencort, mestre R. de la Pesa, mestre Ar. de Gamanso, G. de Galayssac, B. de Gualayssac, mestre R. de Cantalausa, Guill. Bonis, G. Rissido, Duran Prader, B. Marti senior, B. Marti junior.

(1) Un autre état contenant quatre articles seulement avait été commencé sur le folio précédent; il a été barré, comme moins complet que celui que nous venons de transcrire et qui avait été sans doute fait postérieurement. Nous le donnons ici pour ne rien laisser en arrière: on lit à la fin de cette courte énumération : « *Seq. f° sunt :* Primo a Bernardo Bocalh, consule, iiiiᵒʳ « dolia, valent xvi l. t. — Item ab Arn. de Cabanis, consule, v dol. val. xx l. t. « — Item ab Arnaldo de Ferrando, decem dolia vini, valent xl. l. t. — Item a « Bern. de la Sepeda, iiii ᵒʳ dolia, val. xvi l. t. »

Omnes voluerunt quod arrendatoribus barrarum et pecharum (1) Agenni fiat deductio propter guerram, pro rata temporis, videlicet a comocione guerre citra, ceteris vero arrendatoribus, non. — Item quod fiat deductio Petro de Valceron et ejus sociis, arrendatoribus soqueti bladi anni presentis, de blado soqueti debito per dominum officialem Agenni; nam per dominos consules anno presenti fuit sibi remissum de gracia speciali; item et de duo carteriis frumenti per dominos [*mot illisible*] datis Fratribus Predicatoribus. De aliis vero, videlicet domino thesaurario, videlicet magistro Guillelmo Raymundi d'Albinhone et domino Arnaldo de Cassanea, non : set exhigatur ab eisdem.

L'indemnité due pour les vins saisis au profit de la ville est assignée sur les revenus municipaux. — Recommandation pour la garde assidue des portes. — Salaire des vignerons : 10 deniers par journée, 12 deniers s'ils fournissent la bêche et la pelle.

Item voluerunt quod satisfiat personis de quibus habentur et capiuntur vina pro negociis ville, et assignetur super arr[enda]tis vile. — Item quod porte custodiantur bene et diligenter. — Item quod fiat statutum super logiario hominum laborancium in vineis et vallatis, et dentur x den. tur. eisdem, cum ayssadis et palis XII den. tur.

Délibération du 7 mars. — Il sera délivré des torches aux gardiens des portes pour faire leur inspection.

Die septima marcii. — Fuit ordinatum per omnes dominos consules quod Guillelmus de Vineis traderet sociis suis portalia habentibus pro visitando, torchas, et non aliis qui non habent portalia.

Délibération du 8 mars. — Les vins des vignes des consuls exempts de souquet à Agen. — Remise aux fermiers des re-enus de la ville en raison du temps écoulé depuis le commencement de la guerre; une enquête fixera l'époque où ont commencé par deçà les hostilités. — Salaires et gratifications accordés aux deux valets de la ville, Pierre Dufort et Hugues Bosc. — Il est accordé à l'un d'eux une indemnité pour les dépenses qu'il a faites dans l'intérêt de la ville, en dedans et en dehors, ainsi que pour avoir nourri pendant quatre mois quatre charpentiers venus de Toulouse. — Indemnité de 100 s. t. à Hugues Bosc.

Die VIII marcii. — Dominus B. de Calveto, magister Guil-

(1) *Barra, barragium, barrage*, impôt levé sur les marchandises qui traversaient les ponts. — *Pecha*, amende. (V. Ducange, v° *pecca, pecha, fecla*.)

lelmus R. d'Albinhone. thesaurarius Regis. B. Martini, magister B. Olerii, dominus Johannes de Lecadone, Belenguerius de Galhaco, St. Pelicerii. mestre Guill. de Belinhac, Johannes de Termis, Johannes Lamberti, Johannes Nigri, B. d'Aynardo, B. de Cabanis, mestre Arnaut Broc, B. Garner, Fors de Bonis, Johan de Guassias, mestre G. de la Serra. B. de Sordas, magister Guido de Podio, magister Jocobus Maynardi, St. Beronie, Durandus de Gasarino. Geraldus de *(le nom en blanc)*, B. Coc, magister P. Bonafos, P. Audouard, mestre R. de Cantalausa :

Omnium fuit oppinio, attento textu arrendati, quod vina per consules apud Aginnum de eorum vineis propriis, debentur esse quitta a soqueto. — Item voluerunt quod arrendatoribus fieret gracia et deductio pro rata temporis ab inicio guerre citra et fiat informacio quando incepit guerra, seu a quo tempore citra fuerunt impediti. — Item voluerunt quod servitoribus ville satisfiat de laboribus suis, P. Forcii et Hugoni de Bosco; fuit ordinatum per dominos consules quod P. Forcii habeat pro labore suo impenso in operibus ville, intus et extra, viii libr. tur. — Item pro expensis per eum factis pro iiii^or hominibus de Tholosa fusteriis per iiii^or menses, iiii^or lib. t. — Item Hugoni de Bosco ultra pencionem suam, c sol. tur.

Soumission d'un fabricant de chandelles de la rue Molinié qui faisait usage de faux poids.

Magister Nicholaus, candeler, qui moratur in carreria de Molinerio, se submisit super eo quod pondera falsa habebat, quibus vendebat et ponderabat. Die crastina assignatus.

Délibération du 10 mars. — Marché pour exhausser le petit mur en briques qui est derrière la poterne de la barbacane des Frères Mineurs et l'élever à la hauteur des créneaux qui sont au dedans de la barbacane.

Die x marcii. — Los senhos balhero a mestre Silvestre a levar lo mur de teoule bas que es darrey l'usset de la barbacana des Frays Menors de l'aut del dentelh que es dins, e deu aver dental pal mais meia cana de lonc que no a aquel mur, per xii l. t. lasquals, fasen la obra, los senhos li promesero a a pagar. — Presens moss. Guill. del Castanher, mestre Gil

de Coturas, cosselhs, St. de Valceron, En B. Marti, Belenguer de Gualhac.

Billets faits à divers pour le paiement des bois employés aux fortifications
de la ville et pour d'autres dépenses.

Geraldus de Galayssaco habuit literam recognicionis
directam B. Martini quod de emolumento soqueti sibi
traderet vi libr. tur. pro fustibus habitis pro clausura.

Johannes de Guassias habuit bilhetam de viii lib. ix sols
iii den. tur. quod Guillelmus de Faeto sibi solvit et deducit
de questa.

Item B. de Galayssaco habet recognicionem de lxvii sols
vi d. t. solvendis de redditibus vel prima questa, xiiii aprilis
anno xlvi°.

Item Petro *(sic)* Mosteti habet recognicionem de lxvii s.
vi d. t. pro fustibus, factam die xxi marcii anno xlv°

Item Bertrandus de Portu habet literam xxxi lib. iii s. vi
den. tur. de fustibus, factam dicta die.

Délibération du 11 mars. — On fera présent au sénéchal Robert d'Houdetot,
arrivé hier de Marmande, de douze torches de cire de quatre livres, douze
livres d'oublies et douze livres d'épices.

Die xi marcii. — Fuit consilium quod domino Robberto
domino de Haudetoto, senescallo Agenni, qui die hodierna
venerat de partibus Marmande, daretur munus, videlicet
xii torchas iiiior libr. cere et xii lib. d'oblorum et xii lib.
speciarum. — Presentibus domino Guillelmo de Castanherio,
Johanne Pelicerii, magistro Egidio de Culturis, Arnaldo de
Cabanis, Guillelmo de Vineis, Thoma Comittis, Guillelmo
Macheti, consulibus; domino Arnaldo de Cassanea, milite,
Petro de Costa, magistro B. Olerii, Bernardo Martini,
Bernardo d'Ayquardo, Guillelmo de Medio Valle, P. Forcii,
Bernardo de Gualayssaco.

Délibération du 15 mars. — Deux ou quatre prud'hommes seront députés
vers le duc de Normandie pour lui représenter les nécessités de la ville.

Die xv marcii. — Dominus B. de Cassanea, dominus
Arnaldus de Cassanea, Guillelmus de Talivia, Bernardus
Martini, St. Pelicerii, Guillelmus de Limona, St. de Costelh,
Guillelmus Sobirani, St. de Valceron, Aldemarus Salmonis,

P. de Costa, Arnaldus d'Aynardo, Falquetus de Cassanea, Bernardus de Carcassona, P. de Valceron, magister P. de Liobosol, P. del Clusel, B. Garner, mestre R. de Cantalausa, Johan de Guassias, mestre Guill. del Forn, Gualhart Tissender, R. Boy, B. Coq, Fors del Brugal :

Fuit consilium super eo quod mitterentur duo vel iiii^{or} probi et providi viri domino nostro duci Normandie et Acquitanie, pro explicandis necessitatibus dicte civitatis.

Les poutres destinées au pont, qui sont encore dans la forêt de Gandelon, seront transportées le plus tôt possible.

Item quod fustes pontis que sunt a Gandalo adportentur quantumcunque constiterint, meliori modo et forma, et quam citius fieri poterit.

Pour faire face à ces dépenses et payer les charpentiers, les marchands et autres créanciers de la ville, il sera emprunté des vins des forains, si l'on trouve des prêteurs.

Item quod dicti domini consules habeant et manu levent vina de extra, si reperiantur qui velit *(sic)* mutuare ville, de quibus fiant expense predicte, et de quibus satisfiat fusteriis, mercatoribus et aliis quibus villa tenetur, et ponantur infra villam.

On n'accordera pas aux Frères Prêcheurs ni aux Frères Mineurs les pierres taillées des fenêtres.

Item Predicatoribus ne que Minoribus qui supplicaverant, detur petra tailhata vitriarum (1).

La gratification promise à Belenguier de Gaillac, l'un des entrepreneurs des fortifications, sera payée.

Item cum Belenguerius supplicaverit, dixerunt quod gracia alias sibi facta, compleatur de xxx lib. tur. Aliqui vero voluerunt quod tam pro labore per eum impenso ville hoc anno a la Bretonaria, augmentaretur, si eis videretur esse.

Les gages de R. de Galapian, scribe (secrétaire) de la ville, gages fixés à vingt livres, seront portés à trente, en raison du travail exceptionnel qu'il a fait cette année.

Item voluerunt quod R. de Galapiano augmentetur pencio

(1) Sans doute les pierres ou jambages des fenêtres de l'église et du couvent démolis des Frères Prêcheurs.

sua que ascendit xx lib. tur. de x lib. tur. vel magis si eisdem dominis consulibus videatur ipsum laborasse hoc anno. Et cum dictis dominis consulibus constitit ipsum clericum valde laborasse ultra modum, voluerunt quod haberet dictas xx lib. tur. sic quod essent xxx lib. tur. parvorum.

> Les bourgeois, dont les cotisations avaient été assignées aux entrepreneurs du mur de clôture dans le quartier Saint-Etienne, seront passibles de dommages et intérêts envers les susdits, s'il est prouvé que ceux-ci ont fait les démarches nécessaires pour être payés en temps opportun.

Fuit ordinatum per dominos consules quod burgenses assignati magistro Petro Gassie et magistro Jacobo Maynardi, pro muro quem facere debebant in clausura Agenni, in gacha S¹¹ Stephani, contra quos apparebit legitime ipsos fecisse diligenciam in ipsis debitis exhigendis et levandis, teneantur sibi ad interesse, prout ville tenerentur.

> Deux consuls et deux bourgeois se rendront à Toulouse,
> auprès du duc de Normandie et d'Aquitaine.

Ibidem fuit ordinatum per dictos dominos quod duo ex illis et duo burgenses accedant Tholosam, domino nostro duci Normandie et Aquitanie.

> Délibération du 18 mars. — Les bois provenant des maisons détruites au faubourg de la Récluse et du port d'Agen, qui ont été reçus par les capitaines et autres gardes de la ville, seront estimés par experts et les propriétaires auront des reconnaissances pour la valeur desdits bois.

Die xviii marcii. — Dominus Guillelmus de Castanherio, Johannes Pelicerii, magister P. de Vernhia, magister Egidius de Culturis, B. Bocalh, Arnaldus de Cabanis, Colinus Beroti, Geraldus de Lescura et Thoma Comittis, consules :

Concordarunt et ordinarunt quod omnia ligna sive fustes capta per capitaneos et habentes custodiam ville de hospiciis dirutis in barrio (1) de la Reclusa (2) et de portu Agenni extimentur per P. Forcii et R. Martinola, qui habeant jurare de novo quod bene et fideliter se habebunt in extimacione : et quod inde fiant recogniciones illis quorum sunt dicte fustes de eorum preciis.

(1) On a écrit en interligne, au xvii° siècle, au-dessus du mot « barri », cette indication : *Sancti-Georgii.*
(2) *La Récluse* est aujourd'hui *Récus* en langage populaire, officiellement *La Redoute.*

Il sera fait, à son de trompe, la publication suivante : Toutes personnes qui auront pris des bois provenant des maisons détruites du port d'Agen et du faubourg de la Récluse, seront tenues d'en fournir aux consuls, dans un délai de huit jours, l'état écrit, avec l'indication des propriétaires à qui ces bois appartiennent, afin qu'il soit donné à ceux-ci des reconnaissances, sous peine, pour les contrevenants, de demeurer responsables envers lesdits propriétaires. — On devra aussi donner la longueur des pièces de bois, déclarer combien elles font de cannes et si leur essence est le chêne ou le sapin.

Item ibidem ordinaverunt quod fieret publice cum tuba preconisatio ut sequitur : « Que tot home e tota femna que aia presa fusta de las majos dirudas del port d'Agen e del barri de la Reclusa ou d'autre loc dins la vila, que o vengua revelar et demostrar als senhors cosselhs, dins la majo cominal, e que o porten en escriut en ı cartel en loc ou la auria mesa ni de cuy era, afi qu'en puisca estre facha reconoyssansa de vertat a aquel de cuy la auran aguda, juxta cominal extimacio, ab cominacio que si no venio e no o fan dins vɪɪɪ jorns, ilh ne remandran cargatz e aquilh de cuy sera estada auras recos contra lor, per la dicha fusta, d'aqui anant; e que los dichz sobre nommatz aian a declarar lo lonc de la fusta, quantas canas ni de qual fust es, de casse o d'avetz. »

Jean Teyssier, crieur public, fait la publication, le 19 mars, par tous les carrefours d'Agen.

Et dicta preconisatio fuit facta xɪx die marcii, anno xʟvᵒ, per Joh. textoris, preconem, per omnes quadrivios Agenni.

Délibération du 19 mars. — On convoquera quatre-vingts ou cent bourgeois, même plus, pour voter un emprunt, tant en argent qu'en vin, destiné aux besoins de la ville. La réunion a lieu. Tous s'obligent et reconnaissent par serment les obligations contractées, mais ils déclarent n'engager ni leurs biens propres, ni les ressources affectées à la reconstruction des remparts.

Die xɪx marcii. — St. Pelicerii, Guill. de Limona, mestre Jacmes Maynart, N'Aymar de Salmo, G. de Galayssaco, Bertran de Taliva, St. de Costelh, Ar. de Taliva, B. de Sordas, Bonafos de Costelh, Sayssetus Torti, B. de Carcassona, G. de Gausia, Johannes de Gassias, Jacobus de Termis, R. Guitard Fors de Nuyrit, G. Rissido, P. Audoart, Ar. Forner, Guill. Forner, Johan Dosset, Guill. Cardo, R. Guill. Drulheda, mestre Philipes lo Buder, mestre Gui del Puech, P. Forner, Ymbert Forner, Aymericus de

Marchia, St. B. d'Ayquelin, P. Barraut, mestre Guir. de la Serra, Bertran del Port, P. Rostanh, Johan de Vilanova, mestre R. Frances, B. Cannuel, Guill. Marti, alias Pontoyza, Guill. Ar. de Preyssac, mestre P. del Cros, mestre H. del Cros, Jacques Loysel, Johan Don, Guillelmus de Talivia junior, magister Johannes Nicasii, magister R. de Gresolas, magister R. de Pesa, magister Arnaldus de Gamansone :

Omnes voluerunt quod vocatis et consentibus burgensibus, usque ad numerum iiii^{xx} vel c et ultra fiant obligaciones illis, qui mutuabunt pecuniam vel vina dominis consulibus pro negociis ville; et omnes consencierunt dicte obligacioni et juraverunt ut in dictis obligacionibus jam ordinatis, in summa que eis videbitur necessaria, ita tamen quod non est eorum intencionis bona propria obligare neque redditus clausure ville.

Délibération du 20 mars. — Noms des bourgeois qui ont prêté serment sur le corps du Christ, dans l'église des Frères Prêcheurs.

Die xx marcii. — Guillelmus de Talivia senior promisit sub juramento quod fecit in ecclesia Predicatorum supra corpus Xristi, B. Beroti, Guillelmus Sobirani, Moss. Guir. Donadeu, Moss. B. Calvet, Moss. Johan de Lecado, Johan dels Termes, mestre Johan Damos, R. Calvet, Johan de la Devesa, mestre R. de Cantalausa, mestre G. Alboy, R. Sobira, B. de Cabanas, Aymeric de la Marcha, Fors Bonis, N'Arnaut d'Aynart, P. de Galayssac, B. de Galayssac, Belenguer de Galhac, B. Marti, mestre Guill. del Forn, V. de Claveras, P. Calvet, Johan Lormer, mestre Ar. Broc, mestre R. Duran, mestre Guill. Doat, B. Mascarel, Ar. Donde, P. Ponsilet, P. de Valceron, mestre H. Aymeric, Fors del Brugal, mestre R. de Marsac, mestre R. de Causac, mestre P. de Gasarn, Guill. de Pio, H. Sauner, mestre P. de Liobosol, magister P. de Clusello, Guill. de Gamanso, mestre St. Delart, R. de la Gleia (1), H. del Portal, B. Marti lo jone,

___

(1) Note du xviie siècle : « Ung de ce nom a faict bastir le molin Saint-
« George et une partie du couvent des Cordeliers qui est aujourd'hui.
« Il avoit pour ses armes une église et s'appeloit Ecclesia. »

B. Garnerii, B. de la Sepeda, P. Mostet, R. d'Ayquart, Guill. del Moli, Falquetus de Cassanea, Guillelmus de Verneto, magister Arnaldus d'Archinhaco, Geraldus de la Coutz.

Délibération du 28 mars 1346-47. — Le duc de Normandie, dont l'arrivée est prochaine, sera reçu avec de grands honneurs, mais il ne lui sera pas fait de présent, vu la pauvreté de la ville.

Anno domini m° ccc° xl. sexto, xxviii marcii (1). — Moss. B. de la Cassanha, Moss. B. Calvet, N'Aymar de Salmo, mestre R. Duran, B. de Galayssac, P. Berot, R. Sirven, B. de Nicres, St. de Costelh, N'Esteve Pelicer, B. de Carcassona, Guill. de Limona, Guir. de Nagausia, N'Arnaut d'Aynart, Johan de la Devesa, Guir. de Galayssac, Guill. Sobira, B. de Cabanas, Jacmes dels Termes, St. Beronie, mestre Ar. d'Archinhac, B. de Sordas, Fors del Brugal, mestre Guill. del Forn, B. Berot, Fors de Bonis, Gui. Richido, B. de la Sepeda, H. Aymeric, Johan Ciran, B. Gasc, B. Garner, Johan dels Termes, mestre Ar. Coutharel, Ar. del Brugal, Guill. de Pio, P. del Clusel, mestre Jacmes Maynart :

Omnes voluerunt quod domino nostro duci Normandie, qui erat venturus, fieret summus honor : tamen de munere non, quare tam pro clausura et vallis novis, quam imbarraturis et aliis expensis dampnificati et depauperati, etc.

On choisira les meilleurs trompettes.

Item de tubicinatoribus, quos examinarent diligenter et meliores retinerent.

Délibération du dernier mars. — Nomination de deux trompettes de la ville. Ils s'engagent à donner le tiers denier à un vieux trompette infirme. Formule de leur prestation de serment.

Die ultima marcii. — Fuerunt instituti tubicinatores Johannes Textoris et Arnaldus de. . . . . ita tamen quod habent respondere et juraverunt bene et fideliter de tercio denario respondere et dividere cum Poncio de Manso, tubi-

(1) Voir la note de la page 36.

cinatore antiquo debilita'o. — Item juraverunt esse boni, et
fideles et secretarii. — Item juraverunt sibi ad invicem respondere bene et fideliter. — Presentibus prudentibus viris
Guillelmo de Talivia, Belenguerio de Galhaco, magistro
Bernardo Topinerii.

Délibération du 4 avril. — Arrivée à Agen des ducs de Normandie et de
Bourgogne, du comte de Guines, de l'évêque de Beauvais, du duc
d'Achaïe, du maréchal de France et du grand maitre des arbalétriers. —
On décide qu'on leur fera des présents en vin et en cire.

Die IIII aprilis. — Dominus P. de Casatone, dominus Arnal-
dus de Cassanea, miles, magister B. Olerii, St. Pelicerii,
Guill. de Limona, Aldemarus Salmonis, B. Martini, Johan-
nes de Devesia, Geraldus de Gualayssaco, Guillelmus de
Faeto, B. de Gualayssaco, B. de Carcassona, Geraldus de
Gausia, Guillelmus Sobirani, B. de Cabanis, H. Yzarni,
H. Saunerii, Laurencius Triaci, magister Guillelmus Mercerii,
Guillelmus de Verneto, Arnaldus Furnerii, Guillelmus Fur-
nerii, Guillelmus de Pione, Forcius de Brugali, magister
Guillelmus de Belinhaco, magister Guillelmus de Bosco,
Johannes Audoyni :

Omnes voluerunt quod fieret munus domino nostro duci
Normandie et Acquitanie, qui venturus erat die crastina, de
xx pipis boni vini et de IIII^{or} quintalibus cere.

Item domino duci Burgondie, de VI pipis vini et I quintali
cere.

Item domini comitti Guinarum, de VI pipis et I quintali
cere.

Item domino episcopo Belvacensi, de VI pipis et I quintali
cere.

Item domino duci Achensi, de IIII^{or} pipis et I quintali
cere.

Item domino marescallo Francie, de IIII^{or} pipis et medio
quintali cere in torchis.

Item magistro arbalistorum de IIII^{or} pipis et medio quintali
cere in torciciis (sic).

Summa : L pipas vini. Item IX quintalia cere.

Délibération du 7 avril. — Le duc de Normandie, encore à Agen, demande mille hommes pour l'armée qui est devant Aiguillon. Le consul juge qu'il ne serait pas prudent d'envoyer des sergents d'armes ni des bourgeois, les ennemis occupant Castelsagrat, Beauville, Bajamont, Moncaut et Montagnac, et les Génevois (battant la campagne aux alentours d'Agen, peut-être en garnison dans la ville) inspirant une frayeur générale.

Die septima aprilis. — Dominus Petrus de Casatone, magister Guillelmus R. d'Albinhone, dominus B. Calveti, magister B. Olerii, V. de Claveras, V. de Galayssac, Guillelmus de Limona, St. Pelicerii, Aldemarus Salmonis, magister P. de Bonafossio, B. Bonis, B. Guarnerii, Johannes de Cabanas, junior, B. Rotgerii, Guill. del Palaytz, Guilli. del Moli, B. de Sordas, P. Fornerii, mestre G. Johan, Johan dels Termes, mestre R. de Cantalausa, Jacmes dels Termes, P. de Valceron, P. Miquel Daurader, Ar. de Verdu, mestre Johan Vinet, R. del Caune, R. Guillem Drulheda, Ar. de Bragayrac, Guill Bonis, Guill. de Mechval, mestre Guill. Mercer, Fors d'Audebert, R. de Berni, mestre P. Mancel, G. Rissido :

Super eo qued dominus noster dux, existens in villa petebat, ᴍ homines pro exercitu Aculei. Et fuerunt opinionis quod non videbatur sibi expediens quod mitterent servientes neque homines, eo quod villa est circumdata inimicorum locorum Castri-Sacrati, Bovisville, Bajulomontis, de Montecalvo, de Montanhaco et propter odium Genoesiorum (1).

Délibération du 10 avril. — Pierre Hélie, valet de chambre de G. Balbec, trésorier de France, aura sa livrée comme les autres serviteurs et sergents de ville.

Die x aprilis. — Fuit ordinatum per dominos consules, videlicet dominum Guillelmum de Castanherio, magistrum P. de Vernhia, magistrum Egidium de Culturis, Arnaldus *(sic)* de Cabanis, Guillelmus *(sic)* Sentongerii, Geraldus *(sic)* de Lescura, Guill. de Vineis, consules, quod Petrus de Helia (2), camerarius domini Guillelmi Balbeti (3) habeat de vestibus seu robis servientum servitorum.

(1) Froissart (Ed. Buchon. p. 213, col. 2) parle des Génevois qui étaient alors de l'armée du duc de Normandie.
(2) P. Hélias reparaît avec son titre en 1347-48 et 1354-55.
(3) Trésorier de France.

Il sera fait bonne garde pour la sûreté de la ville. Les consuls sont autorisés à garder les bois qu'ils ont reçus, vu le travail qu'ils ont eu dans l'année.

Die aprilis x. *(Seconde séance.)* — Dominus B. Calveti, St. Pelicerii, P. de Valceron, B. Garner, P. Pelicer, R. del Caune, mestre P. Bonafos, R. Guitart, Johan Lormer, Guill. del Moli, Guill. de Mechval, G. de Gualayssac, Guill. de Limona, Aldemarus Salmonis, Guill. del Faet, mestre B. de Vermelio, Grimoart de la Roqual, mestre G. Johan, B. de Cabanas, Arnaut d'Aynart, P. del Clusel, R. Guill. Drulheda, R. Privat, mestre R. de Causac, G. Thomas, Bonafos de Costelh, Aymeric de la Marcha, Johan Carento, St. Beronie, mestre Guis. del Puech, Gaut. Tort, B. del Suc :

Omnium fuit opinio quod vigilarent bene et custodirent villam.

Item cum hoc anno de lignis ville quilibet dominorum consulum habuisset I. pagelas (1), voluerunt quod, pro labore suo, essent sue, quod valde laboraverunt hoc anno, libere et quitte Agenni.

A cause des fêtes de Pâques, il sera sursis jusqu'à la *Quasimodo* au jugement de B. Martin, accusé d'assassinat sur la personne de l'agent de Silvestre.

Item quod propter ferias supercederent a procedendo contra nuncium (2) Bernardi Martini, accusatum de morte nuncii Silvestris, usque post Quasimodo.

Les consuls pourront faire remise aux fermiers des revenus de la ville d'un tiers du prix de leur bail.

Item quod fieret gracia arrendatorum, prout eis videretur, de tercia parte de eorum cartayronum.

Si le salaire promis à G. de Fayet pour la levée du subside accordé au duc de Bourbon n'a pas été fixé, le collecteur sera indemnisé d'après l'estimation faite par les consuls.

Item de Guillelmo de Faeto quod nisi certum quod sibi

---

(1) *Pagela* signifie, d'après Ducange, une mesure équivalente à la perche et aussi une charretée. C'est sans doute dans ce dernier sens que ce mot doit être entendu ici; la perche, mesure de surface, ne pouvant guère s'appliquer à des bois de construction de toutes grandeurs. Aujourd'hui, la pagèle égale un demi-stère.

(2) *Nuncius* signifie quelquefois, d'après Ducange, un serviteur à gages. Tel est le sens que ce mot doit avoir dans ce passage, où il s'agit des agents de deux entrepreneurs des travaux des fortifications.

promiserunt pro collecta de colligenda *(sic)*, quod satifaciant eidem de labore, prout eis videbitur faciendum.

Il sera fait une remise au greffier de la cour consulaire, sur le prix de sa ferme, proportionnellement au temps que la cour a vaqué.

Item scriptori curie jud[iciarie] dominorum consulum, de suo arrendato fiat deductio pro rata temporis quo constiterit vacasse curiam.

G. de Fayet n'ayant pas profité du bénéfice du change qui lui avait été abandonné sur l'argent de la collecte dont il avait été chargé, bénéfice évalué à 30 livres, il aura, pour sa peine, 10 livres et le droit de ne pas contribuer au susdit subside personnellement.

Item voluerunt quod, attento quod Willelmus de Faeto (1) nullum habuerat cambii comodum de questa, quod comodum deberet valuisse xxx lib. vel circa, habeat x lib. tur. pro labore suo et sit quittus a questus illius anni.

Délibération consulaire du 14 avril. — Article incomplet relatif à la fixation de la remise qui doit être faite au greffier de la cour consulaire (2).

Die xiiii aprilis. — Fuit ordinatum per dominos consules, videlicet magistrum P. de Vernhia, magistrum Egidium de Culturis, Arnaldum de Cabanis, Guillelmum de Vineis, Geraldum de Lescura, Colinum Beroti, Guillelmum Sentongerii, Thomam Comittis, quod attento tempore quo cessavit curia jud[iciaria] dictorum dominorum consulum.

Les gages de P. du Clusel sont réduits à 6 livres, à cause du peu de travail qu'il a eu à faire.

Item voluerunt quod P. de Clusello haberet pro pencione sua anni proximi preteriti vi lib. tur. parvorum dumtaxat, quare non assidue laboraverat.

Délibération consulaire du 15 avril. — Les consuls décident qu'il y a lieu, en considération de la diminution des droits occasionnés par la guerre, de déduire 20 livres du prix de ferme des droits de barrière de Molinier, de la Gravière et de Saint-Gilis, pour l'an qui vient de s'écouler. — Même déduction en faveur des fermiers des barrières du pont d'Agen et de Renault.

Die xv fuit ordinatum per dominos consules Agenni quod arrendatoribus barrarum de Molinerio, de la Gravera, de

(1) Le manuscrit porte après ce nom le mot parfaitement inutile de « quare ».
(2) Cet article était destiné, selon toute évidence, à fixer le chiffre de la diminution de la redevance due par le fermier du greffe.

Sancto-Egidio, deducerentur viginti libre turonenses de arrendamento suo anni proximi preteriti, quod ascendit circa vi[xx] lib. tur. et hoc propter guerram. Habita deliberacione, cum burgensibus et juratis fuit ordinatum.

Item arrendatoribus barrarum pontis Agenni et de Rinaldo, deducantur alie xx libre turonenses de arrendamento suo, racionibus et causis predictis.

Délibération du 17 avril. — Les consuls, d'après l'assertion des fermiers du barouillage affirmant par serment que cet impôt, qui donnait environ 30 livres, ne s'est élevé qu'à 9 livres, cette année passée, leur font remise de 10 livres.

Item die xvii aprilis, magister P. de Vernhia, magister Egidius de Culturis, B. Bocalh, Arnaldus de Cabanis, Geraldus de Lescura, Guillelmus de Vineis, Guillelmus Sentongerii, Thomas Comittis, voluerunt quod arrendatores barrolhatgii qui ascendit xxx l. vel circa, cum asseruerunt medio juramento non valuisse ultra ix lib. tur., quod deducantur sibi x lib. tur.

ANNÉE CONSULAIRE 1346-1347.

Mardi après Pâques, 18 avril 1346. — Noms des nouveaux consuls,
au nombre de douze pour neuf gaches ou quartiers.

Die martis, videlicet xviii aprilis, domini consules Agenni
fuerunt positi in possessione consulatus.

Primo : de Vesaco : G. de Gualayssaco, r* clau dessus,
autra dejus. Gualhardus de Ecclesia.

De Floyraco : Aldemarus Salmonis, Johannes Lormerii :
r* clau dessus e autra dejus.

De Clausura : Guillelmus de Molendino.

De Molinerio : Guillelmus Bruni.

De Sancto-Egidio : Guillelmus de Media-Valle.

De Sancto-Stephano : R. del Caune, fuit etiam thesaurarius ville, r* clau dessus.

De Monte-Cornu : R. Guitardi.

De Sancto-Antonio : Magister Guillelmus Raymundus
d'Albinhone, r* clau desus e autra dejus.

De Sancto-Ylario : Guillelmus de Limona, r* clau dessus
et autra dejus, magister P. Bonafos (1).

Noms des vingt-quatre jurats.

Nomina xxiiii^{or} *juratorum.*

Dominus Guill. de Castanherio, magister P. de Vernhia,
magister Egidius de Culturis, Johannes Pelicerii, Arnaldus
de Cabanis, B. Bocalh, Guillelmus de Talivia, Geraldus de
Lescura, Colinus Beroti, Guillelmus de Vineis, Guillelmus

(1) Des douze consuls, quatre appartiennent au corps des jurats de l'année
précédente : Aldemarus Salmonis, Johannes Lormerii, Guillelmus Bruni,
Guillelmus de Limona.

Sentongerii, Thomas Compte (1), Johannes de Devesia. mestre Arnaut Broc, Guillelmus de Faeto, R. Guill. Drulheda, Belenguerius de Galhaco, St. Pelicerii, B. Guarnerii, Arnaut d'Aynart, mestre B. Oler, B. de Cabanas, P. de Mansac. mestre G. de la Serra (2).

Prestation de serment des trompettes et sergents de la ville.

Dicta die martis juraverunt servientes : Primo Johannes Peyrerii, R. de Leges, tubicinatores; Berthomet de Binet, Guir. del Rio, Guill. del Faget, Hug. Viguer, B. de las Cumbas, R. Sirven.

Gardiens des clefs de la ville.

Magister Geraldus de Serra habet claves ville turris capitis pontis. Est quittus de gacha. (Restituit. Eas tenet R. Boy.)

Arnaldus d'Aynardo habet claves ville portalis capitis pontis de citra Garonnam.

R. de la Sepeda habet claves portalis beati Georgii.

20 avril. — Prestation de serment du bailli de l'évêque d'Agen,
du greffier de ce bailliage, du bailli de la ville.

xx die aprilis. — Johannes Malberti, bajulus episcopalis, juravit ut bajulus et ut burgensis.

Magister B. Guallet juravit ut burgensis et ut scriptor curie.

Magister Guillelmus de Belinhaco, ut bajulus seu regens bailliam Agenni juravit.

Prestation de serment des greffiers du bailli de la ville,
Barth. de Verdun et Guill. de Massanès.

Die lune post Quasimodo, videlicet xxiii aprilis, juraverunt magistri Bartholomeus de Verduno et Guillelmus de Massanenis, ut burgenses et scriptores curie bajulorum.

---

(1) En tête des jurats figurent deux des consuls survivants de l'année précédente. On n'a pas oublié que le douzième, Guillaume de Lacoste, était mort en charge le 17 février. (Voir p. 49.)

(2) Dix des jurats faisaient partie de la jurade précédente. En outre des consuls de 1345-46. il n'y a que trois noms nouveaux dans la liste des jurats : R. Guill. Drulheda, Belenguerius de Galhaco et G. de la Serra.

21 avril. — Délibération de la jurade.

Die xxi aprilis *(présents : vingt-trois jurats et quatre notables)* (1). — Omnibus dominis presentibus consulibus.

Il ne sera pas permis au seigneur de Castelbajac de vendre
le vin qu'il a à Agen.

Omnium fuit opinio quod domino de Castro-Bajaco non
detur licencia vendendi vina que habet apud Agennum.

Il sera permis aux personnes qui ont prêté quinze ou vingt tonneaux de
vin au duc de Bourbon de vendre pareille quantité du vin que ledit duc
a introduit dans la ville, avec l'autorisation des consuls.

Item quod domino de Borbonio, seu aliis qui ab eodem
habuerunt vina usque ad xv vel viginti dólia de vinis que
reposuerat apud Agennum cum nostra licencia, pro tot doliis
que receperat ab illis de suis propriis apud Agennum, detur
sibi licencia vendendi dicta vina.

Il sera fait justice dans la cause mue entre Izarn de La Roche, d'une part,
et Arnaut de Galz et autres forains, au sujet d'un enlèvement de
bestiaux.

Item de animalibus captis per Yzarnum de Rupe que
Arnaldus de Gals et alii forenses arriperant *(sic)*, audeantur
partes in probacionibus suis et fiat eis jus.

Jean Boileau sera autorisé, comme sous les consuls précédents,
à garder six tonneaux de vin.

Item quod cum Johannes Beulayga habuerit licenciam a
predecessoribus dominorum consulum vi doliorum vini, fuit
opinio quod prevalet quod habeat alios vi de vinis positis jam
in villa pro custodia.

La perception du soquet du vin continuera comme par le passé.

Item quod redditus soqueti vini fiat ut est consuetum.

(1) Nous supprimons, à partir de cette date, d'une manière à peu près
générale, les listes des assistants, dont la longueur est parfois excessive,
notamment quand on a convoqué des notables, et qui sont, d'ailleurs,
inutiles, les consuls et les jurats étant désignés nominativement au début
de chaque année consulaire. Dans les cas, assez peu fréquents où des gens
de marque sont présents, il en est fait toujours mention. Au surplus, les
noms des personnes qui figurent dans notre registre, à quelque titre que ce
soit, seront inscrits à leur rang alphabétique sur un index onomastique, avec
indication des conditions, fonctions et qualités de ceux à qui ils appartiennent.

1er mai. — Avis de la jurade. — Qu'on profite de la présence du duc de Normandie pour obtenir un poids de ville, un sceau de la cour consulaire, avec les droits y attachés, et d'autres ressources, s'il est possible.

Prima die maii *(présents : seize jurats, treize notables; pas de consuls).*

Omnes voluerunt exceptis crosatis (1), quod impetrarentur pondus ville, sigillum seu emolumentum sigilli curie dominorum consulum et alios redditus, si reperiri possint, dum habemus presenciam domini nostri ducis, viis et modis quibus poterimus.

Que la garde de la ville soit faite avec soin par les guetteurs, chacun en son quartier, et que les négligents soient punis.

Item omnes voluerunt quod villa custodiatur bene prout sunt ordinati los guachs et tradite custodie, et negligentes, quique sint, puniantur.

Qu'il soit pourvu à la charité publique, en s'entendant avec l'évêque, le chapitre et autres prud'hommes, pour qu'il soit distribué d'abondantes aumônes.

Item quod provideatur caritati, et super hoc loquatur cum dominis episcopo et capitulo et aliis probis viris quod faciant large elemosinam.

Que la *queste* cesse d'être levée.

Item omnium fuit opinio ne questa (2) levaretur.

Que les arrière-fossés du quartier de Vésac soient repris et achevés; que le pont soit réparé; que la tour du bout du pont soit protégée par des barrières et qu'il soit fait un pont-levis à l'entrée de l'escalier.

Item que los reyvalatz sian acabatz en la guacha de Vesac.

Item qu'el pont sia reparat, e enbarrada la tor del cap de l'escala e fach ponporta en l'escala.

5 mai. — Avis de la jurade : qu'il ne soit présenté de suppliques pour personne avant que celles qui regardent la ville aient reçu une solution; que personne ne soit autorisé à vendre des vins mis en sûreté dans la ville; que ces vins, au contraire, soient saisis et accaparés; qu'il soit remis aux propriétaires des bons représentatifs de la valeur réelle de ces vins et payables sur les revenus de la ville.

Die v mai *(présents les vingt-quatre jurats, dont dix seu-*

---

(1) Il n'y a que cinq noms qui soient marqués d'une croix, ce sont les suivants: En B. Marti et B. Salomo, notables. G. de Lescura, Guill. de Vinhas et B. Garner, jurats.

(2) On appelait *questa* l'impôt dû au Roi.

lement sont inscrits nominativement, et neuf notables; pas de consuls). — Consilium fuit quod pro nullo supplicaretur quousque supplicaciones ville fuissent expedite.

Item quod nulli daretur licencia vendendi vina reposita pro custodia, set capiantur et saisiantur justo precio, solvendo eis de redditibus ville et detur eis litera debiti.

10 mai. — Avis de la jurade : qu'il soit établi un poids de ville, au profit de la ville, si c'est l'avantage de la communauté.

Die x maii *(présents : dix-huit jurats et soixante-sept notables; pas de consuls).* — Omnes voluerunt quod pondus fiat in villa et impetretur a domino, si sit comodum comune, pro comodo et utilitate ville.

Que l'on informe contre ceux qui avaient formé une assemblée opposée à la ville et aux consuls, pour empêcher l'établissement du poids public, et que les coupables soient punis d'une manière exemplaire.

Item, cum dicatur quosdam fecisse congregacionem contra villam et contra dominos consules ut pondus non fiat, impediendo publicum et commune comodum, voluerunt quod fiat informacio contra illos qui fecerunt predicta, et puniantur taliter quod ceteris tranceat in exemplum.

15 mai. — Conseil de jurade.

Die xv maii *(dix jurats, vingt-neuf notables; pas de consuls)* (1).

18 mai. — Prestation de serment de B. de Gaillac, comme bourgeois, capitaine, jurat et maître ou surveillant des travaux de la ville.

Die xviii maii. — Belenguerius de Gualhaco juravit ut capitaneus, ut burgensis, ut iiii⁰ʳ et ut operarius seu custos o garda operum ville.

Prestation de serment de vingt autres capitaines.

B. de Galayssaco juravit ut capitaneus, H. Sauner, Johan Benelha, Guilhem del Vernet, Fors del Brugal, Guill. de la Selva, Gualhart Ferre, B. Maseler, Guill. de Gasarn, Johan de Cabanas, Guill. de Casarn (2), P. Miquel Daurader, P. del

(1) Aucune mention de la délibération prise ne suit, dans le registre, la liste des membres qui assistaient à la jurade ce jour-là.

(2) Ce nom, on le voit, est répété deux fois dans la liste. Pourquoi? Distraction du scribe, sans doute, car il n'y a aucune indication pour distinguer les deux homonymes, noms et prénoms étant les mêmes.

Trulh. Ar. des Casals. Bertran Pascal, Guill. Ar. des Grels, Ar. de Verdu, P. del Clusel, P. de Valceron. Ar. Cardo, R. Boy.

Omnes isti capitanei sunt. Capitanei visitabunt.

Jurade du 1ᵉʳ juin. — Les trente-cinq sergents envoyés par les consuls, pour garder le lieu de Laval, seront payés de leurs dépenses et continueront à garder ladite localité.

Prima die junii *(présents : six jurats, cinq notables)* et domini consules. — Cum domini consules misissent apud locum de Valle xxxv servientes pro custodia dicti loci et cepissent Raymundum Hugonis, voluerunt quod dictis servientibus provideatur in expensis, et quod custodiant locum predictum.

Jurade du 3 juin. — Le duc de Normandie avait prié les consuls de lui envoyer cent brasses ou cannes de chaines de fer, de celles de la ville ou d'autres, dont il avait grand besoin, et d'en faire faire, pour remplacer celles-ci, cent autres qu'il payerait. Il est fait droit à cette demande.

Die tercia junii. *(Douze jurats, neuf notables; pas de consuls).* — Mossenho lo duc de Normandia e de Guyania avia mandat als senhos cosselhs que astivament li trametos hom c brassas de cadenas, d'aquelas de la vila o d'autras, quar besonh n'avian, et que hom ne fes far autras c cannas que fossan tornadas a lor loc, quar lo senhos las pagaria. Tantost fo cosselh ques fes.

14 juin. — Les consuls sont d'avis que les 40 s. donnés par l'abbé de Pérignac à Mᵉ P. de Liobosol, pour la réparation des fossés, soient employés à un autre usage.

Die xiiii junii. *(Neuf consuls, dix jurats et deux notables.)* — Consules fuerunt opinionis quod illos xl solidos quos magister P. de Liobosol receperat pro vallato ab abbate de Payrinhaco, positos et conversos in aliis usibus.

Ils autorisent R.-G. Drulhède à se pourvoir de vin chez les habitants qui l'an passé en avaient introduit dans la ville pour leur consommation et pour le mettre en sûreté, et ce pour tenir lieu audit R. de la permission que leurs prédécesseurs lui avaient donnée de faire entrer vingt-cinq tonneaux de vin.

Voluerunt quod cum per predecessores dictorum dominorum consulum fuerit data licencia Raymundo Guillelmi

Drulheda ponendi xxv doliorum vini, et aliqui anno preterito posuerunt pro potu et custodia infra villam, quod recipiat de ipsis jam repositis, in locum dicte licencie.

Même jour. — La ville fournira deux sergents munis d'armes et cent arbalétriers pour accompagner le sénéchal au siège de Bajamont.

Die xiiii junii. *(Neuf notables, trente-deux jurats; pas de consuls.)* — Omnes voluerunt quo pro mittendo cum domino senescallo ante locum de Bajolimonte, haberentur de villa ii^c servientes ferro cohopertos et centum cum balistis.

20 juin. — Le bailli et les consuls expulsent d'Agen, sous peine de punition corporelle, un trompette de mauvaises mœurs, et une femme, Comtore d'Aussinville, pour le même motif, sous peine de perdre les deux oreilles.

Die xx junii. — Coram dominis bajulo et consulibus, capto existente Fortanerio de Canasino, trompeta, quid troupinabat, fuit condegiatus *(sic)* a villa sub pena corporis.

Item Contauria de Aucimbila degravata (1) fuit et condegiata sub pena auricularum.

Même jour. — Les vingt-quatre jurats et onze consuls se transportent chez le douzième consul qui était malade, pour prendre son avis.

Die xx junii. *(Présents : vingt-quatre jurats, cinq témoins (2), les douze consuls.)* — Omnes fuerunt in domo Geraldi de Galayssaco pro habendo assensum suum, quare infirmabatur.

21 juin. — Les jurats et les consuls autorisent, moyennant le prêt de soixante arcs à un étrier, de dix-huit à deux pieds, et de cinq arcs à tour en cuir, l'introduction de trente tonneaux de vin dans la ville.

Lo xxi jorn de junh fo acordat e ordenat per totz los xxiv jurat de sobre escriut e per los xii senhos cosselhs, que per lx arcs d'estrenp, per xviii de ii pes e per v arcs de torn de ceys que vol hom donar a la vila, per que lo dones hom licencia de xxx tonels de vis metre dins la vila, volgueron totz que fos fach e que sian *(sic)* gardada be la artilharia.

Permis à qui a du vin en dépôt dans la ville pour le boire ou le garder, d'en consommer trente tonneaux moyennant la prestation d'un écu d'or par tonneau.

Item volgueron que a aquels que an mes vi en la vila per

(1) *Degravata*, peut-être, dégradée.
(2) Guillelmus Sobirani, St. Costelh, Johannes de Vincali, Arnaldus Ferran, P. de Galayssaco, testes fuerunt illi.

garda o per beure que non ausen beure, lor sia dada licencia
per 1 escu d'aur del tonel entro a xxx tonels al profech de la
vila.

R.-G. Drulhède, qui était autorisé à faire entrer vingt-cinq tonneaux de vin,
pourra prendre de celui de la ville, s'il en trouve, ou compléter son chiffre
au dehors.

Item que R. Guillem Drulheda, per la licencia que a de
xxv tonels, pusca prendre d'aquels de la vila si n'troba, o
qu'en fassa metre de foras son compliment.

26 juin. — Arnaut de Verdun est établi maître de l'œuvre du pont d'Agen,
aux gages de huit livres pour le reste de l'année consulaire. Il fait le
serment en conséquence.

Die xxvi junii. *(Présents : sept consuls.)* — Consules fecerunt
operarium pontis Agenni Arnaldum de Verduno (1) qui juravit
se bene et fideliter habere in predictis et dederunt sibi pro
pencione sua viii libr. tur. hine ad festum Pasche.

28 juin. — La garde des clefs de la tour du bout du pont est remise
à Raymond Boy, capitaine.

Die xxviii junii fuerunt tradite claves Raymundo Boy de
turre capitis pontis Garonne per dom. consules Agenni.

30 juin. — Prestation de serment des charpentiers et maçons jurés.

Die festi beati Marcialis juraverunt carpentarii et lathomi
jurati : magister P. Baucerii, magister B. Olerii, magister
B. del Moret, magister Odinus.

1er juillet. — La jurade décide que cent arbalétriers seront fournis au
sénéchal pour marcher contre les ennemis.

Prima julii. *(Douze jurats, quinze notables; pas de consuls.)*
— Tot volguero que agues hom c sirvens ab balestas per
seguir moss. lo senescal que deu talar los enemis.

Jurade du 26 juillet.

xxvi die julii. — Dominus B. de Cassania, dominus Guil-
lelmus de Castanherio, magister G. Donadei, B. de Pelicerio,
Guillelmus de Talivia, B. de Galayssaco, Ar. d'Aynart,
Ar. de Cabanas, Johannes Pelicerii, Saisset Tort, St. de

(1) Arnaud de Verdun était déjà un des capitaines de la ville. Il figure
dans la liste qui a été donnée plus haut.

Costelh, Bertran de Taliva, magister Jacobus Maynardi, St. de Valceron, magister Johannes Damos, Guill. B. de Gualayssaco, P. de Valceron, Falquet de la Cassanha, Thomas Compte, B. de Carcassona, B. Guarner, R. Capeler, Gili R. Calvet, P. Forner, R. Sirven, maseler, mestre Remi, B. Johan del Verger, mestre Ar. de Gamanso, mestre Odi, G. Machet, Guill. Recort, Ar. Forner, Jaques Loysel, B. Veiran, Galhart Tissender, mestre Guill. de Cassanhas, P. del Clusel, Ymbert Forner, P. Falbert, Miquel Cardo, B. de Columba, Guill. del Brugal, Guill. de la Selva, R. Frances, Ar. Bertran, P. Calvet, B. del Suc, Bertran Privat, Fors de Nuyrit, Guill. Sobira, Guill. Bonis, P. de Carmoys, Guill. de Taliva junior, Aymericus de la Marcha, Belenguer de Galhac, B. de Ayquart, R. Guilhem Drulheda, Bertran del Palaytz, Grimoart de la Roqual, Ar. Forner, Fors de Brugal, P. de Brugal, P. de Guasarn, magister B. Olerii (1).

Chaque maison enverra à Bajamont un homme valide et bien armé, si elle ne l'a déjà fait, et les jurats iront en personne défendre la terre du Roi et de la ville, avec deux cents hommes valides et bien armés : ceux qui déserteraient seront pris ou tués.

Totz volgueron que de cada hostal anga i home a Bajolmont, si no i an trames, bo e be armat, o que i angan ilh meis per gardar la honor del senhor e de la vila, o ii^c bos homes be armat; e si d'aquels i avian trames que s'en tornessan, los prenes o los aucixs.

Les membres de la jurade veulent que les consuls y aillent aussi aux frais de la ville et que les dépenses faites par les susdits, quand ils allèrent à Aiguillon, pendant le siège, solliciter auprès du duc de Normandie, et celles occasionnées par la garde du lieu de Laval et l'expédition de Bajamont soient acquittées sur les fonds de la ville.

Item volgueron que los senhos cosselhs i angan as despens de la vila, e que las despensas fachas al seti d'Agulho per lo meis fach per empetrar del senhor cum lo loc fos assetiat, e las autras fachas per lo loc de Laval gardar, e las autras fasedoyras (2) per lo dich loc de Bajolmont, sian pagadas e fachas als despens de la vila.

(1) Onze jurats, cinquante-deux notables, mais pas de consuls dans cette assemblée.
(2) Pour *fazeduras*, ouvrages à faire.

7 août. — Martin sera requis d'abattre la construction qu'il a élevée derrière sa maison neuve, au quartier de Bezat, près du pont d'Engoyre, construction qui obstrue la ruelle qui existait autrefois, et cela lors même qu'il aurait fait dénonciation d'œuvre nouvelle: sinon, elle sera démolie et la question sera jugée.

Die VII augusti. *(Huit jurats, onze notables: pas de consuls.)* — Volgueron qu'En B. Marti fos requere qu'el empachament fach fach darrey son hostal nuo que es en vesac e al pont d'Engoyre que i solia estre ancianament, no contrastant qu'el fos denunciada obra noela, que oste, o sino qu'el sia darrocat e qu'el sia facha razo.

Personne ne pourra mettre du blé hors de la ville, même pour le service du Roi, sans justifier d'un ordre exprès du Roi et sans certifier que ce blé est transporté pour le service du Roi.

Item que a negus no laysse hom traire blat d'Agen, ni per nom del senhor, sino que mostre mandament especial del senhor e que ferme e s'obligue que el no'l porte en autre loc per lo senhor.

Le maître de la monnaie sera sommé de faire construire des fourneaux dans la maison où il travaille, pour obvier au danger d'incendie fréquent dans ses ateliers. Il paiera dorénavant le loyer de cette maison qui appartient à la ville, et qui rapportait 50 livres de revenu avant que la monnaie y fut installée, ce qui date de huit ans.

Item qu'el mestre de la moneda sia requeregut de far fornel en las mayos de vila on es la moneda, per paor del fuc que s'i pren soven, e que la loguen d'aissi enant, quar L lib. de renda i solia aver la vila avant que i fos la moneda, en an la tenguda IIII ans, oltra antres IIII que la lor avia hom prestada.

Ceux qui volent ou prennent de force les blés des bourgeois d'Agen seront arrêtés, après information pour en être fait justice, et il sera écrit à B. de Rovigna pour savoir s'il les désavoue ou non.

Item que sian pres, facha informacio, aquels que raubo e prendon los blatz oltra voluntat dels borgues d'Agen, e que sia facha justicia, e que hom escriva an R. de Rovinha per saber si los avoara o no.

G. Bonis et les autres qui ont bâti sur les boucheries, ayant fait leur soumission pour ce cas, payeront une indemnité en argent et leurs maisons ne seront pas démolies.

Item cum en Guill. Bonis e'ls autres que an bastit suls

masels se sian sosmes per la dicha obra. que finen ab argen, e qu'els hostals no's desfassan.

Délibération du 8 août. — Les gages de M Benoit, qui montent pour l'année présente à 15 livres. lui seront payés et il sera financé en sus pour parfaire la somme de 50 livres, sans plus, pour subvenir à la rançon dudit Benoit. fait prisonnier par les Anglais de Bajamont. (Les votes sont mentionnés à la suite des noms.)*

Die VIII augusti. *(Présents : huit jurats, vingt-quatre notables.)*

Dominus B. de Cassanea, de III^cia parte magistro Benedicto, et consulibus, de dampno.

Dominus Guillelmus de Castanherio.

Stephanus de Valceron : de majori parte.

Stephanus Pelicerii : de L. libris in omnibus.

B. Martini : de L. libris.

Magister Jacobus Maynardi : dupplicetur pencio.

Arnaldus d'Aynardo : de L. libris turonens.

P. Pelicerii : de L. libris in omnibus, cum pencione.

P. de Valceron : de L. libris.

Magister R. Cantalausa : de L. libris turon.

B. de Cabanis : de quindecim scutis.

Grimoardus de Roquali : de L. libris.

Guillelmus Sobirani : de XV scutis vel XX.

B. de Carcassona : de L. libris.

Mestre Ar. de Gamanso : de L. libris.

Mestre R. d'En Causac : de L. libris.

B. de Ayquardo : de L. libris.

Ar. de Verduno : de L. libris.

Guillelmus Bonis : de L. libris tur.

B. Guarner : de L. libris tur.

Johan de Cabanas : de L. libris tur.

Richart Moliner : de L. libris tur.

Laurens Cirat : de L. libris tur.

P. Audoart : de L. libris tur.

Thomas Compte : de L. libris tur.

Guillelmus de Vineis : de L. libris tur.

P. Folbert : idem ; quod redimatur.

B. d'Aynart : quod redimatur per villam.

R. Guillem Drulheda : quod ejiciatur immunis.

Mestre St. Delart : de L libris.

R. del Faet : relevetur de I. libris.

Guillem de la Selva : quod redimatur.

Foro de opinio que ab la pencio que hom deu per l'an d'ongan a mestre Benech. que monta XL. libr. tur. li sia pagada. e que l' perfassa hom L libras tur. per sa redempcio dels Angles de Bajolmont per totas causas.

Guillaume de Mechval et G. du Moulin. consuls. seront entièrement indemnisés des pertes qu'ils ont éprouvées. le vendredi 28 juillet dernier. devant Bajamont.

Item que tot so qu'En Guillem de Mechval, ni En Guillem del Moli. cosselhs. perderon davant Bajolmont lo divendres XXVIII julii. per los ennemixs. lor sia enmendat.

Délibération du 11 août. dans l'atelier de Pélissier. — Les membres de la jurade veulent que les consuls recouvrent de B. Martin. fermier l'année passée du souquet du vin. la somme de 600 livres qu'il reste devoir et qu'il prétend avoir prétée à Mgr Robert d'Houdetot. ci-devant sénéchal d'Agenois : sans quoi. ils refuseront pour leur propre compte de payer la taille royale qui sera imposée.

Die veneris XI augusti. in hoperatorio de Pelicerio. (Présents : dix jurats. onze notables. sept consuls.) — Omnes voluerunt et requisiverunt dominos consules Agenni, videlicet Aldemarum Salmonis. Geraldum de Galayssaco. Guillelmum de Limona. Galhardum de Ecclesia. Johannem Lormerii. Guillelmum Bruni et Raymundum Guitardi. pro se et aliis. ut juramento quo eis (sic) tenentur. recuperentur illas VIᶜ libras turonensium parvorum. seu VIᶜ denarios auri de scuto. quos B. Martini debet de anno XL. quinto de soqueto vini quos dicitur mutuasse domino Robberto. domino de Haudetoto. olim senescallo. quod que faciant poni eas in opere ville. nam pro certo aliter ipsi non solvent questam sibi que sibi imponetur.

Il sera fourni des torches ou des draps pour les obsèques du comte de Boulogne. fils du duc de Bourgogne. dont le corps est venu d'Aiguillon. le jour où le duc de Normandie se rendra ici pour le service funèbre et l'enterrement.

Item que al compte de Bolonha. aportat d'Agulho mort.

sia facha onor de torchas o de draps, quand Mossenhor de
Normandia sera Agen per far cantar, per luy entera.

Les 50 livres données à Me Benoit pour sa rançon seront prises
sur le produit du souquet ou ailleurs.

Item que las 1. libr. tur dadas a mestre Benech per sa
redemsio, sian malevadas del soquet (1).

*18 août. — Sur le vu de la copie, fournie par B. Martin, de la reconnaissance
des 600 livres prêtées au sénéchal, la jurade veut que les fermiers du
souquet de l'an dernier en retard de payement, soient contraints...*

Die xviii augusti. — Totz volgueron, vista la copia de la
letra qu'En B. Marti avia del senescal del prest de vi^e lib. tur.,
que sian costrenh (2) per la requesta que devon del soquet de
l'an xlv aquels que devon de l'arrendament del dich temps.

*B. Martin devra payer les tailles pour les biens qu'il a acquis de Guill. de la
Cassaigne, depuis l'époque de son acquisition, et pour ceux de R. Ausel,
suivant la décision prise par la jurade de l'année précédente.*

Item volgueron qu'En B. Marti pague las questas per los
bes que te, que foron de Guillem de la Cassanha, depuys que
los compret, e per aquelh de moss. R. Ausel juxta la ordenacio facha per lor predecessor.

*27 août. — Assemblée tenue dans la maison commune. — Guillaume
Rollan est requis pour être un des capitaines de la ville.*

Die xxvii augusti. In communia. *(Présents : cinq jurats et
douze notables: pas de consuls.)*

Tot volguero que hom requeregos per capitani moss.
W. Rollan.

(1) Il y a dans le registre une variante de cette délibération, que nous
transcrivons ici : « Totz aquetz dessus escriut volgueron et requeregueron
« los senhos cosselhs, so es assaber N Aymar de Salmo, En G. de Galayssac,
« En Guill. de Limona, En Gualhart de la Gleya, En Johan Lormer, Raymond
« Gastard, Guillem Bru, conselhs, que ilh, al sagrament que son tengutz a la
« vila, que ilh cobren d'En B. Marti, arrendador de l'an passat del soquet del
« vi, aquelas vi e. libras tur. que deu del dich temps, las quals dison que
« prestet a Mossenhor En Robbert, senhor d'Autetot, sa en rey seneseal
« d'Agen.
« Item que a Mossenhor lo compte de Bolonha, filh del duc de Bergonha,
« loqual era portat mort de davant Agulho, sia dadas tres torchas o draps,
« si se canta messa Agen per luy, si los autres li fan honor.
« Item que las 1. livras turon. dadas a mestre Benech per sa redempcio
« sian delivradas e mallevadas del soquet e d'autre loc, e comanderon o an
« R. del Caune, thesaurier, que las pague. »
(2) Le manuscrit porte « costrch »; mais ce mot n'a pas de sens. C'est
évidemment « costrenh » qu'il faut lire, le signe abréviatif de n ayant été
omis sans doute par le scribe ou secrétaire du Conseil de la jurade.

Il sera fait présent de torches et d'épices à Mgr d'Armagnac, lieutenant
du roi de France et du duc de Normandie.

Item que hom dongua a Mossenhor d'Armanhac, loctenent
de nostre senhnor lo Rey de Fransa et de Mossenhor lo duc
de Normandia et de Guyana, torchas et especias.

Il sera emprunté 2oo livres à vingt bourgeois ou marchands pour
continuer les fortifications de la ville.

Item que hom malleves de xx borgues o mercades per far
e per avansar la obra de la vila ɪɪᵉ lib. tur.

28 août. — Les 2,000 livres accordées par le duc de Normandie sur le fouage
de Toulouse seront recouvrées sans retard.

Die xxviii augusti. (*Présents : quatorze jurats, cinq notables :
pas de consuls.*) — Totz volgueron que las ɪɪᵐ lib. tur. dadas
per Moss. de Normandia a la vila sobre lo fogatge de Tholosa
sian cobradas astivament, e que hom ne donga en servista,
per tant que sobdanies (?) las cobren per far avansar la clausura
de la vila, e qu'en dongan aissi cum los sera vist fazedor (1)
a bona fe.

Les consuls visiteront les quartiers et auront des torches
aux frais de la ville d'Agen.

Item que los senhos cosselhs visitan los guachs et que aian
de las torchas sobre la vila.

1ᵉʳ septembre. — Remise des minutes et des notes de Pierre de Vaxerie,
notaire d'Agen, décédé, à Mᵉ Raymond Jausende, autre notaire de la ville.
Prestation de serment de ce nouveau notaire.

Prima die septembris. — Fuerunt tradita papira (*sic*) magistri Petri de Vaxeria, quondam notario Agenni, que fuerunt in
numero viginti et quedam prothocolla ejusdem notarii, magistro Raymundo Jausenda, notario ville, qui juravit bene et
fideliter se habere in instrumentis abstrahendis et incorpo-
randis et in reddendo jus heredum. — Presentibus G. de
Galayssaco et Guillelmo Bruni et Raymundo del Caune,
consulibus, magistro Raymundo de Pesa et magistro Benedicto Topinerii.

(1) Formule romane analogue à cette formule latine si employée : *ut videbitur faciendum.*

4 septembre. — Les consuls font marché avec Mᶜ Sylvestre Leclerc, maçon, pour la construction du mur de ville, depuis le portail de la Croix jusqu'à celui des Frères Mineurs. L'entrepreneur devra construire ce mur dans les mêmes conditions que le reste des murailles neuves qu'on a commencé de bâtir. Il se servira des pierres et des rebuts provenant des bâtiments détruits des Frères Mineurs, tant qu'il en trouvera. et le prix de la canne de cette maçonnerie lui sera payé à raison de 28 sols petits tournois. Quand ces matériaux seront épuisés. il en fournira d'autres pour terminer la muraille et alors la canne lui sera payée 40 sols tournois, mais il devra n'employer que de bonnes pierres et de bon mortier. — Bernard Martin. maître de l'œuvre des fortifications de la ville, donne son consentement à ce marché. qui ne préjudiciera en rien au jugement qui l'oblige à clore lui-même la ville dans la totalité de l'enceinte. Il demeurera tenu de construire le mur donné à prix fait, jusqu'à ce que les consuls le relèvent de cette obligation.

Die III septembris, anno XL sexto, domini consules Agenni. videlicet magister Guillelmus Raymundi d'Albinhone, Geraldus de Galayssaco, Aldemarus Salmonis, magister P. Bonafos, Guillelmus de Limona, Guillelmus de Molendino, Raymundus del Caune, Gualhardus de Ecclesia, Johannes Lormerii, Raymundus Guitardi. consules, et nomine consulatus Agenni, tradiderunt de voluntate et assensu B. Martini, operarii murorum ville, magistro Silvestri Clerici. lathomo. presenti, ad construendum murum de portali de Cruce usque ad portale Fratrum Minorum Agenni, modo et forma quod alii muri ville novi sunt incepti : et hoc pro precio XXVIII solid. turon. parvorum canna per eum facienda de petris et reboto hedificiorum Fratrum Minorum destructorum. quos percipiat et habeat pro dictis muris faciendis. quamdiu fuerint; et posita dicta illa materia. debet complere dictos muros de aliis petris et reboto. pro XL. solid. t. monete currentis, canna dicti muri. faciendo dictum opus usque ad intaulamentum, et debet facere de bonis petris et cemento. Quibus premissis Bernardus Martini, operarius ville, consensiit et voluit quod sentencia per dominos consules Agenni obtenta contra ipsum de claudendo totam villam. nullum prejudicium generetur ville et dicte sentencie; et voluit quod fieret tradicio predicta et quod non fiat per hoc prejudicium sentencie late contra ipsum et pro villa. de faciendis per eum muris tocius clausure ville certo precio. nec fiat prejudicium convencionibus per ipsum super hoc factis cum consulibus dicte ville. ymo voluit quod sentencia remaneat firma et in suo robore; tamdiu consules liberaverunt eum a claudendo et faciendo dictum murum superius traditum dicto magistro Silvestro, presentibus prudentibus viris Guillelmo de Talivia, seniore, magistro Bernardo Olerii, magistro Aymerico de Podio.

6 septembre. — Le conseil est d'avis que Silvestre Leclerc, maçon, fasse une écluse solide dans les fossés de la ville, près de l'ancien couvent des Frères Mineurs, pour le prix de 51 livres tournois, dont la ville payera 31 l. t. et Bernard Martin 20 livres.

Die vi septembris. (*Présents : seize jurats et douze notables.*) — Totz aquistz dessus escriut s'acorderon que maestre Salvestre Clerc fassa la paysiera (1) bona e ferma e establa els valatz josta los Frays Menos velhs, e que l'en sian donadas LI lib. de tornes, de lasquals pagara En B. Martin xx lib. torn. e la vila en deu pagar xxxi lib. de tornes.

Scriptum fuit et ordinatum viᵃ die mensis sebtembris anno domini m° ccc° xlvi°.

Les consuls traitent avec ledit Leclerc, pour la construction de l'écluse, aux conditions sus énoncées. L'entrepreneur devra construire l'écluse sur l'emplacement de celle qu'avait faite B. Martin et qu'il a fallu démolir. Pour faire l'entablement, il pourra prendre jusqu'à soixante pierres de l'église des Frères Mineurs et se servir des matériaux de l'écluse détruite, ainsi que de la chaux que Martin av.... les lieux.

Die predicta, ibidem, de voluntate burgensium supradictorum, domini consules genui, videlicet magister Guill. Raymundi d'Albinhone, Ai.... Salmonis, Geraldus de Gualayssaco, Guillelmus de Lu...... Guillelmus de Molendino, magister P. Bonafos, Johannes Lormer, Raymundus Guitardi, consules, tradiderunt magistro Silvestro Clerici, lathomo, presenti, ad construendum et edificandum unam sclausam lapideam bonam et perpetuo tenentem constructione supra aliam destructam quam fecerat B. Martini, pro LI lib. turonensium parvorum, de quibus villa solvere debet xxxi lib. tur. et B. Martini xx lib. tur.; ita quod dictus magister Silvester debet habere intaulamentum de petris ecclesie Fratrum Minorum usque ad lx petras, et totum

(1) Au-dessus de ce mot non effacé est écrit en interligne le mot *esclausa*. L'annotateur du xviiᵉ siècle a mis en tête de cet article : « l'escluse de la tour de la poudre ».

pertrach (1) sclausure rupte B. Martini et calcem quas *(sic)*
idem B. Martini habet illuc. — Presentibus magistro Benedicto et supra nominatis.

11 septembre. — Les jurats, vu la rareté des raisins et la cherté du vin qui
se vend à Agen jusqu'à 10 sous tournois et 10 sous arnaudins le demi-
quarton, sont d'avis qu'on approvisionne la ville de vin. Le même jour, ils
se rendent chez leur collègue Guill. Brun, malade, et adoptent unanime-
ment la mesure proposée.

Die xi septembris. *(Présents : vingt-trois jurats.)* — A tot
fo vist a lor sagrament que, per la granda faouta que es en
la[s] vinhas e per la granda carestia que es Agen de vi, cum
a x den. torn. e a x den. arnaldens sia lo mech cart de vi,
que causa es necessaria e de necessitat que hom metos de vis
en la vila.

Item paulo post in domo Guillelmi Bruni, consuli[s] egro-
tantis, domini consules omnes congregati videlicet. . . . . .
omnes fuerunt ejusdem opinionis quod propter penuriam
vinorum que erat in Agenno, daretur licencia de vinis ponen-
dis infra villam.

Les bourgeois d'Agen, qui ont l'habitude de faire travailler leurs vignes
situées hors du territoire de la commune par des hommes domiciliés à
Agen et qui n'ont pu cette année le faire à cause de la guerre, pourront
néanmoins introduire en ville leur vendange ou leur vin, sans avoir rien
à payer, pourvu qu'ils jurent que c'est le produit de leurs vignes.

Omnes consules excepto Guillelmo Bruni, infirmo *(vingt et
un jurats et vingt-quatre notables)*. Tot volgueron que los borgues d'Agen que an acostumat a far lor vinhas que an foras los
dexs ab homes levans e colcans d'Agen, e ongan per la guerre
no an pougut far, que, aquo no contrastan, los i metan la
vendenha o lo vi d'aquelas a totz e quittis, ab que juren que
d'aytals vinhas es.

Les bourgeois des autres villes ou les forains qui ont des vignes dans la
franchise d'Agen, à raison desquelles ils payent la taille, pourront introduire gratis la vendange ou le vin nécessaires à leur consommation, mais
provenant desdites vignes; s'ils veulent en vendre, ils payeront 20 sous
tournois par tonneau, comme les autres bourgeois.

Item que tot autres borgues et fores que an vinhas en la
honor d'Agen collectisablas de que paguen questa, que pus-

<hr>

(1) *Pertrach, pertrag, pertractus,* charretée.

can metre la vendenha o lo vi que auran d'aquelas vinhas per lor beure quiti dins totz s; e si oltra lor beure n'i voliant metre per vendre, que paguen per tonel xx sols tornes, coma los autres borgues.

Le duc de Normandie et l'évêque d'Agen ayant abandonné à la ville le revenu des droits d'entrée du vin, le conseil, un jurat excepté, est d'avis qu'il soit donné permission de vendre jusqu'à mille tonneaux.

Item cum nostre senhor lo duc et mossenhor d'Agen aian donat a la vila lo emolument de las licencias dels vis metedos Agen dins ii ans, e sia vist a totz los xxiiii, exepto Willelmo Talivie (1), e als cossels, la necessitat que es de present dins la vila, volgueron que entro m tonels ne dongan licencia per vendre.

Tout bourgeois taillable payera 10 sous par tonneau de vin entré, si ce vin est destiné à sa consommation.

Item que tot borgues collectisables quo no aia vi per son beure e n'i volhia metre, que pague per tonel xx sols tornes.

Il paiera 20 sous, s'il veut vendre.

Item si atal borgues lo vol per vendre, que pague xx s. t.

Tous autres que les bourgeois taillables paieront 40 s. le tonneau.

Item tot autre que no sia borgues collectisable, qu'en pague per tonel xl sols. tor.

Tout consul peut en introduire dix tonneaux pour en user à son gré.

Item que cascum dels senhos cosselhs ni puscan metre x tonels quitis per far lors voluntatz.

S'il y a dans la ville des vins qu'on n'ose vendre (dont la vente n'a pas été autorisée) on pourra être autorisé à les vendre moyennant 20 s. par tonneau, comme on l'a déjà fait pour trente tonneaux.

Item que sia vis dins la vila que no se ausen vendre, que donga licencia per xx sols tor.. coma dels xxx tonels de que pessa lo ordenat (2).

---

(1) Dans la liste des jurats présents, le nom d'En Guillem de Taliva est suivi de cette mention : *non consenciit.*
(2) Délibération du 21 juin précédent.

18 septembre. — Conformément à la délibération précédente, il sera donné licence, moyennant le tarif établi, pour l'entrée de mille tonneaux de vin destinés à être vendus, en sus de ceux que les propriétaires introduiront pour leur consommation; le produit de cet impôt sera appliqué aux fortifications. Ces mille tonneaux introduits, si l'on veut en faire entrer d'autres, on prendra l'avis des vingt-quatre jurats.

Die XVIII septembris. *(Présents : les douze consuls et les vingt-quatre jurats.)* — Testes B. Martini senior, B. Marti junior, mestre P. de Liobosol.

Totz emsems ajustat, XVIII die en setembre, volgueron que, aissi cum es ordenat a XLV folhet (1) en aquest libre de la mesa dels vis et dels pretz qu'en son ordenatz, sia fach entro a M tonels per vendre, oltra aquels que s'i metran per beure e que lo emolument sia convertit en la clausura de la vila, e, complitz aquels M tonels, si may n'y volia hom metre, que apele hom los XXIIII jurat autra vegada.

20 septembre. — Jean de Puymirol, habitant du quartier Saint-Hilaire, a été condamné par les consuls à 5 s. d'amende pour n'avoir pas payé au collecteur des oublies la rente qu'il devait la présente année pour sa moitié de maison du quartier Saint-Hilaire. — Remise de l'amende lui est faite (après paiement de sa contribution).

Die XX septembris. — Johannes de Podio Murolii, Sancti-Ylarii Agenni, fuit condempnatus per dominos consules Agenni in quinque solidis gatgii, quare cessaverat solvere oblias anno presenti Guillelmo de Faeto, collectori obliarum, pro medietate cujus dam domus scite a S. Ylari. — Ibidem fuerunt sibi remissi.

La garde des clefs de la porte des Frères Mineurs est confiée à P. Clusel.

Dicta die fuerunt tradite claves ville portalis Fratrum Minorum Agenni P. de Clusello.

Délibération du 1er octobre. — Les fossés seront nettoyés aux frais de la ville et seront terminés.

Prima die octobris. *(Présents : treize jurats et dix-sept notables.)* — Totz volgueron que los valat se recuren als despens de la vila, e s'acaben.

(1) Délibération précédente, écrite sur le quarante-cinquième feuillet du registre : celle-ci figure sur le quarante-sixième.

8 octobre. — On enverra en France un homme de qualité voyageant à cheval et trois valets qui iront et viendront pour porter les nouvelles, le tout aux frais de la ville.

Die viii octobris. *(Présents : vingt-cinq jurats et soixante-cinq notables.)* — Que trametos hom en Fransa i bon home a caval e iii vallet que angan e vengan ab novelas, als despens de la vila.

On cherchera des bourgeois pour avancer des fonds à deux ou trois marchands qui iront acheter du blé pour l'amener à Agen. A leur retour, l'argent ou le blé seront remis aux prêteurs. Les marchands auront pour leur peine une indemnité en commun, et, s'ils ont éprouvé des pertes en route, soit par les chances de la navigation, soit par le fait des voleurs, les dommages seront à la charge de la ville.

Item quod perquirantur certi burgenses et persone qui tradant [pecuniam] duobus vel tribus mercatoribus que angan cercar dels blatz per portar Agen, e que quan seran vengut, que redan o'l blat o l'argen, e que aquels mercaders ai an cominhal gasanh per lo trabalh, e si perilh o dampnatge de mar o de raubaria, que'l dampnatge fos sus la vila. Omnes voluerunt exceptis Stephano et Johanne Pelicerii (1).

Les robes consulaires faites cette année seront payées par la ville, les consuls les achèteront désormais au prix de 30 sous tourn. ou de 23 gros tourn. la canne, et, Pâques venues (2), ils les donneront aux sergents de ville, à la place des neuves qu'on leur délivrait chaque année à Noël.

Item que las raubas fachas en aquest an per los senhos cosselhs se paguen per la vila, e que d'aissi anant los senhos cosselhs fassan raubas sobre la vila entro a xxx sol. tor. o a xxiiii den. tor. gros la cana, e que quant sera a Paschas (3), las dongan als sirvens de la vila, en loc de las raubas que avian cada an a Nadal.

Vu la grande cherté des vins, il sera permis aux chapitres de Saint-Etienne et de Saint-Caprais d'introduire cette année cent tonneaux de vin pour leur provision : ils jureront de n'en pas vendre et de n'en pas donner aux chapelains et aux clercs qui en auraient pour leur consommation.

Item, que quar es tanta caritat de vis, volgueron que a cada capitol de S. Stephe e de S. Cabrari sia dada licencia de c tonels de vis per lor beure, quant a ongan, e que juren que

(1) Tous deux étaient jurats.
(2) C'était en effet à Pâques que les consuls étaient renouvelés annuellement.
(3) Avant « raubas » on a effacé le mot : *non*, neuves.

no lo vendan ni ne balhen a capelas ni a clercs que n'aian
per lor beure.

En sus du secours qu'il a eu pour sa rançon, maitre Benoit recevra encore
50 livres tournois.

Item que, oltra la gracia facha a mestre Benech per sa
redempcio, ai a may l. lib. tor.

On fera bonne garde, même les consuls. Ceux qui ne se rendront pas
à leur poste seront punis.

Item que hom guache be e deligemment e que los de-
falhans sian be punitz, e que los senhos fassan estial gach.

9 octobre. — Messire Aymeric de Noaillac est reçu comme bourgeois d'Agen
par les consuls. Il jure de payer les tailles et d'avoir à Agen une maison
dans le délai d'un an.

Die ix octobris. — Fuit dominus Aymericus de Noalhaco
receptus in burgensem per dominos consules Agenni, videlicet magistrum W. Raymundi de Albinhone, Aldemarum
Salmonis, G. de Galayssaco, Guillelmum de Limona, R. del
Caune, Gualhardum de Ecclesia, R. Guitardi et alios, qui
juravit solvere tallias et habere hospicium infra annum. —
Presentibus Guillelmo de Vineis, H. Aymerici.

10 octobre. — Pierre Desponts est député en France. Il jure de ne solliciter
pour aucun intérét privé et de ne s'occuper que des affaires de la ville.
Il aménera avec lui trois messagers, dont deux iront et viendront portant
des lettres, à mesure des nouvelles à mander. Il est chargé de présenter
deux suppliques au nom de la ville, l'une au Roi, pour qu'il lui plaise de
confirmer aux bourgeois d'Agen l'exemption du droit de péage dont il les
avait gratifiés déjà; l'autre au duc de Normandie, pour obtenir que les
1,000 livres tournois qu'il avait accordées à la ville sur le salin soient
assignées sur la monnaie — Pierre Desponts recevra pour sa dépense
16 sous tournois dans les pays où les tournois ont cours, et 16 sous parisis
où l'on se sert de la monnaie de Paris.

Die x octobris. — P. de Pontibus comorans cum B. Martini
fuit deputatus pro eundum in Franciam et juravit nulla privata
prosequi vel impetrare negocia nisi propria ville, et debet
ducere tres nuncios quorum duo debent de die in diem ire et
redire cum litteris suis de novis illius patrie; et habet pro-
cequi duas supplicationes ville, unam videlicet domino nostro
Regi, quod, cum ipse burgenses Agenni de pedatgiis suis
affranquiverit et ex tunc plures villas, et pedatgia sua dederit,
qui levant pedatgia a dictis burgensibus, quod placeat sibi

mandare quod dicti burgenses sunt quitti in eisdem, sicut erat antea : item aliam domino nostro duci, quod sibi placeat mandate quod ille si libre turonenses date per cum supra salinum, quod habeamus supra monetam. Cuiquidem Petro de Pontibus fuerunt promissi xvi solidi turonenses in terra turonensium et xvi solidi parisienses in terra Parisensium.

30 octobre. — Autorisation pour l'entrée gratuite de cent tonneaux de vin pour leur consommation à chacun des deux chapitres et à l'évêque d'Agen.

Penultima die octobris. — Domini consules omnes. *(Présents : les vingt-quatre jurats et cinq notables.)* — Tot volgueron que als capitols e a Mossenhor d'Agen fosso donada licencia a cascus de c tonels per lor beure.

A l'abbé de Perignac, pour douze tonneaux ; aux autres religieux et aux Frères du Deffes, pour leur provision.

Item a l'abat de Payrinhac, de xii tonels per son beure, e als autres religios e als frays del Defes per lor beure tant solament.

A messire R. B. de Durfort pour vingt-quatre tonneaux, suivant la permission qui lui avait été donnée, quand il était capitaine de la ville.

Item volgueron que Moss. R. B. Durfort, per licencia a luy autreiada el temps que era capitani, i meta xxiiii tonels de vis, mas que sian seus propris e per sas proprias necessitatz.

A cinq particuliers pour deux tonneaux à chacun.

Item que a Guill. Bloy e a mestre B. Gualhet e V. de Solerio, cuilibet detur licencia de ii doliis pro potu et magistris Aymerico de Podio e G. de Garrigua, cuilibet de aliis duobus pro potu suo.

A Jean Damos et B. Garnier pour le vin de dîme qu'ils ont à la Tricherie.

Item que lo vi de la dema de mestre Johan Damos e d'En B. Guarner que an a la Tricharia, li metan l'an d'ongan per lor beure.

6 novembre. — Sur les instances de Robert d'Houdetot, ci-devant sénéchal d'Agenais, que les Anglais avaient fait prisonnier à l'affaire de Bajamont, il est décidé que les 2,000 livres, accordées à la ville par le duc de Normandie, seront abandonnées pour contribuer à la rançon dudit sénéchal, qui avait été fixée à 10,000 écus d'or.

Die vi novembris.

Dominus P. de Casatone.

Dominus Guillelmus de Castanherio : de ii^m l.

Dominus B. de Cassanea : de ii^m l.

Dominus B. de Calveto : de toto dono duorum mille librarum ville facto.

Stephanus Pelicerii : de x libris dicti doni, vel de illas *(sic)*
mille quas habemus supra salinum.

B. Martini : de x lib. doni.

Magister P. de Vernhia : de ii^m l.

Magister B. Oleri : de mille.

Magister Johannes Damos.

Moss. G. Donadeu : ii^m lib.

P. de Costa : de ii^m lib.

B. Bocalh : de ii^m lib.

Johannes Pelicerii : de x lib.

B. Martini junior.

Mestre Jacmes Maynart : de ii^m lib.

Thomas Comittis : de ii^m lib.

G. de Lescura : de ii^m lib.

Belenguerius de Galhaco : de ii^m lib.

Magister G. de Serra.

Magister Guillelmus del Furno : de ii^m lib.

Guillelmus B. Valaderii : de x l. vel toto.

Grimoardus de Roquali : de ii^m lib.

P. de Clusello.

Magister P. Mancelli.

Guillelmus de Cornudo.

Magister V. de Solerio.

B. Maseler.

P. de la Marcha : de ii^m lib.

Mestre Aymericus de Podio.

Guillelmus de Vineis (1).

Sobre aquo que Mossenhor Robbert d'Autetot, olim
senescal supplicare fecerat ville quod sibi adjuvarent in

---

(1) Onze jurats et dix-neuf notables. — Les chiffres placés en regard des
noms des membres de la jurade indiquent la somme qu'ils entendaient être
mise à la disposition de messire Robert d'Houdetot. Le *tot volgueron* semble
impliquer l'adhésion de ceux des jurats ou consuls dont le nom n'est suivi
d'aucun chiffre.

redempcione sua, quando fuit captus apud Bajolimontem,
que ascendit x⁻ aureos scutz, tot volgueron que las ıı⁻ lib.
tor que donet Moss. lo duc a la vila sian dadas a M. Rob.
d'Autetot.

La jurade ayant appris que le comte d'Astarac, capitaine, député à la garde
de la ville avec messire Guy de Comminges par le comte d'Armagnac, voulait se retirer d'Agen, décide qu'il sera prié de rester et de ne pas se dé-
mettre de sa charge de capitaine.

Dicta die lune vı novembris. — Cum domini consules
Agenni intellexissent dominum comitem Astariaci velle rece-
dere ab Agenno et esset capitaneus Agenni, deputatus, una
cum domino Guidone de Convenis per dominum comitem
Armaniaci, locum tenentem Regium; quod non dimitteret
neque exiret villam, neque capitanariam dimitteret. — Presentibus domino P. de Casatone, domino. . . . .
milite, domino B. de Calveto, domino Poncio Duriana,
magistro V. de Solerio qui fecit instrumentum de requesta.

Jurade du 8 novembre. — Nouvelle délibération sur le secours à accorder
au ci-devant sénéchal pour sa rançon. — On abandonne au ci-devant sénéchal les 2,000 livres accordées à la ville sur le salin par le duc de Normandie.

Postque die vıı novembris.

B. de Cabanis.	B. Rissido : de м.
B. Guilhem Drulheda.	P. Ponfiler, ita.
B. Guarnerii, ita.	Arnaldus Madera.
Guillelmus de Faeto.	Guill. Ar. de Paira, pictor.
Arnaldus de Cabani, ita.	Guill. de S. Antoni.
P. Bosigueti.	G. Bosser, maseler.
Guillelmus Delaunay.	Johan Gayri, sabater.
Raes Franchot.	R. Frances.
Johannes de Camba-Negra.	P. Audoart.
Joh. de Baro.	Guill. Pontoysa.
B. Rosola.	H. Andreu, sartre.
Mestre Gilis de Coturas.	Gualhart Tissender : de м.
G. Bru.	G. de las Cayssas : de м (1).
Guill. de Taliva senior.	

(1) Soixante-dix-huit jurats, vingt-huit notables. Aucun d'eux n'avait
assisté à la délibération du 6 novembre.

Tot aquist se cossentiron que las dichas II^m lib. t. dadas à la vila per Mossenher de Normandia sian dadas e cedidas a mossenher lo senescal per ajudori a sa redempcio.

Postquam die x novembris.

Floyrac.

Magister R. de Cantalauza.	Johan de Valria.
Mestre B. de Sama.	Johan Angles.
Johannes Fabri.	R. Masco.
Johan Lombart : vult.	R. de Miramon.
Aymeric Bosiguas : non vult.	P. de la Tapla.
G. Barrera : vult.	Pélicot l'espaser.
P. de Bascs.	Guill. Delort.
Johan Sirven.	Mestre Luchas, pelicer.
Mestre Guill. Logayner : non.	Mestre Richart Abre : non.
Berthomet de la Roqua : non.	P. Delort : non.
Sans Dhorles, pelicer : non.	P. de S. Marti.
Johan de Bassilhana : non.	Mestre Guis lo petit : non.
Mestre R. Turlan : non.	Mestre Andreu. lo pelicer.
Guill. Peytavi : non.	Guill. Ar. de Prayssac.
Bonafos de Costelh : vult.	Mathéo d'Aut Corn.
Bertran de Taliva : vult.	H. de Gondris, coteler.

Tot aquest d'acquesta gacha de Floyrac. exceptis quatuor, voluerunt quod dicte II^m libre applicarentur et convertirentur in clausura ville.

Die xi novembris.

Molinier e la Clausura.

St. de Costelh : non.	Johan de Cabanas : non.
B. d'Aynart : de mille.	Mestre Marti de la Bordelia :
Johan Revelha : non.	non.
H. Yzarn : de mille.	R. de la Voca : de mille.

G. d'Aut Corn. : non.

Mestre Johan Carrence : non.

P. Bancer : non.

Mestre Nicholau, candeler : mille.

Johan de las Cumbas : non.

R. Jausenda : non.

Johan de las Fargas : non.

Mestre Ar. d'Archinhac : de v°.

Guill. de Baro : non.

Guill. del Brugal : non.

Ar. Raffi : de v°.

Mestre Guill. Doat : non.

R. del Faet : de mille.

Johan Guillem : Recuperentur n° et habent mille.

Ar. de Basilhana : non.

V. del Sauc : non.

Robbert de Bernovila : non.

S. Bigorra : non.

Mestre Guill. de la Tapia : non.

R. P. de Pena : non.

Guillem de Vinhas : non.

P. Raffi : de v°.

P. de S. Vincens : de v°.

W. Audouart : non.

Johan Benech : non.

Mestre P. Donde : non.

Johan Paget : non.

Mestre Hodi : de mille.

G. Tissender : de mille, dum ponat viam quod habeamus residuum (1).

B. de la Capela : non.

H. Cotet : non.

Guill. Duran : non.

Ar. Forner : non.

Johan del Vinhal : non.

Mestre Ar. Marti : non.

Guill. del Fossal : non.

Ar. de Salvanhas : de mille.

P. de Granhols : non.

Johan Bemivenha : non.

Mestre R. Capeler : de v°

Mestre Guill. del Puch : de mille.

Bertran de la Garriga : non.

Mestre P. Donde : non.

Mestre P. de Liobosol : de mille.

Mestre Johan Truel : de v° libr.

Mestre R. de Marsac : de millé dum juvaret.

Mestre G. Flamenc : mille dum juvaret.

P. dels Camps : non.

Bertran Privat : ville. non.

H. Aymerici : de mille, et villa de m.

Tot volgueron que non. exceptis xiiii (2).

---

(1) « Pourvu qu'il nous fournisse un moyen pour avoir le reste ».

(2) Ces quatorze sont ceux qui avaient voté pour 1,000 livres: ceux qui n'ont alloué que 500 sont compris avec la majorité dont le vote est purement négatif.

Assemblée du quartier Saint-Étienne. — Sept votes favorables, huit contraires.

La guacha S. Estephe.

P. Pelicer : non.

Guill. Bonis : de mille.

Mestre P. Aver : non

P. del Ca : non.

P. Brandal : non.

V. del Forn : non.

B. de Bona-Cara : non.

Johan de Lodeva : non.

Mestre Arnaut Broc : de mille.

Johan Laurens : de mille.

H. del Portal : de mille.

Johan Ribera : de mille.

B. Masse : de mille.

B. Cortal : de mille.

Johan de Maricau : non.

Assemblée du quartier Saint-Gilis. — Unanimité pour le projet.

La guacha S. Gili.

Mestre B. de Melio : de mille.

Mestre Guill. de Belinhac : de mille.

Mestre G. de la Pestoria : de mille.

Guill. de Puchfariau : de mille.

Mestre Johan Vernet : de mille.

Assemblée du quartier Saint-Antoine. — Sept voix contre, deux voix pour.

La guacha S. Antoni.

Sayssetus Torti : non.

Augerius de Ayquardo : non.

P. Calvet : de mille.

B. Berot : non.

G. de la Tapia : non.

Mestre P. Latger : non.

R. Cabrel : non.

Guill. de Boges : de mille.

P. de la Nausa : non.

Assemblée du quartier Moncorni. — Deux voix pour, quatorze voix contre.

Guacha de Moncorni.

Ar. d'Aynart : non.

R. Cambo : non.

Huc del Bosc : non.

P. de Valceron : non.

St. de Valceron : non.

Mestre Guil Merce : voluit de II^m l.

Ar. de Verdun : ponatur comodis ville.

P. Guillem : non.

Andreu Barra : non.

Johan Fromatger : non.

P. del Trulh : non.

Mestre Guill. de Cassanhas : ponatur comodis ville.

Mestre Bertran Paschal : id.

Imbert Forner : de v^c.

Tot volgueron. exeptat ii, que fosson las ii^m lib. tor. [apli-
cadas] a la clausura de la vila.

15 novembre. — Les consuls laissent à R. Guitard. leur collègue,
les pierres qu'il avait fait retirer des fossés.

Die xv novembris. — Guillelmus de Limona, Geraldus de
Gualayssaco, Johannes Lormerii, Gualhardus de Ecclesia,
R. del Caune. Guillelmus de Molendino, Guillelmus Bruni,
consules. dederunt R. Guitardi. consuli, lapides quas de
vallatis congregari fecerat.

24 novembre. — Vote par la jurade d'une gratification au profit de
G. des Vignes, trésorier de la ville l'année précédente.

Die xxiiii novembris. — Factum Guillelmi de Vineis. thesaurarii anni proximi preterite.

Stephanus Pelicerii : non.

B. Martini : de x libris.

Joh. Pelicerii : o.

Arnaldus de Cabanis : de toto dampno.

Berenguerius de Galhaco : de x lib. et de dampno monete.

Arnaldus de Aynardo : de vinis xv et de toto dampno mon.

Magister P. de Vernha : non.

Guill. del Faeto : modo xvi doliorum.

Guill. Sobirani : de x libris.

B. de Cabanis : de x libris.

Thomas Compte : de x.

B. Guarnerii : non de labore. set de moneta habeat
xvi dolia (1).

Magister Arnaldus Broc : de xv libris.

Colinus Beroti : de toto.

G. de Lescura : de toto et dampno.

R. Guill. Drulheda : de toto et de dampno.

Mestre G. de la Serra : de scripturis et de valore monete.

Johan de la Devesa : non de vinis, set de dampno monete.

Mestre Guill. de Cassanhas : de moneta.

B. Bocalh : de moneta. non de labore (2).

(1) « Non pour le travail du trésorier, mais pour la perte éprouvée sur le
« change des monnaies. qu'il lui soit donné l'autorisation d'introduire gra-
« tuitement seize tonneaux de vin. »
(2) Voir la note précédente.

Totz volgueron aissi cum es escriut a la fis de cascus sobre lo fach de Guilhem de Vinhas, thesaurier de l'an passat de la vila, e sobre son conte e sobre son tribalh. Los us volgueron que agues per tot licencia de xx o de xv tonels de vis, e que al dampnatge de las monedas la vila l'estengua.

On lui octroie la faculté d'introduire vingt tonneaux de vin,
tant pour son travail que pour ses pertes sur le change.

E apres fo acordat que en totas causas aia licencia de xx tonels quitis (la qual ago ultima die novembris).

29 novembre. — Arnaud du Pin, institué courtier de la ville, prête serment
et donne pour sa caution Hugues Vigier.

Die penultima novembris, anno xlvi. Arnaldus de Pinu fuit receptus et institutus in prosenetam seu correterium ville, qui juravit se in dicto officio bene et fideliter habiturum et stare dominorum consulum ordinacioni, et cavit per Hugonem Viguerii, qui se et sua obligavit usque ad l. libras turonenses. Presentibus G. de Rivo, V. Foresterii.

14 décembre. — Les consuls donnent ordre au trésorier d'acheter des robes
pour M⁰ Bernard Toupinier et Raymond de Galapian, secrétaires, sans
dépasser le prix de 30 s. tourn. par canne d'étoffe.

Die xiiii decembris. — Domini consules, videlicet magister Guillelmus Raymundi d'Albinhone, Aldemarus Salmonis, Johannes Lormerii, Galhardus de Ecclesia, R. Guitard, Guillelmus de Medio-Valle, Guillelmus de Limona, voluerunt quod R. del Caune, thesaurarius ville, emeret raubas magistris Benedicto Topinerii et R. de Galapiano bonas et sufficientes usque ad xxx solidos turonenses canna.

Même date. — Vote définitif d'une somme de 1,000 livres pour la rançon du
ci-devant sénéchal d'Agenois et de Gascogne, à prendre sur les 2,000 don-
nées à la ville par le duc de Normandie.

Die xiiii decembris. — Pro domino Robberto, domino de Haudetoto. (*Présents : huit jurats, vingt-cinq notables.*)

Totz aquist volgueron que a Mossenher En Robbert, senhor d'Autetot, cavalers, olim senescallo Agenni et Vasconie, dentur mille libre turonenses de illis duobus mille libris quas dominus dux Normandie et Acquitanie dederat ville pro clausura super fogatgio Tholose.

Il est alloué à M° B. Olier, pour son grand labeur dans le règlement du
compte des fortifications débattu entre la ville et B. Martin, la somme de
20 l. de petits tournois.

Item voluerunt quod magistro B. Olerii qui valde laboravit
in compotis ville et B. Martini de muris ville, habeat xx lib.
tur. parvorum, sicut habuit Guillelmus de Talivia pro labore
suo, alias xx lib. tur. anno preterito et quod quilibet conten-
tetur.

Les 30 livres allouées à maître Jacques Maynart
lui seront payées sur les tailles.

Item voluerunt quod ille xxx libre turonenses que fuerunt
date magistro Jacobo Maynardi, exsolvantur eidem, et stet
sibi de talliis turris (?) si sit ultra forum.

2 janvier. — Il est accordé une indemnité de 10 l. à Guillaume Delprat, qui
pris au siège de Baiamont y avait perdu son cheval et son harnais.

Secunda die januarii. *(Présents : quatorze jurats, vingt-
quatre notables.)*

Totz volgueron que Guillem del Prat, loqual era estat pres
davant Baiolimont quan lo seti i era, e i perdet son caval o
rossi e son arnes, que ague x lib. tur. de la vila per restitucio.

On députera vers le Roi et vers Mgr Jean de France pour leur remontrer la
disette de blé et de vivres qui règne par deçà et le supplier de pourvoir à
ce que la disette n'amène pas la perte de sa terre; on en parlera auparavant au comte d'Armagnac, attendu qu'il est lieutenant du Roi en ce pays.

Totz volgueron que fos trames e demostrat al Rey e a
Mossenhor Johan de Fransa la gran sofracha de blatz e viures
que son de part de sa, e qu'el plassa a perveire en manera
que per fauta de vithalas no perga son pais ; e fo cosselh que
premerament ne parles hom a Mossenhor lo comte d'Armanhac, quar es loc tenent per lo Senhor de part de sa.

Il sera fait présent de cire et d'épices pour la valeur de 20 à 25 livres au duc
d'Armagnac à sa rentrée de Tulle qu'il a pris et où il a fait un grand nombre de prisonniers.

Item volguero que auras en la venguda de Mossenhor
d'Armanhac que ve de Tuela on a facha sa honor e del
senhor pres lo loc et tot aquels que eran dedins, sia fach un
presen de cera e de especias entro a xx o a xxv lib. tor.

On enverra acheter partout du blé pour la provision de la ville, mais notamment à Moissac où, au dire de R. Martinola, un moine en a trois mille cartons à vendre.

Item que homs trametos sercar de blat per la provisio de la vila per totas partz e especialment à Moyssac, quar mestre R. Martinola avia reportat que tres melia cartas ne trobava ab i monge de Moyssac.

7 janvier. — Les consuls vendent à Vital de Clarières, bourgeois d'Agen, les six arpents de la forêt de Gandelon, que le comte d'Armagnac leur a donnés pour leur usage personnel, moyennant vingt charretées de bois vendues sur le Gravier d'Agen, d'ici à la mi-carême. Les consuls abandonnent à leur scribe, R. de Galapian, une portion de ce bois débité, pour son chauffage.

Die VII januarii. — Domini consules omnes vendiderunt Vitali de Claveriis, burgensi Agenni, presenti, illa sex arpenta foreste de Gandalone per dominum comitem Armaniaci, locum tenentem Regium, eis data pro supplemento alterius gracie per dominum nostrum ducem Normandie et Acquitanie factis (sic) eisdem dominis, ut privatis personis, videlicet cuilibet tria pro calfagio : quam vendicionem dicti domini fecerunt eidem precio viginti pagelarum lignorum, quas dictus vitalis reddere debet dictis dominis, videlicet cuilibet ipsorum XXIII et mihi (1) R. de Galapiano XXIIII[or] (2), pro quolibet domino duas, quas mihi dederunt de gracia speciali, et hoc infra mediam cadragesiman adportatus in Graverio Agenni, expensis dicti Vitalis, et obligavit bona sua, et dicti domini consules guarenciam dicto tempore durare [promiserunt] et concesserunt instrumentum.

8 janvier. — Marché conclu entre les consuls et Silvestre Leclerc, maçon, pour la construction de la barbacane de la porte des Frères Mineurs et d'un portail à établir derrière le pont-levis, sous l'échafaudage qui venait d'être élevé. Le mur de la barbacane devra avoir une *legula* et demie de longueur et une canne ou une canne et demie de hauteur. La maçonnerie en sera payée sur le pied de 24 sous tournois. Le portail sera payé à raison de 24 sous tournois, en comptant le vide comme le plein. Il devra être terminé à la fin du carnaval, si le temps est convenable, et le reste du mur à la Pâques.

Die VIII januarii. — Magister Silvester Clerici, lathomus,

(1) R. de Galapian, rédacteur de l'acte, était, on s'en souvient, secrétaire ou scribe du consulat.

(2) Après les chiffres XXIII et XXIIII devait évidemment se trouver l'indication d'une mesure diminutive de la *pagela*. Aussi ne peut-on s'empêcher d'admettre que ce mot important et curieux à connaître a été omis par le rédacteur.

recepit a dominis consulibus civitatis Aginni, presentibus, videlicet, magistro Guillelmo Raymundo de Albinhone, Aldemaro Salmonis, Raymundo Guitardi, Guillelmo de Bruno, Guillelmo de Molendino, Johanne Lormerii, Galbardo de Ecclesia, et ipsi tradiderunt eidem ad construhendum murum barbacane Fratrum Minorum unius tegule (1) et dimidii amplitudinis et unius canne et amplius usque ad dimidiam amplitudinis, et unum portale ibidem ante pon-portam, sub gadafalco (2) ibidem edificato, precio cannam xxiiii solid. turon. monetarum currentium, faciendo dictum opus, et ulterius pro xi. sol. turon. quos dicti domini semel pro fayssone seu thala dicti portalis sibi dare debent, et debent solvere eidem de pecunia soqueti; et magister Silvester debet construxisse dictum portale, si faciat tempus congruum, hinc ad carniprivium, et residuum dicti muri hinc ad instantem festum Pasche, que predicta promissit tenere, et obligavit bona sua et debet computari portale vacuum pro pleno. — Presentibus Guillelmo de Talivia, seniore, magistro Jacobo Maynardi, Gualhardo Textoris et Arnaldo de Cabanis.

8 janvier. — On enverra une ou deux personnes à Toulouse pour acheter trois ou quatre mille cartons de blé, même plus, des marchands catalans qui y en ont apporté, dit-on, six mille cartons. On prendra le grain au prix que l'ont payé les capitouls de Toulouse, si l'on ne peut l'avoir à meilleur compte, ou tout au plus à 64 s. la cartière, rendu à Agen. Les acheteurs auront un salaire fixe, les risques et périls demeurant à la charge de la ville.

Die viii januarii. *(Présents : neuf jurats, quarante-quatre notables.)* — Tot volgueron cominalment que hom trameta home o dos a (3) del blat entro a iii melia o iiii cartos o mays, e que i trameta hom a Tholosa, cum son vengut mercaders de Catalunha, segon que es dich, que n'an portat vi^m cartos e que fassa hom ab los dichs mercaders mercat en aissi cum

(1) La lecture de ce mot n'est pas douteuse, mais le sens prouve clairement qu'il devait être ici question d'une espèce de mesure: or la *tegula*, tuile, étant de dimensions variables, selon les pays, il faut admettre qu'il y a eu confusion et qu'un mot a été mis pour un autre.

(2) *Gadafalcum*, hours, échafaudage de bois qu'on établissait à la partie supérieure des fortifications, dans les moments de danger, pour faciliter la défense.

(3) Il manque certainement un mot ici, *cercar, comprar*, ou tel autre équivalent.

los senhos de Tholosa an fach, si menhs far no o podon, o entro a LXIIII sol. t. la carteira portat Agen, si menhs far no podia hom, e que donga hom cert guasanh, e'l perilh sia sobre la vila.

On mettra de la paille dans les hôpitaux pour y recevoir les pauvres, à l'exception de ceux qui pourraient venir des lieux occupés par les Anglais. Les truands valides et les autres vagabonds capables de gagner leur pain seront tenus de travailler ou bien seront chassés de la ville.

Item que els espitals meta hom palha per los paubres recebre, e que negum paubre dels locs del Angles que sia vengut Agen no sia receubut, e que los gros truans e tot autres vagabons que puscan gasanhar lor pa, los fassa hom aflanar o que los gite hom de la vila.

12 janvier. — Les consuls ordonnent que les 50 livres dues à M° Jacques Maynard, pour le travail qu'il doit faire au compte de la ville, lui soient payées en monnaie courante, l'écu valant 24 sols tournois.

Die XII januarii. (*Présents : huit consuls.*) — Volgueron que L. lib. tor. que son degudas a mestre Jacmes Maynart per comprir la obra que deu far en la vila, so es assaber XXX lib. que hom li donet e XX lib. que la vila li avia assignadas sobre En Johan Pelicer, de la questa de l'an XLI, lasquals la vila cobret, sian pagadas al dich mestre Jacmes en la moneda que cort, escut a XXIIII sols torn., e que las i pague fasen la obra, o cant la obra sera acabada.

19 janvier. — Il sera écrit au seigneur de Caumont pour le remercier au nom de la ville.

Die XIX januarii. (*Présents : dix-neuf jurats, trente-trois notables.*) — Tot volgueron que hom rescrivos al senhor de Caumont que nos a escriut, e que'l regratie hom.

Il sera écrit au Roi de France et à M° le duc de Normandie, aux autres grands seigneurs de France et au comte d'Armagnac pour leur exposer l'état du pays et la disette de blé et de vivres qui y règne et les supplier d'y porter remède, afin qu'ils trouvent de quoi vivre s'ils viennent faire la guerre dans ces contrées.

Item que hom trametos letras al Rey de Fransa, nostre senhor, o a mossenhor lo duc e als autres senhos de Fransa, e al compte d'Armanhac del estat del pays e del deffaut que i es de vitalhas e de blats, e que'ls plassa que i metan remedi, cum si venon osteiar que i troben vitalhas.

1ᵉʳ mercredi de janvier. — Prise de Bazas par les Anglais: de Saint-Hilaire et de Castelmoron le lundi d'avant.

Lo primer dimecres de jener. Basatz fo Angles, e'l dilus davant S. Ylari, Castelmauro.

Il sera payé 20 livres tournois au sʳ de Talives pour avoir réglé les comptes de la dépense des fortifications avec B. Martin et autres entrepreneurs.

Item que al senhor de Taliva sian dadas xx lib. tor. per lo trabalh per lui fach els contes del murs d'En B. Marti e dels autres.

Le sʳ Martin avait acheté ou voulait acheter du blé dans le haut pays, mais il ne pouvait le faire sans emprunter. Il fut décidé qu'il s'adresserait aux gros bourgeois de la ville, et qu'il s'obligerait, ainsi que la ville elle-même; que les consuls le garantiraient de tous dommages et intérêts et qu'il achèterait jusqu'à deux cents cartons de froment ou de méture, le carton valant deux cartières et demie.

Cum lo senhor de Marti agues comprat o volgues comprar blat sus en l'aut pays, e no'l pogues paguar sino que malleves, fo dich que malleves argent de las bonas gens de la vila et que se obligues a lor e la vila; e totz los senhos cosselhs que eron presens l'en prometeron a guardar de dampnatge e enmendar a luy tot dampnage e enteresse qu'en fossa, e que n'en compres entro a iiᶜ cartasque valo vᶜ carteras de froment e de mesturas.

Il est permis aux Frères Mineurs d'affermer pour leur logement la grande maison de R. de Guassies et d'y entrer et d'en sortir par les derrières.

Item volgueron que si los Frays Menors podian aver a loguar l'ostal gran d'En R. de Guassias, que l'aian e que escan e intren de part d'arrey.

24 janvier. — Sentence du juge ordinaire d'Agen réglant à 70 livres tournois la totalité de ce qui est dû par la ville à Mᵉ Jacques Maynard pour indemnités, pour pertes occasionnées par le changement des monnaies, pour la façon des tours et la construction de deux cents brasses de murailles qu'il construisait derrière Saint-Etienne et qu'il devait livrer au milieu de mai.

Die xxiiii januarii. — Coram domino P. de Casatone, judice ordinario Agenni, comparentibus dominis consulibus Agenni, ex una, et magistro Jacobo Maynardi, ex altera, ordinavit quod idem magister Jacobus habeat pro restitucione dampni,

pro interesse monetarum (1), pro tallia turrium et pro
omnibus aliis et singulis que petere potest pro opere murorum ville quod facit retro Sanctum-Stephanum, videlicet
iiᶜ brachiatis muri, habeat viginti lib. turonensium parvorum
ultra xxx lib. tur. quas pro Johanne Pelicerii sibi solvere
debebamus, sic quod sint in universo lxx lib. tur. et quod
nichil aliud petere possit, et quod compleat opus predictum
hinc ad medium mensem madii proximi, sub pena l. lib. tur.
operi danda et ad hoc easdem partes condempnavit et partes
acquieverunt (2).

Le même jugement fixe à 10 livres de petits tournois la part de B. de Gaillac
pour l'inspection de la maçonnerie des remparts, pour l'indemnité relative
à la variation des monnaies et pour la construction de deux cents cannes
de murailles qu'il doit faire dans le quartier de Saint-Étienne. Il aura
30 livres tournois pour la façon des tours. Il est condamné à faire, d'ici
aux octaves de Pâques, l'inspection des travaux exécutés pour le compte
de la ville.

Item ordinavit quod Belenguerius de Gualhaco habeat pro
labore suo facto inspiciendo cementum murorum clausure et
pro omnibus dampnis interesse monetarum per eum passis,
pro et in opere clausure murorum, videlicet iiᶜ cannas quas
facere debet in guacha Sancti-Stephani, habeat x lib. tur.
parvorum pro predictis, et pro talia turrium, ultra illas.
lib. tur. datas et remissas per villam, sic quod sint xl lib. tur.
in omnibus, et quod teneatur isto anno referre et inspicere
cementa et operas ville hinc ad instantes octabas festuum
Pasche domini. Et ibidem dictus dominus judex condempnavit dictas partes ad hoc, cui condempnacioni acquieverunt.

Presentibus et consentientibus B. de Cassanea, B. Calveti,
Guillelmo de Castanherio, Guillelmo de Talivia, magistro
B. Olerii, Johanne Pelicerii, Bertrando et Arnaldo de
Talivia, B. de Gualaissaco, B. Bocalh, Stephano de Costelh,
Johanne de Termis, Johanne de Guausia, magistro Guillelmo
Mercerii, Arnaldo de Cabanis, magistro Jacobo Maynardi,
Belenguerio de Gualhaco.

(1) Le cours et le titre des monnaies variaient à cette époque de mois en
mois, et, par suite d'une de ces variations, Jacques Maynard se trouvait en
perte sur le prix de son marché conclu antérieurement.
(2) Voir, à la page précédente, la délibération du 12 janvier.

Totz volgueron que agues hom xx tonels de blat los quals
an receugut a Tholosa : item ii͞ cartos de blat.

Item que prengues hom de l'argen de las rendas.

Die xxv januarii. *(Présents : « domini consules qui erant in
villa : duo erant extra », et les vingt-quatre jurats.)* — Tot
aquestz volgueron que dones hom licencia de metre vis autres
M tonels per vendre, que fossan en tot ii͞ tonéls, per vendre
en la forma e maneira que davant era ordenat, per xi. sols
torn. tot home que no fos borgues e xx sols torn. tot
borgues, e x sols torn. per beure, ajustat empero que tot
home quis sia pusca metre tant tonels de vis per tant de blat
que n'i metran si'n portavo, sino ab l'argen : laqual licencia
dure entro a vendenhas senes plus.

Et paulo post dicti domini consules quia non erant omnes
insimul, propter absenciam duorum, videlicet domini thesaurarii et R. del Caune qui erant Tholose, protestati fuerunt
quod propter hoc non incurrat perjurium.

Die iii febroarii. *(Présents : onze jurats, vingt-six notables.)*
— Totz volgueron que hom trametos sobdamens dos bos
homes sains e prohomes que angan en Fransa al Rey nostre
senhor e a mossenhor de Normandia per notificar a luy l'estat
del pays, senes res blandir ni finher, mas dire la pura vertat
de l'estament de las carestias e de las autras causas.

Item que hagues e fes hom provisio de blatz.

Tous les vagabonds seront chassés de la ville; les consuls en feront
la recherche, chacun dans son quartier.

Item que gites hom tot home vagabon de la vila, et que los
senhos cosselhs, cascus en sa guacha, o aia a sercar.

4 février. — Les députés qui se rendront vers le Roi de France, le duc de
Normandie et les autres seigneurs signaleront la situation du pays et les
lieux qui se sont mis en état de rébellion depuis le retour de Mgr le duc
en France.

Die quarta febroarii. — Presentibus supra dictis juratis
vel majore parte ipsorum, fuit ordinatum contrarium (1)
supra dictorum, et quod mitterentur duo vel plures nuncii
Francie Regi et duci Normandie et aliis dominis, pro notifi-
candis statu patrie et locis qui fuerunt et sunt in rebellione
constituti a tempore recessus domini nostri ducis citra, et
scribatur domino Arnaldo de Cassanea, militi, ut. . . . . (2).

5 février. — On ira faire la révérence à Mgr d'Armagnac, à Auvillars, lorsqu'il
y sera. On lui exposera le manque de blé et de vivres dont on souffre, et
on le suppliera de laisser sortir les grains de sa terre pour qu'il en arrive
à Agen.

Quinta die febroarii. *(Présents : huit consuls, dix-huit
jurats, onze notables.)* — Fo cosselh que hom anes a mossenhor d'Armanhac a Autvilar, quant sara, per far la reverencia e per notificar a luy la necessitat granda de blat e de
vitalhas, e qu'el plassa que volha dar licencia e relaxar lo blat
de sa terra cum ne venga Agen.

Renouvellement des votes du trois et du quatre février pour l'envoi de deux
prud'hommes députés vers le Roi de France et le duc de Normandie. L'am-
bassade se fera aux frais de la ville. On empruntera sur les revenus, si cela
est nécessaire.

Totz volgueron que hom trametos en Fransa dos bos
homes sains e prohomes, per expausar et manifestar als
senhos nostres, lo Rey de Fransa e duc de Normandia, l'estat
del pays e ls dampnatges e las oppressios que suffertam dels
enemics : e aquo als despens de la vila, e que, si mesters es,
maleve hom de las rendas de la vila e que lor manifesten la
necessitatz que avem dels blatz e dels vivres.

(1) Le mot *contrarium* n'indique, dans ce passage, que des modifications
de détail, ainsi qu'on peut s'en convaincre en se reportant au contexte de la
délibération précédente.

(2) La phrase, dans le manuscrit, s'arrête au mot *ut*, comme dans cette
copie.

Les députés recevront une garantie pour les dommages qu'ils pourraient
éprouver en route, et ils seront indemnisés de leurs pertes sur la totalité
des biens de la commune, qui demeurent obligés à cet effet. Les consuls
leur délivreront acte de cette obligation, muni du sceau consulaire.

Item volgueron totz que aquels qui iran sian guardat de tot
dampnatge e de tot perilhs que los venguos el cami, els en
prometeron a relevar en obligacio de totz los bes del cossolat
e de la universitat, e'n autreiron los senhos cosselhs, ab
voluntat de tot los sobrenonmatz, bona carta o letra, e la
prometeron a sagelar del sagel del cossolat.

Aymar du Saumont, consul, et Étienne Pelissier, jurat,
sont nommés députés.

E aqui meis foron elegit et deputatz per far lo dich viatge
los senhos N'Aymar de Salmo. cosselh, E'n St. Pelicer, borgues.

Presentibus : domino Poncio Duriana, magistro Aymerico
de Podio, Guillelmo de Fageto, B. de Cambis.

Dernier février. — Les cinquante cartons de blé venus de Toulouse seront
mis en vente au taux de 4 livres 5 sous arnaudins; la perte sur le prix de
revient, qui est de 20 s. par carterée, sera supportée par la ville.

Ultima die febroarii, in operatorio Stephani Pelicerii.
*(Présents : le sénéchal d'Agenais (1), messire Robert de Hou-
delot, quatorze jurats, vingt-un notables.)* — Totz volgueron
que los L cartos del froment que son vengut de Tholosa
venda hom, e que'l meta hom a IIII lib. v sols d'arnaldens
la cartera, e la perda que sera de xx sols arnaldens per cartera sia sobre la vila.

3 mars. — Le blé ne trouvant pas d'acheteurs au prix de 4 l. 5 s. arnaudins,
sera offert à 4 l. et délivré aux fourniers et boulangères d'Agen, qui ne
pourront en acheter d'autre tant qu'il en restera de celui-ci.

Item tercia die febroarii *(sic pro* marcii). *(Présents : huit
jurats et trois notables de l'assemblée précédente.)*
Los crosatz de sobre escriutz (2) volgueron que, quar lo

(1) *Dominus Robbertus de Haudeloto.*
(2) Ce sont les membres présents à l'assemblée précédente, dont on a
marqué les noms d'une croix pour ne pas les répéter en tête de cette délibération du 3 mars.

blat no s'podia vendre al for de iiii lib. v sols d'arnaldens,
que lo metos hom a iiii lib. d'arnaldens, e quel balhe hom a
fornes d'Agen e a pestoressas, e que non compren d'autre
tant cum i aura d'aquel.

Il sera fait présent à Mgr d'Armagnac, qui doit dîner à Agen,
de quatre saumons, de six ou huit lamproies et de cire.

Item que a mossenhor d'Armanhac que deu estre aissi a
dinnar fassa hom do o presen de iiii salmos et de vi o viii lam-
preas, e de cera, aissi cum es estat ordonat en aquest libre a
li folleil (1).

12 mars. — G. R. d'Auvignon, consul, qui était allé avec R. del Caune, son
collègue, dans le Toulousain et le Narbonnais, acheter des blés au compte
de la ville, écrit qu'il a fait marché pour l'acquisition d'une certaine quantité de grains et qu'il a dû donner des arrhes qui seront perdues si l'on ne
paye dans le délai fixé ; ce délai étant expiré, il demande qu'on lui envoie
de l'argent et qu'on prenne des mesures pour que la ville n'éprouve pas
une perte dont son collègue et lui-même déclinent la responsabilité.

XII marcii. — Presentibus dominis consulibus omnibus,
excepto domino magistro Guillelmo Raymundi qui erat
Tholose, domino Robberto de Haudetoto, senescallo capitaneo, *dix jurals et quatorze notables.*

Dicta die R. del Caune, consul, notificavit omnibus quod
ipse et dominus thesaurarius, videlicet magister Guillelmus
Raymundi d'Albinhone, retinuerant in partibus Tholose et
Narbone a quibusdam personis mercatoribus certas frumenti
quantitates et tradiderunt arras certas denariorum scuti quantitates, et quod certi termini erant assignati infra quos debe-
bunt solvisse precium bladi, vel amitterent erras *(sic)* : quare
cum dicti termini sint elapsi, requisivit eosdem ut sibi mitterent pecuniam et ponerent remedium in predictis, ne villa
tantum dampnum pateretur, et de predictis ipsi magister
Guillelmus Raymundi e R. del Caune essent quitti et liberi
indempnes; et legerunt literas super hoc per dictum magistrum R. eisdem dominis consulibus et dicto Raymundo del
Caune missas.

(1) Ce 51e feuillet n'existe pas et il n'y pas trace de lacune dans cette partie
du registre, le feuillet correspondant se trouvant encore à sa place. Peut-
être était-ce une feuille volante qui a disparu. Ainsi s'expliquerait l'erreur
de pagination qu'on remarque après le feuillet 50, le suivant étant coté 52.

Il est décidé que le sénéchal fera amener le blé acheté et qu'il enverra à Toulouse 600 l. t., à prendre sur le don fait à la ville par le duc de Normandie, et 330 écus d'or de son argent propre.

Ibidem fuit ordinatum quod dominus senescallus expediret dictum bladum et faceret expedire Tholose vi° lib. tur. nobis debitas pro dono domini nostri ducis et iiii° xxx scutos auri suos proprios quos faceret expedire et mandaret Tholose.

12 mars. — Afin de pouvoir faire d'une manière prompte et convenable le recouvrement des 500 l. données par Mgr d'Armagnac pour la réparation du pont qui venait d'être emporté par une inondation, et pour d'autres besoins de la ville relatifs à la monnaie d'Agen, qu'on donne 60 ou 80 livres pour la négociation (?) et qu'on recouvre le reste.

Die xii marcii. — Presentibus in domo communi Agenni dominis consulibus (*neuf jurats et huit notables*).

Tot volgueron que per tal que pusca hom cobrar apertament e sobdament aquelas v° lib. tur. lasquals mossenhor d'Armanhac nos a donadas per la reparacio del pont e per las autras necessitat de la vila sobre la moneda d'Agen, que dongua hom en servista d'aquelas entro a lx o a iiii°xx lib. tur. e que cobren lo remanent.

R. del Caune, trésorier du consulat, payera à B. Martin, pour le louage de deux palefrois prêtés au seigneur de Talive, député en France par la ville, 8 sols par jour, aussi longtemps que durera le voyage. Si ces chevaux viennent à périr, la ville indemnisera le propriétaire. Le prix de quarante ou cinquante journées sera dès à présent payé au loueur par le trésorier.

Item dicta die, fo ordenat per los senhos cosselhs, so es assaber per N'Aymar de Salmo, per En G. de Galaissac, Guill. de Limona, Guill. Bru, R. del Caune, R. Guitart, Guill. del Moli, Johan Lormer, cosselhs d'Agen, que En R. del Caune, thesaurier, pague an B. Marti per lo loguer de ii palafres que a balhat a la vila o al senhor de Taliva per anar en Fransa, viii sols torn per cascun jorns de tans cum los tendran per razo del dich viatge, e si se perdian per cas d'aventura, que la vila los i enmende, e comanderon al dich thesaurier qu'el pagues ades per xl. o per l. jorns.

Un marchand étranger a laissé en dépôt chez B. de Malmusson dix-neuf « sportes » et trois « cabas » (couffes) de figues ; il n'est pas venu les réclamer. Ces figues commençant à se pourrir, le dépositaire les remet aux consuls qui, pour l'amour de Dieu, les font distribuer aux pauvres du Christ.

Dicta die, cum magister B. de Molomussone haberet, ut

dicit, in comenda, a quodam mercatore extraneo xix sportas ficcarum et iii cabassos et eos custodiisset a tempore citra quo dominus noster, dominus Johannes de Francia, primogenitus et locumtenens domini nostri Francie Regis, ducis Normandie et Aquitanie (1) et essent putrefacte et dicti mercatores *(sic)* non venisset, ipse magister B. dictus ficcas adportasset in domo communi. nos consules fecimus eas per B. Martini et aliis quibus apparuit. . . . . ordinavimus ut darentur amore dei pauperibus Christi. . . . absolvimus. . . . . magistro Egidio de Coturas, Johanne de Gausia.

13 mars. — Le seigneur de Talive et Aymar du Saumon, qui doivent se rendre en France, auront une escorte de cinq cavaliers et d'autres gens, s'il le faut. Ils recevront 100 s. t. par jour, outre leurs robes d'apparat, et la ville devra fournir leur escorte. Ils prêteront le serment accoutumé et emporteront des lettres de créance où seront relatés les articles sur lesquels portera leur supplique.

Die xiii marcii. — Totz los senhos cosselhs *(seize jurats et quarante-cinq notables)*.

Tot volgueron que lo senhor de Taliva e N'Aymar de Salmo angan en Fransa e que aian v cavalgaduras e las gens que lor darz a vezer. e que aian c sols tor. per cascum jorn e lors raubas, e que lor aia la vila cavalgaduras. — Item que fassan sagramen que hom a costumat a far per semblans causas, juxta la costuma. — Item que aian letra de cresensa sobre los artigles que lor balhara hom.

16 mars. — Fors de Nourrit rend les clefs de la porte de la tour du pont, devenues inutiles depuis la rupture du pont.

Die xvi marcii. — Tradidit et restituit Forcius de Nutrito claves portalis turris pontis, propter dirucionem pontis.

Le trésorier de la commune reçoit l'ordre de remettre la somme de 10 l. aux Frères Mineurs et à leur gardien, qui se rendent en France auprès du Roi pour appuyer la supplique que la ville fait présenter en leur faveur.

Domini consules omnes presentes. excepto magistro Guillelmo Raymundi d'Albinhone *(cinq jurats et sept notables)*. tot volgueron que dones hom als Frais Menors e al

(1) Il manque ici quelques mots qui fixeraient l'époque du dépôt en rappelant un fait relatif au duc de Normandie.

gardia, per l'amor de Deu, x lib. tor. per anar en Fransa al
Rey per seguir la supplicacio que la vila fa per lor, e que
En R. del Caune, thesaurier, las i balhe.

20 mars. — G. de Boysse présente pour caution, à raison de son office de
courtier, Rodrigue de Penaflor qui engage ses biens jusqu'à concurrence
de 50 l. dans le cas où le nouveau courtier commettrait des délits dans
l'exercice de sa charge.

Die xx marcii. — Cavit Guillelmus de Boysso pro proseneta
per Rodigonem de Penhaflor presentem et bona sua obli-
gantem, coram dominis consulibus, usque ad l. lib. tur. si
delinqueret in officia prosenatarie *(sic)*. — Presentibus
Johanne de Gausia, P. de Talis.

22 mars. — Départ pour Paris des députés Aymard du Saumon et
Guillaume de Talive, chargés des affaires de la ville.

Die xxii marcii. *(Présents : huit jurats et dix notables.)* —
Lo senhor accosselhet que hom fach estial guach de nuchs,
cascus una nuch.

Lo qual jorn N'Aymar de Salmo, E'n Guillem de Taliva
partiron d'Agen per anar enta Paris al Rey nostre senhor,
per los negocis de la vila.

23 mars. — Il est fait aumône à chaque maison de religion de cinq cartons
de froment afin qu'on prie Dieu pour la conservation de la ville et le
retour de la paix.

Die xxiii marcii. *(Présents : dix-neuf jurats et treize notables.)*
— Totz volguero que a cascus orde sian donadas v cartas de
froment per amor de Deu e que preguen Dius que nos salve
e nos do bona patz.

24 mars. — R. del Caune et R. d'Auvignon recevront en tout 200 l. t. pour
dépenses de leurs chevaux et de leurs gens, frais de bouche, de messages,
louage de roussins, en un mot pour toutes leurs dépenses, non compris le
courtage et le port des blés déjà arrivés et des soixante-dix cartons qu'on
attend.

xxiiii marcii. *(Présents (1) : les consuls, douze jurats et onze
notables.)* — Totz volgueron e s'acorderon que En R. del
Caune aia per totas las despensas fachas per luy e per mestre
Guillem Raymond d'Aubinho, e per lors cavalgaduras e de

(1) Il est à remarquer que dans la liste des membres présents, le seul
noble qui y figure, dominus P. de Casatone, est nommé avant les consuls
mentionnés collectivement : « Domini consules ».

lors gens, de boca et de messatges et de loguers de rossis, exceptat dels portz del blat, e per aquels que son avenir, so es assaber LXX cartos, entre totas causas, exeptat portas *(sic)* de blatz e corretes, II° lib. tor (1).

(1) A la suite de cette délibération est inséré le début d'un arrêté incomplet des consuls : « Primo consules petierunt a Bernardo Martini quod, cum « inhibitum esset ei ne muros construheret in ortis ante carmelos, sed in « aliis locis magis necessariis »....

ANNO DOMINI M° CCC° XL SEPTIMO.

Entrée en charge des consuls de l'année 1347-1348.

Fuerunt consules civitatis Agenni et receperunt possessionem consulatus iii[a] die aprilis, que fuit martis festi Pasche :

De Vesaco : R. d'Albaterra, 1 clau dessus; Guill. Sobira,
1 clau dejus.

De Floyraco : B. de Carcassona; Guill. del Faet, 1 clau
dejus.

De Clausura : Mestre Guill. Doat.

De Molinerio : St. Pelicerii, 1 clau dejus.

De Sent-Gili : Mestre P. Mancel, 1 clau dessus.

De Sent-Stephe : Mestre Ar. Broc, 1 clau dessus.

De Moncorni : N'Arnaut d'Aynart, 1 clau dessus.

De Sent-Antoni : Mestre B. Oler, 1 clau dejus.

De Sent-Ylari : P. Forner; P. de Mansac, 1 clau dessus (1).

Noms des jurats distribués par quartiers ou gaches.

XXIIII[or] *jurati.*

Vesac : G. de Galayssac, Gualhart de la Gleya, En B. Marti
senior, B. Bocalh.

Floyrac : N'Aymar de Salmo, Johan Lormer, Bonafos de
Costelh, G. de Lescura.

La Clausura : Guill. del Moli, Moss. Guill. del Castanher.

Moliner : Guil. Bru, Moss. B. de la Cassanha.

Sent-Gili : Guil. de Mechval, B. Garner, B. Veiran.

---

(1) Des douze consuls, six seulement avaient fait partie du corps des
jurats de l'année précédente : Guill. del Faet, Etienne Pelissier, Ar. Broc,
Arnaut d'Aynart, B. Oler et P. de Mansac.

Sent-Stephe : R. del Caune, mestre Jacmes Maynart, Guil. de Vinhas.

Moncorni : R. Guitart. St. de Valceron, mestre G. de la Serra.

Sent-Antoni : Mestre Guill. R. d'Aubinho, B. Calvet.

Sent-Ylari : Guill. de Limona, mestre P. Bonafos, mestre Gilis de Coturas, N'Arnaut de Cabanas.

Scribes, secrétaires du consulat.

Scriptores, dictorum dominorum consulum secretarii : Magister Benedictus Topinerii, Raymundus de Galapiano, jurarunt.

Sergents de ville.

Servientes ville : Geraldus de Rivo, Petrus de la Genesta, Guillelmus de Fageto, B. de Cambis, Raimundus Sirvientis, Hugo Viguierii, P. Helias, Johannes de Montelhs, jurarunt.

Guetteur.

Berthomeu de Bruet, guacha, juravit.

Clairons.

Johan Peyre, R. de Leges, tubicinatores, juraverunt.

Trompette.

Guillemot de Montpesaco, trompeta, juravit.

Inspecteur des travaux de la ville.

Huc del Bosc, garda et manobrer de las obras de la vila, juravit.

Experts jurés pour l'estimation des travaux et la décision des contestations soulevées par ces travaux.

P. Fors, R. Martinola, mestre B. del More, jurata ad decidendum debata subditorum ville pro hediliciis, et hedificia extimandum, juraverunt.

Arpenteurs.

Mestre Guill. del Puch, Johan Vesiat, Guill. d'Alausa, perticatores, juraverunt.

Courtiers.

P. del Castanh, Ar. del Pi, Rodigo de Penhaflor, R. Pes-

quit, V. de Pelaguilho, P. Dantioqua, Guill. Boysso, correterii, juraverunt.

Experts jurés.

Mestre Salvestre, mestre Odi, mestre P. Baucer, jurati,
juraverunt.

Bailli du Roi.

Fortanerius de Prulhano, bajulus Regis, juravit.

Bailli de l'Évêque.

Johannes Malbert, bajulus episcopalis, juravit.

Greffier des cours royale et épiscopale.

Magister Geraldus de la Guarriga, scriptor curie bajulorum, juravit.

État de l'artillerie délivrée par la ville en 1347.

Artilharia tradita isto anno XLVII°.

Au gardien de la porte Saint-Georges, deux arbalètes et quarante-huit
carreaux de gros calibre ou mouchettes.

Primeirament a Gilibert, garda de la porta de S. Jorgi a
XVIII die aprilis : doas balestas, XLVIII mosquetas o carrels.

A Bernard Martin, cinquante carreaux.

Item die dominica de sero ante festum Corporis Christi,
Bernardo Martini : L cadrellos.

A Jean de Villeneuve, cinquante carreaux.

Item Johanni de Vilanova : L cadrellos, die secunda junii.

A Guill. Doat, consul, pour l'armement de la porte de la Bretonnerie, deux
arbalètes à deux pieds sans leurs cordes, deux arbalètes à étriers, cent
carreaux pour les arbalètes à deux pieds, douze carreaux pour arcs à tour,
un petit caisson de carreaux pour arbalètes à un pied, appelés viretons.
Toute cette artillerie fut placée dans ladite porte en présence d'Aymeric,
se disant capitaine pour le Roi.

Item die XXVII augusti anno XLVII°, magister Guillelmus
Doati, consul, pro porta de la Bretonaria : duas balistas
duorum pedum absque incordis, item duas balistas unius
pedis, item c cadrellos duorum pedum, item XII cadrellos de
turno, item unam caxetam modicam cadrellorum unius pedis
vocatorum viros : quam artilhariam idem magister Guillel-

mus Doati posuit in dicto portali, in presencia H. Saunerii,
B. de Capella et Aymerici, capitanei regii porte, ut dixit.

Memorandum laissé par les consuls sortants à leurs successeurs.

Memorandum traditum per consules de anno XL. sexto, consuli-
bus successoribus suis de anno XL. septimo.

Le compte de B. Martin, dressé en présence et sur l'ordre de maître B. Olier,
sera terminé dans les formes légales et usitées, sans fraude de la part des
parties.

Primo quod compotus Bernardi Martini factus in presencia magistri Bernardi Olerii et ipso ordinante, perficiatur ad
illum finem ad quem juxta accitata debet perfici legaliter et
sine fraude utriusque partis.

De même pour le compte de Me Odin.

Item, fiat idem de compoto magistri Odini.

De même pour les travaux des remparts entrepris par Me J. Maynard,
B. de Gaillac et Jean de Gassies.

Idem fiat de operibus murorum ville construhendorum per
magistrum Jacobum Maynardi, Belenguerium de Gualhaco
et Johannem de Guassias (1).

Les arrière-fossés seront terminés dans les conditions déjà imposées.

Item quod retrovallata incepta perficiantur prout sunt
tradita (2).

B. Gassies sera obligé de construire la chambre qu'il doit bâtir dans la maison commune, entre celle-ci et son logis, pour qu'on puisse élever un
autre étage au-dessus.

Item quod Bernardus Guassie compellatur ad faciendum
illud quod facere debet in domo comuni Agenni inter hospicium suum et domum communem, ut alia desuper ibidem
fieri possit (3).

On fera rentrer sous la juridiction les paroisses que le sieur de Madaillan
veut s'approprier : une lettre du Roy lui défend de s'y opposer.

Item recuperentur parochie quas dominus de Madalhano

---

(1) En marge se trouve cette note, d'une écriture du temps : « Factum est
« totum, exepto per Joh. Gassias. »
(2) L'article est barré et on lit en marge, de la même écriture que dessus:
« Factum est ».
(3) Voir le memorandum remis aux consuls de 1345.

occupare nititur, nam literam habemus a domino nostro Rege ne occurrat ipsis.

On terminera les traités entamés entre la ville, d'une part, l'évêque et les chapitres, de l'autre, au sujet du paiement de la leude et de la dime et des devoirs ecclésiastiques : on pourvoira aussi à ce que le droit de péage perçu à Castillon ne puisse être réclamé deux fois.

Item perficiantur tractata habita inter villam et episcopum [et] capitulum super solucionibus leudarum et pedatgii, et provideatur super pedatgio de Castilhone ne bis exhigatur, et tractetur cum dominis episcopo et capitulis super solucionibus decimarum et deveriorum ecclesiasticorum.

Les consuls se feront remettre par leurs scribes le procès-verbal de la prestation de serment faite à leurs prédécesseurs par Mgr le duc de Normandie et d'Aquitaine.

Item recuperentur a magistro Benedicto Topinerii et Raymundo de Galapiano instrumenta per eos recepta super juramento facto consulibus per dominum nostrum ducem Normandie et Acquitanie.

On réglera le compte des arrérages de la quête et des oublies municipales dus par Guill. del Fact, fermier

Item habeatur compotus a Guillelmo de Facto de arrayratgiis queste preterite et de obliis ville.

R. de Galapian aura à rendre compte de la quête de 1345 pour la contribution des paroisses, dont il était responsable, et B. Toupinier des gages et de la gratification qu'il a reçus. On fera aussi le compte des tuiles offertes, au lieu d'argent, en paiement de l'impôt.

Item habeatur compotus a Raymundo de Galapiano de questa de anno xlvᵒ de parochiis de quibus debet satisfacere, et magistro Benedicto Topinerii, de pencionibus suis et dono; recuperentur etiam quantitates tegularum pro financiis debitorum (1).

On fera prendre en temps opportun, dans la forêt de R. d'Espagne, près de Castelmoron, deux cent quatre arbres achetés et on retirera l'acte dressé par R. de Galapian. Le vendeur est presque payé, comme les comptes l'établiront.

Item habeant a nemore Raymundi de Yspania, dum locus fuerit, prope Castrum Mauronen iiᶜ iiii arbores empte ab

____
(1) Article barré : en marge : « Factum est ».

eodem, cum instrumento recepto per magistrum R. de Galapiano, et est quasi satisfactus de precio, ut apparebit per
compotos.

Il faudra terminer la contestation qui s'est élevée entre la ville d'Agen et les
consuls de Lusignan, au sujet de la juridiction d'une pièce de terre où un
porc fut tué en 1344. Le procureur du Roi a en mains l'information qu'il
fit pour la ville, en vertu d'une commission spéciale. Il a reçu 100 s. tournois pour ses vacations; etc., etc.

Item detur finis cuidam negocio quod villa habet cum
consulibus de Lesinhano, de jurisdictione cujusdam pecie
terre in qua anno XLIIII° fuit mortuus quidam porcus. Procurator Regius ex commissione habet informacionem factam
pro villa, et sibi satisfactum de centum solidis tur. pro ea et
explectetur jurisdictio coti (1) et guardiatgii (2) et aliarum
circumquaque illud territorium, ne occupetur per illos de
Lesinhano.

Terminer l'affaire pendante en la cour du sénéchal entre la ville, d'une part,
A. Valade et G. Fournier, de l'autre. M° B. Toupinier, avocat au procès, fera
connaître l'état de la cause.

Item detur finis negociis ville et dominorum Arnaldi
Valada et Guillelmi Furnerii, ventilantibus in curia domini
senescalli, quorum status dicet magister Benedictus Topinerii, sindicus.

Poursuivre l'exécution des libéralités accordées à la ville par Mgr le duc de
Normandie en 1345, libéralités consistant en confiscations et en argent.

Item exequantur gracie incursuum et financiarum datarum
ville per dominum nostrum ducem, anna XL quinto.

Recouvrer les 1.000 livres données à la ville sur le salin.

Item recuperenter M libre turonenses nobis date super
salino (3).

Faire transporter les bois destinés au pont, qui sont dans la forêt
de Gandalon.

Item adportentur fustes pontis, si que sunt in foresta de
Gandalone.

(1) V. Ducange, v° cotus : « Tributum pro hortorum et agrorum cus-
« todia », etc. — Gallicé, droit de quol.
(2) V. Ducange, v° guardiatgium : « Idem ac cotus ».
(3) Article barré; en marge : « Factum est. »

Rechercher en quelles mains se trouvent les clefs de la ville.

Item videatur in quibus manibus sint claves ville.

Garder la ville nuit et jour, faire les rondes prescrites en temps de guerre et dûment punir les délinquants.

Item custodiatur villa diligenter nocte et die et fiat stial guach, ut est consuetum et contrarium facientes puniantur debite.

Exercer les droits de quot et de gardage sur le territoire de la Motte de Besat et sur celui de Méjan, suivant la coutume.

Item explectur cotum et gardiatgium Mote de Vesaco et loci de Mejano, ut est usitatum.

Vérifier le nombre de pieux fournis par R. Martinola sur les deux mille deux cent cinquante qu'il devait, savoir à qui ces pieux ont été remis et s'ils ont la mesure convenue d'après l'acte passé par Mᵉ R. de Galapian.

Item videatur quid tradidit magister R. Martinola de IIᵐ IIᶜ L palis per eum debitis, et cui et cujus mensure; nam in certa mensura eos tradere debet; et videatur literas super hoc factam (sic) per R. de Galapiano.

Comme il a été distribué à divers, par les précédents consuls, des boucliers, des piques, des traits, etc., en opérer la recherche et les faire restituer.

Item cum predecessores nostri certis personis tradiderint taulachos et lanceas (1), tela et alia artilharia, perquirantur et sciatur qui habuit et tenet eas, et recuperentur.

Relever le mur emporté par l'inondation, derrière l'hôpital de Saint-Georges.

Item reparetur murus destructus propter inundaciones aquarum retro hospitale beati Georgii, et cito.

Établir un pont-levis devant la porte de la Bretonnerie, pour qu'on ne puisse y arriver par eau.

Item quod fiat ponporta levadissa ante portale de la Bretonaria, ne aquis possit venire ad portale.

Trouver un bon moyen pour faire apporter à Agen les deux cents charges de blé que la ville a arrêtées à Toulouse et emprunter l'argent à ce nécessaire.

Item ponatur melius remedium quod fieri poterit ut illi IIᶜ saumerii bladorum quos habemus Tholose adportentur apud Agennum et manulevetur pecunia ad hoc necessaria.

(1) V. Ducange, vᵒ *talaucha, talocha, taulachia.* — C'était le grand bouclier ou pavois dont se servait l'homme de pied, armé de la *lancea.*

Recouvrer la moitié des 200 l. octroyées sur le fouage de Toulouse par le duc de Normandie, l'autre moitié ayant servi à compléter la rançon du sénéchal d'Agenois.

Item recuperentur m libre tur. de illis ıı^m lib. tur. per dominum nostrum ducem nobis datis super foretgio Tholose, nam alie m lib. fuerunt date domino senescallo pro adjutorio redempcionis sue.

Achever de payer ce qui pourrait rester dû des achats de vin et de bois faits en 1345.

Item quod sit satisfactum illis quibus debetur de anno xl. quinto pro vinis et fustibus si aliquid restet.

Se faire rendre compte par B. Martin le jeune des 1,230 livres qu'il doit pour le souquet de 1344.

Item habeatur racio a Bernardo Martini juniore de xıı^e xxx l. per eum debitis pro soqueto de anno xlıııı^o.

B. Martin vieux achèvera les tours en avant de la place du Pin, qu'il devrait avoir terminées depuis un an, sous peine de l'amende d'un diner.

Item B. Martini senior perficiat turres de ante plateam de Pinu quas fecisse debuit, annus est elapsus, sub pena prandii (1).

Ne pas oublier d'achever les murs commencés avant d'en entreprendre d'autres.

Item recordentur quod non incipiatur murus ville construhendus alibi quo usque incepta perficiantur.

Se faire rendre compte du produit du droit de place par G. de la Roche, et du droit d'entrée des vins par Arnaut Fournier, fermier de ce droit.

Item habeatur racio a Geraldo de Rupe, arrendatore pencionis (2) Agenni, de emolumentis ejusdem.

Item habeatur compotus ab Arnaldo Furnerii receptore emolumentorum licencie vinorum.

Faire arriver les arrérages figurant sur le compte de G. des Vignes, pour mémoire ou comme restant à recouvrer.

Item leventur arrayratgia debita tam per restam quam per memorandum contenta in compoto Guillelmi de Vineis.

(1) Article barré. En marge : « Factum est ».
(2) Droit de location des étaux et places sur le marché. Voir Ducange, Glossarium, v^o pensio.

Se faire rendre compte des recettes du pontonnage par les ouvriers préposés à la manœuvre du pont de bateaux, depuis la ruine de l'autre.

Item habeatur racio de perceptis pro pontonatgio (1) per nautas que tenent naves pontis Aginni a die fraxionis pontis citra (2).

Voir si les frères Maury ont introduit, pendant l'année qui vient de s'écouler, du vin dans la ville, comme il appert des registres où sont inscrits les noms des personnes qui introduisent des vins, quel nombre de tonneaux ils ont introduit, et combien ils ont payé pour la quantité portée sur lesdits registres.

Item sciatur si fratres vocati Mauris posuerunt vina hoc anno in villa, quomodo contineatur in papiris ville in quo scribuntur persone que ponunt vina, et numerus tonellorum, et amplius quam solverint pro vinis contentis in dictis papiris.

Faire réunir et apporter du Port-Sainte-Marie à Agen les bois destinés au pont et se faire rendre compte de la gestion de P. de Talis, qui a été commissaire au transport.

Item quod recuperentur et adportentur Agenni fustes pontis supra ripperian Garonne hinc ad locum Portus-Sancte-Marie, et habeatur racio a Petro de Talis qui fuit commissarius ab hoc deputatus.

Faire grossoyer et sceller par qui de droit le rôle de la lede et autres redevances dues à l'évêque, aux deux chapitres et à leurs associés, et faire placer ce tableau dans la salle publique de la maison commune, pour que chacun puisse voir ce qu'il a à payer.

Item quod ordinacio facta de leudis et aliis redibenciis que percipi debent per dominum episcopum et dominos de capitulo ecclesiarum sanctorum Stephani et Caprasii et eorum personerios, grossentur et sigillentur per eos qui debent sigillare, et sigillata ponantur in publico domus ut omnes possint videre quod habebunt solvere de predictis.

Rechercher les soumissions (3) consenties l'an passé et dont il n'a pas été tenu note, et en dresser un état.

Item quod videantur submissiones facte anno predicto de quibus nulla est facta declaratio, et declarentur.

(1) Droit dû pour les marchandises qui traversaient les ponts.
(2) Article barré. En marge : « Factum est. »
(3) Les exemples de soumissions rapportés dans le registre prouvent que ces soumissions étaient des amendes que les délinquants s'obligeaient à payer aux consuls pour éviter d'être poursuivis à raison des délits qu'ils avaient commis et dont ils se reconnaissaient coupables.

Item quod dominus Arnaldus de Panissalibus deffendatur
de debatis que faciunt sibi domini de capitulo Agenni de
quadam domo per eum empta que tenetur in feudo a villa.
Guillelmus de Faeto scit causam istam.

Item quod habeatur racio et recuperentur a magistro
Silvestro Clerici xxviii lib. debite per eum de tempore
preterito.

Item Guillelmus de Talivia scit restam murorum quam
debet B. Martini dols murs, dels arcs e des dentelhs olim
faceis et computatis.

Item de opere facto per Bernardum Martini supra gor-
baudum ville prope domum communem contra denuncia-
tionem novi operis.

Item de facto jurisdictionis coti et gardiatgii et de libra
bonorum que fuerunt Guillelmi de Cassanea quondam et
domini Raymundi Auselli.

Item perquirentur et amparentur feuda ville vallatorum
veterum et potissie retro S. Stephanum et retro carreriam
d'Agassa.

vi aprilis. *(Présents : neuf jurats et neuf notables.)* — Tot
volgueron que hom trametos a Tholosa a la tersa part de
vi saumes.

Le consul G. del Faet et les jurats B. Martin et R. Guitart donneront les autorisations nécessaires pour l'entrée des blés et des vins. Au besoin il suffira de deux d'entre eux pour accorder ces autorisations.

Item foron deputat a dar licencia a las gens de nostra honor del blat e dals [vis] En B. Marti, En Guill. del Faet, En R. Guitart o los dos de lor, en presensa de Moss. En Pey de Casato[ne] e de Moss. En Pons Duriana e dels autres dessobre nonmatz. .

7 avril. — Marché fait par les consuls avec M⁵ Sylv. Leclerc, pour la construction d'un mur long de huit palmes à élever près de la maison de Fortaner del Cayro, là où le roc a été taillé, et deux contreforts carrés d'une brasse et demie de large et d'une hauteur proportionnée, qui seront placés l'un derrière le chaffaut et l'autre à l'angle du chaffaut du rempart. Dans le nouveau mur il sera ouvert une petite porte qui fermera avec deux barres de fer dont la ville fera les frais; l'entrepreneur recevra 100 l. t. pour le reste. Les travaux seront commencés le lundi en suivant et continués sans interruption jusqu'à leur complet achèvement.

Remembransa sia que l'an M CCC XLVII, lo VII jorn de abrial, fo fach mercat ab mestre Salvestre *(sic)* Clerc per los senhos cosselhs de far mur de VIII palmis dample la ont es roco trencat pres l'ostal d'En Fortanel del Cairo, e de far dos pilars bocarests (?) cayratz d'una brassa e meia e d'aut competentment, la I darre lo gadafale (1) e l'autre a la prou darrier del mur costa lo gadafale e el dich mur deu far I issat el qual aura doas barras de fer que pagara la vila. Las quals causas deu e promes a far lo dich Salvestre per c lib. tur., lasquals los dichs senhors li prometeron a pagar fasen la dicha obra, laqual deu comensar dilus probda e continuar entro sia facha. — Testes B. Marti, Guill. Bonis e plusors d'autres, me non presente (2).

16 avril. — Les consuls font défense à B. Martin le vieux, fermier de la gabelle, de rien percevoir, par lui ou ses commis, à l'encontre du texte des lettres de concession, et ils lui ordonnent de préposer à la levée de cet impôt des employés soigneux. Martin jure de se conformer à ces instructions et de désavouer les agents qui les enfreindraient, promettant de choisir son personnel le mieux qu'il le pourra, et demande un état des marchandises soumises à l'impôt.

Die XVI aprilis, domini consules Agenni inhibuerunt

(1) V. Ducange, v° *cadafalcus, cadafalsus, chaafallum, chaufaudus, chaffaut*, tour très élevée, au-dessus des remparts, d'où les projectiles étaient lancés sur l'ennemi.

(2) Le rédacteur de la délibération, secrétaire de l'hôtel de ville, constate lui-même son absence.

Bernardo Martini seniori, arrendatori gabele (1), ne levaret per se vel alium aliquid contra formam littere gracie, qui dixit quod non faceret nec avoaret aliquem qui faceret contrarium. Et dicti domini consules dixerunt quod poneret tales personas que non facerent contrarium; qui dixit quod faceret posse suo et petiit copiam rerum de quibus levatur gabela. — Presentibus : magister B. Olerii, B. de Carcassona Guillelmus Sobirani, P. de Mansaco, P. Fornerii, consules, Gasbertus Barrani.

Les consuls somment B. de Gaillac de terminer dans les délais fixés les travaux de fortification qu'il a entrepris pour le compte de la ville, protestant qu'en cas de retard il serait passible d'une amende.

Ibidem requisiverunt Belenguerium de Galhaco ut compleret opus ville infra tempus sibi assignatum, cum intimatione quod, nisi fecerit, protestantur de pena. — Presentibus : Johanne Revelha, Hugone del Bosco.

20 avril. — Tout chef de maison devra faire le guet. Nulle excuse ne sera admise; les défaillants seront punis.

xx die aprilis. *(Présents : dix jurats, quatorze notables.)* — Cosselh so que tot senho d'estial guaches senes tota excusatio, e si defalhian, que fosson punitz.

On visitera les maisons et les greniers pour voir s'i-by a du blé.

Item que hom cerques tot los hostals e graners per saber si i a blatz.

On fera venir du blé de Toulouse.

Item que hom n'aia de part de Tholosa.

On expulsera d'Agen tous les forains qui ne sont pas de la juridiction de la ville et spécialement ceux qui sont des localités rebelles au roi de France.

Item que tot home fort que no sia d'aquesta vila o de la honor acomjade hom, e especialment aquel que son dels locs rebelles.

Dorénavant on ne laissera entrer dans la ville aucun forain.

Item que ni laisse hom intrar negus fort ni frenol daoras avant.

(1) Droit levé sur le sel et toutes autres marchandises vendues.

21 avril. — R. de la Serre, habitant d'Agen, est reçu en qualité de courtier. Il jure de se comporter loyalement dans l'exercice de sa charge, de prendre des salaires modérés, etc. Il fournit pour caution Me Etienne Vivien, notaire, qui s'oblige personnellement et sur ses biens, jusqu'à concurrence de 50 livres.

R. de la Serra, filius Geraldi, habitator Agenni, fuit receptus in correterium, seu prosenetam, et juravit se in dicto officio bene et fideliter habiturum, moderata salaria, recepturum, etc. : et cavit per magistrum Stephanum Viviani, notarium presentem, qui se et sua usque ad L. lib. obligavit. — Presentibus : domini consules, St. Pelicerii, magister B. Olerii, Arnaldus de Aynardo, Guillelmus de Faeto, consules, R. Servientis, Guillelmo de Faeto.

4 mai. — Les consuls qui figurent à l'acte précédent reçoivent comme courtier Elie de Lacoste, qui prête le serment professionnel et caution, selon l'usage.

IIIIa die maii. — Consules ut supra, domini consules creaverunt prosenetam Heliam de Costa, filium Guillelmi Bernardi de Costa, presentem, qui juravit se in predicto officio bene et fideliter habiturum et obligavit bona sua et cavit per magistrum Remi de Leuri, burgensem Agenni, qui se et sua usque ad L. libr. arnaldenses obligavit nomine fidejussoris. — Presentibus : Guillelmo Bonis, B. Garnerii.

1er mai. — On enverra cent sergents bien équipés au sénéchal d'Agenais, qui doit combattre les Anglais devant Sainte-Foy, de mercredi prochain en huit jours.

Prima die maii, in operatorio de Pelicerio. *(Présents : treize jurats, cinquante-quatre notables.)*

Tot volgueron que c sirventz be apparelhatz fossan trames a Moss. lo senescal d'Agenes que s'deu combatre davant Sancta-Fe ab los Angles dimecres en VIII dias.

Il sera fait, selon l'usage, une aumône générale le jour de la Pentecôte qui vient : s'il n'y a pas assez de pain pour la distribution, on en achètera aux frais de la ville. On veillera à ce qu'il n'y ait pas trop d'affluence, surtout de rebelles.

Item que los facha caritat a Penthacosta que ve, aissi cum es acostumat, e si pa i falhia, que n'aia hom sobre la vila, e que garde hom tant quant poira que las gens no s'abaten, e espelcialment dels enemics.

On fera le guet avec soin et en force, et des rondes hors la ville.
Les défaillants seront punis.

**Item que guache hom be e fort, e fassa hom l'estial gach
e que punisca hom los defalhens.**

11 mai. — Marché fait par les consuls avec Sylvestre Leclerc et Odin de
Valencourt, maçons, pour la construction d'un portail avec barbacane
devant l'écluse Saint-George, entre la grande porte et ladite écluse, sur
les fondations du vieux rempart. La barbacane devra aller jusqu'au mur
qui est derrière l'hôpital Saint-George et mesurer quarante cannes en
longueur et en profondeur, et trois en hauteur. La maçonnerie doit être
faite de bonne pierre et de bon mortier. Les machicoulis, les créneaux, les
parapets seront en pierre ; on pourra mettre de la brique sur les points où
il y en avait déjà. Les entrepreneurs concluent le marché au prix de 100 l.
à la condition que, s'il y a plus de quarante cannes de maçonnerie, le
surplus leur sera payé au prorata du prix principal et qu'il sera fait, s'il y
en a moins, une déduction proportionnelle. Les travaux devront être
terminés d'ici à la Saint-Jean prochaine.

xi die maii. — Domini consules Agenni, videlicet prudentes
viri Stephanus Pelicerii, magister B. Olerii, Arnaldus
d'Aynardo, B. de Carcassona, P. de Mansaco et Guillelmus
de Faeto, consules, tradiderunt magistris Silvestro Clerici et
Odino de Valencort, lathomis presentibus, ad construendum
unum portale et barbacanam de bonis lapidibus et cemento
ante sclausam beati Georgii, inter portale magnum et
sclausam predictam juxta fundamentum muri veteri *(sic)* qui
est ibidem, et debet atingere usque ad murum qui est retro
hospitale predicto xl. cannas in altitudine (1) et longitudine,
et debet habere tres cannas in altitudine et facere corbellos
et denthelhaturam et intaulamentum de petris, precio c lib. t.
quas domini consules sibi debent solvere ; et debent fecisse
dictum opus hinc ad instantem festum beati Johannis
Babtiste, acto quod si essent in dicto opere ultra dictas
xl. cannas, quod dicti domini consules debent sibi solvere de
toto pluri juxta prorata, si vero minus, quod adimatur de
precio. Et ubi est de tegulis, fiat de tegulis (2). — Presentibus : magistro Jacobo Maynardi, magistro Guidone de
Podio, Arnaldo Barba.

(1) *Sic pro* latitudine.
(2) Cette phrase prouve qu'il ne s'agissait là que d'une reconstruction.

La jurade est d'avis de composer avec l'évêque et les chapitres d'Agen, au
sujet de la dîme du vin ou de la vendange, à raison d'une charge sur treize,
pour les vignes situées dans la franchise de la ville, et sur quatorze pour
les vignes situées hors de ce territoire; lesdites dîmes portables.

Même jour. (Présents : neuf jurats, seize notables.) — Tot
volgueron que fes hom composicio ab Mossenhor d'Agen
e ab los capitols de las demas dels vis o vendenhas, e que
lor porte hom la xiii saumada dins los dexs, e la xiiii saumada
de foras los dexs.

On lèvera cent ou deux cents sergents pour faire des rondes par la ville ou
dans la banlieue et l'on donnera 10 livres tournois à ceux du fort de Monbran et aux autres qui se sont trouvés à la prise des quatre sergents
faits prisonniers cette semaine. . . . . (?)

Item que fassa hom c o iie sirvens per corre e gardar entorn
la honor e ciotat.

Item que hom donga a aquilh de la establida de Monbran
e als autres que foron a la presa dels iiii sirvens que foron
pres en aquesta semana, x lib. tor.

Item qu'el coral amenat sia de sobre Riols afonsat.

14 mai. — Les consuls font saisir six douzaines de carreaux neufs qui
avaient été mis en vente, pour s'assurer s'ils n'étaient pas de ceux qu'on
avait portés à Lusignan. Ils resteront en dépôt jusqu'à ce que le vendeur
ait justifié par témoins de sa propriété.

xiiii jors en may, foron pres a (1). . . . . que esta al
mere vi dotzenas de carrels nios, losquals fasia vendre, per
saber si eron d'aquels que hom portet a Lesinha, entro que
aia son garent.

16 mai. — On composera avec l'évêque et les chapitres d'Agen pour la dîme
des vins et les redevances ecclésiastiques, dans les conditions exprimées
par le procès-verbal de la jurade du 11 mai; on leur accordera, en outre,
l'entrée gratuite à perpétuité de soixante ou de quatre-vingts, même de
cent tonneaux de vin par an pour leur provision, si l'on ne peut s'accorder
à moins; mais ce vin devra provenir des dîmes de Clermont ou d'Auvillars
et non d'ailleurs.

xvi maii. *(Présents : onze jurats, vingt notables.)* — Tot
volgueron que fes hom composicio ab Mossenhor d'Agen e ab
los capitols de las demas dels vis e dels deners de las gleias,
e que lo pagues hom lo xiii saumada infra decos et xiii salmata extra decos, e que hom lor donga licencia de lx tonels

(1) Le nom de la localité où le fait a eu lieu est resté en blanc.

o de iiii^{xx} o de c, si menhs far no s'podia, del vi de las demas de Clermont o d'Autvillars e no d'autras, e aquo per lor beure, per tot temps.

Les consuls feront présent à Mgr le sénéchal de Toulouse de deux pipes de vin ou plus, s'ils le trouvent à propos.

Item volgueron que dones hom a Mossenhor lo senescal de Tholosa ii pipas de vi, o mais, so que lor sara vist.

2 juin. — On mettra sur pied cent sergents pour monter la garde autour de la ville et on leur fournira des gonelles.

ii die junii. *(Présents : douze jurats, vingt notables.)* — Tot volgueron que hom fes c sirvens per guardiar en torn de la vila, e que los dones hom gonels (1).

7 juin. — Du consentement de la veuve de Jean Millon, notaire, agissant comme tutrice de ses enfants, les consuls remettent à Me Arnaud Guillem dels Grels, trente et une pièces et huit registres, avec nombre de papiers et de cahiers de minutes. Celui-ci jure qu'il usera de ces documents en toute loyauté, expédiant fidèlement les actes et libellant les notes sans y changer un mot. La veuve lui avait vendu le produit des expéditions de ces actes pour le prix de 15 l. tournois.

vii die juinii. — Domini consules Agenni tradiderunt magistro Arnaldo Guillelmi de Grels xxxi papiros et viii protocolla et magna quantitas *(sic)* caternorum, protocollorum et cedularum, de voluntate uxoris magistri Johannis Millonis, notarii quondam, administraticis liberorum suorum, qui juravit, se in predictis et abstractione instrumentorum bene et fideliter habiturum et quod incorporabit instrumenta sub verba non mutata. Dicta mulier sibi vendiderat emolumenta instrumentorum predictorum abstrahendorum precio xv l. t. — Presentibus : magistro Arnaldo Broc, R. d'Albaterra, B. de Carcassona, Guillelmo del Faeto, consulibus, Geraldo de Rivo.

On remet également au même notaire : sept pièces provenant de l'étude de Me H. Cavalier, dix de l'étude de Me Arn. Audebert, trois de l'étude de Me Arn. Pie, deux de l'étude de Me P. de la Roche.

Item fuerunt sibi traditi papiri magistri H. Cavalerii, videlicet septem papiros [et fuerunt restituti infrascripta die xxii septembris, anno xlviii].

(1) *Gonelle,* robe courte taillée en forme de blouse.

Item papiri magistri Arnaldi Audeberti qui sunt x papiri; item tres papiros magistri Arnaldi Pie, notarii quondam; item duo papiri magistri P. de Rupe, notarii quondam.

Arnaud Guillem de Grels s'engage à remettre ces p⸗p ers à la maison commune d'ici à la Toussaint.

Qui papiri dictorum magistri H. Cavalerii, Arnaldi Audeberti, Arnaldi Pie et magistri P. de Rupe, dictus magister Arnaldus Guillelmi dels Grels, notarius, promisit reducere in domo comuni infra festum omnium sanctorum (1). — Presentibus : ut supra [restituit].

Délibération du 9 juin.

ix die junii. *(Présents : treize jurats, trente-deux notables.)* *(Rien)* (2).

28 juin. — Bernard Lormand, damoiseau, bailli ou garde du bailliage d'Agen, et M⸗ Sanche de Lautrec, son lieutenant, prêtent serment d'après l'article de la coutume et jurent d'observer les coutumes, libertés, usages et franchises de la ville, de faire droit et rendre bonne justice pendant le temps de leur charge.

xxviii die junii. — Bernardus Lormande, domicellus, familie domini Rotgerii (3) . . . . . et magister Sancius de Lautreco, locum tenens dicti nobilis Bernardi, bajuli seu regentis bailliviam Agenni, juraverunt dominis consulibus Agenni ibidem presentibus, juxta capitulum consuetudinis Agenni, servare consuetudines, libertates, usus et franchesias dicte civitatis facere jus et justiciam suo tempore durante. Consules : St. Pelicerii, magister B. Olerii, Guillelmus de Facto, B. de Carcassona. Presentibus : nobilibus dominis, domino Guillelmo Raymundi de Casalibus, Arnaldo Othonis de Leomania, domicello.

Prestations de serment : de M⸗ Sanche de la Fargue, greffier de la cour épiscopale; de M⸗ Jean Caimète, greffier, pour le Roi, des deux cours.

Item ibidem magister Sancius de Fargia, scriptor curie bajuli pro domino episcopo, juravit etiam.

(1) Ceci prouve que les minutes des notaires étaient mises en dépôt dans la maison commune et explique la présence aux archives de la ville d'un registre de notaire du xiii⸗ siècle, malheureusement incomplet et en très mauvais état.

(2) La délibération de ce jour n'a pas été transcrite sur le registre.

(3) Le nom de famille a été laissé en blanc par le scribe rédacteur de la présente délibération.

Item magister Johannes Calmeta juravit ut regens scribaniam curie dictorum bajulorum pro domino nostro Rege.

7 juillet. — Marché fait par les consuls avec Philippe de l'Arche, pour la construction d'un pont de bois sur la Garonne. Ce pont devra partir de la base de la tour qui était à l'entrée de l'ancien pont, de ce côté du fleuve, et aboutir à la tête du pont qui est restée debout de l'autre côté. Il devra avoir une hauteur suffisante et des étançons suffisamment solides: son plancher sera fait en bois d'aune. On fournira à l'entrepreneur tous les bois et ferrements nécessaires. En même temps, il devra construire à ses frais un pont de bateaux, avec les bateaux qui lui seront livrés, pour servir au passage pendant la durée de la construction du grand pont. Ce petit pont devra être terminé trois semaines après que les bois nécessaires auront été rendus sur les lieux, et le grand pont dans un an, à partir de la Saint-Michel prochaine. Philippe de l'Arche s'engage à exécuter ces travaux moyennant 1,500 l. de petits tournois payables 200 l. à la fois, de mois en mois, en sus des 2,000 livrées de bois que le Roi venait de concéder à la ville et des poutres provenant de l'ancien pont. Les consuls lui abandonnent tous leurs droits sur ces bois, engageant leur garantie pour cet objet et se chargeant de lever toutes les difficultés qui pourraient entraver la prise de possession. De son côté, l'entrepreneur promet d'exécuter fidèlement les conditions du marché. Il oblige tous ses biens et se soumet à l'autorité du juge d'Agen ou de tout autre, pour le cas où l'on devrait le contraindre à tenir son marché.

VII juillet. *(Présents : douze jurats, quarante-quatre notables.)* — Anno domini M° CCC° XLIIII°, die predicta, domini consules Agenni, videlicet St. Pelicerii, magister B. Olerii, Arnaldus d'Aynardo, B. de Carcassona, Guillelmus de Facto, Guillelmus Sobirani, P. de Mansaco, P. Fornerii, R. d'Albaterra, mestre Guill. Doat, nomine consulatus et universitatis dicte civitatis, vocatis et volentibus burgensibus hic scriptis, tradiderunt magistro Philippo d'Archa ad construendum pontem magnum Agenni supra flumen Garonne, de turre capitis sotile (?) usque ad caput pontis ultra Garonnam, altitudinis sufficientis, cum sponderiis suis sufficientibus et plancare de aneto. Et idem magister Johannes debet habere omnes fustes et ferraturas ibi necessarias; et interim debet facere unum pontem de navibus, suis expensis, exepto quod dicti domini debent habere naves, per quem transiri possit dum alius pons construheretur. Et debet ipsum modicum fecisse intra tres sepmanas postquam fustes illius venerint, et magnum debet fecisse a festo beati Michaelis proximi ad unum annum et perfecisse : que predicta promisit facere pro illis

duabus millibus libratis (1) fustium et lignorum quas dominus
noster Rex dedit nuper eisdem dominis et ville, quas sibi
tradiderunt, cesserunt et concesserunt, et omnia jura ville
pertinencia in eisdem, et de ea sibi promiserunt portare
garenciam et omnia impedimenta reddere expedita, et necnon
omnes fustes veteres pontis jam adportatas et alias per ipsum
adportandas, et ulterius pro mille et quingentis lib. tur. parvorum monete currentis in terminis sequentibus, quas dicti
domini consules sibi solvere promiserunt in quolibet mense
ducentas libras tur. quousque fuerit integre satisfactum. Et
juravit se in predictis bene et fideliter habiturum et obligavit
bona sua et compelli per exequtorem Agenni et alium judicem.

La jurade est d'avis que le guet se fasse exactement et que personne n'en
puisse être exempté, s'il n'est malade ou absent de la ville. Dans ce cas,
si l'on ne donne un remplaçant convenable, on devra être sévèrement
puni.

Tot volgueron que hom gache be e diligenment, e que
negus no i sia desencusat, sino que sia malaus o defforas la
vila, e que en aquel cas i trameta autres qui valhan aquel,
o sino que sian punitz be e regeament.

La jurade est d'avis que le pont soit donné à faire à Jean le Buder.
ce qui a lieu en effet.

Item que sia balhat lo pont a far a mestre Johan lo Buder,
a qui meis li fo balhat.

Permis à messire Guill. Balbet de faire entrer quatre-vingts tonneaux
de vin pour sa provision.

Item volgueron que fos dada licencia a moss. Guill. Balbet
de iiii^{xx} tonels de vis per son beure.

Permis au prieur de Saint-Caprais de vendre douze tonneaux de vin qu'il a
introduits en ville, en payant le tarif comme les bourgeois.

Item de moss. lo prior de S. Caprari, que aia licencia de
vendre xii tonels de vis que mes a en la vila, e que pague
coma un borgues.

(1) On connait la valeur de la *livrée* en ce qui s'applique à la terre : mais
nous n'avons rien trouvé qui nous permit de savoir à quelle mesure de bois
elle correspondait.

La transaction entamée avec l'évêque d'Agen sur le fait des dimes
paroissiales sera menée à fin.

Item que lo tractat comensat ab Mossenhor d'Agen e ls'
capitols sobre las demas parroquianals sia mes a fis.

18 juillet. (Dans le laboratoire de Pelissier.) — S'il appert par la lettre du
sénéchal de Toulouse que les vingt-quatre tonneaux de vin qu'on veut
introduire en son nom lui appartiennent et sont destinés à sa provision,
les consuls en autoriseront l'entrée.

xviii die julii, in hoperatorio de Pelicerio, consule. *(Présents : douze jurats, vingt notables.)* — Tot volgueron que si
als senhos era ferm per letra de moss. lo senescal de Tholosa
que los xxiii tonels de vis que i hom vol metre en la vila per
nom de luy sian seus propris, e los i vol metre per son beure,
qu'els i meta per beure.

Il ne sera plus désormais donné d'autorisation pour entrée de vin qu'aux
bourgeois de la ville, et encore pour les vins seulement qu'ils auraient
achetés avant aujourd'hui et après qu'ils auront affirmé par serment qu'ils
avaient fait leurs achats avant ledit jour.

Item que d'aquest jorn avant a negus no sia dada licencia
de metre vis dins la vila sino que sia borgues, ni a aquel sino
qu'el aia comprat davant aquest jorn, e aquo que sian tengut
de jurar.

17 août. — Jean Balbet, licencié en lois, est mis en possession de l'office de
juge-mage d'Agen, pour le Roi de France et le duc de Normandie et de
Guyenne, par Robert d'Houdetot, sénéchal d'Agenais et de Gascogne, en
vertu des lettres-royaux à lui adressées. Avant de faire acte de judicature,
le nouveau titulaire, sur la requête des consuls, prête le serment imposé
aux juges-mages et sénéchaux, lors de leur entrée en fonctions, par l'article de la coutume et les privilèges royaux sur ce concédés.

xvii die augusti, anno xl septimo. — Dominus Johannes
Balbeti, licenciatus in legibus, judex major Agenni pro
domino nostro Francie Rege et duce Normandie et Aquitanie
fuit positus et inductus per dominum senescallum Agenni
et Vasconie, videlicet dominum Robbertum dominum de
Haudetoto, militem, in possessione officii judicature predicte
virtute literarum regiarum sibi super hoc directarum; et
ibidem, antequam uteretur officio judicature predicte, ad
requisicionem dominorum consulum Agenni, prestitit eisdem
juramentum per tales judicem et senescallum in novitatibus

suis prestari consuetum, juxta capitulum consuetudinis et
privilegium regium eisdem super hoc concessum.

Presentibus : dominis senescallo predicto, B. de Cassanea,
Poncio Duriana, Guillelmo de Castanherio, Johanne de
Lecadone, B. Calveti, domino Arnaldo de Cassanea, milite,
magister Johannes Nicasii, Johannes Vineti, Johannes Nigri,
Benedictus Topinerii, Stephanus Pelicerii, magister B. Olerii,
magister Arnaldus Broc, Arnaldus de Aynardo, Guillelmus
de Faeto, Guillelmus Sobirani, B. de Carcassona, P. de
Mansaco, magister Guillelmus Doati, R. d'Albaterra, consules.

xx die augusti. — Arnaut d'Aynart, Guill. del Faet,
mestre Guillem Doat, P. de Mansac, Guill. Sobira, consules.

Guill. de Vinhas voluit quod iiᶜ lib. darentur et quod
continuaretur.

R. del Caune voluit quod iiᶜ lib. (darentur) pro toto.

Guillelmus Bru voluit quod quilibet x lib. ascendent viˣˣ.

Mestre Arnaut de Gamanso : in omnibus iiᶜ lib.

Guillem Sentonger : deinceps x sol. tur.

Guillem de Mechval : deinceps x sol. quilibet.

Johan Lormer : eligantur xii qui relevent.

Guillem del Moli : deinceps x sol. tur. et quod eligerentur
xii homines.

R. Guitart : c lib. tur. omnibus pro toto.

Stephanus de Costelh : pro quolibet deinceps i dolium
vini et iiii cartones frumenti pro toto.

G. d'Autcorn : pro quolibet tempore x sol. tur.

Mestre W. lo Baster.

Johan Negre : de tempore preterito et futuro, x sol.

Coli Berot : nichil.

H. Sainer : v sol. tur. deinceps.

Mestre P. de Liobosol : ulterius x sol.

Mestre G. Alboy : x sol.

Thomas Compte : deinceps x sol. tur.

Mestre Jacmes Maynart : deinceps x sol. quilibet.

B. de Veiran : c lib. pro toto.

R. del Faet : pro toto iie lib. omnibus.

Ar. de Cabanas : nichil.

B. de Cabanas : deinceps x sol. tur.

G. de Lescura : pro toto vi^{xx} [lib].

B. Garner : de iie lib.

Sobre aquo que los cosselhs se planhian de la despensas de l'estial gach e que suppliqueron que hom lor o enmendes.

27 août. — Pour décider le chapitre de Saint-Étienne à accepter la transaction qui se négocie entre lui et les habitants de la ville et des paroisses dépendant de son église au sujet de la dime et des autres devoirs ecclésiastiques, il lui sera donné licence pour introduire chaque année cent tonneaux de vin pour sa provision, à prendre des dimes de Clermont, d'Auvillars ou d'ailleurs, à moins qu'il ne se refuse à la composition qu'on poursuit.

xxvii die augusti. *(Présents : dix jurats, soixante-quatre notables.)* — Omnes, seu major pars ipsorum voluerunt quod venerabile capitulum ecclesie Sancti Stephani, contemplacione composicionis faciende inter ipsum et habitatores ville et parrochiarum eorum ecclesie super decima vini et aliis deveriis parrochianis ecclesiasticis, habeant licenciam c doliorum vini pro eorum potu et necessitatibus, anno quolibet, de decimis Clarimontis et Altivillaris, vel de aliis locis, nisi consentire vellent composicioni, pro suis volu... tibus.

L'entreprise du grand pont sur la Garonne sera accordée à la personne qui a souscrit l'engagement dont il vient d'être donné lecture et à ses associés, aux conditions qu'avait acceptées feu Philippe de l'Arche. S'il avait été payé à celui-ci plus qu'il ne lui revenait pour la construction du petit pont de bateaux, il faudrait recouvrer l'excédent sur ses héritiers.

Item voluerunt quod pons ville magnum supra Garonnam tradatur illi qui scripserat quandam sedulam, ibidem tunc lectam, et sociis suis, modo et forma quibus traditus fuerat magistro Philippo d'Archas quondam; et si super solutum

fuerit eidem magistro Philippo plus quam ascenderat opus
pontis modici navium, recuperetur ab heredibus suis.

*R. Guitard sera maître de l'œuvre du pont et des fortifications de la
ville, avec un traitement s'il en demande.*

Item, voluerunt quod R. Guitardi institueretur operarius
operum ville et pontis et detur sibi pencio si hoc assumere
velit.

*Sentence du sénéchal d'Agenais, rendue en commun avec les consuls, qui
condamne P. de Vési, surnommé Pérot, domestique de P. Raymond de La
Cour, à perdre la tête devant la maison où habitaient le procureur du roi
et Arnaud Bertrand, et à être écartelé pour avoir assassiné dans son lit
ledit Arnaud Bertrand. Le greffier du bailli épiscopal et celui de la cour
sénéchale rédigent la sentence.*

Ista die dominus senescallus Agenni et domini consules
civitatis Agenni simul fuerunt judices et condempnaverunt
P. de Vesi, alias dictum Perot, ad amittendum caput ante
hospicium Arnaldi Martini, ubi consueverant morari procurator regius et magister Arnaldus de Bertrando, et ad scar-
terrandum, eo quia interfecerat dictum magistrum Arnaldum de Bertrando in lecto, qui condempnatus erat de familia
P. R. de Aula, ut dicitur. Et magister Sancius de Fargia,
scriptor bajuli, et magister Aymericus de Podio, scriptor
curie domini senescalli, fecerunt sentenciam.

*1ᵉʳ septembre. — Sont nommés pour faire des rondes au dedans et au dehors
de la ville: P. Fabry, R. de Labat, etc. Il sera donné à chacun huit pites;
ils ont juré de se conduire légalement dans l'exercice de leur mission et
de rapporter exactement les nouvelles aux gardes de la ville.*

Die prima septembris, P. Fabri, R. de Labat, alias Cabos,
de Cailhiva, Guill. de Verdom, dels Autas, R. Oliver, en
Sigayrols, fuerunt deputati ad circumdandum et vigilandum
extra et citra villa *(sic)* et promiserunt cuilibet viii° pitoys,
et juraverunt se bene et fideliter in predictis habituros et
veritatem custodibus ville relaturos.

*15 septembre. — On enverra à Toulouse, vers l'archevêque d'Auch, lieu-
tenant du Roi en ces parties, deux ou trois prud'hommes pour lui
exposer les besoins de la ville et l'état du pays et le supplier d'y porter
remède.*

xv die septembris, in operatorio domini de Pelicerio.
(Présents : huit jurats, vingt-deux notables.)

Tot volgueron que hom trametos a Mossenhor d'Auchs, loctenent del Rey nostre senhor en aquestas partidas, ii o iii bos homes e savis, que era a Tholosa, per alcunas grandas necessitat *(sic)* e per l'estat del pays, e supplicar que y remedie.

Item volgueron que hom fes e sirvens per gardar las vendenhas als despens d'aquels sobre cuy saran ordenatz.

Il sera permis à tous bourgeois ou forains qui auraient des vignes dans la franchise d'Agen, mais dans la banlieue, d'enfermer en ville leur vendange ou leur vin de cette récolte, lors même que la vendange ne serait pas faite par des gens domiciliés à Agen : et cela, à cause des nécessités présentes et du danger qu'ils courraient de voir leur récolte se perdre ou tomber dans les mains de l'ennemi.

Item volgueron que tot nostres borgues e fores que an vinhas foras los dexs en la honor d'Agen ne puscan metre en aquestas vendenhas lor vendenha et vi, no contrastant que no sian fachas ab homes levans e colcans Agen, e aquo per la granda necessitat del temps e per lo perilh en que es de perdre e de cazer en las mas dels enemixs.

5 octobre. — Le capitaine de Monbran emporte audit lieu trois arbalètes à étrier et deux caissons de carreaux que lui remit l'an dernier P. Mansel, un des consuls.

Anno domini m° ccc° xlvii°. P. de Limads, capitani de Monbran, [a] pres per portar al dich loc de Monbran, iii balstas d'estreup e doas cayshas de cayrels que balhet mestre P. Mansel, a v jorns d'ocheyre, (?) l'an que desus.

7 janvier. — Messire Pierre de Casaton, juge ordinaire du pays d'Agenais, en deçà de la Garonne, agissant au nom et comme ami de B. de Foucheran, abandonne aux consuls, pour le prix qui sera fixé par d'honnêtes gens, les emplacements que ledit B. possédait derrière la chambre de la maison commune et qui avaient appartenu à R. Gassies. Il les abandonne avec leurs issues et dépendances de toutes sortes, et les consuls peuvent en prendre possession et en faire à leur volonté pour y construire une chapelle et un cloître.

Die vii januarii. — Venerabilis et discretus vir, dominus Petrus de Casatone, judex ordinarius Agenni citra Garonnam pro domino nostro, domino Johanne, primogenito domini nostri Francie Regis, duce Normandie et Aquitanie, et ut

amicus Bernardi de Folcaran et nomine ipsius, tradidit et
liberavit ad extimacionem proborum virorum plateas quas
dictus B. habet Agenni retro cameram domus comunis, que
fuerunt Raymundi Gassie, cum pertinenciis suis, exhi-
tibus, juribus et aliis pertinenciis suis, dans et concedens
eisdem dominis consulibus, videlicet St. Pelicerii, magistro B. Olerii, magistro Arnaldo Broc, Guillelmo de
Faeto, Guillelmo Sobirani, Raymundo d'Albaterra et magistro Guillelmo Doati, presentibus, plenariam potestatem
ingrediendi possessionem dictarum platearum et occupandi,
et suas voluntates de ipsis faciendi ut de re sua propria, et
ipsos posuit in possessionem et precepit ut hedificarent ibi
capellam et claustrum... — Presentibus dominis Guillelmo
de Castanherio, B. Calveti, R. del Caune, Geraldo de Rivo.

6 janvier 1347. — Reçu et emploi de la somme de 2,000 livres, donnée à la
ville en 1346 par le duc de Normandie et de Guyenne. — Les consuls
reconnaissent avoir reçu de Bernard du Pont et de Jean Mandavin, maitres
de la monnaie d'Agen, par les mains de Robert d'Houdetot, sénéchal d'Agenais et de Gascogne, la somme de 2,000 l. de petits tournois qui avait été
donnée à la ville, sur le produit de la monnaie, par Jean, duc de Normandie
et d'Aquitaine, fils ainé du Roi de France.

Racio et recognicio II^a *lib. per dominum Johannem primoge-
nitum dom. nostri Francie Regis, ducem Normandie et
Aquitanie, datarum ville, anno* XLVI.

Pateat universis quod nos consules civitatis Agenni,
nomine consulatus et universitatis predicte, recognoscimus
et in veritate confitemur habuisse et recepisse a prudentibus
viris, Bernardo de Ponte et Johanne Mandavini, magistris
monete regie Agenni, de proventu dicti monetagii, per
manus nobilis et potenti viri ....i Robberti, domini de
Haudetoto, militis, senesc. lli A .....ni et Vasconie, pro domino
nostro, domino Johanne, p.... genito domini nostri Francie
Regis, duce Normandie et Aquitanie, nobis consulibus et
universitati dicte civitatis donata per dictum dominum
nostrum ducem, suis literis mediantibus, in camera compotorum Parisius domini nostri Regis expeditis, et per nos
dictis magistris liberatis, duo milia lib. turon. parvorum, eo
modo quo de ipsis, nomine consulatus et universitatis predictorum, contentamur, et de ipsa summa dictos magistros dicti
monetagii et alios quorum interest absolvimus et quittamus
per has presentes literas, sigillo curie nostri consulatus
autentiquo sigillatas in testimonium premissorum. Datum
Agenni, VI die mensis Januarii, anno domini M° CCC° XLVII°.

7 janvier. — Robert d'Houdetot, sénéchal d'Agenais et de Gascogne pour
le Roi, déclare que sur les 2,000 livres données à la ville par le duc de
Normandie et d'Aquitaine il en avait retenu 1,000 qui lui avaient été
libéralement octroyées par les consuls, de l'assentiment des jurats et des
autres prud'hommes de la cité, pour l'indemnité des pertes qu'il avait
éprouvées au siège de Bajamont et pour l'aider à compléter la finance de sa
rançon, et que sur les autres 1,000 livres il en a remis 900 aux consuls,
s'engageant d'ailleurs, par l'hypothèque de tous ses biens, à rendre les
100 livres qu'il reste devoir, à la première réquisition des consuls.

Pateat universis quod nos Robbertus, dominus de Haudetoto, miles, senescallus Agenni et Vasconie pro domino nostro
domino Johanne, primogenito domini nostri Francie Regis,
duce Normandie et Acquitanie, recognoscimus quod consules
civitatis Agenni dederunt nobis graciose, de voluntate et
consensu juratorum et aliorum proborum virorum dicte
civitatis, in partem recompensationis dampni nobis illati per
regios inimicos ante locum de Bajolmonte, et in adjutorium
satisfactionis financie inde per nos facte cum dictis regiis
inimicis pro redempcione nostra, si lib. tur. de dono duorum
milium lib. tur. eisdem consulibus et universitati per dictum
dominum nostrum ducem facto, suis mediantibus literis in
camera compotorum Parisius transactis, et per nos recepta-
rum, de monetagio regio Agenni : de quibus duobus mille libris
dictis mille libr. tur. in et pro satisfactione dicti doni penes
nos retinuimus, et noningentas lib. tur. de aliis mille libris
dictis consulibus, vel alii eorum, nomine consulatus predicti,
liberavimus ; et sic restant dictis consulibus deberi per nos
c lib. tur., quasquidem c lib. tur., ut premittitur restantes,
eisdem consulibus, ad ipsorum requestam, reddere et solvere
promittimus sub bonorum nostrorum propriorum presencium et futurorum obligacione ac etiam ypotheca, et juris
renunciatione qualibet et cauthela. — Datum Agenni, sub
sigillo nostro, in testimonium premissorum, die vii januarii
anno domini m° ccc° xlvii°.

7 janvier. — Les consuls, sur la requête de R. Gonebaud, neveu et héritier de feu Guillaume Gonebaud, ancien notaire, remettent à Etienne de
Casal, notaire, les papiers dudit Guillaume, au nombre de treize pièces
avec pouvoir d'expédier et de transcrire les actes qui ne l'avaient pas
encore été. Etienne de Casal jure de remplir fidèlement les conditions qui
lui sont imposées.

Die vii januarii anno xlvii°, fuerunt traditi per consules
infrascriptos papiri magistri Willelmi Gonebaud, notarii
quondam, ad requestam R. Gonebaud, ejus nepotis et
heredis, qui sunt xiii papiri, magistro St. de Casal, notario,
cui dederunt potestatem abstrahendi et incorporandi instrumenta nondum abstracta nec incorporata, qui juravit se bene

et fideliter habiturum. — B. de Carcassona et Guillelmus Sobirani, consules.

xii die januarii. *(Présents : huit jurats, dix-huit notables.)* — Super anata Parisius et Avenionem, quod fiat pro significando et demonstrando domino nostro Regi et duci et domino nostro Pape dampna et malestatum patrie, ut faciant pacem.

Super honore faciendo funeribus (1) dominorum cardinalis et archiepiscopi de Fargiis (2), quod fiat de xxiiii torchis et iiii^{or} pannis.

Super xxxv libris turonensium plus, ut dicitur, per R. del Caune (3), thesaurarium anni preteriti ville, ulterius n^e l. t. sibi datas pro expensis, duo voluerunt, alii non (4).

Super deductione petita per V. de Claveriis de suo arrentamento soqueti anni preteriti, si probat, aliter non, sibi pactum factum fuisse.

Super vi tonellis vini quos dominus Arnaldus de Cassanea petit poni infra (5).

---

(1) Il ne s'agit que d'un anniversaire, ces personnages étant morts depuis plusieurs années.

(2) Raymond des Farges, cardinal-diacre du titre de Sainte-Marie-Nouvelle, décéda, d'après Baluze, le 5 octobre 1346; son frère Bernard, archevêque de Narbonne et auparavant évêque d'Agen, était mort, d'après le même auteur, peu de temps après le mois d'avril 1341. *(Vitæ Papar. Aven.*, ii col. 662-1415.) Ils étaient neveux du Pape Clément V. Une branche de leur famille possédait le château de Mauvesin, au diocèse de Bazas.

(3) Il manque à cette phrase un mot dont la présence la rendrait intelligible.

(4) Les deux qui votèrent pour la proposition sont : Arnaldus de Cassanea, mestre Guillemus a Raymundo d'Aubinho; leurs noms sont précédés d'une croix.

(5) La décision prise sur cette délibération n'a pas été mentionnée.

Proposition relative à la construction de la chapelle et du cloitre qu'on se
propose d'élever à la maison de ville, sur l'emplacement abandonné par
messire Pierre de Casaton.

Item super faciendo capellam et claustrum retro domum
ac cameram in plateis que fuerunt R. Gassie et Bernardi
Folcaran, et operando ibidem. Que platea fuit eis liberata per
dominum P. de Casatone, judicem ordinarium, ut in alio
folio precedenti continetur (1).

5 février. — Pierre de La Marche s'en remet à la volonté des consuls pour la
punition du délit qu'il a commis en insultant R. d'Aubeterre, un de leurs
collègues. Il promet de s'en tenir à leur décision.

Die v febroarii. — P. de Marchia se supposuit voluntati
dominorum consulum Agenni super eo quod injuriaverat,
ut dicitur, Raymundum d'Albaterra, consulem Agenni, et
promisit stare voluntati et ordinacioni dictorum dominorum,
cum instrumento recepto, in mei absencia, per magistrum
Geraldum de Guarrigia, dicta die, in presencia dominorum
consulum et domini Arnaldi de Cassanea, et me absente. —
Consulibus : S. Pelicerii, B. Olerii, B. de Carcassona,
Guill. de Faeto, P. de Mausaco, R. d'Albaterra.

Perrin de Poncharrault s'en remet à la volonté des consuls, pour injures à
Et. de Lard, capitaine de jour de son quartier, et pour avoir ainsi porté
atteinte à l'autorité des consuls. L'amende est arbitrée à 20 l. tournois
applicables aux travaux de la ville.

Dicta die, Peninus de Ponte-Carrali, se supposuit voluntati dictorum dominorum consulum super eo quod injuriaverat magistrum Stephanum de Lardo, capitaneum diei sue
guache et super offensa facta dominis consulibus propter hoc
et sub pena xx lib. tur. operi Agenni danda; me R. (2) presente. Presentibus : Guillelmo Furnerii, Guillelmo de Fageto,
Geraldo de Rivo.

P. Bartaud prête à J. Mandavini, pour être remises au capitaine d'Agen,
douze cartières de blé, la cartière valant 65 sols arn.

Dicta Die, P. Bartaudi mutuavit Johanni Mandavini, pro

(1) Voir, page 131, délibération du 7 janvier. Il n'y eut pas de décision prise
à ce sujet, du moins cette décision, si elle fut prise, n'est pas mentionnée
sur le registre. En marge de cet article se trouve la note suivante, d'une
écriture du xviie siècle : « Nota que ceste chapelle estoit ou est à pré-
« sent la petite chambre voultée qui feust bastie en l'année 1615 ».
(2) R., c'est Raymond de Galapian, secrétaire des consuls, le scribe qui a
écrit le présent registre.

capitaneo Agenni, xn carterias frumenti. Valebat carteria frumenti iv sol. arnald.

Réduction dans la valeur des monnaies. L'écu qui valait 40 s. t., ne vaut plus que 15 s. par.

Moneta fuerat reducta die xxvii januarii; scutum quod valuerat xl. sol. tur. ad xv sol. par.

17 mars. — Remise sera faite à B. de la Cassaigne des 10 livr. qu'il devait sur les tailles des années précédentes.

xvii die marcii. *(Présents : huit jurats, vingt-un notables.)* — Omnes voluerunt quod domino B. de Cassanea remitterentur ille x lib. tur. quas debet de questa de tempore preterito.

On fera bonne garde en ville.

Item quod custodiretur bene villa.

La majorité décide que M⁵ Pierre Ducros recevra dix ou douze écus sur les revenus de la ville pour les dommages qu'il a soufferts, lors de l'arrestation par lui faite d'un chapelain et d'une femme.

Item, quod magistro P. de Croso traderentur x vel xii scutos de arreyratgiis ville et alii (1), totum, videlicet xv pro dampno per eum passo pro captione capellani nuper capti per eum cum muliere.

27 mars. — Reçu donné à Jean Calvel, trésorier des guerres, par les consuls d'Agen, d'une somme de 2,000 liv. tournois à eux octroyée par Robert d'Houdetot, sénéchal d'Agenais et de Gascogne et capitaine des guerres, pour la construction du pont de bois sur la Garonne.

Recognicio per dominos consules facta de ii° lib. tur. per dominum senescallum Agenni et Vasconie nobis datis pro reparacione pontis seu adjutorio, cum literis doni predicti factis die xxiii madii anno domini m° ccc° xl septimo, quas literas una cum recognicione dictorum dominorum consulum habuit thesaurarius guerre cui dirigebatur.

Recognicio est talis :

Pateat universis quod nos, consules civitatis Agenni, recognoscimus et in veritate confitemur habuisse et recepisse a prudente viro Johanne Calvelli, thesaurario guerrarum domini nostri Francie Regis, per manus Radulphi de Insula, ejus locum tenentis, racione et ex causa doni nobis et nomine

(1) Les votes de neuf membres seulement sont consignés : trois, allouent la moitié ; cinq, la totalité de la somme réclamée par P. du Cros ; un autre, 10 écus.

dicti civitatis facti, pro constructione pontis fustei in civitate
predicta super flumine Garonne existentis, per nobilem et
potentem virum, dominum Robbertum, dominum de Haudetoto, militem, senescallum Agenni et Vasconie, ac capitaneum guerrarum (1).

Lettres royaux portant don d'une coupe de forêt de 1,000 livres et d'une
somme de 1,000 livres en argent sur la monnaie d'Agen : par ces lettres,
Philippe de Valois, rappelant la donation qu'il avait ci-devant faite d'une
coupe de forêt de 1,000 livres et d'une somme de 1,000 livres en argent
pour la construction du pont d'Agen, assigne sur la monnaie de la ville
les 1,000 livres en deniers qu'il avait auparavant assises sur la recette
d'Agenais. Ces 1,000 livres seront payées aux consuls par pactes de
200 livres chaque mois, jusqu'à parfaite libération. Quant au maitre de la
monnaie, cette somme lui sera passée en compte sur le vu des présentes,
des quittances qu'il aura retirées et des premières lettres de concession.
— A Amiens, le 5 mai 1347.

Litera regia doni м *libr. foreste et* м *libr. tur. in pecunia super
monetagio Agenni.*

[Fiat vidimus si indigeamus].

Philippes, par la grace de Dieu, roy de France, à touz ceuls
qui ces présentes lettres verront, salut. Comme nous, par
nouz autres letres, avons donné et outroié de grace spéciel
à nouz amés et feaulx les consuls et habitans de la cité
d'Agien, pour la refeccion du pont dudit lieu, м liv. tor. en
deniers et mil livres en boys, à prendre et avoir les м livres
en deniers sur la recepte d'Agien, si comme en noz dictes
letres est plus à plain contenu, lesquelles м livres tornois en
deniers, Nos, de nostre dite grace especiel et de certaine
science, leur avons assignées et assignons par ces présentes
sur nostre monnoye d'Agien, à prendre et recevoir par euls
ou par leur certain mandament, de la date de ces présentes,
par chascun moys apres ensuant deuxs cens liv. torn. jusques
a tant que les dictes м livres soyent parpayées : si donnons
en mandament par ces présentes et enjoignons estroitament
au maistre de la dite monnoye d'Agen ou à son lieutenent,
que les dictes м livres il leur paye et délivre, ou à leur certains comandament, aux termes et en la manière dessus dite
des émolumens de la dite monnoye, sans aucun contradit
ou difficulté, en retenant par devers li letres de quittance,
de ce que payé et delivré leur aura, avec la copie de ces présentes souz scel royal, jusques les dites м livres soient par-
paiées; et ycelle somme parpaiée entierement, par repourtant
ces présentes, les dites quitance et noz dictes autres letres,
Nous donnons en mandament à nos amés et feauls gens de
noz comptes a Paris que tout ce que payé leur aura par vertu

(1) Il manque au moins deux choses à ce reçu : le chiffre de la somme
payée et la date.

de ces présentes, ils alloent en ces comptes et rebatent de sa
recepta, sans aucun contradit, non contrastant ordenances,
deffensa, mandement ou commandament faiz ou à faire souz
quelcunques forme de paroles ou contraire, don ou dons
autres par nos, noz lieutenens, capitaines ou quelcunques
autres faiz aux diz consuls et habitans pour ceste cause ou
par autre quelcunques. Données à Amiens, le v jour de may,
l'an de grace m ccc quarante et sept.

Par le Roy, présens Mess. de Beauves et d'Armignac.

In quibus quidem literis erat suprascriptio que sequitur :

Mandement des conseillers du Roi, les abbés de Saint-Denys et de Marmou-
tiers, aux maîtres de la monnaie d'Agen, pour l'exécution des lettres
royaux. — 23 mai 1347.

De par les abbés de Saint-Denys et de Marmoustiers, vous,
mestres de la monnoye d'Agen, faites et accomplicies le
mandement du Roy nostre sire, contenu au blanc de ces
présentes, de point en point, selon leur teneur. Escript le
xxiii (1) jour de may ccc xlvii.

27 mars 1348. — Remise des lettres du Roi au maître de la monnaie d'Agen,
qui avait achevé le paiement des 1,000 livres octroyées.

Que quidem litere fuerunt tradite Johanni Mandavini,
magistro monetatgii regii Agenni; nam ipse solverat dictas
m lib. tur. tempore isto. — Presentibus : Johanne de Terminis, B. de Galaissaco, G. de Rivo. xxvii die martii anno xlviii.

Octroi d'une somme de 1,000 livres concédée à la ville d'Agen par le duc de
Normandie et de Guyenne. — Jean, fils aîné et lieutenant du Roi de France,
duc de Normandie, comte de Poitou, d'Anjou et du Maine, seigneur des
pays reconquis en Languedoc et en Saintonge, mande au receveur royal
d'Agenais et de Gascogne de payer aux consuls d'Agen une somme de
1,000 livres sur le produit du salin, dont il leur fait don pour les aider
à compléter la clôture de leur ville, en considération des dépenses qu'ils
ont déjà faites et qu'il leur faudra faire encore pour cet objet. La somme
ne peut s'appliquer qu'à cet usage. Elle sera payée en cinq années, par
pactes de 200 livres, et passée en compte au receveur, sur le rapport des
lettres de concession et des quittances. — A Agen, le 28 septembre 1344.

*Litera (2) doni m libr. tur. facti civitati Agenni per dominum
nostrum, ducem Normandie et Acquitanie, suis literis mediantibus in camera compotorum expeditis (3), quarum
tenor talis est.*

Johannes, primogenitus et locum tenens Regis Francie,

(1) Les lettres du Roi et la rubrique qui précède le reçu des consuls donnent pour date le 24 mai et non le 23.
(2) Au-dessus du titre : « Fiat vidimus de litera si indigeamus. »
(3) Rubrique inexacte: les lettres, données à Agen, disent qu'elles ont la
même autorité que si elles étaient expédiées de la Chambre des comptes.

Normandie dux, Pictavensis, Andegavensis et Cenomanensis comes, conquistarumque lingue Occitane et Xanctonie dominus, receptori Regio et nostro Agennii et Vasconie moderno et qui pro tempore fuerit, salutem. Cum nos, audita et considerata humili supplicacione dilectorum et fidelium nostrorum consulum et universitatis civitatis Agenni qui, solida constancia vere fidelitatis, laboriosis et sumptuosis obsequiis, cura pervigili, toto eorum desiderio, puramente et totis eorum viribus, dicto domino, genitori nostro, et nobis cupiunt deservire, ac considerata larga et longa clausura lapidea dicte civitatis et magnis sumptibus et expensis quos ipsos consules et universitatem sustinere oportuit et oportet pro facienda et complenda clausura predicta, volentes eisdem, de regia et nostra gracia, super hoc liberaliter subvenire eisdem consulibus et universitati, mille libras turonensium pro adjutorio dicte faciende clausure concessimus et donavimus, concedimusque et donamus per presentes, auctoritate regia qua fungimur et nostra, ex certa sciencia et de gracia speciali, exsolvendas quinque annis de emolumentis salini regii Agenni, videlicet ducentas libr. tur. in instanti festo Omnium Sanctorum et totidem anno quolibet in dicto festo, quousque de dicta summa fuerit integre satisfactum, et in dicta clausura et non alibi convertendas. Ideo mandamus vobis quatenus dictis consulibus dictas mille libras turonensium dictis terminis de emolumentis dicti salini ex causa predicta exsolvatis, absque alterius expectacione mandati, retinendo penes vos has presentes cum literis recognicionis de eisdem quibus mediantibus, dictas M lib. per dilectos et fideles gentes camere compotorum dicti domini genitoris nostri Parisius in vestris compotis allocari voluimus et de vestra recepta deduci, ac si hujusmodi nostre litere per ipsas gentes in dicta camera fuissent expedite. In cujus rei testimonium sigillum nostri secreti, in absentia magni, presentibus literis duximus apponendum. Datum Agenni die xviii septembris anno domini M° ccc° xl.° quarto.

Per dominum ducem ad relacionem consilii : **Tourneur.**

In quibus quidem literis erat talis suprascriptio :

Mandement du trésorier de France, Guillaume Balbet, pour l'exécution des lettres précédentes. — Cahors, 27 octobre 1348.

De par Guillaume Balbet, tresaurier de Franse, receveur d'Agen, nous vous mandons que vous accomplissez le contenu ou blanc en la fourme et maniere que Mess. le duc de Normandie le vous mande. — Escript a Caours, le xxvii° jour de septembre (1) l'an M ccc xliiii.

____

(1) Il y a ici une erreur évidente, puisque le mandement se trouverait antérieur d'un jour aux lettres qu'il avait pour but de faire exécuter. Il est

Sur l'ordre de Geoffroy de Charny et de Galois de la Baume, chevaliers,
conseillers du Roi et ses commissaires députés en Languedoc, le receveur
d'Agenais et Gascogne, M⁰ G.-R. d'Auvignon, paye, sur les produits du
monnayage d'Agen, le premier pacte de 200 livres aux consuls et promet
de payer, aussitôt qu'il le pourra, les 800 livres restant dues.

De quibus quidem ıı lib. tur. solvit dictus dominus thesaurarius dominis consulibus anni presentis, seu Bernardo de
Carcassona, eorum conconsuli et thesaurario ville ıı° lib. de
pecunia monetagii regii Agenni, de mandato dominorum
Gaufridi de Cherni et Galesii de Balma, militum, domini .
nostri Francie Regis consiliariorum, et per eundem ad partes
lingue occitane super certis negociis commissariorum desti-
natorum; et debet solvere residuum videlicet octingentas
libras turon. ut scitius poterit.

Après ce paiement, les lettres du duc sont remises au receveur
qui en a besoin pour fournir la justification de ses comptes.

Et ideo litere dicti doni fuerunt tradite dicto thesaurario,
seu receptori Agenni et Vasconie regio, videlicet magistro
Guillelmo Raymundi d'Albinhone.

4 avril. — Pierre de Gaillac, maçon, recevra 10 l. t. comme indemnité de la
perte qu'il a éprouvée dans l'entreprise de la tour cornalière de la
Bretonnerie.

ıııı aprilis. *(Présents : dix-sept jurats, huit notables.)* — Tot
volgueron que a P. de Gualhac, peirer, fossan dadas x libras
torn. per la perda que a facha en la tor cornaliera de la
Bretonaria.

B. Baucer et G. de la Croix recevront, au lieu de 54 s. t. qu'ils devaient avoir,
60 s. par canne de mur et de parapet qu'ils ont à faire depuis la susdite
tour jusqu'à la porte de la Bretonnerie, car ils étaient en perte avec le
premier prix fait.

Item qui a P. Baucer et W. de la Crotz, de ɩɩɩɩ sol. tor.
que devia aver per lo mur e entaulament que a fach e a a far
de la tor predicha entro al portal de la Bretonaria, aia
ɩx sos tor. per cana, quar i perdia el pres fach.

probable que l'erreur porte sur le mois et non sur le quantième; en effet les
dates des xxvııı et xxıııı qui seules sont d'aspect à être confondues avec
celle du xxvıı, ne peuvent convenir, le duc de Normandie n'ayant pu se
trouver à Agen le 28 et à Cahors le 29. Il faudrait lire, je crois : 27 octobre.

Remise à V. de Clavières de la somme qu'il offrit sur l'enchère de B. Martin pour la ferme du souquet de 1346, ses comptes ayant prouvé et son serment attesté qu'il était en perte de cette somme

Item volgueron que a V. de Claveras sia deduch so que ufrit sobre En B. Marti en la renda del soquet de l'an XLVI, agut conte e sagrament de luy que i pert aquo, o mais.

7 avril. — Après que R. del Caune aura prêté serment, il lui sera passé en compte les 35 l. t. qu'il dit avoir dépensées pour les blés qu'il fit apporter l'année de son consulat.

VII die aprilis. *(Présents : sept jurats et treize notables.)* — Tot volgueron que, agut sagrament d'En R. del Caune, que las XXV libr. tor. que dit que a despendudas en son temps per los blatz que fassia portar, li sian desduchas e contadas.

Même jour. — Noble Othon de Montaut, damoiseau, fils d'autre Othon de Montaut, du pays de Courrensan, seigneur de Mérens et en cette qualité bourgeois d'Agen, prête serment entre les mains des consuls. Il jure d'être bon et féal au roi de France, au duc de Normandie et aux consuls, promettant à ceux-ci obéissance et bon conseil et de venir vers eux à leur mandement, suivant l'article des coutumes, enfin de les avertir le plus tôt possible s'il vient à savoir qu'une machination se trame contre le Roi, le duc ou la ville.

VII die aprilis. — Nobilis Otho de Monte-Alto, domicellus, filius domini Othonis de Monte-Alto in Corrensaguesio (1), dominus loci de Merenx, burgensisque civitatis Agenni, juravit in manibus dictorum dominorum consulum Agenni, esse bonus et fidelis domino nostro Regi Francie et domino nostro, duci Normandie et Aquitanie, et eisdem dominis consulibus et esse fidelis hobediens dictis consulibus, et bonum consilium eis dabit et ad eorum mandatum veniet, juxta capitulum consuetudinis; et si aliquid videbat seu senciebat contra dictos dominos nostros et civitatem machinare, illud eis significabit ut scitius poterit. — Presentibus : domino Johanne Balbeti, licenciato, judice majore, dominis B. de Grava, officiali, Poncio Duriana, Guillelmo de Castanherio, Johanne de Lecadone, magistro P. de Vernha, prudentibus viris, Stephano Pelicerii, magistris B. Olerii, Arnaldo Broc, Guillelmo Sobi-

____

(1) Commune du département du Gers, arrondissement de Condom, canton d'Eauze.

rani, R. d'Albaterra, B. de Carcassona, Guillelmo de Facto, P. de Mausaco, consulibus.

Et est sciendum quod antea, dicta die, fecit (1) idem nobilis Otho de Monte-Alto prestiterat juramentum dicto domino judici majori, nomine domini nostri Regis Francie, Regi fidelitatem. Et de isto juramento, magister P. Cluselli, notarius, fecit instrumentum, et ego, R. de Galapiano, de alio, ad requestam dictorum consulum.

(1) Ce mot, bien que non rayé, est évidemment inutile.

ANNÉE CONSULAIRE 1348-1349.

ANNO DOMINI M° CCC° XL.° OCTAVO.

Consuls de l'année 1348-1349.

Nomina consulum (1).

De Vesaco : En Guillelm de Taliva, 1ª clau dejus; En B. Marti, 1ª clau dejus.

De Floyraco : En Coli Berot; En G. de Lescura, 1ª clau de lassus.

De la Clausura : Moss. W. del Castanher.

De Moliner : En Guillem del Toron, 1ª clau de lassus.

De Sent-Gili : En Guillelm Sentonger, 1ª clau de lassus.

De Sent-Estephe : Mestre Jacmes Maynart, 1ª clau dejus.

De Moncorni : Mestre Guillem de Cassanhas, 1ª clau de lassus et 1ª dejus.

De Sent-Antoni : En P. Calvet, 1ª clau dejus.

De Sent-Ylari : Mestre R. de la Pesa; En B. de Cabanas, 1ª clau de lassus.

Juge.

Judex : Magister Arnaldus Broc, juravit.

Scribes secrétaires.

Scriptores secretarii : Magister Benedictus Topinerii, R. de Galapiano, juraverunt.

---

(1) Sur les douze consuls, quatre seulement appartenaient au corps de la jurade de l'année précédente.

Jurats.

XXIIII^{or} *jurati* (1).

R. d'Albaterra, W Sobira, Mestre Arnaut Broc, Guill. de
Taliva jonc, En Johan Pelicer, B. Bocalh, B. de Carcassona,
W. del Faet, Moss. G. Donadeu, N'Aymar de Salmo, Mestre
Guill. Doat, Mestre G. Alboy, N'Esteve Pelicer, Moss. B. de
la Cassanha, Mestre P. Mancel, Mestre R. de Causac, Mestre
Guir. de la Serra (2), R. Guitart, N'Esteve de Valceron,
Mestre B. Oler, Moss. B. Calvet, P. de Mausac, Guill. de
Limona, N'Arnaut de Cabanas, N'Arnaut de Pradas.

25 avril. — Prestation de serment du bailli épiscopal, qui jure, entre les
mains des consuls, de respecter les coutumes, franchises et libertés municipales.

xxv die aprilis. — Juravit Johannes Malberti, bajulus
episcopalis, dominis consulibus Agenni, juxta capitulum
consuetudinis, tenere easdem consuetudines, franchisias et
libertates.

Serment du greffier de la cour épiscopale.

Item, magister Bermondus Fulcodii, notarius seu scriptor
curie dicti bajuli, juravit etiam esse bonum et fidelem et
secreta tenere.

Presentibus : magistro Geraldo Alboyni, P. de Mausaco,
magistris Benedicto Topinerii, Johanne Calmeta.

Serment du bailli royal d'Agen.

Dicta die, B. Normandi, de Flamarench, regens bailliviam
Agenni regiam, juravit eodem modo dictis dominis consuli-
bus. — Presentibus : Johanne Malberti, magistris P. de
Croso, Bermondo Fulcodii, Johanne Nigri.

Noms des sergents.

Nomina servientium.

Guillelmus de Fageto, R. Sirvientis, P. de la Genesta,

(1) Sur les vingt-quatre jurats, dix avaient été consuls et neuf avaient été
jurats dans le cours de l'année précédente.

(2) Le nom de ce jurat, qui porte à vingt-cinq le nombre des membres du
corps de la jurade, a été ajouté postérieurement, mais il est écrit de la même
plume que les autres, sinon de la même encre.

G. de Rivo, B. de Cambis, Hugo Viguerii, P. Helias, Johannes de Montelhs.

Gardes des viandes et poissons.

Custodes carnium et piscium.

R. Sobira, R. Guitart, R. Servent, P. d'Armant, juraverunt.

Maçons jurés.

Mestre Odi, mestre P. Baucer, jurati lathomi.

Courtiers.

Correterii.

R. de la Serra, Guill. Boysso, P. del Castanh, Johan Dieuxs, B. Bret, Ar. del Pi, V. de Pelaguinho, H. de la Costa, R. Pesquit.

12 mai. — On députera vers Le Galois pour lui remontrer la situation du pays et obtenir qu'il assigne sur la monnaie d'Agen les 800 livres restant des 1,000 livres qui avaient été octroyées à la ville sur le salin.

XII maii. *(Présents :* totz los senhos, *quatorze jurats et cinq notables.)* — Totz volgueron que hom trametos al Guales per demostrar l'estat del pays e per enpetrar que las VIIIe lib. restans de las M que avian sobre lo sali nos assigne sobre la moneda.

Si l'on ne peut se procurer des fonds sur les revenus de la ville, on en empruntera pour payer Arnaut Christofol, ouvrier du pont, pour qu'il n'interrompe pas les travaux.

Item, que malevem argen per pagar a mestre Arnaut Christofol, obrer del pont, que la obra no cesse, si non poden aver de las rendas.

Si les villes et localités voisines exigeaient, contre la justice, la taille d'un habitant d'Agen, pour les possessions qu'il aurait dans leur juridiction, hors de l'enceinte desdites localités, la ville prendrait fait et cause pour lui.

Item, que si las vilas els locs dentorn Agen damandan questa ab habitans d'Agen per las terras e possessios que han en lor honor fora los locs contra drech, que sia deffendut per la vila.

Les consuls accordent par charité 60 s. t. à un homme de La Motte pour
l'indemniser des dégâts commis dans sa maison lors du combat dont elle
fut le théâtre, quand on y prit trois voleurs qui furent amenés morts à
Agen.

Item, aquel jorn, los senhos cosselh volgueron que per lo
dapnatge dat a i home de la Mota en son hostal per lo
combatemen e presa dels iii raubados que foron portat
mortz Agen, aia LX sol. tor. per amor de Deu.

Les consuls se réuniront désormais le mardi et le vendredi,
sous peine d'une amende d'un gros tournois.

Aquest jorn fo ordenat per totz los senhors cosselhs que
d'aissi avant lo dimars el divendres, en pena de i torn. gros,
se ajusten.

19 mai. — Les consuls ordonnent à Jean Chevalier, détenteur des fonds de
feu Bél. de Gaillac, de remettre ces fonds à une autre personne pour
garantie des dettes et des travaux dont le défunt était tenu envers la ville,
et ils se chargent eux-mêmes du dépôt.

xix die maii. — Domini consules Agenni inhibuerunt
Johanni Chivaler qui tenebat capitale a Belenguerio de
Gualhaco quondam, ut ibidem confessus fuit, ut traderet
alicui dictum capitale pro quibusdam debitis et operibus que
facere tenebatur ville et illud capitale posuerunt ad manum
suam. — Presentibus : Willelmo de Faeto, magistro R. de
Causaco.

Il sera députe vers le Pape pour obtenir un indult général.

Dicta die. *(Présents : trois jurats et trois notables.)* — Voluerunt quod mitteretur domino nostro Pape pro indulto generali habendo.

16 juin. — Remise par les consuls de tous les papiers et registres de
Mᵉ H. Cartier à Etienne de Casaux, notaire, qui jure d'en faire un bon et
fidèle usage et d'en rendre compte aux héritiers.

xvi die junii. — Fuerunt traditi omnes papiri magistri
H. Carterii cum magna quantitate protocollorum magistro
Stephano de Casalibus, notario, qui juravit in predictis se
bene et fideliter habiturum et respondere heredibus de jure
suo, etc. — Presentibus dominis consulibus : Guillelmo de
Talivia, Geraldo de Lescura, magistro Jacobo Maynardi,
B. de Cabanis, Guillelmo de Tornudo.

> 19 juin. — Il sera fait don au comte de l'Ile de quatre pipes de vin
> et de vingt cartons d'avoine.

XIX die junii. — *Présents : domini consules, neuf jurats et dix notables.* — Tot volgueron que dones hom a Moss. lo compte de Layla IIII pipas de vi et xx cartos de sivada.

> Il sera fait don aux sénéchaux de Toulouse et d'Agen de deux pipes de vin
> et de dix cartons d'avoine à chacun.

Item, a Moss. lo Guales e a Moss. lo senescal de Tholosa e a Moss. lo senescal d'Agen, a cascu, II pipas de vi e x cartos avene.

> On fera des rondes hors la ville jusqu'à l'octave de la Saint-Jean.

Item, que fassan entro a la VIII de S. Joan l'estial gach.

> 27 juin. — Remise par les consuls à P. de Bardin, notaire d'Agen, des minu-
> tes, papiers et registres de M* Bernard de Leuca, en son vivant aussi
> notaire d'Agen.

XXVII die junii. — Domini consules Agenni tradiderunt sedas, papiros et prothocolla magistri Bernardi de Leuca, quondam notarii Agenni, magistro P. de Bardino, notario Agenni, comorante cum domino B. de Cabanis, qui juravit ibidem se in predictis bene et fideliter habiturum. — Presentes consules : magister R. de Pesa, Geraldus de Lescura, B. de Cabanis, Guillelmus de Tornudo, consules, magistro *(sic)* P. Cluselli, Arnaldo de Cabanis (1).

> 28 juin. — La jurade est d'avis qu'on coupe les blés et les vignes aux envi-
> rons de Bajamont, qui est dans la juridiction d'Agen, à moins que la ville
> n'ait une garnison suffisante pour les préserver de semblables dévasta-
> tions de la part des autres localités.

XXVIII die junii. (*Présents : domini consules omnes, exceptis Guillelmo de Talivia et B. Martini, six jurats, quinze notables.*) — Consilium fuit ut blada et vinee scita circa Bajolimontem qui est in honore Agenni talarentur nisi haberemus talem stabilitam que nos deffenderet a similibus de aliis locis.

---

(1) « Die x augusti anno M° CCC° LX°, dictus magister P. de Bardino restituit
« dictis dominis consulibus de anno predicto M° CCC° LX° dictas sedas et pro-
« thocolla dicti magistri G. de Leuca. Presentibus : Bertrando de Talivia,
« P. Pelicerii, S. de Valceron, Ar. de Cabanis junioris, P. Boziguet, consulibus
« et Johanne Tissender. » — Ceci a été ajouté postérieurement, de la même
main mais non de la même encre. Celle-ci est restée à peu près noire,
l'autre étant devenue jaune-verdâtre.

12 septembre. — Les consuls font remise à Me R. Jausende des papiers et minutes de feu Arnaud Martin, en son vivant notaire à Agen (six registres en tout).

Die XII septembris. — Domini consules, videlicet Colinus Beroti et magister Guillelmus de Cassaneis, et alii consules, tradiderunt magistro Raymundo Jausenda papiros et sedas que fuerunt magistri Arnaldi Martini, quondam notarii Agenni, qui juravit, etc. : qui sunt VI papiri.

Remise à Me Arnaut G. dels Grels des papiers de feu P. Latgier,
notaire d'Agen.

Magister Guillelmus de Cassaneis, consul, pro se et aliis conconsulibus [tradidit] magistro Arnaldo Guillelmi dels Grels, notario, papiros magistri P. Latgerii, quondam notarii Agenni.

26 septembre. — Remise à Etienne Tholomer, notaire, des papiers, minutes et registres de Me G. du Puy, Hélie de la Fage et autre H^e de la Fage, fils du précédent, en leur vivant notaires à Agen.

Die XXVI septembris. — Domini consules Agenni, videlicet B. Martini et Colinus Beroti et magister Guillelmus de Cassaneis, consules, tradiderunt papiros, cedas et protocolla magistrorum Guillelmi de Podio et Helie de Fagia, et Helie, ejus filii, notariorum quondam, magistro Stephano Tholomer, notario; qui juravit in predictis se habere fideliter. — Presentibus : magistris Geraldo Textoris, Stephano de Guarrones.

Remise à Me Etienne de Garronet, notaire, des registres, au nombre de huit, de feu E. de la Geneste et de trois liasses de Me P. Dondé; à Me R. Jausende de trois liasses et de notes de Me Jean de Charenton, renfermées dans un sac.

Item, libros VIII magistri Stephani de la Genesta, quondam notarii, magistro Stephano de Guarronetz, notario, qui juravit etc. — Item, habuit tres papiros magistri P. Donde.

Item duo papiros et protocolla magistri Johannis de Carento fuerunt tradita magistro R. Jausenda, in uno sacco.

Remise à Me Géraud de Payrac, notaire, d'un sac et d'un coffre renfermant les papiers de Mes Bernard Baynes et de G. de la Fage, autrefois notaires à Agen.

Domini consules tradiderunt in uno sacco et archa magistro

Geraldo de Payraco, notario, papiros magistri Bernardi Baynes et Guillelmi de Fagia, quondam notariorum Agenni, qui juravit.

Remise à Mᶜ Géraud Tissender de deux liasses, de registres et de notes de Mᶜ B. de Monforton, autrefois notaire, et de sept liasses de R. de Marsac, en deux boîtes.

Duo papiri et libri et protocolla que fuerunt magistri B. de Monte Fortone, notarii quondam, fuerunt tradita magistro Geraldo Textoris, qui juravit etc. — Item vii papiri magistri R. de Marsaco fuerunt etiam sibi tradita *(sic)* in duabus techis.

4 octobre. — Assemblée tenue dans l'atelier de M. Pélissier. — La jurade est d'avis que sur les 600 livres ou écus que B. Martin le jeune reste devoir du souquet de l'an 1344, les consuls prennent 100 ou 200 livr. pour relever le mur renversé derrière Saint-Georges et autres travaux de clôture de la ville.

iiii octobris. — In operatorio de Pelicerio. *(Présents : trois jurats et onze notables.)*

Totz volgueron que de las viᶜ lib. o escut las quals de resta que deu En B. Marti lo jone del soquet de l'an xliiii, prengan los senhos c o iiᶜ lib. tor. o mais per far la obra del mur destruch darrey S. Jorgi e las autras obras necessarias de la clausura.

20 octobre. — Défense à Jean de Gamanson, bourgeois d'Agen, sous peine de la plus forte amende à laquelle on puisse être condamné, d'ouvrir la porte de la ville, dont il a la garde, après la clôture du soir, à moins d'être assisté par un consul.

Consules : B. Martini, magister Jacobus Maynardi, Colino *(sic)* Beroti. — Die xx octobris : Domini consules Agenni inhibuerunt magistro Johanni de Gamanson, burgensi Agenni, sub omni eo quod posset fore facere (1) dominis nostris, ne apperiret postquam clauserit de cero, nisi altero dominorum presente.

Remise à R. et G. de Galapian, notaires, des papiers de feu Mᶜ Géraud Bonhomme, en son vivant notaire.

Papiri magistri Geraldi Bonihominis, notarii quondam,

(1) Une portion de phrase barrée en avant des six derniers mots donne le vrai sens. Le scribe avait mis : « Sub pena v libr. tur. »

fuerunt traditi magistris Raymundo de Galapiano et Geraldo de Galapiano, notariis, qui juraverunt, etc.

> Remise à Jean Benoit, notaire, d'une liasse de papiers provenant de
> Mᶜ A. Donel, et d'une boîte contenant des papiers de Mᵉ Izarn.

Una papirus magistri Arnaldi Donelli fuit tradita Johanni Benedicti, notario, et papiri magistri Raymundi Yzarni, in una techa, anno quo supra XLVIII, x septembris : qui juravit, etc.

> Remise à Mᵉ R. Jausende d'une liasse de papiers de Mᵉ G. de Marsanières
> et d'une autre de Mᵉ Jean Lannes.

Item, I papirus magistri Guillelmi de Marsaneriis et I magistri Johannis Lana, fuerunt tradite magistro Raymundo Jausenda, qui juravit, etc.

> Mᵉ Etienne Flament est dépositaire des minutes de Mᵉˢ B. Bourriane,
> B. de la Part, Jean de Penne, G. du Four, et G. du Garnisseur.

Magister Stephanus Flament habet papiros magistrorum B. Borriana, Bernardi de la Part, Johannis de Pena, Guillelmi de Furno, Guillelmi de Garnitore.

> Mᵉ R. Jausende est dépositaire des minutes de Mᵉˢ G. de Massanès
> (plus haut : Marsannières), J. Lannes, J. Charenton et A. Martin.

Magister Raymundus Jausenda habet papiros magistrorum Raymundi de Massanes, Johannis Lana, Johannis Carento et Arnaldi Martini.

23 octobre. — L'assemblée est d'avis qu'on députe à Paris, vers le Roi et le duc de Normandie, Pierre du Cros, pour exposer la situation du pays, et que de l'argent de la ville qu'il a en main le sieur Martin prenne ce qui sera nécessaire, bien qu'on n'y doive toucher que pour les travaux des fortifications, car ce voyage est indispensable.

XXIII octobre. *(Présents : onze notables.)* — Totz volgueron que trametes hom mestre P. del Cros (1) a Paris al Rey nostre senhor e a Mossenhor lo duc sobre l'estat del pays e que lo senhor de Marti preste de l'argen que a de la vila, no contrastant que no s'en devia muore diner sino per metre en la obra, quar la anada es trop necessaria.

---

(1) Ou cette députation n'eût pas lieu, ou P. du Cros fut remplacé, car on le voit figurer comme témoin dans le jugement du 12 décembre qui suit. Peut-être aussi le voyage ne fut-il que retardé ?

Noms des personnes qui seront de service dans la semaine.

Lo dilus, serviran Johan Prader.

Lo dimars, Esteve de Pilhac.

Lo dimercres, Pey Helias.

Lo digeus, B. de Mercur.

Lo divendres, P. de la Genesta.

Lo dissapte, Ar. Donadeu.

6 décembre. — Remise par les consuls des sept clefs de la porte
Saint-Georges à A. de Cabanes.

vi die decembris fuerunt tradite vii claves ville de portali
beati Georgii Arnaldo de Cabanis per dominos consules
Agenni. — Presentibus : B. Martini, P. Calveti, Colino
Beroti, consulibus.

12 décembre. — Par sentence des consuls jugeant de concert avec le bailli,
Bernard de La Cépède, boucher, pour avoir mis en vente sur son étal des
viandes gâtées, au mépris des règlements et malgré les défenses publiées,
est condamné à paver de bonnes briques et de ciment la salle neuve de la
chambre commune et à faire au-dessus du pavé un parquet de bonnes
planches et de bons carreaux. Il est en outre suspendu pour deux ans de
son état de boucher, à moins que d'ici-là il ne soit relevé de cette interdiction et de nouveau autorisé à l'exercer. On lui fait grâce cependant de
la note d'infamie, et même les consuls lui font remise de la suspension et
l'autorisent à faire son état comme auparavant.

xii die decembris. — Domini bajulus et consules sedentes
pro tribunali condempnaverunt Bernardum de Cepeda, car-
nificem, ad paymentandum de bonis tegulis cameram domus
comunis novam et de cemento, et ad plancandum postea
desuper dictum paymentum de bonis fustibus et cartonis, eo
quia vendiderat carnes bovinas putrefactas et prohibitas
in macellis suis, contra statuta et prohibiciones factas
publice in villa, et ipsum officium macelli interdicerunt et
prohibuerunt deinceps ad duos annos, nisi interim esset
reappellatus et licenciatus, sua bona fama sibi tamen reservata.
Et ibidem dicti domini consules restituerunt eidem bonam
famam et officium suum quod possit uti ut prius. — Presentibus : B. Martini, P. Calveti, magistro Jacobo Maynardi,
consulibus, Arnaldo Furnerii, magistro P. de Croso,
magistro R. de Causaco, magistro P. de Moncesio.

Séance tenante, le consul maitre Jacques Maynard, agissant comme particulier, s'engage à faire les travaux susdits d'ici à la fête de la Saint-Vincent
pour le prix de 12 livres que B. de La Cépède devra lui payer par moitié,
avant la fête de la Circoncision et avant la fête de la Saint-Vincent.

Ibidem dictus magister Jacobus Maynardi, **ut privata
persona**, promisit facere dictum opus hinc ad instantem
festum beati Vincencii, precio xii lib. tur., quas dictus Bernardus sibi debet solvere, videlicet medietatem hinc ad
instantem festum Circumcisionis, et aliam infra instantem
festum beati Vincencii : quam summam cum alio memo-
riali (?) dominorum consulum ibidem B. promisit solvere
eidem magistro Jacobo. — Presentibus ut supra.

18 décembre. — Pierre Vacquéry, tonnelier, est reçu comme marqueur et
vérificateur des mesures de la ville. Il jure de se comporter bien et loyalement dans l'exercice de sa charge et de vérifier les mesures avant d'y
apposer la marque de la ville. B. de Carcassone, trésorier de l'an présent,
remet audit charpentier les mesures en usage.

Anno xlviii, xviii die decembris. — Petrus Vacquerii,
comporterius, fuit receptus in signatorem et apatronatorem
mensurarum ville, qui juravit quod ipse bene et fideliter se
habebit et mensuras apatronabit antequam eas signet merca
ville. Et ibidem B. de Carcassona, thesaurarius ville dicto
anno, tradidit eidem carpentario mensuras que sequntur.

Une quartière de cuivre.

Primo, 1 carterium de cupro.

Une autre mesure de cuivre, tenant un carton.

Item, aliam mensuram de cupro, tenentem 1 cartum.

Deux mesures de cuivre, nommées demi-quart.

Item, duas mensuras de cupro, vocatas *mech quart*.

Une livre et une demi-livre de cuivre, servant d'étalons
pour les mesures de l'huile.

Item, unam libram et mediam libram de cupro, ad apatronandum mensuras olei.

L'étalon d'un quarteron et d'un demi-quarteron en bois pour l'huile.

Item, patronem carteyronis et medii carteyronis de fuste
pro oleo.

Un poinçon de fer pour marquer les vaisseaux et mesures vinaires.

Item, unam crossam de ferro ad signandum mensuras et comportas.

Un fer à l'aigle, aux armes de la ville, pour marquer les barils
et les comportes.

Item, unum ferrum cum signo ville de aquila in capite dicti ferri ad signandum barrillos et comportas.

Une autre marque à l'aigle pour les pougnères et demi-pougnères.

Item, alium signum ferreum cum dicto signo ad signandum punherias et medias punherias.

Une autre petite marque à l'aigle pour les boisseaux et les demi-boisseaux
du sel et de l'huile.

Item, alium signum modicum ferreum cum dicto signo ad signandum boyssellos et medios boyssellos salis et olei.

Pierre Vacquéry déclare avoir reçu les susdites mesures des consuls,
par les mains du trésorier.

Que predicta dictus Petrus Vaquerii habuit et habuisse recognovit a dictis dominis consulibus per dictas manus.

Ultima die decembris. — *(Le sujet de la délibération qui eut lieu ce jour-là n'est pas mentionné.)*

3 janvier 1349. — L'assemblée décide que l'on fera appliquer les règlements établis par les consuls au sujet de la vente des viandes mortes de bœuf, de vache, de porc, de mouton, de lièvres, lapins, perdreaux et autres; ces viandes ne pourront être vendues ou mises en vente dans les boucheries, sur les étaux ou ailleurs, qu'autant qu'elles seront de bonne qualité, marchandes et non suspectes de corruption, et déclarées telles par les gardes qui devront en avoir fait la visite avant la mise en vente. Cette mesure a pour but de prévenir les maladies auxquelles peut donner lieu l'emploi des viandes gâtées. Les mêmes précautions seront prises pour la vente des poissons; les contrevenants seront punis d'une amende de 60 s. arnaudins et plus, suivant leur qualité et condition, à l'arbitrage des consuls. Les chairs et poissons, dans ce cas, seront confisqués et donnés en aumône, comme il est accoutumé.

III die januarii. *(Présents : trois jurats, douze notables.)* — Totz volgueron que los establimens fachs per los senhors sobre las carns de buo o de vaca, de porc o de moto, de lebres, conilhs, perditz e autras que s venden mortas, que no las venda hom ni las tenga venals en masels o en taules o en autre loc si no eran bonas e merchandas e senes tota error de poyridura o de als, a conoguda de las gardas que las aian vistas avant que las vendan per plusors malautias que s'en endevenian o s'en poyrian endevenir en las gens minjans aquelas : ni peys per la meissa maneira, si no era merchan e senes error de poyridura : e aquo en la pena de LXV sol. d'arnaldens o de major pena, segon la qualitat e condicio del delinquant, laqual los senhors cosselhs puscan metre e enpausar a lor arbitracio, e de las carns o peys encorssas, donadors cum es acostumat cers ters (?) e del dever dels maselers, cum es acostumat.

10 février. — Avec les 80 écus que doivent les héritiers de J. Chevalier, à raison des biens de feu B. de Gaillac, dont ledit Chevalier était dépositaire, on paiera la cire nécessaire pour l'éclairage des rondes de nuit et d'autres dépenses à la charge de la ville.

x die febroarii. (*Présents : cinq jurats, vingt-deux notables.*) — Tot volguero que de IIII[XX] escut que deven aver dels hereters de Johan Chivaler, coma tenedor dels bes d'En Belenguer de Galhac, se pago la cera de la luminaria e las autras obras necessarias de la vila.

Les règlements sur les vivres et les travaux resteront en vigueur, mais, d'ici à huit ou quinze jours, les consuls, sans avoir à convoquer les jurats, devront les modifier, changer ou corriger.

Item, que'ls establimens dels viures e dels obres se tengan mas que d'aqui a VIII o XV jorns los senhors cosselhs, senes lor apelar, o puscan modificar e mudar e corregir.

23 mars. — B. de La Cépède ayant été pris de nouveau à vendre des viandes gâtées, s'était soumis à la volonté des consuls pour l'amende dont il était passible et acte avait été dressé de sa soumission par le scribe du consulat. En conséquence, il est condamné à achever l'aire et le carrelage de la salle de la maison commune, à y poser les portes, à niveler le sol du préau et à faire une banquette de terre devant la chapelle. Enfin il est suspendu de son état pour un mois, à partir de la fête de Pâques, mais les consuls ou leurs successeurs pourront, s'ils le jugent à propos, réduire la durée de l'interdiction.

Item, XXIII die martii, anno quo supra, dictus B. de Sepeda, carnifex, quod iterum fuit repertus in vendendo carnes infectas et se submiserat eorum voluntati sub certa pena, cum instrumento per me recepto, ideo fuit condempnatus ad perficiendum et aplanandum de paymento et postibus residuum camere domus comunis Agenni et ad aplanandum viridarium

et faciendum sotis de terra ante capellam; et fuit sibi interdictum officium carnificis per unum mensem post festum
Pasche Domini, reservato quod ipsi domini consules vel
eorum successores possent mictigare interdictum dicti officii,
si sibi videbatur; cui condempnacioni acquieverunt. — Presentes consules : B. Martini, magister Jacobus Maynardi,
Colinus Beroti, P. Calveti, magister W. de Cassanhas.

La jurade est d'avis qu'on accorde aux fermiers des revenus de la ville
remise d'une partie du prix de leur bail, proportionnée aux pertes qu'ils
auraient éprouvées, en considération de la mortalité qui avait régné
durant la présente année. Quelques membres pensent qu'à l'égard des
fermiers qui avaient bénéficié sur leurs fermes précédentes, il y avait lieu
d'établir une compensation entre leur gain passé et leurs pertes actuelles
et de leur donner en outre une certaine indemnité.

Die xvi martii, in domo communi. — *(Présents : quinque*
domini consules, dominus Johannes Malbeti, dominus Deo-
datus Robbaldi, dominus B. de Ripperia, officialis, dominus
V. de Fumello, dominus Bernardus de Calveto, dominus
B. de Cabanis, dominus Arnaldus de Cassanea, miles, *vingt-
deux autres notables et deux autres jurats.)*

Omnes fuerunt opinionis quod fieret gracia arrendatoribus
propter casum seu accidens mortiferum seu mortalitatis que
fuerat anno presenti secundum magis et secundum minus si
amittebatur in arrendamentis. Aliquorum fuit opinio quod
illis qui alias arrendaverant et temporibus retroactis lucrati
fuerant, in eis fieret compensacio et aliqualis gracia.

24 mars. — Les consuls, après en avoir délibéré avec les prud'hommes et les
jurats, établissent comme suit les réductions à accorder aux fermiers.

Postquam xxiiii die marcii, domini consules Agenni, habita
deliberacione cum eorum sapientibus burgensibus et juratis,
ordinaverunt de dictis arrendamentis, ut sequitur.

Réduction de la moitié du prix de leur ferme aux fermiers du droit
des amendes d'au delà de la Garonne.

Primo, quod arrendatoribus pecharum de ultra Garonnam
deducatur medietas precii de eorum arrendamento.

Réduction du quart aux fermiers du droit des amendes
d'en deçà de la Garonne.

Item arrendatoribus pecharum de citra Guaronnam, fuit
remissa quarta pars sui precii.

Item arrendatoribus pecharum de extra decos, fuit remissa
medietas.

Item arrendatoribus ponderis panis, c solidos turon.

Item arrendatoribus obolorum platee fuit remissa quarta
pars.

Item arrendatoribus inquantus nichil, quare lucrantur.

Item arrendatoribus de barris de Rinaldo, pontis Garonne
et de Reclusa, fuit remissa medietas.

Item arrendatoribus de la Bretoneria e de Moliner, medietas.

Item arrendatoribus pontonatgii, tercia pars deducatur.

Item arrendatoribus soqueti vini, tercia pars deducatur.

Item arrendatoribus soqueti bladi, deducantur vi^{xx} libr. tur.

Item arrendatoribus ponderis communis, quare solvantur,
sint quitti.

Item arrendatoribus barrolhatgii, medietas fuit remissa.

Item arrendatoribus deffectuum curie, fuit remissa medietas.

Réduction de 25 livres aux fermiers des 12 deniers
imposés sur les cabarets.

Item arrendatoribus xii denariorum de tabernis, fuerunt sibi remisse xxv lib.

Réduction de la moitié aux grefliers de la cour.

Item scriptoribus curie, fuit remissa medietas.

Réduction du tiers aux fermiers de la halle au pain.

Item arrendatoribus ale panis fuit remissa tercia pars.

Les consuls, après en avoir délibéré avec les bourgeois et les vingt-quatre jurats, décident que l'intérêt des 1,900 gros d'argent empruntés et touchés par B. de Carcassone, trésorier de la ville, pour faire face aux nécessités urgentes, sera payé sur les revenus municipaux.

Item fuit ordinatum per dominos consules, habita deliberacione cum eorum burgensibus et xxiiii juratis, quod interesse xix^c grossorum argenti habitorum et manulevatorum per B. de Carcassona, thesaurarium ville, pro negociis arduis ville, solvantur supra villam.

M. B. Calvet recevra, pour sa peine et ses conseils sur les affaires de la ville, 20 livres tournois.

Item quod domino B. Calveti, pro labore suo et consilio per eum dato anno presenti in negociis ville, dentur eidem xx lib. tur.

B. de Carcassone, trésorier de la ville, recevra pour sa peine 30 liv. tourn., attendu qu'il n'était pas consul la présente année.

Item Bernardo de Carcassona, thesaurario ville, pro labore suo, quare non erat consul isto anno, dederunt xxx lib. tur.

Rentes perpétuelles léguées aux charités de la ville, en 1348, pendant le temps de la peste qui régna cette année du commencement de mai aux environs de Noël.

Sequuntur legata facta caritati Agenni perpetuo, anno xlviii^o, tempore mortalitatis pestifere que duravit dicto anno ab introitu mensis madii usque ad festum Natalis Domini vel circa.

Pierre de Beldie lègue une rente de deux barils de vin qu'il asseoit sur deux dinérées de vigne situées au pont à la Nau. L'exécuteur testamentaire est maître Pierre Almoyn. Testament reçu par Me Jean Darua, le 16 juillet 1348.

Primo Petrus de Beldia legavit perpetuo caritati duos barrillos vini quos assignavit et ypothecavit super II denariatis vinee scitis al pont a la Nau. Constituit exequtorem magistrum P. Almoynii. Recepit testamentum magister Johannes Darua, notarius, XVI julii anno XLVIII°.

Yzarn de la Cassagne, bourgeois d'Agen, lègue en pain la valeur d'une quartière de froment que lui faisait de rente Yzarn d'Andreux. Son testament, reçu par feu Géraud Bonhomme, notaire, est daté du mois de juin de ladite année. Les héritiers de G. Tort sont détenteurs des biens du testateur.

Item Yzarnus de Cassanea, burgensis Agenni, legavit caritati Agenni I carterium frumenti in pane perpetuo quam sibi faciebat redditus Yzarnus d'Andreux, ut continetur in testamento ipsius receptum per magistrum Geraldum Bonihominis quondam notarium Agenni, anno predicto, mense junii. (Heredes Guillelmi Torti, ut dicitur, tenent bona.)

P. Bertaud lègue une pugnère de froment par son testament qu'a reçu ladite année feu Mᵉ G. Bonhomme, notaire. R. del Caune, un des héritiers, paye la rente annuellement.

Item P. Bertaudi legavit perpetuo dicte caritati unam punheriam frumenti, ut continetur in testamento suo recepto per magistrum Geraldum Bonihominis, notarium quondam, anno predicto. (R. del Caune est coheres et consuevit solvere quolibet anno.)

Marie del Mas, qui eut pour héritier Arn. des Bordials, boucher, légua une rente d'une pugnère de froment et d'un baril de vin, par son testament reçu par Mᵉ Etienne Flament, notaire, en 1348. Les héritiers d'Arn. des Bordials, demeurant à Molinier, doivent cette rente.

Item Maria del Mas, cujus Arnaldus dels Bordials, macellarius, est heres, legavit perpetuo caritati unam punheriam frumenti et unum barrillum vini. Magister St. Flament, notarius, recepit testamentum dicto anno XLVIII°. — (Los heretes de Ar. des Bordials, losquals demoran en Moliner, o devon.)

La dame de Martignac légua annuellement, à l'aumône de la Pentecôte, pour une durée de vingt-neuf ans, une conque de froment. Testament reçu par Mᵉ J. Bénech en 1348. Peyrot de La Mothe tient une maison qui vient de la testatrice.

Item la dona de Martinhac laisset cada an, a la caritat de Penthecosta, per XXIX ans, una cunca de froment ab testament receubut en aost l'an M CCC XLVIII per mestre Johan

Benech. Item mais tres barrils de vi. Peyrot de la Mota ne te un hostal.

Les héritiers d'Arnaud Guillem d'Aycart doivent en pain cuit la valeur d'une demi-cartière de grain. Testament reçu par Me P. del Cros, le 4 mars 1332 (1333). La rente est perpétuelle.

Los heretes de Ar. Guillez de Aycart devon mega cartera de pa cuch. Fe lo testament mestre P. del Cros, l'an M CCC XXXII, lo IIII dia de mars. E es lo leguat per totz temps.

ANNÉE CONSULAIRE 1349-1350.

Noms des consuls de l'an 1349-1350.

L'an m ccc xlix foron cosselhs (1) :

De Vesat : P. Gauter de Taliva, 1ª clau dejus; En B. Marti lo jone, 1ª clau dessus.

De Floyrac : Matheu d'Ant. Corn; Aymeric de la Marcha, 1ª clau dessus.

De la Clausura : Guillem del Moli.

De Moliner : Guillem Bru, 1ª clau dejus.

De Sent-Gili : Guillem de Mechval, 1ª dessus.

De Sent-Estephe : B. Berot, 1ª dejus.

De Moncorni : Johan Malbert, 1ª clau dejus.

De Sent-Antoni : Moss. B. Calvet, 1ª dessus.

De Sent-Ylari : N'Arnaut de Cabanas, 1ª clau dessus; mestre Johan del Vinhal.

Noms des jurats.

Nomina xxiiiᵒʳ juratorum (2).

De Vesato : En B. Marti lo velh, En Guillem de Taliva, En Johan de la Devesa, En Johan Lormer, Guillem Tort.

Floyrac : Coli Berot, En B. de Carcassona, Bertran de Taliva.

La Clausura : En Johan de Cabanas, Arnaut Rafli.

---

(1) Deux consuls seulement, Mess. B. Calvet et Arnaud de Cabanes, appartenaient au corps des jurats de l'année précédente. Le consul du quartier de Moncorny, Jean Malbert, était le bailli de l'évêque.

(2) La liste suivante contient vingt-cinq noms. Celui de Guillem Tort paraît avoir été ajouté au nombre des jurats du quartier de Vésat, probablement à la suite du décès ou de l'absence d'un des autres jurats. Parmi ces noms figurent ceux de six consuls et de quatre jurats de l'année précédente.

Moliner : Mestre Johan Darnos, mestre St. Flamene.

Sent-Gili : B. Garner, mestre R. de Causac.

Sent-Estephe : Mestre Jacmes Maynart, En P. Pelicer, R. del Caune.

Moncorni : Mestre Guillem de Cassanhas, Stephe de Valceron, Berthomeu Mostet.

Sent-Antoni : P. Calvet, Saisset Tort, mestre W. Ar. d'Aubinho.

Sent-Ylari : R. Calvet, P. de Mausac.

17 avril. — Licence à Mgr d'Armagnac pour introduire dans la ville cent tonneaux de vin pour sa consommation et celle de sa maison, mais non pour vendre. Il en donnera une reconnaissance.

xvii aprilis. *(Présents : douze jurats et vingt et un notables.)* — Totz volgueron que a Mossenhor d'Armanhac sia donada licencia de metre dins la vila c tonels de vi per son beure e de sa companha. e non pas per vendre e que donga reconoissensa.

Tout maître de maison devra monter la garde, s'il n'envoie à sa place un homme convenable. Dans le cas où il se fera remplacer, les bourgeois des rondes devront en être avertis.

Item, que tot home senhor d'hostal gache, si no a home tam sufficient coma el que i trameta e que sia a la conoguda de l'estial gach.

Les rondes extérieures continueront à se faire.

Item que continuent l'estial gach.

On enverra à Toulouse recouvrer les 500 livres, pour faire achever le pont.

Item que hom trameta a Tholosa per cobrar las v libras e per far compellir las obras del pont.

24 avril. — L'archevêque d'Auch, lieutenant du Roi, étant absent de la ville et M. le sénéchal voulant aller joindre son collègue du Périgord au siège de Moncuq, il est décidé que le sénéchal sera supplié de ne pas quitter la ville. La supplique lui fut présentée séance tenante par Aymeric de la Marche et les autres consuls.

xxiiii die aprilis. *(Présents : huit jurats et sept notables.)* — Totz volgueron que car Mossenhor d'Auchs es fora de la villa, que hom requerra Mossenhor lo senescal que vol anar a Mossenhor lo senescal de Peregort al ceti de Moncuc, que no i anga ni no s'parta de la vila. E fo requerregut aqui meis als presicadors (1), en presensa de mestre P. Mancel e de mi per N'Aymeric de la Marcha e per los autres senhos.

Année 1349. — Inventaire des Archives. — Privilèges anciens renfermés dans une boîte blanche, du n° 1 au n° 24 exclusivement.

ANNO XL NONO.

Sequitur inventarium (2) ville de anno XLIX°.

Sequuntur privilegia antiqua ville contengutz en un escrinh blanc, del primer entro al XXIIII per conte, aquel exclus.

Lo primer comensa : Raymon per la gracia de Deu.

Lo segon : Raymon, filh del senhor En Raymon.

Lo ters comensa : Conoguda causa sia.

Lo quart : R. filh del senhor En Raymon.

Lo quint : Conoguda causa sia.

Lo VI : Simon.

Lo VII : Noverint universi.

Lo VIII : Raymundus, Dei gracia.

Lo IX : Alphonsus.

Lo X : Noverint universi. (Parla cum lo senhor no deu levar talha ni collecta d'Agen, senes lor voluntat.)

Lo XI : Alphonsus. (Debati baronorum et villarum.)

Lo XII : Noverint universi.

Lo XIII : Alphonsus.

Lo XIIII : Johanna Tholose.

Lo XV : Richardus.

(1) A ceux qui devaient être suppliés.

(2) Cet inventaire se compose de deux parties, que distingue seule la différence de l'écriture. La première comprend les titres qui étaient déposés au trésor en 1340; la deuxième est due aux récolements de cet inventaire et aux additions faites postérieurement. Nous avons mis entre parenthèses les articles ou les modifications qui appartiennent à cette seconde partie. Les additions se continuent au moins jusqu'en 1367, date d'une des pièces du supplément. Les récolements sont indiqués par des lettres placées en marge de chaque article, la même lettre servant pour un seul récolement; ainsi A pour 1350; B, je suppose, pour 1351, etc. Le nombre des lettres prouve que, pour la partie ancienne de l'inventaire, il y a eu au moins quinze récolements. Dans ces récolements, il arrivait souvent que certains articles étaient déplacés et inscrits de nouveau sur une autre cote, et il en résultait un double emploi : mais nous avons cru devoir reproduire ces répétitions à cause des renseignements nouveaux qu'elles donnent lorsque l'indication n'est pas la même dans le récolement et dans l'inventaire, ce qui arrive le plus souvent.

Lo xvi : Edvardus, Dei gracia.

Lo xvii : Johannes, de sancto Johanne.

Lo xviii : Conoguda causa sia.

Lo xix : Edvardus, Dei gracia.

,Lo xx : Philippus, Dei gracia. (Debati baronum et villarum.)

Lo xxi : Edvardus, Dei gracia. (De ponte : qualiter est quittus ab omni pedagio et aliis serviciis.)

Lo xxii : Edvardus, Dei gracia.

Lo xxiii : Philippus, Dei gracia (1).

Omnia suprascripta sunt in primo scrinio, in techa superiori.

Privilèges (suite); deuxième boita.

Sequuntur alia que sunt in secundo scrinio superius.

Lo xxiiii comensa : Philippus.

Lo xxv : Edvardus, Dei gracia. (De v sol iiii den. t. que debentur per costuma Burdegale.)

Lo xxvi : Edvardus, Dei gracia.

Lo xxvii : Edvardus, Dei gracia. (Quod clerici compellantur ad solvendum tallias et collectas.)

Lo xxix (2) : Girardus. (De penso sancti Antonii.)

Lo xxx : Edvardus, Dei gracia.

Lo xxxi : Noverint universi. (De restitucione patrie (?) facta gentibus Regis Anglie.)

Lo xxxii : comensa : Universis. Et sunt duo ejusdem tenoris. (Mandatum restitucionis patrie (?).)

Lo xxxiii : Radulphus. (Super moneta.)

Lo xxxiiii : Bertrandus. (Super moneta.)

Lo xxxv : Arnaldus Dei gracia. (Concessio episcopi facta quod xii probis credatur super consuetudinibus.)

Lo xxxvi : Conoguda causa sia. Et sunt duo. (Cum la humana. De reformacione gentium ville.)

Lo xxxvii : Noverint universi.

Lo xxxviii : Universis. (De sale quod abbas Bellepertice debet adportare.)

---

(1) Dans un récolement postérieur, on a ajouté un autre article : Lo xxxxiiii : *Edvardus, filius regis Anglie, princeps Aquitanie.* Est confirmatoria privilegii comitis Tholose.

(2) Le n° 28 manque dans cet inventaire comme dans celui de 1345.

Lo xxxix : Vacabat. (Noverint universi.)

Lo xl. : Universis presentibus.

Lo xli : Noverint universi.

Lo xlii : Noverint universi. (Sentencia condempnacionis Petri de Ruppe.)

Lo xliii : Conoguda causa.

Lo xliiii : Venerabilibus et discretis.

Lo xlv : Vacat, diu est.

Lo xlvi : Philippus. (Confirmatoria privilegii antiqui comitis Tholose, et quod non posset facere castrum infra villam, et qualiter xii probi viri de Agenno debent credi super consuetudinibus.)

Lo xlvii : Philippus, Dei gracia. (Confirmacio privilegii et privilegium ne tallie seu collecte per gentes Regis imponantur.)

Lo xlviii : Noverint universi. (Loquitur quod expense pro solido et libra leventur.)

Lo xlix : Philippus, Dei gracia.

Lo l. : Philippus, Dei gracia.

Lo li : Philippus, Dei gracia.

Lo lii : Philippus, Dei gracia.

Lo liii : Philippus, Dei gracia.

Lo liiii : Vacat. Diu est.

Lo lv : Philippus, Dei gracia.

Lo lvi : Philippus, Dei gracia. (Duo sunt.)

Lo lvii : Philippus, Dei gracia.

Lo lviii : Philippus, Dei gracia. (Privilegium ne bladum, vinum et alia victualia capiantur a burgensibus.)

Lo lix : Robbertus.

Usque hic sunt in secundo scrinio superius.

Privilèges (suite); troisième boite.

Sequuntur alia que sunt superius in tercio scrinio albo.

Lo lx incipit : Robbertus.

Lo lxi : Robbertus.

Lo lxii : Robbertus.

Lo lxiii : Robbertus.

Lo LXIIII : Robbertus.

Lo LXV : Robbertus. (Sine sigillo.)

Lo LXVI : Robbertus.

Lo LXVII : Robbertus.

Lo LXVIII : Conoguda causa sia. (Instrumentum est de macellis quod fuit receptum per magistrum Guillelmum Maseti, die VIII junii anno domini M° CC^ LIIII°.)

Lo LIX : Conoguda causa sia. (Loquitur de acordo facto per consules cum communitate ville quod consuetudines et privilegia serventur.)

Lo LXX : Notum sit. (Acordum S. Caprasii et ville.)

Lo LXXI : Notum sit. (De domo communi et V. Barrani seu R. Gassie. Item aliam cartam de eodem.)

Lo LXXII : Universis.

Lo LXXIII : Notum sit. (Non reperitur.)

Lo LXXIIII : In nomine Domini. (Acordum plurium villarum bonum.)

Lo LXXV : Conoguda causa sia.

Lo LXXVI : Noverint universi.

Lo LXXVII : Noverint universi.

Lo LXXVIII : Robbertus, comes.

Lo LXXIX : Robbertus. (De lectis non capiendis.)

Lo LXXX : Noverint. (Recognicio senescalli de licencia vini sibi data.)

Lo LXXXI : Deficiebat.

Lo LXXXII : Conoguda causa sia. (Composicio inter villam Agenni et villam Moysiaci.)

Lo LXXXIII (1) : Conoguda causa sia. (Sine sigillo.)

Lo LXXXIIII : In nomine Patris. (Acordum factum inter plures villas.)

Lo LXXXV : Arnaut. (De pujata (?) salis.)

Lo LXXXVI : Nos, Raymon. (Recognicio Galhardi Columbi de Burdegala.)

Lo LXXXVII : Noverint universi. (Loquitur de expensis levandis pro libra.)

(1) Il y a ici une erreur de transcription. Le numéro LXXXIII commence par : *In nomine Patris*, et le LXXXIIII par : *Conoguda causa sia.*

Lo LXXXVIII : Conoguda causa sia. (Loquitur de obliis que debentur pro hospitali novo de S. Jorgi. Et fuit receptum per magistrum H. de Prohensia, notarium, mense novembris, anno Domini M° CC° LXXIXe.)

Lo LXXXIX : Noverint.

Lo LXXXX : Philippus, Dei gracia. (De questis.)

Usque hic sunt superius in tercio scrinio albo.

Priviléges (suite); quatrième boîte.

Sequuntur alia que sunt superius in quarto scrinio.

Lo III^{xx} e XI   Robbertus. (De questis et talliis levandis.)

Lo III^{xx} e XII : Radulphus. (De talliis.)

Lo III^{xx} e XIII : Notum sit.

Lo III^{xx} e XIIII : Instrumentum Ramfred de Bajolimonte. (Inferius est.)

Lo III^{xx} e XV : Noverint universi. (Quittacio servientis vulnerati in ecclesia Sancti Caprasii.)

Lo III^{xx} e XVI : Nos, Blavius Lupi.

Lo III^{xx} e XVII : Nobili.

Lo III^{xx} e XVIII : Incipit : Venerabilibus et magnificis. (De beneficiis in quibus abbas Grandiselve receperunt *(sic)* consules.)

Lo III^{xx} e XIX : Hoc est. (Copia littere ut bona, facta pace inter reges, restituerentur gentibus regis Anglie.)

Usque hic sunt in quarta techa superius (1).

Priviléges modernes renfermés dans un écrin recouvert de cuir
et bardé de fer.

*Sequuntur privilegia nova contenta in uno scrinio de corio
cohoperto ferrato, et sunt XII privilegia.*

Lo primer comensa : Guillelmus, permissione divina.

Lo segon : Confirmacio d'aquel : Philippus.

Lo III : Guillelmus, permissione divina.

Lo IIII : Confirmacio d'aquel : Philippus.

Lo V : Johannes, Dei gracia rex Boemie.

Lo VI : Philippus, Dei gracia. (Confirmacio illius.)

---

(1) Jusqu'ici l'inventaire est une exacte reproduction de celui de 1345.

Lo vii : Johannes, Dei gracia rex Boemie. (In quo est remissio penarum monetarum et ordinacionum regiarum super monetis.)

Lo viii : Philippus. (Confirmacio illarum.)

Lo ix incipit : Johannes. (Obtimum privilegium de pedatgiis, de feudis nobilibus et aliis. Sunt duo ejusdem tenoris, unum superius, aliud inferius.)

Lo x incipit : Philippus.

Lo xi : Philippus, Dei gracia.

Lo xii : Johannes, miseracione divina episcopus Belvacensis. (Declaracio pedatgii) (1).

Usque hic sunt in dicto scrinio.

Vieil écrin bardé de fer; plus tard une partie des titres en fut retirée
et placée dans une corbeille d'osier.

Sequuntur privilegia que sunt in alio scrinio veteri ferrato superius. (In scirpa viminis sunt aliqui de presente.)

Lo xiii incipit : Johannes, permissione divina. (Conservatoria privilegiorum.)

Lo xiiii incipit : Agotus de Baussio. (De platea hospicii Monini de Cassanea).

Lo xv : Johannes, permissione divina, episcopus Belvacensis. (Declaracio pedagii.)

Lo xvi : Johannes primogenitus. (Confirmacio et de novo concessio privilegii consuetudinum Agenni.)

Lo xvii : Johannes, primogenitus. (Confirmacio declaracionis articuli pedatgii.)

Lo xviii : Johannes, primogenitus. (Conservatoria privilegiorum.)

Lo xix : Johannes primogenitus. De facto de Madalhano.

Lo xx : Johannes primogenitus. De facto Genoesiorum.

Lo xxi : Philippus, Dei gracia. Ne barones faciant guerram.

Lo xxii : Karolus, Regis Francie filius. Confirmacio consuetudinum. (Cum sigillo rubeo.)

---

(1) A l'un des récolements suivants, on ajouta un article à cette série : « Lo « xiii : Philippus. De restitucione parrochiarum quas occupabat dominus « A. de Fossato. »

Lo xxiii : Philippus, Dei gracia. Remissio penarum pro monetis et transgressionibus ordinacionum regiarum.

Lo xxiiii : Philippus, Dei gracia. Continentur litere apostolice ne census ponatur in villis regiis.

Lo xxv incipit : **Johannes, primogenitus.** De Juramento facto consulibus.

Lo xxvi est vidimus sub sigillo Castelleti Parisiensis et sunt duo : de privilegiis ville.

Lo xxvii : Johannes, Dei gracia Boemie rex. Remissio penarum pro monetis et ordinacionibus regiis. (Superius est.)

Lo xxviii incipit : Johannes, primogenitus. Loquitur de incursibus datis ville et de aliis privilegiis. (De Juramento salini.)

Lo xxix incipit : Philippus, Dei gracia. (Sunt duo de proprio domanio Regis.)

Lo xxx incipit : Johannes. (Confirmatoria privilegiorum.)

Item, viii litere regie viii villarum.

Usque hic sunt in dicto scrinio veteri ferrato.

Item, in uno longo scrinio tria privilegia domini Regis Anglie ejusdem tenoris. (Et unam magnam cartam et v modicas cartas recognicionis feudorum capellanorum, nec non quam plures litteras regias.)

Item, in una squirpa viminis ix litere Regis Anglie modici valoris (1).

Item, quandam techam viridam ferratam in qua sunt plura instrumenta et sentencie.

Item, quamdam aliam techam seu scrinium album cum pluribus litteris et instrumentis (Vocatam vii in quo *(sic)* sunt allegationes seu articuli alias traditi domino nostro Regi super causis criminalibus et aliis.)

Item, xxvi brustias en que a plusors letras enfructuosas.

Item, una brustia de cuer en que son letras de la condempnacio del fach de S. Cabrari e las quitansas del Rey.

(1) Cet article a été modifié postérieurement à l'aide de ratures et d'interlignes : « Item, in dicta squirpa viminis ix litere domini nostri Francie et « Anglie Regis, de compellendis Clericis, de nundinis, de confirmacionibus « consuetudinum. »

Item. xvi cartas liadas de diversas causas (et una ordinacio facta super soqueto bladi, vini et aliis victualibus).

Item, iii sacs e ii en un armari del fach de S. Cabrari.

Item, dos escrinhet o cayssot de fach senes escriptura de sobre, en que a plusors letras e cartas.

Le grand sceau communal avec son manche.

Item, lo grant sagel de la universitat en un boista ab lo bastonet. (Subterius est in theca inferiori.)

Item, los rotles dels contes et de las quitansas del pont e del soquet.

Item, i carta receubuda per mestre P. Mancel, pay de mestre P., que fo lo divendres apres la octava de la Anunciacio de Nostra Dona, l'an m ccc e xvi, cum Moss. P. de Marmanda, senescal d'Agenes e l jutge temporal de Moss. d'Agen revocaron las sentencias per lor donadas contra P. et Arnaut de Pros et R. de Greffulh e P. de la Costa, per so quar eran donadas senes los cosselhs coma jutges. (Inferius.)

Item, allegaciones juris v doctorum sigillis sigillate qualiter consules debent interesse in quibuscunque sentenciis criminum cum gentibus regiis (sunt in vii° scrinio superius).

(Predicta sunt in techa superiori.)

Étalon en fer de la canne communale.

(Item, mensura ferrea canne communis.)
Infra scripta sunt in techa inferiori.
Primerament ii libres de costuma.

Le petit sceau avec sa chaine.

Item, lo petit sagel ab la cadena.
Item, lo libre dels privilegis.

Deux bannières et un pennon aux armes du Roi de France.

Item, doas baneras et i peno del senhal del Rey de Fransa.

Item, iª brustia de cur ab luquet en que es la confirmacio dels privilegis e costumas del rey Carles, filh del rey Philipes. (Sunt omnia scripta inferius in fine inventarii. Item, doas letras del prince nostre senhor que lo focatge no traga a consequencia, e las II confermacios de privilegis. Item, litera remissionis..... monetarum.)

Item, I massapa en que es la letra de la redoa de Bajolmont et autras letras de Bajolmont. (Et sunt XIIII litere diverse. Item, la letra del prince de la prestacio del sagrament prestat a luy a Bordel.)

Item rotles de contes e de quitansas de las barras e del soquet (1).

Quatre noix d'espingoles.

Item, IIII^{or} riocz d'espingalas.

Item, una brustia en que son las salvagardas.

Item, una brustia en que es la letra del cot e del gardiatge.

Item, una brustia en que a letras del barratge e del focatge. (O la letra que hom pusca restrenhe la clausura de la vila.)

Item, una brustia en que a letras que los borgues no sian trachs contra los privilegis e costumas, e que los deutes dels borgues sian preferit davant los fiscals, e una absolucio del Papa.

Item, lo proces del fach de Bajolmont en que a tres pels et duo instrumenta ejusdem facti.

Item, I^a carta de la composicio de la vila e dels fores. (Inferius est ab alia parte.)

Item, I^a carta de xx sols de renda que deu en Bertran de Savinhac.

Item, las enformacios en pape del fach de la leda de S. Cabrari.

Item, doas cartas de la composicio de la vila et de S. Cabrari sobre l'esclausa de S. Jorgi.

Item, I^a brustia ab letras que los sirvens d'armas sian compellit a pagar talhas e collectas.

Item, I^a massapa en que a letras que vitalhalas ni lechs no sian pres. (Et est domini nostri principis et domini nostri Anglie Regis.)

Item, doas brustias ab cartas del fach de la plassa.

____

(1) Vient ensuite un article barré, d'un récolement postérieur : « Item quedam informacio seu inquesta in papiro de pedagio de Castilhonc. »

Item, i massapa en que son letras del do de la materia dels Frays Menors et materie hospicii carite de Helia Guillelmi, et doni nemoris de Calvas et iiii⁰ʳ balistarum turni.

Item, una brustia en que a plusors letras del fach de Madalha.

Item, i brustia (e i massapa) en que son las darreras letras del soquet (e del pont a x ans; item quedam litera domini nostri principis de pontonagio).

Item, i massapa en que a letras que re no valo.

Item, i massapa en que son exequtorias dels privilegis.

Item, brustia en que es lo bon privilegi dels peatges; item, la declaracio d'aquels.

Item, iª brustia en que es lo privilegi que detcol (?) als privilegis autreiat als locs darrerament vengut a hobediensa.

Item, i massapa en que son las licencias dels vis del duc e de Mossenhor d'Agen, e la letra de la gabela e del pes de la vila cominal.

Item, i brustia en que son las letras e privilegis de las bastidas del cap del pont et dels carmes, e letras del Rey en que son encorporadas letras del Papa que entredich no sia mes en las vilas reyals.

Item, i brustia en que a letras que lo blat sia portat de loc a loc, no constrantant letras.

Item, i massapa en que es la translacio del dugat facha a Mossenhor Johan de Fransa per lo Rey, nostre senhor.

Item, i (1) brustia en que es la i dels dos privilegis dels peatges e dels feus gencials e d'autres bos autreiat per lo Rey, nostre senhor. Item, declaracio ejusdem pedatgii. Item, la restitucio facha per lo Rey, nostre senhor, de las parroquias que avia donadas a Mossenhor Amaneu (2).

Item, i massapa en que a letras coma los cosselhs de las vilas se puscan ajustar ab nos.

Item, i brustia (3) en que a letras que clercs sian compellit a pagar talhas e collectas dels bes que solian collectisari.

<hr>

(1) Article barré et au-dessous : « Alibi est. »
(2) Amaneu de Fossat, seigneur de Madaillan.
(3) Le mot « brustia » a été barré et remplacé par le mot « massapa ».

Item, 1 brustia en que son plusors reconoyssensas de Moss. W. Balbet (1).

Item, una brustia de vime en que a plusors letras de vitalhas que sian portadas Agen.

Item, una brustia velha negra en que son las licencias de Mossenhors d'Agen e de Condom que puscam far celebrar al cap del pont en la capela de la maio cominal (2).

Item, una brusticta de cur en que es la letra de la feira de Totz Sans.

Item, 11 escrinhs en que son plusors letras de pauca valor. Restituerunt duos.

Item, 1 carta del drech que avem a La Sena.

Item, 1 carta de requestas fachas a Mossenhor Simo d'Astancs sobre lo fach de Bajolmont (tot es amassa).

Item, 1 carta del peatge de Toartz.

Item, la carta del dich d'En R. de Gassias del fach de la maio cominal receubuda per mestre P. Gonter, xiii die augusti anno xiii°.

Item, iiii cartas o v en une liassa dels sagramens fachs per nostre senhor lo duc de Normandia e per autres officiers, (et instrumentum empcionis iii° arborum nemoris R. de Yspania, die xxi febroarii anno lxii, magister P. Bossiguet, operarius pontis habuit dictum instrumentum. Et fuit restitutum instrumentum dicto domino).

Item, 1 carta coma Mossenhor lo jutge remes als cosselhs per jutgamen la causa de B. de Gassias.

Item, 1 proces sagelat del sagel del Castelet del fach del peatge e de la franquessa d'aquels. (In longo scrinio in quo sunt litere impetrate per B. Martini, e l'alongament del dia que avia a Tholosa fach per Mossenhor d'Armanhac. In longo scrinio aspato est iste processus) (3).

Item, une carta en que a plusors ordenacios sobre la garda de la vila.

---

(1) On a vu déjà G. Balbet figurer dans ce registre en qualité de trésorier de France.

(2) Article barré : « Alibi est. »

(3) Article barré : « Inferius est. »

Item, plusors cartas estacadas coma los fores se obligueron a pagar questas a la vila e la composicio sobre aquo (ab las cartas de Bajolmon es tot).

Item, la sentencia e los contes envelopat en una granda pel d'En B. Marti.

Item, una brustia en que es la letra del do que fo fach a Francisco....

Item, ı massapa en que son la restitucio de las parroquias (1); item, la gracia de xıı den. tor. per lo peatge per tonel; item, la letra (de Mossenhor de Tholosa) que los hostals dels rebelles sian diruit; item, la letra que ʟ cartos de blat sian portat.

Item, ı massapa en que son letras de plusors sagels de vilas sageladas.

Item, ıª liassa de plusors letras reconoyssensas de licencias de vis agudas de capitanis e de senescals.

Item, ı brustia en que son letras de vıᶜ livradas de forest e forest e dels portes (e la exequtoria) e ıª del senescal de Tholosa que pusca hom portar blatz entro a ᴍ cartos. Item, la porrogacio del terme de talhar la forest (portada fo a Tholosa).

Item, ı massapa (modici valoris) en que a ıª letra del Rey que, no contrastant qu'el Rey aia donat peatges a alcus nobles o autres, nos sian quitis de peatges; item, autra que manda que tot aquo qui seiria pres sia restitiut. (Item, aliam quod proditores sian corregit; item, autra que sirvens fachs per la vila no prejudiquen.)

Item, las bullas que negus no sia trach de la diocesa d'Agenes (2).

(Item, ı massapa en que a ı letra que los habitans d'Agen puscan vendre lor vis, e ı letra del do que a Mossenhor lo prince fo fach de vıııᶜ scutz.)

Item, ı vidimus jus lo Castelet de Paris de la composicio facha entre las gens del Rey e los cosselhs e de l'avesque de Condom.

---

(1) Article barré : « Alibi est. »
(2) Cet article et les deux qui précèdent sont barrés.

(Item, 1 massapa en que a 1ª letra de vᶜ libras dadas per Mossenhor d'Auchs endressadas al thesaurier de Tholosa l'an XLVIII. Item 1ª letra de Coli Nodes de vᶜ LXX lib. restans de M lib. que nos donet nostre senhor lo Rey per la clausura de la vila, e son assignadas sobre la moneda d'Agen e foron en mars l'an M CCC L. — Item, letra del Rey del do de la tersa part de finansas, condempnacios, penas e encors d'aqui a II ans, e foro dadas l'an M CCC L en gener. — Item, 1ª letra del portes : a cascuna porta II homes a caval e VIII sirvens a pe, l'an que dessus. — Item, III letras : 1ª del senescal de Tholosa d'aquo que demandan a Moyssac IIII sols per carga e II de fustas e de pals davalar a Agen) (1).

Bannière de Saint-Sébastien.

Item, una banera de S. Sabastia. (Lo senhor de Carcassona la restituit.)

(Item, 1 massapa en que es la letra de la restitucio de las parroquias e revocacio de la donacio que avia facha a Mossenhor Amaneu del Fossat) (2).

(Item, 1 escrinh de cur fach a maneira d'estuch de balansas en que son la declaracio e proces e sentencia datz per lo Rey nostre senhor a Bevavila, loqual B. Bocalh redet a la vila l'an M CCC LIII, que comensa : *Philippus Dei gracia.* — Item, 1 autre declaracio de Mossenhor Johan de Fransa, que comensa : *Johannes primogenitus et locum tenens.*)

(Item, lo vidimus del dich proces jus lo sagel del Castelet.)

(Foras l'enventari son doas letras reyals, una de vᶜ lib. tor. dadas per lo pont sobre forest; item, la letra de II homes a caval e de VIII sirvens per las portas, lasquals mestre P. Mancel portet a Tholosa VIII die maii anno L.)

(Die XIII januarii anno LXVII fuit traditum privilegium domini Regis Anglie domino Arnaldo de Cassanea et Petro Galteri de Talivia pro supplicando domino nostro principi Ingolisme quod bicculi (3), lecti neque hospicia capiantur.

---

(1) Article barré; au-dessous : « Alibi est. »
(2) Idem.
(3) Vaisselle, voir Ducange, verbo : Bicharium.

— Restitutum fuit et est in techa inferiori cum aliis literis ejusdem facti.

Item, una brustia de facto Moysiaci (et una litera de facto pedatgii) (1).

Item, 1ª brustia de cur en que a letras que pusca hom cantar al cap del pont. (Item, litera capelle domus communis.)

Item, una carta coma los senhors balhero a Guillem Motas a senhar las mesuras.

Item, 1 vidimus de la carta del pont quant fo balhat a mestre Johan d'Estradenx.

Item, 1ª enformacio en paper contra dominum B. Calveti. (Superius est.)

Item, 1ª informacio facta contra burgenses congeriatos. (quam habuit x die aprilis anno LIII° magister Johannes Descuns, procurator regius) (2).

Item, 1 paper et plusors sentencias criminals e la sentencia de B. Amaneu de Madalha.

Item, quedam recognicio in papiro in qua fratres minores recognoverunt habuisse IIII^m tegulas a villa.

(Item, la letra del do dels bes de Moss. Ar. Marti facha la pont per Moss. d'Agen) (est in uno parvo scrinio thece).

(Item, mestre Ar. Guillem dels Grels recepit instrumentum donacionis facte per dominum officialem de bonis Petri Picardi anno LII°. — Compositum fuit) (3).

(Item, un massapa en que son la letra dels portes la letra de la tersa part de finansas ; item, 1 vidimus del do de x lib. e de L floreni que donet dominus Barrasius de Castronovo. — B. Guarnerii habet. — Modo est in techa in uno parvo scrinio.)

Item, quoddam instrumentum revocacionis cujusdam sentencie late per dominum P. de Marmanda facte quare consules non interfuerant in prolacione sentencie predicte late contra P. Parvi.

<hr>

(1) Article barré.
(2) Article barré.
(3) Article barré.

(Item, una brustia grossa redonda en que son letras velhas del barratge et del soquet. — Desobre es) (1).

(Item, 1 massapa en que a plusors letras del fach de Moyssac, e una letra del Rey que, no contrastant que el aia donat a plusors baros locs e peatges, que nos sian quitis de peatges.)

(Item 1 lonc escrinh aspat en que son plusors letras empetradas per En B. Marti, l'an LII, so es assaber : 1ª letra del do de las finansas a III ans, el vidimus d'aquela; item, la letra confermatoria del do de la materia dels bes dels rebelles, el vidimus; item, la porrogacio el vidimus del peatge a v ans; item, porrogacio barratgii et soqueti ad III annos; item, 1ª letra el vidimus contra dominum de Bajolmonte; item, 1ª letra que M lib. tengan loc aissi coma si fossan mes en obra; item, alia litera de facto Moysiaci de et super facto pedatgiorum et vidimus; item, 1ª letra e vidimus de porrogacio de la forest a II ans; item, 1ª letra el vidimus de vᶜ lib. dadas per lo Rey de bes confiscatz, e mais doas letras; (item, lo proces del Sagelet de Paris del fach del peatges) (2); item, plusors cartas coma los fores se obligueron a la vila pagar talhas) (3).

Item, doas bullas del Papa, 1ª graciosa e autra exequtoria, que negun borgues no sia trach de la vila o de la diocesa que son en la 1 escrinh longuet) (4).

(Item, 1ª brustia negra en que es la letra del do de XII deners de peatge del pont sobre cada tonel de vi; item la porrogacio d'aquel.)

(Item, una brustia en que es una letra que los hostals dels rebelles sian diruit; item, una letra de Mossenhor Barast que revoquet la sentencia de Guillelmes lo moneder, quar los cosselhs no eran estat presens.)

(Item, 1 massapa en que a 1 vidimus de las quitansas del fach de S. Cabrari.)

(1) Article barré.
(2) Article barré : « Superius est. »
(3) Article barré : « Dessus es. »
(4) Le mot « longuet » a été ajouté postérieurement pour remplacer l'indication suivante : « Del cap de la ucha », qui a été rayée.

(Item, 1 drap de seda.)

(Item, 1 massapa en que a doas letras de la mota de Lecussa. Item, autra letra de Mossenhor d'Armanhac e autra del Rey que so que es despendut en autres usatges que en la clausura tengue loc coma siera mes en aquela. Aquesta portet mestre Johan de Sancs.)

(Item, 1ª brustia en que a 1ª letra del Rey de Navarra d(do de 11ᶜ lib. tur.)

(Item, 1ª brustia en que a 1ª letra de Mossenhor d'Armanhac de m lib. que donet a la vila l'an liiii, e foron cobradas per En B. de Carcassona, thesaurer, e mesas en la tor de la Gravera; item, autra letra de lx lib. tor.. de pencio dels cosselhs del dich Mossenhor d'Armanhac; item, la bilhet del loc tenent del thesaurer de la guerra que reconoc aver : ada la letra del Rey del do dels m scutz d'aur. Tot es combi per lo thesaurer de l'an lvi e lv.)

Bannière de saint Sébastien.

Item, 1 drap de seda en que es S. Sabastia, de que l hom banera quant hom sec la crotza.... Alibi est.)

(Item, una brustia en que es la bilheta de Rogier le c uve, loc tenent del thesaurer de la guerra, en que fa menci e so que paguet dels 11ᵐ escut qu'el Rey, nostre senhor, no onet l'an liiii, e de so qu'en es pagat e cum el recevo l letra del do.)

(Item, la carta cum En Guillem de Taliva, en no: d'En R. de Gassias, se obligue a far lo mur de la maio c inal, receubada per mestre P. Gauter, xiii dias en aost l'an c. xiii.)

(Item, una brustia en que es la letra de la indulgenci una letra de suffrensa.)

(Item, una brustia en que son doas letras del do de lib. que donet Mossenhor d'Armanhac a la vila.)

(Item, una letra del faci de Merenx.)

(Item, una brustia del soc e reysoc.) (1).

(Item, 1 massapa en que a letras del soquet e del bari ge;

_____
(1) Article rayé.

item, litera pedatgii et retrosoqueti ad decem annos; item, litera domanii.)

(Item, 1 massapa en que es la letra de la gabela e del pes de la vila.)

(Item, 1 petit massapa en que es la confermatoria del do de la materia dels hostals dels rebelles.)

(Item, 1 brustia en que a letras del do de v^c lib. tor. assignadas sobre la thesauraria e 1^a letra del fach de Merenx.)

(Item, copia payrratgii domini episcopi Aginni in papiro scripta.)

(Item, 1 massapa en que es la comi..o facha per mossenhor d'Armanhac a Mossenhor lo senescalc que se enformes sobre so que lo baile els cosselhs devon esser jutges en totz crims.)

(Item, 1 massapa en que es la revocacio de las parroquias e la confermacio dels privilegis fachs darrerament per los commissaris del Rey d'Anglaterra, e la letra de la restitucio de las parroquias facha per los dichs commissaris. Item, 1^a letra en que Mossenhor Arnaut de la Cassanha deu a la vila LII saumadas de caus e XIII taulas de peyra.)

(Item, 1 libre en que es lo fach dels homenatges que fan los gentilhommes. — Dominus princeps Aquitanie habuit apud Agennum in ejus adventu.)

(Item, 1^a brustia de cur en que a 1^a letra de II esterlis que nostre senhor lo prince donet al pont).

(Item, 1 massapa [en que es] la letra dels soquets blat e vi a x ans autreiat per mossenhor Johan de Thabrestona.)

(Item, litera soqueti bladi et vini et retrosoqueti concessi per dominum nostrum Acquitanie principem clausure civitatis et operi pontis. Totum fuit datum dicte civitati.)

(Item, litera remissionis facte super transgressionibus monetarum.)

(Item, en 1 escrinh lonc, la letra noela del fach del pontonage.)

El paper pelut que s'apela liber justicie a una carta receubuda per mestre Arnaut Mirat l'an ccLxxx, e es el quart fulhet al commensament, cum l'hostal que es a la porta de Bordelha que fo d'En B. del Grun, loqual a present es d'En

P. Gauter de Taliva, deu cascun an far a son cost tota la barradura del loc on se met lo pa de la caritat et metre barreras a totas autras causas necessarias per la dita caritat.

(Item, 1 massapa que lo jutge mage fo tengut de jurar als cosselhs.)

(Item, una letra qu'el viscomte de Brulhes deu II^c flurens; e es en un escrinh de la ucha.)

(Item, litera domini nostri principis II sterlinorum datorum operi pontis, et est in una brustia corii nigra. Mutata in longuo scrinio albo ubi sunt plures litere de facto pontonagii.)

(Item, copia instrumenti parrochiarum de Paolhaco, sancti Juliani, sancte Fidis de Templo et de Medicis in libro magno pelut, a VIII ff.)

(Item, copia pacis dominorum regum, in uno scrinio.)

(Item, 1^a brustia en que a 1^a letra de Mossenhor Johan Chandos, de privilegis e coustumas.)

Item, una letra clausa en paper quel Rey de Fransa trames a la vila quant a fach pac ab nostre senhor lo Rey d'Anglaterra; e es en 1 escrinh de la ucha.)

(Item, en una petita brustia la letra del secoestre de las parroquias.)

(Item, en 1 escrinh la letra de la comicio del fach de las parroquias que fo autreiada a la vila, e fo comissari Mossenhor Bertran del Castanher, e la enformacio a mestre Ramon del Treuch.)

(Item, 1 escrinh blanc en que son las cartas dels sagraments prestatz per Mossenhor Johan, duc de Normandia, e per los senescals et jutges.)

(Hec fuerunt privilegia nova dicte civitati concessa per dominum ducem Andegavensem, locum tenentem domini nostri Francie Regis, et per ipsum dominum nostrum Regem confirmata, reddita per Petrum Galteri de Talivia et Johannem de Sana :

Primo, litera confirmatoria consuetudinum domini ducis Andegavensis, locum tenentis domini nostri Regis;

Item, litera confirmatoria domini nostri Regis dictarum consuetudinum;

Item, litera confirmatoria privilegiorum concessorum per dominum ducem, confirmatorum per dominum nostrum Regem;

Item, unum Vidimus dictarum literarum sigillatum sigillo Casteleti Parisiensis transactum per cameram compotorum;

Item, litera privilegii concessi consulibus super eo quod retinuit villam pro se et suis pro suo dominio.)

Prise en charge des articles portés sur l'inventaire.

Anno LV°; magister P. Montes et Johannes de Venis receperunt inventarium.

Anno LVII°, receperunt Bertrandus de Talivia, P. Pelicerii, P. Bosigueti.

Anno LVIII°, receperunt G. Salmonis, Guillelmus Torti, et Saissetus Torti, Arnaldus de....

Anno LIX°, receperunt inventarium Johannes de Devesia, Willelmus Vesati et B. Bocalh, B. d'Aynart.

Anno LX°, receperunt inventarium Johannes Vesati, magister Sancius de Fabrica, Stephanus Flamenc, Arnaldus de Cabanis et Guillelmus de Medio Valle.

Anno LX primo, receperunt inventarium dominus Arnaldus de Cassanea, magister Johannes Darna, P. Montezii, Guillelmus Fabri.

Anno LII°, receperunt inventarium magister Sancius de Lamoeto, Arnaldus Calveti, Raymundus Jausenda.

Anno LXIII°, receperunt inventarium.....

Anno LXIIII°, receperunt inventarium Raymundus de Agrefolio, magister Arnaldus Tolzati et Gualterus de Cassanea.

Anno LX quinto, receperunt inventarium Guillelmus Raymundi de Podio-extremo, Guillelmus Piconis, Raymundus de Vernhia et Vitalis d'Espienx.

Anno LXIX°, receperunt inventarium magister P. Viguer, Arnaldus de Cabanis.

Anno LXX°, receperunt inventarium magister P. Montes, Johan La Costa.

Anno LXXII°, receperunt inventarium Gualterus de Cassanea, et reddidit ipsum sibi Aymericus de Marchia, consul anni preteriti.

Anno LXXIIII°. fuit receptum inventarium per magistros Vitalem de Martino, Aymericum de Podio et Raymundum Bosc.

Anno LXXVII, receperunt inventarium Guillelmus Sabaterii, ...

(Receptum fuit instrumentum qualiter bajulus et consules fuerunt positi in possessionem parrochiarum scitarum in honore Agenni prope Bajulimontem, virtute literarum comissarum curie regis Anglie et Francie per magistrum Benedictum Topinerii, notarium Agenni, xxi die junii, anno domini M° CCC° XXX IIII°.)

14 mai. — Il sera offert à l'évêque d'Agen un esturgeon. et à l'archevêque d'Auch deux pipes de vin.

XIIII die maii. *(Présents : onze jurats et cinq notables.)* — Tot volgueron que a Mossenhor d'Agen done hom i creat; item a Mossenhor d'Auch, doas pipas de vi.

On vendra à M. B. Calvet le bois que la ville lui a pris et dont elle lui a donné reconnaissance en 1345.

Item, que a moss. B. Calvet sia renduda la fusta que la vila li avia presa ab letra de la vila, l'an XLV.

Une commission de consuls et de jurats recevra les comptes de B. Martin.

Item, que ii o tres dels senhos, ab ii o iii borgues, aian lo conte d'en B. Marti. so es assaber N'Aymeric de la Marcha, En Guillem Bru, cosselhs. En Guillem de Taliva, En P. Calvet e mestre Jacmes Maynart.

Les clefs de la porte Saint-Georges sont remises à M. B. Joyos.

A quel jorn meis, los senhos balheron las claus de S. Jorgi a mestre B. Joyos. loqual juret que be e leyalment si aura.

25 mai. — Prestation de serment des gardes de la boucherie et de la poissonnerie.

Las gardas dels masels et dels peys jureron lo xxv die madii : Guillem Sobira. Pey d'Arman.

4 juin. — Autorisation à B. de Rovinha, de Castelculier, d'introduire cinquante tonneaux de vin.

IIII die junii. *(Présents : onze jurats et quatre notables.)* — Tot volgueron que En B. de Rovinha. de Castel-Culher. meta en la vila i. tonels de vis.

On retirera ce qu'on pourra de l'argent dû par B. Coq.

Item, que del deute de B. Coc ne aia hom so que aver ne poyria.

G. de la Serre, ou un autre clerc capable, sera préposé à l'affaire
du pont. Il sera donné des gages.

Item, que aia hom mestre G. de la Serra, o autre clerc sufficient, per procuraire als negocis del pont e quel donen pencio.

Il sera fait présent à Monseigneur Robert d'Houdetot, maitre
des arbalétriers, de deux pipes de vin.

Même jour. *(Présents : cinq jurats et cinq notables.)* — Volgueron que hom donga a mossenhor de Hautetot, mestre des arbalesters (1), doas pipas de vi.

Délibération du 16 juin.

xvi die junii. *(Présents : treize jurats et trente-cinq notables) (2).*

22 juin. — Les gardes des cordonniers et des autres métiers prêteront
serment de nouveau et seront appelés, s'il y a lieu, pour délibérer sur
l'approvisionnement et les besoins de la ville.

xxii die junii. *(Présents : treize jurats, trente-cinq notables.)* — Voluerunt quod jurent custodes sabatiarum et aliorum artificiorum de novo, et invitentur, si necesse fuerit, super victualibus et necessitatibus.

Il sera fait un emprunt pour les affaires de la ville, sur chaque habitant,
clerc ou laïc, marchand ou manouvrier, selon ses moyens.

Item, que prest sia levat per los negocis de la vila de cascu, segon que poyria, de tota maneira de gens, clercs et layes, e mercadors e fossaigues.

On publiera défense, sous peine d'amende, à tout ouvrier, d'aller cet été
faire la moisson ou tout autre travail hors de la ville.

Item, que cride hom en pena que degus obres no angan

___

(1) L'*Histoire des Grands Officiers de la Couronne* (viii, 15) rapporte au
15 mai 1350 la nomination de Robert d'Houdetot à la charge de maitre des
arbalétriers. On voit par notre registre que cette date est erronée.
(2) La délibération de ce jour, qui devait suivre la liste des membres présents, n'a pas été consignée sur le registre.

foras de la vila o de la honor en aquest estio per far fals o autras obras.

29 juillet. — Du consentement de la jurade, le sénéchal et les consuls décident que les capitaines et les bourgeois de garde devront faire le guet et la garde en personne, à moins d'être malades ou absents, sous la responsabilité des consuls de leur gache. En cas de manquement, il y aura amende de 10 s. pour les capitaines et de 5 s. pour les bourgeois, au bénéfice des gardes du quartier ou autres, d'après le règlement des consuls.

XXIX die julii. *(Présents : douze jurats, trente notables.)* — Dominus senescallus et domini consules insimul, de voluntate predictorum et plurium aliorum ibidem presencium, ordinaverunt quod omnes capitanei et alii in propriis personis vigilarent et custodirent, nisi infirmi essent vel absentes et de hoc habeant licenciam a consulibus sue gache, sub pena x solidorum capitanei, et alii v sol. dandorum et distribuendorum inter socios suos et alios ad ordinacionem ipsorum.

A partir du moment où le guetteur aura corné, nul ne pourra aller par la ville sans lumière.

Item, que despuys que la gacha aura cornat, negus no anga senes lutz per la vila.

Défense à tout hôtelier ou bourgeois d'héberger un étranger plus d'une nuit, sans l'autorisation du seigneur.

Item, que negun hostaler ni autre no recepte alcus estranhs oltra una nuch, si no ab licencia del senhor (1).

7 août. — On ira trouver à Toulouse les entrepreneurs du pont et on leur offrira une augmentation sur le prix fait pour qu'ils achèvent les travaux. S'ils refusent, on les fera contraindre à exécuter le marché. Me Jacques Maynart surveillera les travaux du pont, moyennant un traitement annuel.

VII die Augusti. — In domo communi. *(Présents : douze jurats et sept notables.)*

Totz volgueron que hom anes a Tholosa per los obres del pont e que hom los donga mais oltra lo preffach per que acaben la obra, e que hom, si no o volian far, los i compellisca e que hom i depute hobrer del pont mestres Jacmes Maynart, e quel donga hom pencio cascun an.

____

(1) L'évêque était seigneur de la ville.

26 août. — Il avait été enjoint la veille, par publication à son de trompe, à tous fourniers et boulangers de faire du pain avec les farines qu'ils avaient. Jean du Vivier, qui en avait trois quartières, ne s'étant pas conformé à l'ordonnance, avait encouru l'amende fixée et la confiscation de ses farines. Les consuls, abaissant l'amende, le condamnèrent à payer une demi-quartière de farine de froment et lui firent grâce du surplus de l'amende et de la confiscation. Le délinquant s'était soumis à la volonté des consuls, et accepta la condamnation. Plus tard, la veille de Pâques, son amende fut commuée en 20 s. tournois.

xxvi die augusti. — Johannes de Viverio, furnerius, super eo quod die externa (1) preconisatum fuisset et cum tuba injunctum quibuscumque furneriis et pancosseriis quod decoquerentur panem de farinis quas haberent, et dictus Johannes deffecerit in istis, quod tres carterias farine quas habebat decoqui cessaverat, incidendo in gatgium statutum et incurrendo farinas, se submisit voluntati dominorum consulum et juravit. etc. Et ibidem dicti domini consules, mitigando penam predictam, ipsum Johannem in medio carterie frumenti farine condempnaverunt a majori pena et gatgio absolvendo : cui condempnacioni aquievit. — Presentibus domino B. de Calveto, B. Martini, Johanne de Vineali, Arnaldo de Cabanis, Willelmo de Molendino, Johanne Malberti, Matheo de Alto-Cornu, B. Beroti. (Fuerunt sibi remissa pro xx sol. tur. die vesperis Pasche.)

Jean Béronie, fournier, est condamné pour le même fait à payer une quartière de froment. L'amende est réduite de moitié et convertie plus tard en 20 sols tournois.

Item, Johannes Beronie, furnerius, eo modo se submisit ex causa predicta. Fuit condempnatus in una carteria farine frumenti, et fuit sibi remissa medietas, cui acquievit. — Die vesperis Pasche fuerunt sibi remissa pro xx sol. tur.

Jean du Rivaud, fournier, s'était aussi soumis à la volonté des consuls ; il est acquitté, après avoir affirmé par serment qu'il avait cuit après la publication faite.

Johannes de Rivali, furnerius, se submisit, et quia asseruit suo juramento se, facta proclamacione, decoquisse panem, non fuit condempnatus.

(1) *Sic pro hesterna.*

Etienne Richard, sur sa soumission, est condamné à payer une pugnère de farine, pour n'avoir pas fait cuire la quartière de blé qu'il avait. L'amende est réduite à 10 sols tournois.

Item, Stephanus Ricardi eo modo se submisit et fuit condempnatus in una punheria farine, quia unam carteriam farine habebat quam non dequoquerat. Ad x sol. tur. fuit mitigatum.

2 septembre. — Tout habitant d'Agen qui aura des vignes hors de la banlieue, dans la juridiction de la ville, pourra en faire entrer le vin ou la vendange, que lesdites vignes soient ou non travaillées par des gens domiciliés d'Agen, et ce, par grâce spéciale, attendu le danger que courrait la récolte d'être perdue, mais il devra demander auparavant l'autorisation du consul de son quartier.

Secunda die septembris. *(Présents : sept jurats et sept notables.)* — Totz volgueron que tot home habitan d'Agen que aia vinhas foras los dexs en la honor d'Agen, meta lo vi o la vendenha dins la vila, o sia obrada ab homes levans e colcans, o no, e aquo de gracia special attenduda los perilhs en que sarian de perdicio ab que damanden licencia cascus al cosselh de sa gacha.

18 septembre. — Chaque bourgeois pourra entrer dans Agen un tonneau de vin des vignes qu'il pourra avoir hors de la juridiction d'Agen, en payant 20 s. t. s'il veut en disposer à son gré, ou 10 s. s'il les destine à sa consommation propre. Dans ce dernier cas, il devra jurer qu'il n'a pas sa provision pour toute l'année.

A xviii de setembre. *(Présents : huit jurats et cinq notables.)* — Tot volgueron que tot home borgues d'Agen pusca metre un tonel de vi que aia de sas vinhas que sian foras la honor d'Agen, per far sas voluntat, per xx sol. tor., e per son beure, per x sol. tor., mas que jure que non aia per tot l'an.

26-30 septembre. — Chaque consul pourra entrer vingt tonneaux de vin.

Die festi beati Michaelis. *(Présents : treize jurats et dix notables.)* — In crastinum beati Michaelis. — *(Présents : trois jurats et dix notables.)*

Tot volgueron que cascun cosselhs meta xx tonels de vi.

D'ici à Pâques, on mettra dans la ville cinq cents tonneaux de vin.

Item, que entro v^c tonels ne meta hom en la vila d'aqui a Paschas.

Tout bourgeois ou forain payant tailles et collectes pourra mettre en ville un tonneau de vin, en payant 20 s. s'il veut le vendre, 10 s. s'il doit le boire, et, dans ce cas, il devra s'engager par serment à ne pas le vendre et affirmer qu'il n'a pas au complet sa provision annuelle.

Item, que tot borgues e fores d'Agen pagan talhas e collectas i meta un tonel de vi, per xx sol. tor. a vendre, item, a beure, per x sol. tor., e que jure que no l'vendra ni non a pro per tot. l'an.

Tout individu non bourgeois payera 40 s. par chaque tonneau
de vin introduit.

Item tot autre que no sia borgues, per cada tonel pague xl. sol. tor.

On écrira en France pour exposer la situation du pays;
on n'y enverra ni consul ni personne autre.

Item que hom trametos letra en Fransa sobre l'estat del pays e que cosselh ni autre no i anga.

5 octobre. — On remet à messire Gibert sept tonneaux de vin appartenant au chapitre de Saint-Caprais comme provenant de la dîme de Cardonnet, en attendant qu'on ait connaissance de l'accord conclu sur le fait des dîmes.

v die octobris. (*Présents : sept jurats et onze notables.*) — Fuerunt tradita vii dolia vini domino Gisberto, que erant de capitulo Sancti-Caprasii decime de Cardoneto tamdiu quousque viderint composicionem.

7 octobre. — La ville fournira vingt torches de huit livres pour le service que le sénéchal veut faire célébrer le lendemain à l'intention de Madame la duchesse de Normandie et de Guienne (1).

vii octobris. — Tol volgueron que, quar Mossenhor lo senescal vol far cantar doma per madona la duguessa de Normandia e de Guyania, quel donga hom xx torchas de terna livra.

19 octobre. — Guill. Chevalier, fossoyeur, se soumet à la volonté des consuls pour la peine qu'il avait encourue en les diffamant, en les accusant de lever une quête et un emprunt excessif et en indisposant le public contre eux.

xix octobris. — Consules magister Johannes de Vineali, Johannes Malberti.

(1) Bonne de Luxembourg, première femme du duc de Normandie et de Guienne, qui fut plus tard le roi Jean, mourut à l'abbaye de Maubuisson, le 11 septembre 1349. Elle était fille de Jean de Luxembourg, roi de Bohême, et d'Elisabeth de Bohême. (P. Ans., *Hist. des Gr. Off.*, t. 106.)

Guillelmus Chivalerii. fossayguerius, se submisit voluntati dominorum consulum super eo quod diffamaverat dominos consules. dicens quod ipsi levabant valde magnam questam seu mutuum, et dabat malam voluntatem aliis, et juravit. — Testibus magistro Geraldo de Serra. Geraldo de las Croz.

5 novembre. — Le guetteur remet aux consuls trente et un paquets de carreaux qu'il gardait dans sa maison. Il les avait eus à l'encan, cette année et la précédente, de ceux qui voulaient les vendre.

v die novembris. — L'an M CCC XLIX restituit la gacha XXXI liassas cadrellorum quos habebat in domo sua et quos retinuerat ad inquantum anno preterito et presenti ab illis qui illos vendere volebant.

Les héritiers de Gérard de Lescure restituent un canon,
dix chevilles et une arbalète.

Heredes Geraldi de Lescura restituerunt eadem die unum canonem et x cavillas (1) et unam balistam.

27 novembre. — Attendu l'urgente nécessité de clore la ville et le danger dont on est menacé par le voisinage du duc de Lancastre et des ennemis, qui sont outre Garonne, dans le Bruillois, on députera vers le Roi, en France, pour lui représenter la situation critique du pays, entouré d'ennemis de tous côtés et manquant de vivres, et pour le supplier d'y apporter remède.

XXVII novembris. *(Présents : neuf jurats et onze notables.)* — Tot volgueron que per la granda necessitat que avem de claure nostra vila, e per los grans perilhs en que lo comte de Lencastra e'ls enemis son dela l'aigua En Brulhes, volgueron totz que hom trametos en Fransa al Rey nostre senhor per demostrar la vol estat del pays. e cum es revironat d'enemics e destrechs de vitalhas, e que i meta remedi.

Lorsqu'on aura retiré de Mgr Robert de Houdetot, ci-devant sénéchal d'Agenais et aujourd'hui maître des arbalétriers, 200 deniers d'or à l'écu sur les 420 que lui ou B. Martin doivent à la ville, ledit Martin restera quitte des autres 220 deniers et de la somme entière. Il faut en passer par là à cause du pressant besoin d'argent qu'a la ville.

Item, que, agutz de Mossenhor En Robbert de Hautetog, adont senescale d'Agenes e aoras maestre des arbalesters, II^c deners d'aur de l'escut d'aquels IIII^c xx deners de l'escut

(1) *Carilha.* cheville, tampon destiné à comprimer la charge dans le canon et à la séparer du projectile. (Lor. Larchey. *Orig. de l'Artillerie.* p. 65.)

que deu el o En B. Marti (1) a la vila, dels autres 11ᶜ e xx escutz e de tota la soma En B. Marti sia quitti, e que hom s'en tenga ab lo maestre predich, e aquo per la granda necessitat que la vila a d'argent.

L'artillerie de la ville est distribuée en novembre et en décembre par B. Bérot et Jean Malbert, consuls.

Anno domini mᵉ cccᵒ xl. nono, en novembre, fo balhada la artilharia de la vila a las gens dejus escriutas, per en B. Berot, en tot novembre, e per en Johan Malbert, cosselhs, en desembre.

Pour l'armement du quartier de Saint-Gilis, deux arcs à deux pieds et vingt-cinq carreaux pour ces arcs; un arc à tour appartenant au quartier et vingt-cinq carreaux, plus un tour. Trois arcs à étrier, cent carreaux ou viretons pour les susdits arcs.

Primeirament an (2) Guillem de Mechval, cosselh, per la garda de sa gacha de S. Gili, 11 arcs de dos pes et xxv cayrels de 11 pes, item, 1 arc de torn que era de lor gacha, e xxv cayrels de torn e 1 torn; item, 111 arcs d'e · cup et c cayrels d'estreup de virotos.

Pour l'armement du quartier de Saint-Antoine, un arc à deux pieds avec cinquante carreaux, un arc à étrier avec cent carreaux et cinquante viretons.

Item, an P. Calvet per la garda de S. Antoni, 1 arc de 11 pes e 1 arc d'estreup, e L cayrels de 11 pes e c cayrels d'estreup e L virotos.

Pour l'armement de la tête du pont, un arc à deux pieds avec cinquante carreaux et deux arcs à étrier avec deux cents carreaux.

Item, an Pey de la Marcha, per la garda del cap del pont d'Agen, 1 arc de dos pes e L cayrels de 11 pes et 11 arcs d'estreup et 11ᶜ cayrels d'estreup.

Pour l'armement de la porte de Saint-Pierre, deux arcs à deux pieds avec cinquante carreaux, un arc de tour avec vingt-cinq carreaux, *un canon*, cent carreaux pour un arc à étrier et un tour.

Item, an Guillem de Taliva e an Guillem de Lescroa, capi-

(1) B. Martin était le débiteur direct de la ville, comme fermier du souquet, mais, sur le produit de sa recette, il avait prêté quatre cent vingt écus à Robert d'Houdetot, en sorte que tous deux se trouvaient tenus envers la commune.
(2) Contraction pour *a en*.

tanis del portal S. Pey, per lor garda, ii arcs de dos pes e
l. cayrels de ii pes e i arc de torn e xxv cayrels de torn e i cano
e c cayrels d'estreup e i torn.

Item, xlvi libras de plom per far plumbadas. Tot so balhat
as capitanis novels, an H. Sauner e a P. del Soloyre, gardas
del dich portal que o en garda; el dich en Guillem de Taliva
s'en descarguet del tot. En H. Sauver, En P. del Soloyre ne
foron cargat (1).

Item, a maestre Guillem de Cassanhas, per la porta e garda
dels Frays Menors velhs en Moncorni, i arc de ii pes, e l. cayrels de ii pes, e i cano, e iii arcs d'estreup e iii^c cayrels d'estreup.

Item, an Matheu d'Aut-Corn, per la gacha de Floyrac,
i cano et xx cavilhas de cano, e ii arcs d'estreup et c cayrels
d'estreup.

Item, an Bertran de Taliva, capitani de S. Jorgi, quel balhet
maestre Johan del Vinhal, i arc de torn e un torn. Item, quel
balhet N'Arnaut de Cabanas, ii arcs de dos pes e c cayrels
de ii pes; item iiii arcs d'estreup e v^c cayrels en una caysseta.

Item, an Saysset Tort, l. cayrels virotos.

Item, an R. Calvet, per metre a la tor de Malbec, c virotos
e xxv cayrels de ii pes e i torn.

______

(1) Cet alinéa est écrit d'une autre main que le reste, mais l'écriture est de
la même époque.

Pour l'armement de la tour située derrière le Moulin de Saint-Caprais, une caisse de viretons, un arc de deux pieds avec cinquante carreaux, et un arc à étrier.

Item, a Pey d'Ayquart e a mestre B. lo Tholsa ᵃ ucha de virotos et un arc de ii pes e L cayrels de ii pes e i arc d'estreup per lor garda que es a la tor darrey lo moli S. Cabrari (1). (Lo dich mestre B. tornet los dichs arcs en la maio cominal e balhet, segon que dis a mestre R. de Gresolas, iiᶜ virotos, e juret qu'el remanent divis et a lasgens de sa garda, e que los L cayrels de ii pes no ago.)

Pour l'armement de la porte de Raget, un arc de deux pieds avec cinquante carreaux et deux arcs à étrier avec cent carreaux.

Item, a mestre Almeric del Puch, per lo portal dels Ragers, i arc de ii pes, e L cayrels de ii pes, e ii arcs d'estreup, et c cayrels d'estreup.

A B. Bérot, un arc de deux pieds avec cent carreaux et deux arcs à étrier avec quatre cents carreaux. (Les arcs furent rendus le 24 février 1353.)

Item, an B. Berot, i arc de ii pes e ii arcs d'estreup, e c cayrels de ii pes e iiiiᶜ cayrels d'estreup. (Redet i arc de ii pes e ii arcs d'estreup, lo xxiiii dia de febrer, l'an ccc lii.)

A B. de Guassies pour l'armement de la tour et de la porte qui sont à la tête des degrés du pont, deux arcs de deux pieds avec cinquante carreaux, cent carreaux pour arc à étrier et une caisse de viretons. (Les arcs furent rendus le 31 août 1352.)

Item, a B. de Guassias, per lo portal e tor que es al cap de l'escala del pont, ii arcs de ii pes e L cayrels de ii pes, e c cayrels d'estreup, e una ucha de virotos. (Redet lo darer dia d'ost, l'an lii, lo dich B., ii arcs de ii pes.)

Pour l'armement du quartier de Bézat, cent carreaux de deux pieds et une caisse de carreaux.

Item, an Pey Gauter de Taliva, per la gacha de Vesat, c cayrels de ii pes e una ucha de cayrels.

Pour l'armement de la tour du moulin de Saint-Caprais, un arc à étrier. (B. Galet rendit une caisse de carreaux; il dit qu'il n'avait pas l'arc à étrier qu'avait pris Arnaud-Guillem de la Monia, le jour de N.-D. d'août, qu'arriva le comte de Stamfort.)

Item, a mestre B. Gualhet, per la tor del moli de S. Cabrari,

(1) Article barré. La partie placée entre parenthèses est d'une autre écriture, mais de la même époque.

ı arc d'estreu. (Rendet una ucha de cayrels que avia aguda,
e disset que no avia agut l'arc de l'estreup, lo jorn de Nostra
Dona d'aost, quant vengo lo compte de Stamfort, que pres
Arnaut Guillem de la Monia) (1).

Pour l'armement du quartier de Floyrac, un arc de deux pieds avec cinquante
carreaux et deux arcs à étrier avec deux cents carreaux.

Item, an Almeric de la Marcha, per la garda de Floyrac,
ı arc de ıı pes e L cayrels de ıı pes, e ıı arcs d'estreup, e
ıı^c cayrels d'estreup.

A Me Pierre del Cruzel, un arc de deux pieds avec cinquante carreaux et un
arc à tour qu'il retira des mains de Jean Damos, ou plutôt des mains des
consuls à qui celui-ci les avait remis, ainsi qu'il l'affirme, le 9 juillet de
l'an 1351.

Item, a maestre Pey del Clusel, ı arc de ıı pes et L cayrels,
e ı arc de torn que cobret de mestre Johan Damos, e ı torn.
(Non habuit dictam arthilariam a dicto magistro Johanne,
ut idem magister Johannes dixit, die ıx julii anno Lı^o, quia
restituerat, prout est scriptum presenti libro, supra,
folio xxı) (2).

Item, an B. de Carcassona, ı arc de ıı pes e ıı d'estreup.
(Tot fo balhat an Guillem del Moli e a mestre R. de Gresolas,
capitanis novels.)

A B. Calvet, un arc à étrier.

Item, a mossenhor . Calvet, ı arc d'estreup.

A Jean Maubert, cent carreaux d'arc à étrier (ces carreaux furent donnés le
jour de Notre-Dame d'aoû 352, pour le combat qui eut lieu lors de la
venue du comte de Stamforl

Item, an Johan Malbe c cayrels d'estreup. (Balhet los lo
jorn de Nostra Dona d'ao al combatemen que fo fach dels
enemix quant y vengo lo co pte de Stamfort.)

A Guillaume , un ceinturon.

Item, an Guillem Bru, ı sin .

A Guillaume de Mech l, un ceinturon.

Item, an Guillem de Mechral, sinta.

(1) Article barré. La partie placée entre parenthèses est d'une autre écriture, mais de la même époque.
(2) Le passage placé entre parenthèses n'es pas de la même main que le
reste, mais il est de la même époque.

A Jean Pradier, cinquante carreaux pour arc à étrier.

Item, an Johan Prader, L cayrels d'estreup.

A Étienne de Valceron, un arc de deux pieds et cinq carreaux.

Item, an Steve de Valseron, I arc de dos pes e L cayrels.

A P. Maury, un arc de deux pieds.

Item, a P. Mauri, I arc de II pes.

9 décembre. — M⁵ B. Chambon, frère et héritier de Pierre Chambon, est reçu bourgeois d'Agen; il prête serment d'être fidèle et dévoué, et transige à 40 deniers d'or à l'écu pour les arrérages de l'impôt dus jusqu'à ce jour par ledit Pierre Chambon.

IX die decembris. — Magister B. Chambonis, frater et heres Petri Chambonis, fuit receptus in burgensem, et juravit, ut burgensis, esse fidelis et devotus, etc. Et composuit pro arrayratgiis per dictum Petrum Chambonis acthenus debitis usque ad diem presentem, in XL denarios auri de scuto.

17 décembre. — L'archevêque d'Auch ayant écrit aux consuls pour les prévenir que le samedi suivant il comptait combattre l'ennemi à l'Isle, près de Toulouse, et pour leur demander cinq hommes d'armes et dix sergents armés, la jurade décide que, pour l'honneur et l'utilité du Roi et de la ville, on enverra dix hommes d'armes et vingt sergents, pourvu que les hommes soient indemnisés de leurs dépenses,

Die jovis, XVII decembris. *(Présents : dix jurats, douze notables.)* — Super eo quod dominus Auxii scripserat dominis consulibus quod die sabbati proxima debebat pugnare contra iminicos qui erant apud Insulam prope Tholosam et quod mitterent V homines armorum et X servientes armatos, totz volgueron que hom, per la honor del senhor e de la vila e per lo profech de lor, i trametan x homes d'armas e xx sirvens, so es assaber lo doble de so que a mandat, e que hom los releve de despens.

23 décembre. — Il sera fait don au sénéchal, à l'occasion de la fête de Noël, de venaison pour une valeur de 20 livres.

La avant vespra de Nadal. *(Présents : huit jurats, cinq notables.)* — Totz volgueron que hom dones a Mossenhor lo senescal, per festa de Nadal, fes hom presen per la vila, de salvatinna, entro a xx liv. tor.

P. Maurin, tant en son nom qu'au nom de Rigal, son frère, marchand comme lui, s'en remet à la volonté des baillis et des consuls d'Agen, quant à la peine qu'ils avaient encourue pour avoir insulté un fermier des revenus de la ville. Ils en passent par une amende de 20 livres, applicable aux travaux des fortifications.

xii die januarii. — Petrus Maurini, pro se et procuratorio nomine, et ut conjuncta persona Rigaldi Maurini, ejus fratris, mercatores, se supposuerunt bone voluntati dominorum bajulorum et consulum Agenni super injuriis factis in persona Raymundi de Gastobato, arrendatoris ville et aliis contentis in processu super hoc facto in curia ipsorum dominorum bajulorum et consulum, et juraverunt sub pena xx lib. tur. operi ville danda. — Testibus domino Johanne Balbeti, judice majore, domino Arnaldo de Cassanea, St. Pilhat.

21 janvier. — Il sera fait présent au seigneur de Caumont de deux pipes de vin, d'avoine ou de torches.

xxi die januarii. (*Présents : cinq jurats et neuf notables.*) — Tot volgueron que hom dones al senhor de Caumont ii pipas de vi e sivada o torchas.

26 janvier. — Vu les besoins pressants de la ville et la nécessité de la clore, on empruntera des clercs, chapelains et autres personnes de la ville, cent tonneaux de vin, à raison de 11 ou de 10 livres tournois le tonneau, qui seront payés sur les revenus de l'année présente ou sur le montant du don fait par Mgr d'Auch, si l'on peut en faire le recouvrement, et pour que ces vins puissent se vendre plus promptement, on proclamera le *ces*.

xxvi die januarii. (*Présents : onze jurats et dix-sept notables.*) — Totz volgueron que, per las grandas necessitat de la vila e per la clausura, hom malleves, tant de clercs coma de capelas e autras gens de la vila, c tonels de vis, a xi liv. tor. lo tonel o a x liv. tor. e que hom los pague de las rendas de la vila de l'an que es, o del do que Mossenhor d'Auch a fach a la vila, si cobrar se pot, e que per aquels vis vendre plus astivament meta hom ces (1).

M⁰ Pierre du Bosquet, médecin, est reçu bourgeois d'Agen.

Dicta die, magister P. de Bosqueto (2), phisicus, fuit receptus in burgensem civitatis Agenni.

(1) *Ces.* Voir Ducange, *Gloss.*, v° *cessus*. Défense à toute personne de vendre du vin avant que soit vendu le vin du seigneur.

(2) P. du Bosquet figure nominativement au nombre des bourgeois qui prirent part à la délibération du 26 janvier précédent.

Attendu les grandes dépenses et les besoins urgents de la ville, notamment
à l'endroit des fortifications, pour les travaux desquelles on doit déjà plus
de 600 livres tournois, il est décidé qu'on empruntera, des bourgeois
d'Agen, jusqu'à cent tonneaux de vin, au prix de 12 liv. tournois l'un,
payables aux prêteurs sur le produit des revenus de l'an qui vient, ou sur
le premier argent qui rentrera du don fait par Mgr d'Auch, si ces fonds
suffisent, et, à défaut, sur les revenus de l'année suivante. Consuls, bourgeois et jurats jurent sur les saints Évangiles que le remboursement de
l'emprunt aura lieu de la manière susdite et promettent de faire tout leur
possible pour obtenir pareil engagement de leurs successeurs. Chaque
prêteur recevra une obligation de la valeur de son prêt. Un interdit sera
mis jusqu'à ce que le vin emprunté soit vendu, et le prix en sera tixé à
8 deniers par 1/2 carton.

vi die febroarii. *(Présents : les consuls, au nombre de huit,
dix jurats et trente notables.)*

Totz volgueron que per las grandas despensas e necessitat
de la vila e de la clausura, de que deu hom ja vi⁵ lib. tor. e
mais, sian malevat per prest dels borgues d'Agen e tonels de
vis e d'aqui en jus, al pretz de xii liv. tor. lo tonel, e que sian
pagadas a las personas de cuy seran pres de l'argen de las
rendas de la vila de l'an que ve et del primer argen que la
vila aura del do de Mossenhor d'Auchs, si d'aqui pagar se
podia, o de l'autre an si d'aqui no s'podia pagar. E aissi o
prometeron e o jureron sobre Sans Avvangelis los dichs
senhors cosselhs, borgues et jurat desus nonmat, e que o
faran jurar si podon a lors successors, e que cascus aia obligacio de son prest, e que hom fassa devet (1) entro sian vendut, e que los metan a viii deners tor. lo mech cart.

8 février. — Pierre de la Marche rapporte au sénéchal d'Agenais, messire Tris-
tan de Manilières et aux consuls, que, se trouvant pour affaires à Moissac,
le samedi précédent, Raymond de La Motte, châtelain d'Auvillars pour le
comte d'Armagnac, lui avait dit, dans le prétoire de la justice comtale,
que les consuls et les gens d'Agen avaient pris des vins qui lui appartenaient ainsi qu'au comte, et que si les consuls ne lui en faisaient pas payer
le prix par Guill. Tort, leur concitoyen, il saisirait les marchandises des
hommes d'Agen qui passeraient devant Auvillars, jusqu'à parfait remboursement de la valeur des vins qui avaient été pris.

viii die febroarii. — Petrus de Marchia retulit dominis
senescallo Agennensi et consulibus Agenni ibidem presentibus, videlicet domino Tristando, domino de Manhileriis,
militi, senescallo, et Petro Galteri de Talivia, B. Martini
Arnaldo de Cabanis, Guillelmo Bruni, Guillelmo de Molen-

(1) *Deves*, défense. Même sens que le mot *ces* de la délibération précédente.

dino, Matheo de Alto-Cornu, Guillelmo de Medio-Valle, Johanni Malberti et Bernardo Beroti, consulibus existentibus in camera domus communis, quod, cum ipse esset pro quibusdam negociis, die sabbati proximo preterito, apud Moysiacum, Raymundus de Mota, castellanus Altivillaris pro domino comite Armaniaci, dixit eidem Petro de Marchia in caula (1) dicti domini comitis, quod consules et gentes Agenni ceperant quedam vina sua et dicti domini comittis, et quod pro certo, nisi ipsi consules facerent sibi exsolvi per Guillelmum Torti, civem Agenni, quamdam summam pecunie in qua ipse sibi tenetur pro dictis vinis, quod pro certo ipse retineret tantum de bonis hominum Agenni transeuntibus per ante Altum Villare quoad ipse erit satisfactus de dictis vinis.

M⁵ Pierre del Clusel rapporte que le même langage ou l'équivalent lui a été tenu, et qu'ayant voulu dire que le sénéchal et les autres officiers du Roi qui étaient à Agen feraient payer à Guillaume Tort ce qu'il devait s'il était appelé devant eux, le châtelain avait répondu que peu lui importait cela, qu'il se rembourserait comme il l'avait dit, et qu'il avait fait saisir le bateau du déposant avec la charge de blé qu'il avait à destination d'Agen.

Item, magister Petrus Cluselli dixit et retulit quod idem sibi dixerat dictus castellanus, seu quasi; et tunc idem magister Petrus dixit eidem quod dominus senescallus erat Agenni et alii officiarii regii qui facerent sibi exolvi dictum debitum a Guillelmo Torti, si vocaret eum coram ipsis et sibi facerent racionem et compellerent; qui dixit quod non curabat, nam ipse faceret se exsolvi modo predicto et arrestavit sibi navem suam in qua defferebat Agenni bladum. — Presentibus : domino Bernardo de Ripperia, officiali Agenni, domino Arnaldo de Tabernis, Giberto de Campis, presbiteris, Guillelmo de Talivia, magistro Johanne de Sanis, P. del Soloyre.

15 février. — On priera le Pape et les Archevêques d'autoriser les consuls à disposer de la moitié ou du quart des bénéfices vacants pour l'œuvre du pont d'Agen.

xv die mensis febroarii. *(Présents : quatorze jurats, huit notables.)* — Volgueron que hom suppliques al Papa e als

(1) Le mot *caula* a été écrit, dans l'interligne, au-dessus du mot *presencia*, effacé, mais on n'a pas rayé les mots *et plurium aliorum* qui suivent le mot *comitis* et n'ont plus de sens.

Archivesques per lo pont d'Agen la mitat e lo quart dels bes vacans.

On sollicitera du Pape des bulles portant défense d'appeler en justice, hors de la juridiction de la ville, tout bourgeois d'Agen qui n'y aurait pas expressément consenti dans les obligations qu'il aurait contractées.

Item, volgueron que aia hom la endulgencia e privilegi e inhibicio del Papa que negus no pusca estre trach d'Agen sino que agues contrach.

La ville payera l'excédent du prix fixé pour les robes des consuls.

Item, que so que las raubos dels senhos an mais coustat que no fo ordenat pague la vila.

Les comptes de B. Martin seront reçus et vérifiés par personnes compétentes, si on en trouve; à défaut, ils resteront tels quels.

Item, volgueron que lo conte d'En B. Marti fos ausit e vist per bonas personas que s'i entendan, si ne troba hom, o sino que demore.

Au sujet de la requête des fermiers du souquet, il est décidé que les consuls feront prêter serment aux receveurs de ce droit et s'informeront de leur gestion, pour agir envers eux comme il conviendra.

Item, que sobre la supplicacio del arrendadors del soquet del vi, li senhors aian sagrament dels levadors e s'en enforment, e que en lors cossiensas ne ordenent aissi cum lor sara vist.

B. de Carcassone, trésorier de la ville, recevra pour son travail 50 livres.

Item, volgueron qu'En B. de Carcassona, thesauraire de la vila, aia per son tribalh L livres.

M⁺ R. de Galapian, secrétaire du consulat, recevra, outre ses gages, 10 livres, sans compter les 100 s. t. que lui ont déjà donnés les consuls.

Item, que mestre R. de Galapia aia, oltra sa pencio, x liv. item c sols torn. qu'en doneron los senhors.

17 février. — Il sera délivré à B. Martin, sous le sceau de la ville, copie de son compte arrêté par G. de Talive et B. Olier, ci-devant commissaires députés à cet effet par le sénéchal, compte relatif aux travaux que ledit Martin avait exécutés pour les fortifications de la ville; on fera toutes réserves à raison des travaux non acceptables ou non dus, des erreurs de compte, de toisé, d'estimation des monnaies données en payement et autres, telles que les consuls le jugeront à propos, afin qu'il n'en puisse

résulter aucun préjudice pour la ville. B. Martin devra, au besoin, accepter ces réserves.

XVII die febroarii. — *(Présents:* dominus Tristandus, dominus de Manhileriis, sénéchal d'Agenais, *huit consuls, treize jurats, vingt et un notables nommés et* plusors d'autres.)

Tot volgueron e acosselheron que copia del conte d'En B. Marti fach per En Guillem de Taliva [e] En B. Oler, qui foron comissaris per Mossenhor lo senescalc, a la donc deputatz a veser aquels contes de la obra que avia facha a la clausura de la vila, li sia donada dejus lo sagel de la vila, ab totas las protestacios bonas que hom poyria far al profech de la vila de obras no merchandas e no degudas, de error de conte, o de pagelas, o de monedas, o de otras causas que lo [dich] B. fos tengut a la vila, que no li poguessan prejudicar a la vila, et autras, aissi cum los sera vist, e que si obligue B. Marti, si mester es.

Sur la requête d'Étienne Bouet, fermier des barrières du pont, et de Renault et de la halle au pain, qui demandait qu'on retranchât de la durée de son bail le temps écoulé depuis la Sainte-Catherine, époque de l'arrivée du comte de Lancastre en Bruillois, il est décidé que les consuls lui feront cette grâce et lui accorderont une juste remise.

Item, totz los crozatz (1) volgueron que a St. Bouet, arrendador de las barras del pont e de Renault e de la ala del pa que demandara que hom li ostes del temps de sancta Catarina en sa que vent en Brulhes lo conte de Lancastre, que los senhos li estonguan e l'en fassan gracia, a lor bona cossiensa.

Me P. del Cros, qui a régi la baillie consulaire sans avoir de gages et sans toucher l'émolument des procès, recevra de la ville 10 livres tournois.

Item, que a mestre P. del Cros, baile, quar a la requesta de la vila avia regit la bailia, e quar no avia gatges ni l'emolument no era seu, que li des la vila x liv. tor.

Il sera payé à Eutrope, messager, 100 s. tour. qui lui sont dus à raison de deux voyages qu'il a faits pour le compte de la ville.

Item, que a Estorpi, messatger, sian pagatz c sols tor. que la vila li deu de dos viatges que avia fach per la vila.

(1) Vingt-trois noms de jurats ou de notables sont précédés d'une croix sur le registre. Onze ne le sont pas.

19 février. — Deux pêcheurs, qui avaient contrevenu aux règlements municipaux en vendant du poisson frais sur le bord de la Garonne, au lieu de
le porter à la place publique, s'en remettent à la volonté des consuls pour
l'amende qu'ils ont encourue, laquelle est fixée à 10 l. applicables aux
travaux de la ville.

xix die febroarii. — B. de la Roqua e Guillem Conhti,
piscatores, super eo quod vendiderant pices recentes extra
plateam communem, videlicet ad ripperiam Garonne, contra
statuta ville, incidendo in gatgium statutum, se submiserunt
voluntati dominorum consulum, sub pena x lib. tur. operi
ville danda. — Presentibus P. Galteri de Talivia, Arnaldo
de Cabanis, consulibus, in absencia mei.

24 février. — Les religieux Carmes demandaient à la ville la cession de
trente et une cannes de la petite rue qui est derrière leur église, et quatre-
vingts cannes de terrain en longueur, entre les deux portes de Saint-
Pierre et de Saint-Jean, mais la jurade, considérant que la défense de la
ville pourrait en souffrir et que les Carmes sont assez riches en fonds,
décide qu'ils devront se contenter de ce qu'ils ont reçu et ne pourront
s'emparer ni de la petite rue ni d'autre terrain, ces emplacements dont
ils convoitent la possession ne leur étant d'aucune nécessité.

xxiiii die febroarii. (Présents : huit jurats et vingt et un notables). — Sobre la supplicacio dada per los frays dels Carmes
que demandavon xxxii canas del carrayrot que es darrer lor
gleia e iiii^{xx} canas de lonc entre los dos portals de S. Pey e
de S. Johan, totz volgueron que attendut que mays val que
los hostals estongan estatges per la deffensa de la vila e que
los frays an per loc, que s tenguan per contens de so que an,
e que lo carreirot ni re als no ocupen, car nols es necessari,
mas voluntari.

10 mars. — Remise par les consuls à M° Étienne de Garonnès, notaire,
des papiers et minutes de feu R. Riacal, de la Tricherie.

x die marcii. — Domini consules Agenni tradiderunt
magistro Stephano de Guarrones papiros et cedulas magistri
R. Riacal de la Tricharia, qui juravit se habere fideliter in
predictis. — Presentibus : Arnaldo de Cabanis, Johanne
Tinelli, V. d'Espienxs.

15 mars. — La monnaie de billon saisie sur Mathieu de Boissière, marchand,
et donnée à la ville par l'archevêque d'Auch, sera restituée audit Mathieu.

xv die marcii. (Présents : six jurats et quatre notables). —
Infrascripti voluerunt quod pecunia o bilho capta Matheo de

Boysseriis, mercatori, et per dominum archiepiscopum Auxitanum data ville, remittatur et restituatur dicto Matheo.

Les 360 livres tournois données personnellement aux consuls par le Roi ou qui leur sont encore dues seront prises sur l'argent qu'Aymeric de La Marche a touché par suite du don royal.

Item, volgueron que aquelas iiie lx liv. tor. que son degudas als senhos cosselhs, de la resta del do que lo senhor los avia fach, coma a privadas personas, se paguen de l'argent qu'En Aymeric de la Marcha a agut del do del senhor.

ANNÉE CONSULAIRE 1350-1351.

Anno domini M° CCC° L°., _die martis post festum Pasche, videlicet penultima die marcii._

De Vesato : Guillelmus de Talivia, ɪ^a clau dejus; Johannes Lormerii, ɪ^a clau dessus.

De Floyraco : B. de Carcassona, thesaurarius ville, ɪ^a clau dessus; Jacmes d'Albaterra, ɪ^a clau dejus.

De Clausura : Petrus de Vinhas, ɪ^a clau dessus.

De Molinerio : Magister Johannes Tinelli.

De Sent-Gili : Mestre R. de Causac, ɪ^a clau dessus.

De Sent-Estephe : Ramon del Caune, ɪ^a clau dejus.

De Moncorni : Berthomeu Mostel, ɪ^a clau dejus.

De Sent-Antoni : Mestre Guillem a R. d'Aubinho.

De Sent-Ylari : P. de Mausac; Mestre Aymeric del Puch, ɪ^a clau dessus.

Nomina xxiiii^{or} _juratorum_ (1).

✝ P. Galteri de Talivia, ✝ B. Martini, ✝ Aymeric de la Marcha, ✝ Matheu d'Aut Corn, ✝ Guill. del Moli, ✝ Guill. Bru, ✝ Guill. de Mechval, ✝ B. Berot, ✝ Johan Malbert, Ar. de Cabanas, Mestre Johan del Vinhal, ✝ Mestre P. Ricard, St. de Valceron, Ar. Raffi, ✝ Guill. Sobira, ✝ Guill. de

---

(1) Cette liste comprend non pas vingt-quatre noms, mais trente. Ce n'est pas le premier exemple que nous rencontrons de cette anomalie, qu'on ne peut guère s'expliquer que par la faible importance de l'institution ou du rôle des jurats. Comme ils n'avaient, dans les délibérations de la commune, d'autre supériorité sur les bourgeois que d'y assister de droit quand ceux-ci n'y venaient qu'expressément désignés, il était presque indifférent d'en augmenter ou d'en diminuer le nombre. Au reste, les croix placées dans cette liste au-devant de vingt-trois noms marquent probablement ceux qui appartenaient aux jurats proprement dits.

Vesat, † Bertran de Taliva, † Coli Berot, P. d'Ayquart, † Arnaut Forner, † Bernat Garner, † Mestre Jacmes Maynart, † Mestre Guillem de Cassanhas, † P. del Casse. † Ar. de Cabanas, lo jone, Mestre Johan Bauda, Guill. Tort, R. d'Andreux, † Mestre B. de S. Melio, † P. Picot.

30 mars. — Les consuls sortants et les consuls entrants sont d'avis qu'Aymeric de La Marche reçoive 55 sols tournois par jour, pour sa peine et sa dépense pendant les quatorze semaines qu'il a passées à Toulouse pour les affaires de la ville, en compagnie d'Aymeric del Puch, et avec deux hommes à cheval.

Penultima die marcii, anno L.°. — Totz los senhos cosselhs velhs et novels volgueron que an Aymeric de la Marcha aia per cascun jorn que mes quant anet a Tholosa per la vila ab mestre Aymeric del Puch, e esteron XIIII setmanos o d'entorn, si ters a caval, e per los grans tribalhs que avian suffertat, aia LV sols per dicta.

1er avril. — Chaque habitant ira au guet en personne.

Prima die aprilis. (*Présents : dix-sept jurats et trois notables.*) — **Tot volgueron que hom gaches be cascus en sa propria persona.**

19 avril. — Prestation de serment des gardes des étaux aux viandes et des étaux aux poissons.

XIX die aprilis (1). — Las gardas dels masels de las carns e dels peys jureron que be e leyalment si auran, so es assaber : En Guillem Sobira, de la carns; P. d'Arman, dels peys; Ar. de Casals, de las carns.

7 avril. — Les trois clefs de la porte du pont sont remises à Guillaume des Cassaignes qui jure de fermer et d'ouvrir lui-même la porte ou d'être présent quand on l'ouvrira et fermera, de ne l'ouvrir après la fermeture, le soir ou la nuit, qu'en présence d'au moins deux consuls, de tenir les clefs sous clefs et de s'acquitter avec soin de sa charge.

VII die aprilis. — Las tres claus del pont que son tres foron balhadas per los senhors cosselhs a mestre Guillem de Cassanhas, loqual juret que el meis barrara et ubrira, o el present, e que depuys que sara barrat, de cer o de nuch, no ubrira sino que dos cosselhs o mais sian presens, e que las

<hr>

(1) Cette interversion de date (voir l'alinéa suivant) indique que le registre a été rempli indirectement et par transcription.

gardara jus una clau. e que si aura be e diligemment. —
Presens : lo senhor En Guillem de Taliva, Johan Lormer,
R. del Caune, Berthomeu Mostet, B. de Carcassona.

Remise à Pierre de Saint-Macaire des clefs de la porte Saint-George,
dont trois grosses et sept de dimension ordinaire.

Item, las claus de S. Jorgi, so es assaber tres grossas claus
e vii cominals, foron balhadas en la meissa maneira an Pey
de S. Machari, loqual juret aissi coma dessus.

Remise à Etienne Bouet des clefs de la porte Saint-Pierre,
dont six grandes et cinq petites.

Item, las claus de S. Pey en que n a vi grandas claus e
v petitas, foron balhadas a St. Bouet, loqual juret aissi coma
desobre (1).

Remise à Jean Prader des deux clefs de la porte s'ouvrant sur les degrés
du pont.

Item, doas claus de l'escala del pont foron balhadas a Johan
Prader, en la meissa maneira.

Remise des clefs de la porte Saint-Pierre à Bernard Garnier.
en remplacement d'Etienne Bouet.

(Item las claus de la porta S. Pey en que son v claus
grandas e v claus petitas, foron balhadas an Bernat Garner,
loqual juret que be e leyalmens si aura e que el meis sara al
barrar e a l'ubrir. si forca d'esencusacio no avia, e que
despuis que aia barrat de nuch no ubrira, si no que ii dos
cosselhs sian presens.)

8 avril. — Il sera fait présent aux deux commissaires pour le Roi, sur le fait
de la trêve en ce pays, à chacun, de quatre quartières d'avoine et de
quatre torches pesant trois livres de cire l'une.

vi die aprilis. (*Présents : huit jurats et quatre notables.*) —
Tot volgueron que hom dones a Mossenhor Guillems d'Au-
culi e a Mossenhor Johan de (2). . . . . governadors
d'aquest pays. sobre lo fach de la treva per lo Rey nostre
senhor (3). a cascun de lor iiii carteiras de sivada e iiii torchas
quilibet iii librarum cere.

(1) Article barré et à la suite: *Restituit eas:* il est remplacé par l'article
placé entre parenthèses.
(2) Le nom est laissé en blanc dans le manuscrit.
(3) C'est du roi de France qu'il s'agit dans ce passage, non du roi d'Angleterre.

27 avril. — La jurade est d'avis que le bourgeois qui a tenté d'élever un désaccord entre l'évêque d'Agen et la commune à raison du pontonage, ayant agi dans une mauvaise intention et au mépris du serment qu'il avait prêté comme consul et comme jurat, sera noté d'infamie sur le registre du consulat et ne pourra plus faire partie du corps des consuls, ni des vingt-quatre jurats, ni des bourgeois assermentés.

xxvii die aprilis. *(Présents : dix-huit jurats.)* — Tot volgueron que aquel que s'es efforssat de metre dissencio entre Mossenhor d'Agen e la vila sobre lo pontonatge, que cum el sia estat de cosselh e dels xxiiii, e aisso aia fach contra son sagrament per sa malessa, que sia mes el libre coma enfamis, que mais no sia de cosselh, ni del sagrament de la vila ni de xxiiii (1).

Sentence des consuls, rendue avec l'assistance des jurats, contre Me Giraud de Lasserre, convaincu de manœuvres ayant pour but de jeter le désaccord entre l'Évêque et la commune. Le coupable est déclaré infâme et exclu pour toujours du corps des consuls, etc., etc.

E aqui meis li dichs senhors cosselhs, so es assaber En Guillem de Taliva, En B. de Carcassona, mestre Johan Tinel, mestre Aymeric del Puch, En P. de Mausac, R. del Caune, Berthomeu Mostet, P. de Vinhas, mestre R. de Causac, En Johan Lormer, coma a lor sia ferm que mestre Guiraut de la Serra (2) era aquel qui se era efforçat de far metre dissencio entre Mossenhor d'Agen e la vila sobre lo pontonatge de la vila, per sa malessa o per enveia, e aquo venent contra son sagrament per luy fach a la vila quant fo de cosselh e xxiiii e coma borgues, e casen en perjuri, aguda deliberacio ab los xxiiii, declareron luy estre enfamis, e lo priveron per totz temps de l'offici de cossolat e de xxiiii e del secret de la vila.

11 mai. — On fera bonne et diligente garde, on veillera à la fermeture des portes. On adoptera deux des trois systèmes suivants : ou l'on empruntera aux habitants des vins qu'on leur paiera à raison de 7 ou 8 livres la première qualité, et de 4 livres ou 100 sols l'ordinaire, et qu'on revendra 6 deniers la première qualité et 4 deniers l'autre, réservant le bénéfice à la ville ; ou l'on obtiendra par prières des personnes qui ont prêté du vin l'année dernière, la remise entière de ce qui leur est dû et de l'obligation contracté r les consuls ; ou l'on élèvera à 10 sols par tonneau le souquet du vin, en conservant le taux fixé pour le souquet du blé.

xi die maii. *(Présents : vingt-trois jurats et seize notables.)* — Tot volgueron que hom gaches be e deligemment e se

(1) Vient ici un article incomplet : *Item que aquels qui an a far las obras de la vila, coma los herel: de mestre Silvestre, de P. de Gassias e de mestre Odi....*
(2) Ce Géraud de La Serre continue cependant à figurer dans les listes de jurade des 8, 20, 21 juin suivants.

barres be e fort, e que hom prenga de tres vias doas, so es
assaber que la vila prenga dels vis de la vila e que los bos venda
hom a vi den. tor. e los cominals a iiii den. tor., e que donga
hom al senhor del vi vii o viii liv. tor. del melhor, e iiii liv. o
c sols tor. del cominal, el remanent sia de la vila, e que
fassa hom per pregarias relaxat lo sagrament (1) a aquels a
cui deu hom dels vis malevatz l'an passat entro al darrer
cartairo. Item, e que fassa hom creisser lo soquet que sia de
x sols tor. per tonel e de blat lo meis.

Il sera permis aux forains de mettre dans la ville leur blé, leurs meubles et
leur vin pour leur consommation, pourvu qu'ils jurent de n'en pas faire
d'autre usage et qu'ils paient 10 sols par tonneau ou 12 deniers par baril,
si les consuls le jugent à propos.

Item, que ajude hom ab lo senhor per letras o autrement
bonament, an Doat del Busco, cum aia aquels iiii[xx] escut o
en prest.

Item, que laisse hom metre als fores lorz blats e vis e causas
dins la vila per loc beure, e que juren e paguen x sols tor.
per tonel, o xii den. (2) per barrial, si als senhors es vist.

Item, de la supplicacio de mestre B. Galhet que demore
hom sos las ordonacios del Rey, e quel fassa hom segon
aquelas.

11 mai. — Il sera fait présent au maitre des arbalétriers de deux pipes de vin
et de huit torches, ou d'avoine.

xi die maii. (*Présents : huit jurats et six notables.*) — Tot
volgueron que hom dones a Mossenhor lo maestre dels arbalesters ii pipas de vi e viii torchas o sivada.

Lorsque Mgr Barrast de Castelnau, sénéchal d'Agenais, fera sa première
entrée dans la ville, on lui fournira logement, lit et lingerie. Achats ou
emprunts seront faits pour cet usage, et on ne pourra dès lors rien exiger
d'aucun bourgeois.

viii die junii. (*Présents : dix-huit jurats et soixante-sept
notables.*) — Tot volgueron que a Mossenhor Barrast de
Castelnuo, senescale d'Agen, que deu venir de novel, logue
[hom] o compre lechs o ordilha quel sara necessaria, e que
apres non prenga hom d'ome d'Agen.

(1) Voir la délibération du 6 février précédent.
(2) D'après cette proportion, le baril serait la dixième partie du tonneau.

A l'occasion du mur rompu de nouveau derrière la maison du coin et la
palissade renversée sur une longueur de soixante cannes, la jurade désigne un certain nombre de commissaires par quartier pour délibérer et
aviser aux moyens de se procurer l'argent nécessaire à ces réparations et
aux autres travaux de la ville. Les membres qui ne font pas partie de la
commission jurent de tenir pour valable ce qui aura été décidé par les
autres.

Item, cum sobre lo mur trencat de novel darrey l'ostal del
cayro e LX canas de pal o mais que es caigut que a trobar via
que pusca hom aver argen per aquelas obras e per las autras
necesserias de la vila, esligeron aquels que son escriut per
gachas el sulh davant ad istud signum ✝ (1) que aian a tractar
e sercar via don se traga e prometoron totz e jureron la una
partida de tenir so que sara tractat et ordenat ab lor.

9 juin. — En raison des urgents besoins de la ville, réparations aux remparts
et autres affaires, la majorité décide qu'on lèvera sur tous les habitants,
hommes ou femmes, excepté seulement les enfants de sept ans et au-
dessous, un denier tournois par tête, d'ici aux Pâques prochaines, mais
que pendant ce temps on ne pourra établir d'autre imposition extraordinaire.

IX die junii. *(Présents : dix-neuf jurats et soixante-deux
notables.)* — Tot los crosatz (2) volgueron que leves hom per
las grandas necessitatz de la vila et de la clausura d'aquela e
per los autres negocis, leves hom I dener torn. per cada cap
d'home e de femina, exeptat efans de VII ans en jus, e que
aquo dure d'aissi a Paschas e no plus, e que autra enposicio
no s fassa entremech.

Serment prêté aux consuls par le nouveau sénéchal d'Agenais et de Gascogne,
Barast de Castelnau, et par les consuls à ce sénéchal.

IX die junii. — Nobilis et potens vir dominus Barast de
Castro-Novo, miles, dominus de Taminis, senescallus Agenni
et Vasconie pro dominis nostris Rege Francie et primogenito

(1) De Vesat : G. Bru, B. Cannuel, mestre Arneu de S. Pau, mestre Remi,
Huguet Dorlhes.
De Floyrac : Mestre G. de Fayrac, Marot lo Frener, P. de Bases, Jacmes
Borusa, St. Baster, Bru Barrau, Jaquinet.
De la Clausura e de Moliner : Guill. de la Massas, Bertran de la Garriga,
St. de Lias, V. del Sane, Johannes de Basco.
De Sent-Gili e Sent-Estephe : P. de Melio Forner, Guill. del Puch-d'Archa,
V. de Pilhac, B. Bonis, mestre Pey de Montes, Caissat.
De Moncorni et de Sent-Antoni : Matheu Steve, P. de Solhac, Johan de
Moyssac, mestre Jacmes lo Faure.
De Sent-Ylari : Guill. de la Faiola, P. Rostanh, B. del Fraisse, B. del Pi,
B. de la Foe.
(2) Les noms des soixante-deux notables sont précédés d'une croix.

ejusdem, duce Normandie, cum suis literis ibidem lectis in consistorio, assumpsit officium suum in domo communi Agenni, prestitit juramentum dominis consulibus Agenni, prout in libro consuetudinum continetur, et ibidem dicti domini consules juraverunt eidem. — Presentibus : Johanne Balbeti, judice majore, domino B. de Ripperia, officiali Agenni, domino Arnaldo de Cassanea, milite, nobili Bertrando de Duroforti, domino de Capella, domino Sancio Gassie de Manas, Petro de Sancto-Paulo, Poncio de Valeta, militibus, domino Arnaldo de Cabanis, Petro Galteri de Talivia, P. Pelicerii, Bertrando de Talivia, magistro Guillelmo de Buxeria, Johanne de Gausia et pluribus aliis.

9 juin. — Il sera fait don au sénéchal de deux pipes de vin
et de dix quartières d'avoine.

ix die junii. *(Présents : neuf jurats et dix-sept notables.)* — Tot volgueron que hom dones a Mossenhor lo senescal d'Agenes que es vengut de noel, ii pipas de vi e x carteiras de sivada.

20 juin. — Les habitants sont invités individuellement à prêter tout ce qu'ils pourront à Mgr d'Armagnac, qui vient de reconquérir le pays d'au-delà de la Garonne et d'ouvrir le passage du fleuve, et qui s'apprête à attaquer l'ennemi et les places qu'il occupe de ce côté-ci de l'eau. La ville lui fera un présent convenable et digne, en lui offrant quatre pipes de vin, douze torches, douze livres d'oublies ou de l'avoine.

xx die junii. *(Présents : vingt jurats et cinquante-trois notables.)* — Tot volgueron que hom prestes que poyria a Mossenhor d'Armanhac que a conquestat de la Garona e ubert lo pas, e vol talar e conquestar los locs dels enemics de part de sa, que hom li preste so que poyra cascus singularment, e que hom li fassa present de iiii pipas de vi o de xii torchas e xii liv. de doblis, o de sivada bo e bel e onorable.

21 juin. — On enverra à Mgr d'Armagnac cinq cents pionniers, ou plus si l'on en trouve, ou du moins de trois cents à cinq cents, sans démunir la ville, pour faire le dégât sur les terres de l'ennemi, mais on déclarera que cela ne doit pas tirer à conséquence et préjudice aux coutumes et privilèges de la commune, qui fixent à quarante le nombre des hommes à fournir pour l'ost; on lèvera aux frais de la ville, le plus possible, de ces pionniers, et chaque bourgeois en fournira un ou deux, suivant ses moyens, car les ennemis serrent la ville de près.

xxi die junii. *(Présents : onze jurats et trente-six notables.)*

— Tot volgueron (1) que v^e talados (2) o mais, si mais n'i a, o de tres cens a aquel nombre, la vila saisida, trameta hom a Mossenhor d'Armagnac per talar e dampnaciar los enemics ab protestacio que no s traga a consequensa ni prejudique a nostras coustumas e privilegis que fan mencio de xl homes que deven prestar al senhor per far ost (3), e que i fassan so que poyren als despens de la vila segon mais e segon mais (*sic* pour menhs), que cascus ne fassa 1 o 11 o mais, segon son poder, e aquo per la destrecio en que los enemixs no tenon.

Le sénéchal d'Agenais déclare que cette prestation extraordinaire ne tirera pas à conséquence et consent à ce qu'il soit dressé acte de sa déclaration faite en présence de tous les consuls et du juge-mage.

E Mossenhor Baras de Castelnuo, senescal d'Agenes, dis e autreiet que no vol que s traga a consequencia ni prejudique a nostres privilegis e coustumas, en autreiet cartas per mi mestre B. Joyos e mestre Galhart fasedoyras, en presencia de tot los senhos e de Mossenhor lo jutge mage.

23 juin. — Séance tenue dans le réfectoire des Frères Prêcheurs. — On fera de nouveaux règlements municipaux et on priera Mgr d'Armagnac de rester encore deux jours à Agen avec ses gens. à cette occasion. Les membres de la jurade s'offrent à subvenir à ses dépenses, chacun selon ses moyens.

In vesperis beati Johannis Babtiste, xxiii die [junii], in refectorio predicatorum. (*Présents : quinze jural. [...] [...]e notables.*) — Tot volgueron que sia facha drechura [...] per far aquela, volgoron que Mossenhor d'Armagnac demore ab sas gens Agen per ii jorns. Item, que, per tal que Mossenhor d'Armagnac demore, se son uffert cascus a son poder de prestar a luy per far sos despens.

(1) Les votes de sept membres sont exprimés en regard de leur nom. Deux votent pour cinq cents pionniers, deux pour trois cents, un pour l'un ou l'autre de ces chiffres, un pour quatre cents pendant quinze jours et un pour autant qu'on en pourra fournir, quel qu'en soit le nombre

(2) Le mot *pionnier*, qui est le terme français le plus rapproché du roman *talados*, a été écrit en marge par l'annotateur du 17e siècle. Les *talados* étaient des hommes employés à ravager les récoltes et le terrain de l'ennemi, à *faire le dégât*, comme on disait encore en plein 17e siècle, époque où ce système d'hostilités fut largement pratiqué en Languedoc lors des derniers mouvements des religionnaires. (Voir *le Dégât de Montauban*. Recueil de la Soc. d'Agric. d'Agen, tome VII.)

(3) Le nombre d'hommes à fournir n'est pas indiqué dans la coutume d'Agen, mais le nombre des jours de service qui est de quarante. (Chap. II.)

(4) Voir Ducange. *Glossaire*, v^o *directum*, 2° *Actio quâ repetitur res que contra jus ablata est*..

28 juin. — Des 300 deniers à l'écu prêtés à Mgr d'Armagnac pour l'honneur
et profit du Roi, chaque bourgeois paiera sa part si l'on ne peut recouvrer
cette somme du trésorier des guerres et de son lieutenant. Les jurats
aideront les consuls à faire payer les bourgeois qui s'y refuseraient. Enfin
les consuls promettent de restituer les sommes prêtées, si l'on est remboursé de cette avance par le trésorier des guerres, et s'obligent, au nom
du consulat, avec l'autorisation de la jurade, à rembourser d'ici au 1er août
P. Pelissier et Me Chambon qui font l'avance des fonds et auxquels ils
délivrent une obligation au nom de la ville.

Die xxviii junii. (*Présents : dix-sept jurats et vingt notables.*) — Tot jureron que d'aquels iiic den. de l'escut que hom
presta a Mossenhor d'Armagnac per la honor et profech del
senhor, que ilh pagaran cascus segon son poder a la bona
ordenacio dels cosselhs, en cas que no los pogue hom trobar
del thesauraire de la guerra o de son loc tenen, e que ajuda-
ran als senhos cum tota la vila o borgues i contribuiscan, si
i contradisian a pagar; e si se colbravan del thesauraire, li
senhos o prometoron a rendre, e per amor d'aisso li senhos
cosselhs s'en obligueron de volontat dels sobre nonmatz a
pagar an P. Pelicer e a mestre B. Chambo dins lo primer
jorn d'aost, ab letra de la vila.

29 juin. — Les membres présents jurent de payer leur part des 300 écus
ci-dessus, dans le cas où on ne pourrait recouvrer cette somme du trésorier des guerres.

Item, die xxix mensis junii. (*Présents : trois jurats et qua-
rante-deux notables.*) — Tot jureron a pagar lor part dels
iiic escut, si cobrar no los podia hom del thesauraire de la
guerra, aissi coma dessus.

Pour recevoir les comptes de ce subside, les consuls nommeront deux
prud'hommes qui procéderont à la vérification avec les deux délégués du
populaire.

Item, volgueron que per ausir los contes li senhos eligiscan
ii pro homes ab los dos deputat per los populars, e que se
rendan.

Attendu les dépositions contradictoires des gens qui ont été arrêtés et les
présomptions qui s'élèvent contre eux, ils seront interrogés et punis selon
leur culpabilité.

(1) . . . . . (*Présents : neuf jurats et trois notables.*) — Totz
volgueron que attendudas las deposicios e varriacios e pre-

(1) Délibération non datée, mais que sa place sur le registre permet de
rapporter aux premiers jours de juillet.

sumcios contra los pres, que sian questionadors e punidors
cascun segon sa colpa e sos meritz.

7 juillet. — Pour l'honneur du sénéchal et en reconnaissance de ses services.
on mandera au Roi comment il a su garder la ville. Le messager, porteur
des lettres, recevra de 100 sols à 10 livres tournois.

vii die julii. *(Présents : treize jurats et quatorze notables.)* —
Tot volgueron que per amor e per honor de Mossenhor lo
senescal, hom escrives al Rey nostre senhor cum aia estat
per sa honor e per nos gardar, e que hom i trameta i messatger
entro a c sols o a x liv. tor.

On fournira les cent sergents que le Roi demande, s'il veut les prendre
à ses gages.

Item, dels c sirvens, que si lo senhor lós vol metre als
gatges, que los fassa hom.

On entretiendra quatre ou six guetteurs aux frais de la ville, et, s'ils signalent
des voleurs ou des malfaiteurs, on fera des sorties en nombre suffisant.

Item, que hom tenga iiii o vi espias als despens de la vila,
e que si espiavan raubadors ni malfaitors, que issirian pro
de gens.

On renforcera les gardes.

Item, que hom efforce los gachs.

26 juillet. — Deux des consuls iront à Toulouse vers Mgr d'Armagnac, avec
le maître des arbalétriers qui va assister aux conférences proposées sur le
fait de la trève. Les députés exposeront au comte la situation du pays. le
besoin où l'on est de faire garder la ville et les places qui l'entourent, et le
supplieront d'y pourvoir de remède convenable, afin qu'on puisse mois-
sonner et vendanger.

xxvi die julii. *(Présents : vingt jurats.)* — Totz volgueron
que dos dels senhors anessan a Tholosa a Mossenhor d'Ar-
maignac, ensems ab Mossenhor lo maestre que i deu anar al
parlament que s deu tenir laissus sobre lo fach de la treva, e
aquo per demostrar al senhor l'estat de la vila e del pays, e
per las gardas de la vila e dels locs d'entorn nos e per
supplicar que i meta remedi, cum pusca hom estivar e
vendenhar.

Messire Arnaud de La Cassaigne et Mᵉ Jean du Vigneau recevront pour les
frais du voyage qu'ils firent à Paris, l'an passé, dans l'intérêt de la ville,
deux écus par jour, leur dépense de bouche, de monture et de valets. Ils
seront remboursés du prix de leurs robes et des frais de chancellerie.

Item. fo acordat que de l'anada de Paris que avia facha l'an passat Mossenhor Ar. de la Cassanha e mestre Johan del Vinhal, aian per tot despens de rossis, de boca e dels gassos, dos escutz per cascun jorn, e lor rauba els despens de letras e de sagels.

30 juillet. — Dénonciation d'un enlèvement de cent cinquante têtes de petit bétail, opéré par les Anglais qui tiennent La Roque-Timbault.

Penultima die julii. — Bertrandus de Podio, nuncius, B. Martini et Guillelmus de Podio, alias d'Archa, et Arnaldus de Catali de Mejano deposuerunt suo juramento quod Anglici comorantes a la Roqua ceperunt die mercurii proxima preterita CL capita animalium minutorum et eos *(sic)* duxerunt versus dictum locum.

30 juillet. — On mandera au Roi les nouvelles et l'état du pays de par deçà.

Penultima julii. *(Présents : les consuls, dix-neuf jurats et deux notables.)* — Totz volgueron que escrivossam al Rey nostre senhor las novelas de part de sa e l'estat el pays.

On arrangera le débat qui s'est élevé entre la ville et l'évêque au sujet du pontonage, pour la propriété du Gravier. On s'adressera, au besoin, à l'évêque lui-même, et, s'il voulait déposséder la commune, celle-ci se défendrait par tous les moyens raisonnables.

Item que del debat del Graver que avem ab Mossenhor d'Agen per lo pontonatge, que o composisca hom e si composir no podia, qu'en parle hom e n'escriva a Mossenhor d'Agen, e, si nos volian despossedir de nostre drech, que s'en deffenda hom, ab razo.

24 août. — Mgr Robert de Houdetot, maitre des arbalétriers, sera autorisé à disposer, comme il voudra, du vin qu'il a introduit dans Agen, bien qu'il ait promis de ne pas le vendre en ville.

Actum XXIIII augusti. *(Présents : dix-sept jurats et seize notables.)* — Acquistz se cossentiron que los vis que Mossenhor Robbert de Hautetot, maestre dels arbalesters, avia mes en la vila d'Agen ab licencia de tots los habitans, pusca vendre e far sas voluntat, no contrastant que agues promes que no los y vendria.

26 août. — On prendra tout le vin de Mgr Robert de Houdetot, à raison de X livres tournois le tonneau, et, s'il y a perte dans la revente, la ville la supportera.

XXVI augusti. — Acquistz se cossentiron que hom prengues totz los vis de Mossenhor Robbert de Hautetot, maestre dels arbalesters, per lo pretz, cada tonel, de x liv. de tor., e si perda y avia, que fos sobre la vila.

Item volgueron que la vila d'Agen pagues la finanssa de B. de Mercur, sirvent de la vila d'Agen, que monta x liv. tor. o x escut.

Item per so quar lo dich Bernat era sirven de la vila d'Agen e era estat pres, hom redes a Mossenhor Ramon Bernat de Durfort lo rossi de Truquet de S. Pey Laval.

Item que lo rossi que Bernat de Mercur menava fos paguat de l'argent de la vila al senhor d'Albaterra de qual lo dich rossi era.

3 septembre. — Afin de pouvoir mieux vendre le vin que Mgr Robert de Houdetot a donné à la ville, on établira le *ces* pendant trois semaines. En conséquence, les consuls pourront seuls vendre du vin pendant huit jours, puis les habitants pendant huit autres jours.

III^a die septembris. (*Présents : quinze jurats et six notables.*) — Totz se cossentiron que per vendre los vis que Mossenhor lo maestre a bailat a la vila se fassa devet per lo terme de III senmanas; so es assaber que los senhos cosselhs vendan per lo espasi de VIII jorns, e los habitans de la vila per lo espasi d'autres VIII jorns.

Item que hom pague a Mossenhor Ar. de la Cassanha d'una summa en que la vila l'es tengut ab bilha XL liv. tor., si vol quitar tot lo demoran.

Item que sia pagat d'aquo que se aura dels vis tot so ques degut per las fustas degudas per la vila.

4 septembre.

Quarta die mensis septembris. *(Présents : quinze jurats, cinquante-six notables.)* — **Totz se cossentiron que hom pague a Mossenhor Ar. de la Cassanha de una summa en que la vila l es tengut (1).**

On députera vers notre seigneur le Pape pour le prier d'accorder aux habitants d'Agen les indulgences qu'ils gagneraient en faisant le voyage de Rome, à la condition que ceux qui voudront participer à ces indulgences donneront à l'œuvre du pont d'Agen la totalité ou la moitié de ce que leur aurait coûté le voyage.

Item que trameta hom a nostre senhor lo Papa supplicar que autrege a totz los habitans d'Agen lo pardo de pena e de colpa aissi cum si anavan en Roma la velha (2), ab que tant quant costaria lo viatge de far, o la mitat, donen e paguen per far e construre lo pont d'Agen sobre Garonna.

6 septembre. — Il sera célébré un service solennel en l'église Saint-Étienne à l'intention du Roi de France qui vient de mourir. On empruntera de ladite église, au meilleur marché possible, deux draps d'or qu'on fera border de satin et qui portera sur sa bordure les armes du Roi et celles de la ville. On fournira trente torches de 3 livres de cire chacune et jusqu'à 30 livres de cierges pour être, lesdits, posés sur le tabernacle. Les consuls, allant à l'offrande, le jour du service, pourront donner jusqu'à 100 sols tournois.

vi septembris. *(Présents : les consuls, douze jurats et douze notables.)* — **Tot volguoron que hom fassa cantar a S. Stephe solempnialment per nostre senhor lo Rey de Franssa (3), cuy Dios absolva, e que hom aia dos draps d'aur de S. Stephe al melhor mercat que hom poyra a loguer, e que hom los fassa bornar de sendat e en la bornadura sian las armas de Franssa el senhal de la vila d'Agen, e que hom aia xxx torchas de in livras de sera, e siris entro a xxx livras de sera, losquals siris si an mes sur lo tabernacle, e que lo dia que hom fara cantar, los senhos cosselhs porten la ufferta entro a c sols tor.**

(1) Cet article et les deux suivants, que je supprime dans cette copie, ne sont que la reproduction de ceux qui figurent à la délibération précédente.
(2) *Rome la vieille*, c'est-à-dire l'ancienne ville des Papes par opposition à Avignon, la Rome actuelle.
(3) Philippe de Valois, mort le 22 août 1350.

27 septembre. — Les bourgeois ayant été avertis qu'Amanieu du Fossat avait fait enjoindre aux habitants de Saint-Cirq et de La Tricherie de venir prêter serment en ses mains au château de Madaillan, on décide que le maître des arbalétriers en sera prévenu pour qu'il en écrive au seigneur d'Albret, car le seigneur de Madaillan veut, malgré la trêve, empiéter sur leur juridiction. Mais si, sur ces entrefaites, il tente quelque entreprise au préjudice de la juridiction de la ville, on se défendra le mieux qu'on pourra.

XXVII die septembris. (*Présents : les consuls, quinze jurats, quatorze notables.*) — Sobre aisso que Mossenhor n Amaneu del Fossat avia fach cridar que tota maneira de gens de S. Circ e de la Tricharia anessan a Madalha far sagrament à luy, tot volgueron que hom escrivose o demostres a Mossenhor lo maestre dels arbalesters. et qu'el ne escriva al senhor de Lebret, quar contra la treva vol occupar nostra jurisdictio. E si entremech en nova ares de fach en prejudici de nos e de nostra jurisdictio. que hom se deffenda e y fassa so que poyria de fach.

28 septembre. — Vu la stérilité des vignes en cette année. le manque de vin dans la ville et le danger que courrait la vendange dans les lieux exposés à l'ennemi, le nouveau règlement fait par les consuls pour interdire l'entrée des vins sera mitigé de manière à ce que bourgeois et forains puissent. avec l'autorisation des consuls et des jurats, introduire d'ici à la Toussaint, pour tout délai, la vendange ou le vin des vignes qu'ils possèdent dans la juridiction d'Agen.

XXVIII[a] septembris. (*Présents : les douze consuls. vingt et un jurats. vingt et un notables.*) — Tot volgueron que. atenduda la granda necessitat e esterelitat que es estada l'an present de vendenha e de vis en las vinhas. e la necessitat qu'en es dins la vila. e lo gran perilh que seria de la vendenha del vi. si demora foras de la vila. que los enamitx s'en gausirian e o prendrian. que l'establimeni novel loqual fa mencio que los senhos juran que no daran licencia de metre vi dins la vila. en certa forma en aquel contenguda. sia mitigat de voluntat de totz. en aissi que los dichs senhos e los XXIIII. o la maior partida d'aquels senhos e XXIIII, puscan donar licencia a nostres borgues e fores de metre la vendenha o lo vi de lor vinhas que an en la honor d'Agen. d'aissi a Tot sans, senes plus.

Les bourgeois qui ont des vignes hors de la juridiction et les forains non tenus de faire le guet à Agen qui sont dans le même cas. pourront introduire leur récolte. moyennant 10 s. par tonneau pour leur consommation, et 20 s. pour le vin qu'ils voudront vendre.

Item. a aquels que an vinhas foras de la honor e als fores

no gachans a Agen dedins la honor, per x sols tor. lo tonel a
lor beure, e xx sols per vendre.

*Messire Vidal de Fumel sera pris pour conseil de la ville et recevra
une pension convenable.*

Item, que hom aia per acosselhador Mossenhor Vidal de
Fumel, e que aia bona pencio de la vila.

*6 décembre. — Le maître des arbalétriers pourra faire ce qui lui conviendra
au sujet des 220 écus que lui ou B. Martin restaient devoir sur le souquet
de l'an 1344 et dont on l'avait tenu quitte par la délibération du 27 novembre précédent. S'il pense en conscience qu'on doit l'en tenir quitte,
cette remise lui sera maintenue, en considération des services que le Roi
a octroyés à la ville par son entremise.*

VI die decembris. *(Présents : sept consuls, vingt-deux jurats,
treize notables.)* — **Tot** volgueron que Mossenhor d'Autetot,
maestre dels arbalesters, fassa a sa guisa e a sa voluntat
d'aquels II^c e xx deners de l'escut que el o En B. Marti devia
a la vila, restans de IIII^c XLIIII deners de l'escut per lo
soquet de l'an XLIIII, de laqual resta hom se devia tenir
ab lo maestre, aissi cum es escriut en aquel paper l'an
XLIX e XXVII de novembre; e si el vol en sa cossiensa que sian
remes, que o sian per los grans plasers que avia fachs a la
vila far per lo senhor (1).

(1) En conséquence de cette décision, quittance fut donnée à Bernard
Martin de la somme totale de 420 écus. Cette quittance est transcrite au
feuillet 116 v° du registre :

*Copia recognicionis date Bernardo Martini
de quadringentis et viginti denariis auri de sculo.*

« Pateat universis quod nos, consules civitatis Agenni, recognoscimus et
« in veritate confitemur quod Bernardus Martini, civis et mercator Agenni,
« solvit tam predecessoribus nostris anni preteriti quam nobis, tam per
« ejus manus quam per manus domini Robberti, domini de Haudetoto, olim
« senescallo Agennesii et Vasconie et nunc magistri arbalistarum domini
« nostri Francie Regis, quam per manus magistri Jacobi Maynardi, collec-
« toris decime regie pro eodem domino nostro Rege, et ipsius nomine, in
« pecunia CLXXVI denarios auri de scuto in diversis parcellis, videlicet primo
« per manus dicti magistri Jacobi LXXX libras turonensium anno proximo
« preterito, predecessoribus nostris, valentes tunc L scutos auri; item per
« manus dicti domini magistri L scutos auri, quos recepit discretus vir
« magister Guillelmus Raymondi de Albinhone ab eodem domino magistro,
« Parisius, anno proximo preterito, et eosdem tradidit Johanni de Vineali,
« tunc consuli dicte civitatis, Parisius pro negociis ville predicte expe-
« diendis existenti; item per manus ejusdem domini magistri, LX scutos
« auri quos recepit ab eodem Parisius magister Johannes de Vineali, anno
« proximo preterito, Parisius pro dictis negociis ville Parisius procequendis:
« item xx libras turonensium per manus dicti domini magistri, valentes
« XVI scutos auri, quos anno presenti recepit dictus magister Guillelmus
« Raymundi et Jacobus d'Albaterra, conconsules nostri, pro procequendis
« dicte civitatis negociis Tholose, de illis CCCCXX denariis auri de scuto,
« valentes CCL libras turonensium parvorum bone monete currentis annis
« XLIIII et XLV°, in quibus dictus Bernardus Martini, cum quibusdam aliis,

On avait besoin d'argent pour payer au maitre des arbalétriers les vins qu'il avait vendus avant les vendanges, et de 100 liv. t. pour acheter du vin haut en couleur destiné à renforcer les soixante tonneaux restant de ce lot, enfin d'autres fonds pour faire face à divers besoins, notamment aux travaux des fortifications. On empruntera, aux habitants qui ont plus de vin qu'ils n'en peuvent consommer, cent ou cent vingt tonneaux de vin, au prix, pour chacun, de 11 liv. 4 s. valant 2 marcs d'argent. Ceux qui n'ont pas de vin préteront de l'argent. Des reconnaissances garantiront le remboursement sur les revenus de l'an prochain, sur le produit des vins récemment vendus ou sur d'autres fonds. Les consuls, les jurats et les bourgeois présents jurent que le remboursement s'effectuera de la manière susdite ou à l'aide d'autres ressources, et ils jurent, comme consuls ou comme personnes privées, que, jusqu'à ce que cette dette soit totalement payée, ils ne toucheront pas aux fonds y affectés, à moins de nécessité extrème et avec le consentement des créanciers. Le même serment sera prété par leurs successeurs immédiats.

Item que tant per l'argent que la vila deu al dich Mossenhor lo maestre per los vis que la vila compret et retent de luy l'an present davant vendenhas, quant per c liv. tor. que falhian a comprar vis tinchs per adobar los lx tonels de vis que restan d'aquels vis de Mossenhor lo maestre, coma per autras necessitatz de la vila et de la clausura li senhos cosselhs prengan e maleven dels borgues d'Agen que aurian vis oltra lor necessitat de beure e d'obras c o vi^{xx} tonels de vis a xi liv. iiii sols tor. lo tonel, valens ii marchs d'arjen, o argen d'aquels que no aurian vis; e que la vila lor estonga al for del march ab letras de la vila a pagar de las rendas de la vila de l'an que ve e dels vis velhs o d'autre loc. E totz jureron senhos e xxiiii e borgues, que d'aqui o paguen coma cosselhs, si ne eran a donc, e coma privadas personas, o d'autre loc, si la vila aver ne podia, e que non prendran diner per lor ni per lor thesaure entro que tot sia pagat, sino per grand perilh o per gran necessitat, si i avenia, que a Dieu no

« nobis seu predecessoribus nostris tenebatur, ratione arrendamenti soqueti
« vini et bladi dictorum annorum, et quos quidem ccccxx denarios auri de
« scuto dictus dominus de Haudetoto a dicto Bernardo Martini, diu est,
« habuerat, de consensu nostrorum predecessorum consulum et ipsis tunc
« tollerantibus, et residuum dictorum ccccxx denarios auri de scuto,
« videlicet ducente (sic) et xliiii^{or} denarii auri de scuto, fuerunt per nos, de
« voluntate burgensium et juratorum nostrorum congregatorum, et de
« eorum consilio, anno et die infra scriptis, dicto domino Robberto remissi,
« prout est scriptum in registris thesaurarii ville. De quibus omnibus et
« singulis suprascriptis modo predicto contentamur et de ipsis quadrin-
« gentis et xx denariis auri de scuto, tam solutis, ut premittitur, quam
« remissis, de consilio supradicto, pro nobis et successoribus nostris, dictum
« Bernardum Martini et ejus bona et fidejussorem quittamus et absolvimus
« perpetuo, per presentes litteras sigillo curie consulatus nostri in testimo-
« nium premissorum sigillatas. Datum Agenni, vi die mensis decembris,
« anno Domini m° ccc° quinquagesimo. »

plassia, e en aquel cas, ab lor voluntat. E aissi o jureron tot et prometoron e que faran lor poder que los cosselhs de l'an que ve o juren.

Le sénéchal pourra introduire du vin dans la ville, mais uniquement pour sa consommation.

Item, volgueron que Mossenhor lo senescal d'Agenes pusca metre vis en la vila per sa necessitat tant solament.

Les forains qui se sont retirés dans la ville pourront y faire entrer de la piquette pour leur boisson.

Item, que li fores que estan dins la vila puscan metre lor beuratge, so es assaber rey vi fach ab ayga.

Si l'on ne peut trouver en ville du vin de couleur pour renforcer celui qu'on a acheté du maitre des arbalétriers, on s'en procurera au dehors.

Item, que si vis tinchs no troba hom dins la vila per adobar los vis que foron de Mossenhor lo maestre, qu'en aia hom de foras.

Nouveau règlement.

Dorénavant le fermier du souquet devra, dans l'année qui suivra la fin de son bail, avoir perçu tout l'impôt ou s'être fait délivrer des obligations pour les droits qui n'auraient pas été encore payés, ou avoir du moins fait dans ce but les diligences nécessaires; autrement les contribuables retardataires ne seront pas tenus de payer. Cette mesure a été prise parce que quelques fermiers des années précédentes allaient jusqu'à réclamer des bourgeois des droits remontant à dix années, quoique la présomption fût plutôt en faveur du paiement que de la dette.

Statuta nova.

Item, fo ordenat e establit per nos, cosselhs d'Agen, que tot arrendador del soquet de la vila, dins l'an apres la fi del arrendament, aia cobrat et levat o fach obligar a si tot arrayratges qu'el fossan degut per razo del dich soquet o n' (1) aian facha tot diligencia; o autrament, d'aqui avant, no lor saria hom tengut de pagar. E aquo fo ordenat per so quar d'alcus arrendadors que son estat fa en rey temps damandavan a alcus borgues arrayratges de x ans passatz, e era melhs presumpcio de estre pagat que degut, majorment cum no fossan gens forssaigas ni officials del senhor no poguessan res demandar.

(1) Pour *o en*, ou qu'ils en aient fait diligence.

Le paiement des droits de souquet, dus jusqu'ici à partir de la mortalité de
1348, pourront être réclamés, mais dorénavant, passé les délais ci-dessus
fixés, ils ne pourront plus l'être, à moins qu'il ne soit fourni aux consuls
des raisons justificatives de cette réclamation tardive. Cette décision a été
prise pour prévenir les difficultés qui pourraient résulter d'une négli-
gence de cette nature.

Item, fo ordenat que d'aquo de temps passat, so es assaber
del temps de la mortaudat en sa que fo l'an M CCC XLVIII,
pusca hom damandar aitals arrayratges del soquet, e d'aqui
en la no, sino que allegada e mostrada causa sufficient davant
nos cosselhs, fos conogut que demandar o pogues : e aquo fo
aissi ordenat per esquivar los perilhs e las consequencias que
s'en poyrian enseguir.

Attendu qu'en vertu des privilèges de la coutume d'Agen, aucun bourgeois
ne peut être appelé à plaider hors de la ville, à moins de convention
expresse, il est décidé que la commune prendra fait et cause pour Guillaume Tort qui a été appelé en jugement hors du diocèse, et qu'elle fera
respecter l'immunité établie par la coutume et franchise et par les privilèges.

Item, coma d'alcus borgues d'Agen, tant per vertut de
privilegis e per la costuma d'Agen, no pusca ni deia estre
trach foras d'Agen per plagiar en alcu loc, si no que i agues
contrach, e Guillem Tort, borgues d'Agen, sia tirat foras la
diocesa d'Agen a requesta de partida, fo cosselh que la vila o
deffenda e que lo cas de la costuma e franquessa e nostres
privilegis sian gardatz.

14 décembre. — Afin de subvenir aux nécessités de la ville et de payer au
maître des arbalétriers ce qui lui est dû pour son vin, on mettra en vente
les cent vingt tonneaux de vin que la ville a empruntés ou achetés des
bourgeois, et à cet effet on publiera le *ces* ou *devet* dans la ville, de sorte
que les consuls vendent seuls du vin pendant quinze jours et les bourgeois pendant quinze autres jours, et ainsi de suite jusqu'à ce que toute la
provision de la ville soit écoulée. Le prix du vin sera fixé à 6 deniers le
demi-carton et le *ces* commencera à partir du lendemain de la Noël.

XIIII die decembris. *(Présents : six consuls, quatorze jurats
et quatre-vingt-deux notables.)* — Totz los davant escriut
volgueron que per los grans negocis de la vila e per satisfar a
Mosssenhor lo maestre de so que l'es degut dels vis, que
hom venda los vi^{xx} tonels de vis que la vila a malevat e
compratz dels borgues de la vila, e que i fassa hom devet de
xv jorns, e los borgues que vendan autres xv jorns, e en
aissi de xv en xv jorns, entro que sian vendutz e que los

meta hom a vi den. tor. lo mech cart, e que comense lo devet l'endomas de Nadal.

22 décembre. — Les consuls remettent à Jean Gras et à Simon de Naus le poinçon qui sert à marquer les tasses et autre vaisselle d'argent, et leur font jurer de ne marquer aucun objet fabriqué qui ne serait pas à deux deniers et une maille de fin et de marquer toutes les pièces de 10 sterlings et au-dessus d'un titre convenable. Dans le cas où le titre serait trop faible, les gardes devront faire corriger ce défaut. L'un d'eux sera dépositaire de la boîte qui contient le poinçon et l'autre de la clef qui ferme la boîte, chacun d'eux à tour de rôle pendant trois mois. (Le 23 mai 1354. ils rendirent le poinçon avec sa boîte aux consuls, qui le confièrent à Pierre de Mausac.)

xxii dias de decembre. — Fo balhat an Johan Gras e an Simo de Naos lo senhet ab que se senhan las tassas de l'argen e autres vaisselhs e jureron en las mas dels senhos cosselhs que be e leialment se auran e no senharan nulha hobra sino que sia a xi deners e mealha de ley argent fi, e que ilh senharan tota obra de x esterlis en sus; e si fauta i avia, que o devon esmendar : e la i deu tenir la brustia on es lo senhet, e l'autre la clau. E fo ordenat que de tres mes en iii mes devon cambiar entre lor devant los dichs senhos cosselhs la garda del dich senhet. (Die xxiii maii anno liiii reddiderunt dictum signum cum brustia dominis consulibus et tradiderunt eam Petro de Mausaco, prout est scriptum a viiixx xiii ff.)

A l'occasion de la fête de Noël, on fera quelque présent au maitre des arbalétriers, au sénéchal d'Agenais et au juge mage, jusqu'à concurrence de 30 livres tournois.

Die xxii decembris. *(Présents : les consuls, onze jurats et neuf notables.)* — Totz volgoron que hom dones per aquesta festa de Nadal a Mossenhor lo maestre dels arbalesters, a Mossenhor lo senescale d'Agenes e a Mossenhor lo jutge mayer, e los fes presen entro a las oma de xxx liv. t.

29 décembre. — Deux personnes notables seront députées vers le Roi de France à Montpellier ou ailleurs où il sera, pour lui représenter la situation du pays. Elles recevront par jour, pour leur dépense et celle des gens qui les accompagneront, une indemnité qui sera fixée par les consuls.

Die xxix mensis decembris. *(Présents : les consuls, quatorze jurats, quarante et un notables.)* — Tot volgoron que hom trametos doas personas notablas al rey nostre senhor de

Franssa a Monpesler o aqui on sara, e que hom los done per dietas, per lor e per aquels que ab lor iran, aissi cum als senhos cosselhs sara vist, e aquels que aian a demostrar al dich nostre senhor lo Rey l'estat del pais.

11 janvier 1351. — Sur les plaintes des soudoyers du sénéchal d'Agenais, il est enjoint aux hôteliers de ne prendre de chaque homme que deux deniers tournois pour le coucher et autant pour le logement de jour et de nuit.

xi die ianuarii. *(Présents : huit jurats et dix notables.)* — Tot volgueron e ordeneron que, per so que los saudades de Mossenhor lo senescalc d'Agenes se complanhian des hostalers, li hostalers no prengan mas de lech ii den. tor., e d'estaca de nuch e de jorn, ii den. tor.

On fera présent de deux pipes de vin et de deux cartières d'avoine à Monseigneur Olivier de Laye, sénéchal de Toulouse et capitaine en ces parties pour le Roi de France.

Item, volgueron que a Mossenhor Oliver de Laya (1), senescalc de Tholosa e capitani per lo nostre senhor en aquestas partidas, fassa hom presen de ii pipas de vi, e de x carteiras de sivada.

24 janvier. — La somme empruntée pour payer Monseigneur le maître des arbalétriers sera remboursée en espèces semblables à celles qui ont été prêtées, ou leur valeur en autre monnaie si les créanciers y consentent. S'il y a une perte à souffrir par suite du cours des monnaies, la ville la supportera.

xxiiii die januarii. *(Présents : six consuls, vingt jurats. trente-huit notables.)* — Tot volgueron que aquel de cui malevet hom los escut per satisfar a Mossenhor lo maestre dels arbalesters lor sian rendut, o so que valon en argen, si o volon prendre, e si perda i a, que sia sobre la vila.

On recevra comme trompette de la ville l'homme de Castelseigneur.

Item, que aquel trompador que es de Castelsenhor sia receubut.

(1) Ce nom a été écrit en interligne au-dessus du mot *Tirona* effacé. « Olivier de Laye, sénéchal de Toulouse, se qualifiait, le 10 mai de l'an 1351, « capitaine et gouverneur des guerres député par le Roi dans les parties de « la Languedoc. » *(Histoire générale du Languedoc,* édition Du Mège, tome VII, ch. 43, p. 179.)

On fera appeler en justice Mᵉ Jean d'Estradenx avec menace de le poursuivre
rigoureusement pour l'exécution du marché relatif à la construction du
pont. Nonobstant, on continuera les travaux et on chargera de leur
surveillance un ou deux prud'hommes qui recevront un salaire.

Item, que fassa hom citar maestre Johan d'Estradenx
sobre lo preffach del pont ab cominacio, e que entremech i
obre hom, e que i depute hom ɪ o ɪɪ prohomes que sian
diligens a la obra e que aian us gatges.

24 janvier. — Les consuls reçoivent comme trompette Jean, natif de Castelseigneur, après avoir reçu de lui le serment qu'il n'avait pas habité son
pays depuis que ledit lieu était devenu rebelle au Roi de France. Le
nouveau trompette jure fidélité et obéissance au Roi de France, aux
consuls et à la ville, s'engageant à leur être bon, fidèle et discret, et à ne
pas sortir des limites de la juridiction d'Agen, sans y être autorisé.

xxɪɪɪɪ die januarii. — Domini consules receperunt in tubi-
cinatore Johannem (1) oriundum Castri Senhorii, qui
juravit quod postquam dictus locus fuit rebellis domino
nostro Francie Regi non fecit illuc residenciam. Item, juravit
fidelitatem et hobedienciam dicto domino nostro Regi et
dictis dominis consulibus et ville, et quod erit bonus et fidelis
et secretarius eisdem, et quod non exiet extra honorem
Agenni sine licencia ipsorum dominorum consulum.

28 janvier. — Un ou deux bourgeois se rendent à cheval à Toulouse pour
obtenir la réalisation de la promesse de M. le sénéchal de cette ville, de
donner pour la construction du pont une journée de solde de ses gens
d'armes et autres soudoyers, comme aussi pour faire contraindre par voie
de justice Jean d'Estradenxs à l'exécution de son marché, pour visiter les
bois de la forêt et se procurer des écus contre d'autres espèces d'argent.

xxvɪɪɪ die januarii. (*Présents: treize jurats.*) — Tot volgueron que, tant per enduyre Mossenhor de Tholosa, capitani
en aquestas partidas deputat per lo Rey nostre senhor, de so
que a promes a donar per ajudar al pont los gatges d'un
jorn de totas sas gens d'armas e dels autres saudaders,
quant per far la exequcio e citacio contra maestre Johan
d'Estradenxs, coma per veser la fusta de la forest e per
cambiar argen en escut, fo ordenat que ɪ o dos a caval angan
a Tholosa.

31 janvier. — Mᵉ Guillaume de Cassagnes et Gaillard Tissender sont
nommés maîtres de l'œuvre du pont.

Die ultima januarii. — Domini consules deputaverunt

(1) Le nom du trompette a été laissé en blanc sur le registre.

operarios pontis Agenni, videlicet magistrum Guillelmum de Cassaneis et Galhardum Textoris, qui juraverunt ad sancta Dei envangelia et se obligaverunt prout in quadam littera eorum potestatem continente. sigillo curie consulatus sigillata plenius continetur, cujus tenor talis est.

Pouvoir donné par les consuls aux maitres de l'œuvre du pont. Ceux-ci seront chargés du maniement des fonds affectés aux travaux du pont; ils les toucheront et en feront eux-mêmes l'emploi, sauf à rendre compte quatre fois par an des recettes et des dépenses. Pour leur peine. ils recevront entre eux deux 5 sous tournois par chaque journée de travail, et ces gages leur seront acquittés en espèces de monnaie ayant cours à l'époque du paiement. Les maitres de l'œuvre engagent tous leurs biens présents et à venir, comme garantie de la fidélité de leur gestion, et jurent sur les saints évangiles de remplir bien et loyalement le mandat qui leur est confié, etc., etc..... Agen, 31 janvier 1350.

Pateat universis quod nos, consules civitatis Agenni, nomine consulatus et universitatis predicte, habita deliberacione super hoc cum xxiiii juratis et pluribus aliis burgensibus et civibus nostris dicte civitatis, de probitate, fidelitate et diligencia magistri Guillelmi de Cassaneis et Galhardi Textoris, burgensium nostrorum, merito confidentes, eosdem et eorum quilibet *(sic)* in solidum procuratores, operarios et negociorum gestores fabrice pontis Agenni super flumen Garonne, quamdiu nostre et successorum nostrorum placuerit voluntati, facimus constituimus et depputamus per presentes, dantes et concedentes eisdem operariis et eorum cuilibet in solidum plenam et liberam potestatem et speciale mandatum omnia et singula faciendi que ad operatione fabricationis dicti pontis, in quantum nostra interest, nomine quo supra, tam in recipiendo quam in expediendo fuerint facienda ad comodum operis pontis supradicti : pro quibus faciendis. de consilio predicto, eisdem operariis quinque solidos turonensium parvorum inter ipsos communiter dividendos qualibet die qua vacaverint et laboraverint in predictis, pro labore et vadiis suis constituimus per presentes eisdem exsolvendos anno quolibet, in quatuor carteronibus anni cujus libet, in moneta currente in eisdem, in quibus carteronibus et eorum quolibet ipsi operarii nobis et successoribus nostris promiserunt nobis, stipulantibus pro nobis et dictis successoribus. quod pro dicto opere dicti pontis debent et tenentur reddere compotum bonum et leguale de perceptis, levatis et misiis ac expensis et administratis per ipsos et eorum quemlibet in et circa fabricam et opus predictum. Pro quibus omnibus et singulis tenendis et complendis ipsi operarii bona sua presentia et futura, nobis, quo supra nomine, obligaverunt sub juris renunciacione qualibet et cautela; et juraverunt dicti operarii ad sancta Dei Envangelia corporaliter a se tacta se in predictis et circa predicta bene et fideliter habituros et facturos ac jura ville et dicti pontis seu fabrice pro posse suo illesa servaturos. In cujus rey testimonium, nos, consules predicti, sigillum curie consulatus nostri duximus apponendum. Datum Agenni, ultima die januarii, anno domini m° ccc° quinquag".

4 février. — Résumé du mandat précédent donné par les consuls aux maitres de l'œuvre du pont. Les pouvoirs de ces derniers, relativement à la perception des fonds, nous font connaitre la nature des ressources affectées aux travaux : c'étaient des legs, des aumônes, des amendes, des confiscations. Les maitres de l'œuvre avaient le droit de les percevoir eux-mêmes, et même d'en poursuivre la délivrance en justice. Ils donnaient également les quittances et les reçus des valeurs recouvrées.

Die quarta febroarii, dicti domini consules posuerunt operarios pontis Agenni juxta voluntatem populi, videlicet Guillelmum de Cassanhas et Gualhardum Textoris, qui juraverunt ad sancta Dei envangelia quod ipsi bene et fideliter se habebunt in dicto officio et comodum et proficuum dicti pontis et operis procurabunt, et dederunt eisdem v solidos turonenses pro qualibet dicta qua vacabunt, intererunt et laborabunt in opere predicto, inter eos dividendos communiter, et dederunt eis potestatem debita, legata, elemosinas, penas, incurssus et alia jura dicto operi pertinentia petendi, levandi, exhigendi et recuperandi in judicio, sive extra, et instrumenta quitacionis et recognicionis de soluto eis dandi, et debent reddere computum et racionem ad requisicionem dictorum dominorum consulum quatuor vicibus in quolibet anno et debent recipere vadia predicta in moneta currenti in quolibet carteyrone.

5 février. — Les consuls requièrent B. de Lestroa, garde, et Arnaud Fournier, maitre ou directeur de la monnaie royale, de fabriquer de bonnes espèces, ayant le poids et le titre fixés par les ordonnances royales et bien frappées.

parce qu'ils recevaient chaque jour des réclamations des marchands, des changeurs et autres personnes qui se plaignaient de la faiblesse de la monnaie. Les monnayeurs devront veiller à ne pas émettre des espèces qui ne soient suffisantes en titre, en poids et en taille, sous peine d'être responsables des préjudices causés.

Die v febroari, domini consules, videlicet magister Guillelmus Raymundi d'Aubinhone, magister Johannes Tinelli, P. de Vineis, requisiverunt B. de Lestroa, custodem monete regie, et Arnaldum Furnerii, magistrum, seu regentem dictam monetam, ut ipsi fieri facerent bonam monetam de pondere et lege quibus eam facere debent juxta ordinaciones regias et bene cuctam in moneta Agenni; nam ipsi tam per mercatores, cambiatores et alios ville habebant cothidie querimonias de dicta moneta que erat debilis seu feblatge quare caverent quod non facerent aliquam expedicionem monete, nisi esset sufficiens, ut predicitur, in lege, pondere et tallia de cetero, nam contra eos haberetur recurssus de dampno. — Presentibus : Galhardo Textoris, Augerio d'Ayqardo, P. Viguerii.

16 février. — Mᵉ Jean Léger, médecin, demeurant ci-devant avec le seigneur de Caumont et aujourd'hui habitant d'Agen, prête, en qualité de bourgeois, serment de fidélité et obéissance au Roi et à la ville.

Die xvi febroarii. — Quod magister Johannes Leggerii, phisicus, olim comorans cum domino de Cavomonte et nunc comorans Agennum, promisit et juravit ut burgensis quod ipse erit bonus, fidelis et hobediens domino nostro Francie Regi et ville.

Mgr Vidal de Fumel et Guill. de Talive, qui sont allés à Avignon et à Montpellier auprès du Roi de France, seront remboursés des dépenses qu'ils ont faites, en sus de la somme quotidienne qui leur a été allouée, et recevront ce qu'ils croiront leur être consciencieusement dû. De plus Mgr Vidal touchera 25 livres tournois, en sus de sa pension qui monte à 25 livres, pour le temps compris entre sa nomination de conseiller de la ville et la fête de Pâques prochaine. S'il le préfère, il aura une robe en sus de sa pension, et dorénavant il recevra tous les ans 50 livres pour ses gages. Quant au seigneur de Talive, il aura une robe dont le prix pourra aller jusqu'à 25 livres tournois.

Die xvi febroarii. *(Présents : vingt et un jurats et cinq notables.)* — Totz volguoron que a Mossenhor Vidal de Fumel e an Guilhem de Taliva, que foron a Monpesler e a Avinho al

Rey nostre senhor, sian paguatz los despens que auran fachs otra lor dietas que los eran taxadas, so que ausaran affermar en lor bonas cossienssas; e mais Moss. Vidal, xxv liv. tor. otra sa pencio que montava xxv liv. tor. del jorn que fo receubut entro al jorn de Paschas, o que aia una rauba e la dicha pencio, qual que mais se vulha; e que d'aqui avant per cascun an aia i. liv. de pencio; e lo senhor de Taliva aia sa raubo entro a xxv liv. tor.

L'accord fait avec le chapitre de Saint-Étienne sortira son effet, mais on ne touchera pas aux vins qui ont été introduits au moyen de la licence accordée aux chanoines et vendue par eux, avant que, sur l'avis de prud'hommes, on ait décidé ce qu'il y avait à faire à cet égard.

Item, volguoron que la composicio facha ab S. Stephe se tengua; mas los vis que son estat mes per la licencia que an venduda demoren entro que aian agut cosselh ab savis qu'en sera fasedor.

Les six écus que R. del Caune a dépensés pour le péage de Moissac lui seront rendus.

Item, volguoron que los vi escut que En R. del Caune a affinatz ab los peatges de Moissac lo sian paguat e satisfachs (1).

21 février. — Messire Arnaut de La Cassaigne et Mᵉ R. Martinola seront payés de 80 liv. tourn. qu'on leur doit pour le bois qui fut pris lors de la venue du comte de Lancastre dans ce pays et qui fut employé à fermer et clore la ville. Ils recevront en paiement des vins vieux, au prix de 8 livres tournois le tonneau.

Die xxi febroarii. *(Présents : neuf consuls, dix-neuf jurats et trente-six notables.)* — Totz volgoron que a mossenhor Arnaut de la Cassanha e a maestre R. Martinola sia satisfach de iiiiˣˣ liv. tor. que hom lo deu per fusta que fo presa quant lo compte de Lencastre venc en aquestas partidas, per barrar e enbanar la vila d'Agen, e quel balhe hom dels vis velhs en paga a v liv. tor. lo tonel.

(1) Après cette délibération, sous la date du 21 février, se trouve une liste de trente-deux noms, parmi lesquels figurent deux consuls, sept jurats et une femme, « la dona de Coturas ». Un des assistants intervient en son nom et au nom d'un de ses neveux, Arnaut de Casals. L'assemblée n'était donc pas réunie en jurade : sa composition nous le montre, sans que la moindre note révèle le but de cette particularité.

Les Frères Carmes faisaient informer contre la ville, parce que le jour de
Saint-Valéry de l'an 1350 les Lombards avaient attaqué trois voleurs ou
malfaiteurs, qui, évadés de la prison par effraction, s'étaient réfugiés derrière leur église, du haut de laquelle ils furent précipités par lesdits Lombards. La jurade décide que la ville, à son tour, fera informer contre les
Frères Carmes pour raison de la désobéissance commise par eux envers le
Roi en retirant lesdits malfaiteurs. L'affaire sera soutenue et menée vigoureusement contre eux, aux frais de la ville.

Item, que cum aian entendut quo los Fraires del Carme
fan far enformacio contra la vila d'Agen per so que los Lom-
bartz (1) per forssa combatteron iii raubadors et malfaitors
que s'en eran fugit de la gabia, e aquela crebada, ensemps ab
B. Amanco e ab Bertran de Falgayrolas, e se eran rescostz
darrey la gleia dels Carmes, e foron pres sus la dicha gleia e
los feron sautar a terra, lo dilus, lo dia de S. Valerici, l'an
m ccc l; que hom fassa enformacios contra lor sobre la desho-
bediencia que avian facha al Rey nostre senhor e sobre la
receptacio que avian facha dels dichs malfaitos, e que sia
deffendut e menat contra lor be a regeament als despens de
la vila.

Sur ce qu'à Moissac on prélève 4 sous tournois par charge de marchandises
de toute espèce, et ailleurs un parisis par denier arnaudin pour le péage,
au mépris des privilèges royaux qui exemptent de ce droit les Agenais, il
est décidé que cette infraction sera déférée à la justice, soit en France,
soit ailleurs, et poursuivie aux frais des marchands et de ceux qui jouissent
des péages. En conséquence, il sera levé sur chaque marchand le soixan-
tième denier, et les consuls nommeront des collecteurs pris dans chaque
métier qui rendront compte de leur mandat à un notable délégué à cet
effet. De la somme à ce destinée, rien, pas même un denier, ne devra être
distrait.

Item, per so que a Moissac demandan e levan iiii sols torn.
per cargua dels mercaders de totas mercadarias e en autres
locxs levan en peatge i parisis (2) per dener Arnaldenc, e
per lo privilegi autreiat per lo Rey nostre senhor a la vila
deiam estre quitis, que sia menat en Franssa (3) e en autre
loc als despens dels mercaders et de totz aquels que s gausi-

(1) Il y avait des Lombards en garnison dans la ville.
(2) Ce mot est écrit en abréviation *paz.* mais lirait-on *pal.* forme abrégée
de *palar,* petite monnaie de la valeur de deux deniers, le sens serait plus
inadmissible encore. Comment comprendre en effet que sur une marchan-
dise de la valeur d'un denier arnaudin, denier plus faible que le tournois,
on put percevoir un denier parisis et plus encore, un patar ?
(3) Ne pas oublier que par ce mot de *France,* on désignait alors dans le
Midi le pays situé au-delà de la Loire.

rian dels peatges, e que leven dels dichs mercaders i dener
per lx, et que sian depputatz per los senhos de cascu meste
una persona que o leve, e que aian a respondre tot aquels a
i bon home depputat a aisso, e que en autra causa no s'en
despenda i dener.

On rémunérera Mr G. de Gamaville pour le travail auquel il s'est livré lors
du passage du Roi et pour celui qu'il fait journellement dans l'intérêt de
la ville. On lui assignera des gages, s'il le préfère.

Item, volgueron que los senhos aian a remunerar a maestre
Gualhart de Guamavilla de son tribalh que fe a la anada del
Rey e que fa tot jorn per la vila, o que l dongan pencio, aissi
cum los semblara.

25 février. — Bernard du Verger est commis pour faire la levée du 60e denier
imposé sur les cuirs et autres marchandises, pour soutenir l'affaire dont
il vient d'être question. Il jure de remplir loyalement sa mission et de
rendre un compte fidèle de ses recettes.

Die xxv febroarii. — Fo comes a maestre Bernat del Verger que leves i dener per lx de totas mercadarias de coyram
e d'autras mercadarias per menar lo plach aissi cum es escriut
en aquest paper, e juret que be et leialment si menara en las
mas dels senhos cosselhs, e que bon conte e leial rendra de
so qu'en prendra.

7 mars. — Les monnayeurs d'Agen prétendant être exempts de contribuer
aux tailles et collectes pour les biens qu'ils possèdent dans la ville ou
dans la juridiction, et de payer le souquet du blé et du vin, la commune
fera les frais d'un procès tendant à les contraindre de payer.

Die vii marcii. (*Présents : douze jurats et huit notables.*) —
Mr R. (1) absente, magister Stephanus Flamenc de predictis
retinuit instrumentum.

Tot volgueron que los monedes d'Agen que se volon excu-
sar de pagar talhas et collectas per los bes que an Agen e en
la honor, e de pagar soquet de blat e de vi, sian compellit a
pagar, e que la vila o mene contra lor a sos despens.

Une petite maison sera construite sur l'autre partie du pont de Garonne où
est établi le poids public, avec les matériaux de la logette qui était devant
Saint-Georges et après autorisation de l'Évêque et du chapitre.

Item, que una maioneta sia facha per estar la reclusa sobre

<hr>

(1) Raymond de Galapian, secrétaire du consulat, étant absent, est momen-
tanément remplacé par le notaire Étienne Flamenc.

l'autra part del pilar on es lo pes sobre l pont de Garona, de la materia de l'autra maio que era davan S. Jorgi, ab licencia de mossenhor d'Agen et del capitol.

Item, de vendre o atavernar los vis velhs sino en gros a viii liv. lo tonel qu'en volia prendre per son deute, super se disca hom enqueras.

Item, die ix marcii, domini consules videlicet magister Willelmus Raymundi d'Aubinhone et magister Johannes Tinelli, pro obtinenda lincencia mutandi domum recluse et diruendi domum ejusdem veterem que est a S. Jorgi et cap ndi materiam illius pro edificacione nove mancionis supra pilare Garonne, accesserunt ad dominum Arnaldum de Tabernis, locum tenentem domini officialis Agenni, nomine domini Episcopi, et ad dominos Guillelmum de Rama et Guillelmum Amanevi de Monte Lauro, canonicos Agenni, nomine capituli, et ab eisdem super hoc licentiam hujusmodi habuerunt. Presentibus magistro Guillelmo Falconis, bajulo aule episcopalis, domino Raymundo de Fonte et pluribus aliis.

Die xv marcii. (*Présents : dominus Raymundus Arnaldi de Preyssano, capitaneus, dominus St. de Banheriis, miles, dominus V. de Fumello; plus sept consuls, dix-sept jurats et sept notables.*)

Tot volgueron que per la honor e profech del senhor e per lo be de la vila, dos dels senhors o d'autres, aissi cum sera vist a lor, angan per lo negoci del senhor de Castelculher a

Moyssac, a Mossenhor de Tholosa e al cosselh del Rey per parlar ab lor e pregar et far tot so que far y poyra hom cum se meta remedi en son fach e en sa presa, cum fos delivrat o remediat en la melhor maneira que far se poyra.

25 mars. — Sur les observations de Bernard Martin, fermier du souquet du vin, disant qu'il y avait eu quatre ou cinq banvins (ces ou devet) pendant l'année, de quinze jours chacun, après lesquels les habitants vendaient leurs vins pendant autres quinze jours, il est convenu que s'il y a perte sur la ferme qui courra à partir de la Pâque prochaine, la ville abandonnera au fermier les droits du souquet de la quinzaine la plus productive de celle qui aura suivi le banvin ou celle qui l'aura précédé.

Die xxv marcii, anno L. primo. *(Présents : les consuls, dix-huit jurats et dix notables.)* — Sobre aquo que en B. Marti, arrendador de l'an present e passat del soquet del vi, disia que per los devetz que eran estat fachs lo dich an, III o v de xv jorns cascu, e puys los gens de la vila vendian per autres xv jorns, fo dich que si i perdia en l'arrendament quant sera pres de Paschas, que, en aquel cas, la vila li estonga (?) en tant quant valria mais lo soquet, los xv jorns apres lo devet, o davant que los dichs xv jorns del devet (1).

Sur la réclamation de Carcassonne, consul et trésorier de la ville, qui demandait pour cette année les gages qu'on lui avait alloués les années précédentes, alors qu'il était trésorier sans être consul, on déclare que ni lui ni aucun autre n'ont reçu de gages comme trésoriers pendant qu'ils étaient consuls, et l'on décide qu'à l'avenir le trésorier de la ville sera pris parmi les consuls, si l'on en trouve de capables et qui soient disposés à accepter ces fonctions.

Item, cum lo senhor de Carcassona, cosselh e thesaure de la vila, demandes la pencio que li avia hom acostumat a donar als an passat que era thesaure e no cosselh, disseron que per so que es dobte que s tragues a consequencia, fo dich que el, quar era cosselh ni autre d'aissi avant que fos cosselh e thesaure de la vila no aian pencio, e que d'aissi avant fassa hom en cossolat thesaure d'aquels del cossolat, meis e no d'autres, si n'i a de sufficiens e o volian prendre.

Si les propriétaires des deux chevaux qui ont péri cette année par suite du service des rondes extérieures affirment en conscience que c'est ce travail qui les a tués, ils seront indemnisés par la ville.

Item, que dos rossis que foron perdut l'an present per

(1) Cette diminution du produit du souquet, occasionnée par le banvin, prouve que le vin vendu par les consuls pendant la durée du banvin ne payait pas le droit de souquet.

l'estial gach, si aquels de cuy eran ausan affermar en lor cossiensas que per aquela sola causa de l'estial gach sian perdut, lor sian enmendat per la vila.

On remboursera au consul Jacques d'Aubeterre les 10 ou 12 deniers à l'écu qu'il a dépensés en médecins lors de son voyage à Toulouse, s'il affirme en conscience que ces frais s'élèvent à ce chiffre et que c'est dans le voyage qu'il avait contracté sa maladie.

Item, de x o xii deners de l'escut que lo senhor d'Albaterra avia despendut en metges quant aneron a Tholosa, oltra l'autra despensa, quant fo malaus, li sian rendut per la vila, mas que o afferme en sa cossiensa que tant monta e que per anada li vent la malautia.

Les bois, destinés au pont, qui sont arrivés de Toulouse, et ceux qu'on attend, seront remis en garde aux ouvriers ou aux maîtres de l'œuvre du pont, pourvu qu'ils puissent être mis en sûreté. A cet effet ils prendront les précautions qui leur paraîtront le plus convenables. Ils pourront aussi disposer à leur gré des copeaux et rubans provenant de la taille desdits bois.

Item, que la fusta que es venguda de Tholosa per lo pont e l'autra que vendra sia bailada als obres o als maestres del pont en garda, mas que puscan fermar los maestres, e que ne fassan aissi cum lor sara vist que sia, mais segur al profech de la vila, et que dels esclapos e refousaduras de fusta, ordenen cum lor sara vist.

1er avril. — Les 8 livres qui sont dues aux Carmes, en raison du bois qu'on leur a pris pour la clôture de la ville, leur seront remboursées ou seront déduites du prix de la chaux qu'ils doivent eux-mêmes à la ville.

Prima die aprilis. *(Présents : onze jurats.)* — Tot volgueron que viii liv. que son degudas als Carmes per fusta presa de lor per la clausura de la vila l'an present, que lor sia pagada o que lor sia deduch de so que devon de caus que [an] pres de la vila.

Pierre des Vignes, consul, recevra une indemnité pour le prix des médecins qu'il a eus et des remèdes qu'il a pris à la suite de la chute qu'il fit du haut de la porte de la Bretonnerie.

Item, que a P. de Vinhas, cosselh, de son dampnatge que pres quant caygo de sobre lo portal de la Bretonaria li sia fach alcuna enmenda de metges e de especiarias a la conoguda dels senhors.

M° Gaillard de Gamaville sera rémunéré de la peine qu'il a prise et des voyages qu'il a faits à Toulouse et à Moissac dans l'intérêt de la ville et pour l'affaire des péages.

Item, que a maestre Gualhart sia satisfach de son tribalh de las anadas que a fach a Tholosa e a Moissac per la vila, e per aquo dels mercaders dels peatges, a la conoguda dels senhors.

5 avril. — Confirmation des décisions prises dans la séance précédente.

Die v aprilis, anno I. primo (1). *(Présents : les douze consuls de l'an 1350-1351 et onze des consuls de l'année suivante.)*

Tot volgueron que als Carmes e an P. de Vinhas e a maestre Gualhart de Gamavila sia satisfach per la maneira que es contengut el fulh davant.

8 avril. — Au sujet des vins de Mgr le sénéchal, on décide qu'il pourra en faire entrer la quantité nécessaire pour sa provision et qu'il fixera consciencieusement et en vrai chevalier.

Die VIII aprilis, anno I. primo. *(Présents : dix consuls, dix-neuf jurats et quinze notables.)* — Sobre lo fach dels vis de mossenhor lo senescale, fo ordenat que ni meta so que mestes aura per sas necessitatz per provisio de son hostal en sa bona cossienssa e cavalaria.

Pour tirer parti des vins achetés par M. Robert de Houdetot, on déléguera deux prud'hommes et deux des nouveaux consuls, qui donneront en paiement ceux qui seront trouvés bons ou qui les vendront au détail.

Item, sobre lo fach dels vis velhs que foron de mossenhor Robbert de Hautetot, fo ordenat que hom i meta dos prohomes e dels senhos novels e aquels que los veian e, selon que valran, que los balhen en pagua e los vendan a taverna.

11 avril. — Rejet de la demande de l'abbé de Moissac, qui voulait être autorisé à faire entrer dans la ville trente tonneaux de vin.

Die XI aprilis. *(Présents : les consuls, dix jurats et quatorze notables.)* — Totz volgoron que a Moss. l'abat de Moyssac que avia supplicat de metre XXX tonels de vis dins la vila d'Agen, ni degun autre no n'i metos, ni lor sia donada licencia.

(1) Cette délibération a dû être rédigée postérieurement à la date indiquée en tête, puisque les consuls de l'année 1351-1352, qui ne furent élus que le 7 avril, y figurent comme présents.

Reconnaissance donnée à B Garnier d'une somme de 21 livres tournois pour le prix de neuf portes de chêne qu'il fournit en 1349. lors de la venue du comte de Lancastre, pour la réparation de la clôture de la ville.

Habuit B. Garnerii unam recognicionem xxi lib. turon. pro ix postibus de quercu habitis anno xlix° pro reparacione in barratura in adventu comitis Encastrensis, prout nobis retulit Johannes Malberti, consul dicti temporis.

Le dimanche, 7 avril, pendant que les consuls procédaient à huis clos dans la maison commune à l'élection de leurs successeurs, et alors que la majeure partie des nouveaux consuls était déjà nommée, le juge mage d'Agen. le procureur du Roi et messire Jean de la Boyssière se présentèrent à la porte d'entrée de ladite maison, qu'ils trouvèrent fermée, comme il est d'usage dans ces circonstances, la firent ouvrir de force et voulurent, malgré les consuls et au mépris de la coutume, entrer dans la salle où se faisait l'élection. Mais les consuls sachant bien que, de tous temps, eux et leurs prédécesseurs avaient procédé à ces élections, absolument seuls, sans la participation d'aucun agent du souverain ni de toute autre personne, refusèrent d'ouvrir tout en faisant des excuses et en priant les gens du Roi de ne pas prendre leur procédé en déplaisance. parce qu'ils étaient occupés à l'élection, qui était faite en partie, ajoutant qu'on les recevrait dès qu'elle serait terminée. — A la suite de cette scène, les consuls, craignant d'être exposés plus tard comme simples particuliers ou autrement aux rancunes et vexations des gens du Roi et du Roi lui-même, décidèrent, d'accord avec leurs successeurs, que si quelqu'un d'eux était mis en cause l'affaire serait soutenue aux frais de la ville et qu'ils seraient garantis contre tout dommage. En même temps il fut résolu qu'on informerait immédiatement le Roi de cette entreprise et des autres torts de ses officiers, et qu'on lui écrirait ainsi qu'à son Conseil pour obtenir telle réparation jugée convenable.

Cum. prout dicitur, dominus Johannes Balbeti, judex major Agenni. et magister Johannes de Sanis, procurator regius, et dominus Johannes de la Boyssera. venissent die dominica proxima preterita, dominis consulibus existentibus inclusis, ut mori. est, in electione sua, et majore parte consulum anni proximi futuri novorum jam tunc facta, venissent ad portam primam domus communis, omnibus portis camere et domus communis existentibus clausis, ut est consuetum, et dictam portam aperierint per vim, ut dicitur, et infra dictam cameram intrare vellent contra eorum voluntatem et contra modum consuetum, et dicti consules, ut acthenus a tanto tempore citra quod de contrario memoria hominis non existit, consueverunt, et eorum predecessores, eligere per se ipsos solos, et in solidum sine aliqua alia persona domini, vel alia quacumque. et ob hoc eisdem aperire cessaverint, se excusando quod non displiceret eis, nam ipsi erant in electione sua et jam major pars erat facta, et quod incontinenter eisdem aperirent facta dicta electione. Et super hoc dubitarent dicti domini consules ut private persone, vel alias, in futurum opprimi seu vexari per dictos dominos judicem et procuratorem, seu per dominum, est sciendum quod dicti domini consules moderni et novi voluerunt quod, si aliquis poneretur in causam, quod duceretur expensis ville et quod serventur (sic) indempnes, et quod scribatur statim domino nostro Regi dictum gravamen et alia gravamina per dictos officiarios regios eisdem facta, et scribant domino nostro Regi et ejus consilio ad finem reparacionis et alias prout eis videbitur faciendum. — Presentibus : magistro Galhardo de Podio, P. Viguerii, me et magistro Galhardo de Gamavilla, notario, qui, et ego, R. de Galapiano, retinuimus instrumenta.

ANNÉE CONSULAIRE 1351-1352.

Mardi 16 avril 1351. — Installation des consuls (1).

Anno domini millesimo ccc^{mo} quinquagesimo primo, die xvi mensis aprilis, videlicet die Martis post festum Pasche Domini.

De Vesaco : Guillelmus de Vesaco, 1 clau dessus; Guillelmus Sobirani, 1 clau dejus.

De Floyraco : Coli Berot; Johan de las Venas, 1 clau dessus.

De Clausura : Maestre P. de Liobosol, 1 clau dessus.

De Moliner : Maestre R. de Gresolas, 1 clau dessus.

De S. Gili : Maestre P. Mancel, 1 clau dessus.

De S. Stephe : Maestre Jacmes Maynart, 1 clau dejus.

De Moncorni : Maestre Guillem de Cassanhas, 1 clau dejus.

De S. Antoni : P. del Casse.

De S. Ylari : Arnaut de Cabanas, junior, 1 clau dejus; Guillem Cazas.

Installation des vingt-quatre jurats (2).

xxiiii^{or} jurati.

Guillem de Taliva, Johan Lormer, P. Gauter, B. Marti, Gauter de Tort, Bertran de Taliva, B. de Carcassona, Jacmes d'Albaterra, Mathiu d'Aut Corn, B. Garner, P. de Vinhas, Maestre Johan del Vinhal, Guill. del Moli, P. Pelicer, maes-

---

(1) Sept de ces nouveaux consuls étaient membres du corps des jurats l'année précédente.

(2) Le nombre des jurats inscrits sous le titre de xxiiii^{or} *jurati* est de vingt-sept, parmi lesquels figurent onze consuls et treize jurats de l'année précédente.

tre Johan Tinel, Guill. Bru, maestre R. de Causac, Guill. de Mechval, maestre P. de Monces, R. del Caune, P. Picot, B. Berot, Johan Malbert, Me Guillem a Ramon d'Aubinho, Maestre P. del Bosquet, P. de Mausat, maestre Aymeric del Puch, Arnaut de Cabanas lo velh, Duran de Mausat.

Thesaurarius ville : Colinus Beroti.

Pencionarii ville : Dominus Vital de Fumello, legum doctor (1).

Secretarii : R. de Galapiano, Galhardus de Gamavilla.

Servitores ville videlicet : P. de Genesta, St. de Pilhaco, P. Helias, R. de Serra, juraverunt.

Jurati carpentarii ad extimanda opera fustis : Johan de Codereo, Guillelmus de Nogarol.

Tubicinatores : Mondo de Leias, Johan de Panhagas, Guillem d'Albiges, Guilhemot Delcunh.

Délibération sans date, placée après la liste des consuls, avant la jurade du 23 avril. (Présents : dix jurats et vingt notables.)

Tot volgoron que a Mossenhor lo senescale d'Agenes ni a deguna autra persona no fos donat licencia de metre vis dins la vila d'Agen.

23 avril. — Le procureur du Roi requiert les consuls de contraindre Me B. Chambon à fournir garantie pour la restitution des biens qu'il tient de P. Chambon, dans le cas où il décéderait sans enfants légitimes, ainsi qu'il est ordonné par le testament de P. Chambon.

Die xxiii^a aprilis. — Mossenhor Johan de Sanas, procuraire de nostre senhor lo Rey de Franssa, requerego los senhos cosselhs d'Agen que compellissan maestre B. Chambo de donar fermanssa de restituir los bes que foron de P. Chambo el cas que descaies de luy senes heret de son matrimoni, segon la ordenacio fach en son t[estament].

Item, que compellissan tot aquels que devon far las obras

____

(1) Voir la délibération du 16 février.

de la clausura de la vila. Presentibus discreto viro V. de Fumello, legum doctore, Willelmo Raymundi d'Albinhone, Johanne de Vineali.

25 avril. — Au sujet des vins entrepris par le chapitre de Saint-Étienne, sous son nom, quoiqu'ils ne lui appartinssent pas, il est décidé que l'affaire sera mise en avant et poussée avec vigueur pour servir d'exemple aux autres, dans le cas où les chanoines n'avoueraient pas leur tort; mais il leur sera fait grâce, s'ils le reconnaissent, et les propriétaires des vins seront mis en prévention et en cause.

Die xxv aprilis. *(Présents : les consuls, huit jurats et le procureur du Roi.)* — Tot volgoron que la causa dels vis que lo capitol S. Stephe a mes dins la vila jus lor nom e son d'autres que de lor, sia be pujada (1) e mesa naut, e el cas que no conogossan lor error, que sia menat regeament e fach en tal maneira que los autres y prengan issemple; e el cas que ilh conogan lor error, que lor sia facha gracia, e aquels de cuy son los vis sian mes en prevencio o en causa.

28 avril. — L'état des oublies dues à la ville est remis aux fermiers de cette redevance, qui jurent d'en faire loyalement la recette et de rechercher exactement les fiefs qui y sont tenus.

Die xxviiiᵃ aprilis. — Foron balhatz dos papers on son escriotas las oblias que hom fa a la vila d'Agen a maestre P. de Bosiguet e a maestre P. Andrao, arrendadors de l'an present de las dichas oblias; e jureron que leialment si auran e que leialment perqueriran los feus. (Restituerunt eos in domo communi.)

300 carreaux prêtés à la garnison du château de Lafox, sous la promesse par le procureur du Roi de les rendre à la ville.

Item, foron balhatz por lo castel de Laffotz iiiᶜ cayrels losquals lo procuray del Rey a promes restituir als senhos cosselhs.

Prestation de serment des gardes de la boucherie et de la poissonnerie.

Las gardas dels masels de carns e de peys jureron que be e leialment si auran, so es assaber : Pey d'Arman e Ar. dels Casals, de carns et de peyhs.

(1) *Pujar,* élever.

29 avril. — On informera Mgr G. de La Barthe de l'enlèvement de bestiaux commis par Gausbert de Beauville et sa troupe à Lamotte-Bézat et en d'autres lieux de la franchise d'Agen, et on lui écrira, ainsi qu'à Gausbert de Beauville, de la façon la plus gracieuse.

Die xxix aprilis. *(Présents : les consuls, vingt-trois jurats et sept notables.)* — **Tot lo desobre nompnatz volgoron que hom escrivos a Mossenhor G. de la Barta, sobre la preza qu'En Gausbert de Buovila e sas companhas an fach a La Mota de Vezat del bestiar, et els autres locx en la honor d'Agen, al plus graciosament que hom poyra, a luy e al dich en Gausbert.**

Les consuls feront à tour de rôle des rondes extérieures. Ils recevront chaque nuit, à cet effet, des torches en cire pesant 6 livres, à moins qu'ils ne préfèrent un autre luminaire.

Item, que los senhos cosselhs fassan l'estilgach be e diligenmen, e cada cosselh a la nuch quel fara aia vi livras de sera en torchas, e que ab aquel fassan l'estilgach, o ab autra luc, aissi cum los sera vist, a lor bonas cossiensas.

En sus du souquet qui se lève déjà, il sera perçu 5 sols arnaudins par chaque tonneau de vin qui sera débité au détail, au prix de 4 deniers tournois le 1/2 carton, ou au-dessus, et ce droit sera payé par le débitant.

Item, que home leve e aia sobre cada tonel de vi ques vendra a Agen d'assi a S. Miquel, a taverna, de iiii den. tor. lo mech cart en sus o a iii den. tor. v sols arnaldens de soquet otra aquels ques levavan primeirament, e aquel que i metra las mesuras los aia a pagar.

On se procurera par achat ou autrement du métal de billon qui sera remis à la monnaie d'Agen, pour que la ville puisse toucher les 620 liv. tour. qui lui ont été assignées sur les profits du monnayage appartenant au Roi.

Item, que hom aia e compre bilho al melhor mercat que hom poyra per metre a la moneda d'Agen afi que hom se pusca satisfar de las vi^c xx liv. tor. que son assignadas sobre lo profech apartenen al Rey nostre senhor en la dicha moneda.

On composera aux conditions les plus avantageuses avec ceux qui ont introduit des vins sous le couvert de la licence accordée au chapitre de Saint-Étienne.

Item, que ab aquilh que an mes los vis a Agen jus la

licencia de S. Stephe fine hom e prenga finanssa de l'or al melhs que hom poyra.

On réparera la palissade et la clôture de la ville aux endroits où elles en auront besoin. Chaque consul, dans son quartier, veillera à ce que chaque habitant fasse exécuter à ses frais sa part de clôture. Les quartiers où il y aura moins à faire viendront en aide à ceux où de plus grands travaux seront nécessaires.

Item, que hom repare lo pal e la barradura de la vila a qui on mestes e necessari sera, e cada cosselh en sa gacha fassa en'barrar a cada singural en sa garda als despens del singurals (1); e que la gacha on menhs aura a far aia ajudar e ajude a l'autra gacha que mais aura mestes reparacio.

On informera le sénéchal de Toulouse, capitaine général pour le Roi en ces parties, de la chevauchée faite par Gausbert et Pons de Beauville en la franchise d'Agen, de l'enlèvement de bétail qui s'en est suivi et de la situation de la ville qui est dépourvue de capitaine et de gens d'armes.

Item, que hom escriva a Mossenhor lo senescale de Tholosa, capitani general, la cavalgada que En Gausbert e En Pons de Buovila an facha en la honor d'Agen, e cum ne an menat lo bestial, e la vila cum es sola de capitani e de gens d'armas.

4 mai. — Relativement à l'affaire des vins du sénéchal, ni lui, ni nul autre ne pourront en introduire en ville. On sait par informations que ledit sénéchal en a fait entrer une quantité suffisante pour sa consommation et celle de ses gens, et que même ces vins ne sont pas à lui.

Die III* madii. (*Présents : les consuls, treize jurats et huit notables.*) — Sobre lo fach dels vis de Mossenhor lo senescale fo orden.. que el ni deguna autra persona non meta ponh dins la vila d'Agen, majorment cum sia ferm per enformacio que lo dich Mossenhor lo senescale n'a assatz metutz a Agen per son beure e de sa companha, e que aquilh que son a la vila no son pas seos.

Quant aux vins vieux de M. d'Houdetot, on les donnera en paiement à ceux qui en ont prêté à la ville, à raison de deux tonneaux pour un qu'ils auront fourni, ou bien on les vendra, au détail, si les consuls y trouvent plus d'avantage.

Item, sobre lo fach dels vis velhs que foron de Mossenhor de Hautetot, fo ordenat que los balhen en paga a aquilhs a

____

(1) *Sic* pour *singular, singulars*.

cuy es degut per la prisa dels vis dos tonels per i, o los venda hom a taverna, ayssi cum sera mais profech de la vila al melhs que hom poyra ni sera vist als senhos.

Quant aux vins que l'évêque veut faire introduire, on n'accorde pas l'autorisation qu'il a demandée.

Item, sobre la mesa dels vis de Mossenhor d'Agen que no ni meta ponh.

9 mai. — On travaillera activement à la clôture de la ville; on y emploiera les bois provenant des maisons des rebelles que le Roi a attribuées à la commune, et pour le surplus des bois nécessaires on lèvera sur les gros bourgeois un emprunt qui leur sera remboursé le plus tôt possible sur les revenus de la ville, mais seulement après le paiement des vins qui lui ont été remis à titre de prêt.

Die ix[a] *madii.* (*Présents : les consuls, quinze jurats et quatre notables.*) — Tot volgoron que la barradura se fes d'entorn la vila d'Agen astivament et que hom prengua la fusta dels hostals dels rebellis per metre, quar lo senhor las a donadas, e de so que mais i aura mester que hom malleve dels gros de que se fassa, e que hom los o pague pusc al plus tost que hom poyra de las rendas de la vila o d'autre loc, paguat primeirament so que la vila deu per los vis mallevat.

Il sera permis aux forains de faire entrer, pendant un laps de huit jours, leur provision de boisson, qui est hors de la ville, pourvu qu'elle ait au moins un tiers d'eau, et ils n'en vendront ni n'en prêteront à aucun habitant d'Agen.

Item, que als fores done licencia per lo espasi de viii dias de metre lor beuratge que an defforas dins la vila, ab que sia per ters aiga o plus, e que non ausen vendre ni prestar a negun autre d'Agen.

A l'occasion du chapitre de Saint-Étienne, qui, l'an passé, avait requis les consuls de retirer la défense faite aux chanoines de disposer des vins introduits sous le couvert de la licence dont ils jouissaient, on verra à s'accorder, si l'intérêt de la ville le permet, et les consuls entendront des témoins de part et d'autre. Dans le cas où le chapitre établirait la légitimité de sa réclamation, on tâchera d'entrer en arrangement au mieux possible, mais, s'il ne peut faire cette preuve, l'affaire sera menée vigoureusement et les vins resteront sous séquestre jusqu'à ce que les chanoines aient reconnu leur tort.

Item, que cum los senhos cosselhs de l'an passat sian estats requeregut per lo capitol S. Stephe de far amoure lo ban que es mes els vis que an estatz mes dins la vila jus lor licencia,

que hom veja si o poira acordar a la honor de la vila, e
que los senhos cosselhs avian los testimonis hinc inde; e si
tant es que S. Stephe prohe sa ententa sufficiemment, que
se acorde al melhs que hom poira, e, el cas que no prohen,
que sia menat be e afforcidament, et los vis se tengan tant
jus l'arest entro que ilh conogan be lor error.

Vu l'embarras actuel de la ville, M⁵ R. Martinola garde ses fonctions de maître de l'œuvre des fortifications, jusqu'à ce qu'on ait pourvu à son remplacement.

Item, que per la necessitat que la vila a al jorn de huey,
maestre R. Martinola demore obre de la vila entro que hom
s'en puesca estre pervist de un autre.

Attendu qu'il n'y a qu'un seul trompette, Guill. d'Albigeois, guetteur de la
ville, joindra l'office de trompette à celui de guetteur et l'exercera concur-
remment avec R. de Leias. Ils toucheront, à eux deux, les gages des deux
trompettes jusqu'à ce qu'on en ait trouvé un autre.

Item que, quar no y a mas i trompador, que Guillem d'Albiges, gacha, exercisca lo offici de trompado e de gacha ab
R. de Leias, e prengan entramps cum dos trompadors a
tant, entro que hom n'aia trobat i autre bon trompador.

11 mai. — Au sujet des vins que le sénéchal voulait introduire dans la ville,
on décide qu'il ne devra pas en faire entrer d'autres cette année, vu qu'il
résulte d'informations prises qu'il en a fait venir cinquante tonneaux,
provision plus que suffisante pour la consommation annuelle de sa maison, lui et ses gens compris.

Die xiª madii. *(Présents : les consuls, dix-huit jurats et neuf
notables.)* — Sobre los vis que Mossenhor lo senescale volia
metre dins la vila d'Agen, fo ordenat que, quar per enformacio se troba que el na mes en la vila l. tonels o plus, e el no
los pusca pas beure de l'an d'ongan ab la companha que te,
que no ni meta plus de l'an d'ongan.

19 mai. — Il sera permis au sénéchal d'Agenais d'introduire seize ou dix-
huit tonneaux de vin qu'il a hors la ville, à la porte de Garonne, à la condition qu'il jurera qu'ils lui appartiennent véritablement, qu'ils sont destinés à sa consommation, qu'il ne les vendra ni ne les prêtera, enfin qu'il
ne demandera même pas l'autorisation de les vendre.

Die xixª maii. *(Présents : les consuls, vingt jurats et treize notables.)* — Tots equistz dessus escriots, exceptats los crosats (1)

____

(1) Neuf noms, sept de jurats, deux de notables, sont précédés d'une croix.

que no y eras *(sic)* pas, volgoron que Mossenhor lo senescalc
d'Agenes meta dins la vila xvi o xviii tonels de vis que a a la
porta de Garona, ab que lo dich Mossenhor lo senescalc
jure que seos *(sic)* propris son, dol et frau cessan, e que obs
de son beure los vol, e de sa companha, e que n'en vendra
ni n'prestara, ni n'en demandara licencia a vendre.

20 mai. — Pour la clôture de la ville, il sera levé sur les bourgeois un emprunt de quatre ou cinq cents écus en cette monnaie, ou leur valeur en
autres espèces. Les consuls, les jurats et les bourgeois, tous ensemble,
jurent d'effectuer le remboursement sur les revenus de la ville ou sur
d'autres ressources, si on en peut trouver, qu'ils soient alors consuls ou
simples particuliers. Ils s'engagent, en outre, à ne retirer, par leurs mains
ou par celles de leur trésorier, pas même un denier, jusqu'à ce que tout
l'emprunt ait été remboursé, à moins, ce qu'à Dieu ne plaise, d'un péril
urgent ou d'un extrême besoin, et encore, dans ce cas, ils ne pourront le
faire qu'avec l'autorisation des prêteurs. Enfin ils promettent de faire tout
leur possible pour que les consuls de l'année prochaine prennent les
mêmes obligations.

*Die xx maii. (Présents : neuf consuls, dix-huit jurats et
vingt-huit notables.)* — Tot volgoron que per la clausura de
la vila li senhos cosselhs prengan e maleven dels borgues
d'Agen iiiᶜ o vᶜ scutz, o l'argen que valran, e que la vila los
estonga al for que val marc d'argen al jorn de huey, ab letras
de la vila a paguar de las rendas de la vila de l'an que ve, o
d'autre loc, paguat primeirament so que es degut per los vis
que son estat malevat. E tots jureron, senhos, xxiiii e borgues
que d'aqui o paguen coma cosselhs, si n'eran adonc, o coma
privadas personas, o d'autre loc, si la vila aver ne podia, e
que non prendran i diner per lor, ni per lor thesaure, entro
que tot sia paguat, sino per gran perilh o per gran necessitat,
si i avenia, que a Dieu ne plassa, e en aquel cas, ab lor voluntat. E aissi o jureron totz e o prometeron e que faran lor
poder que los cosselhs de l'an que ve o juren.

Au sujet de la réclamation de G. de Talive, qui demandait à être indemnisé
de la perte d'un cheval arrivée l'année précédente à la suite des fatigues
du service des rondes, il sera fait droit à sa demande s'il croit pouvoir
affirmer en conscience que la mort du cheval est bien la suite des fatigues
et du voyage à Avignon.

Item, que a n Guillem de Taliva i rossi que a perdut l'an
passat per far l'estilgach, si el ausa affermar en sa cossienssa
que per aquela sola causa de l'estilgach e per la anada que fe

a Avinho al Rey nostre senhor es perdut e mort e que no n'a
fach nulh autre carrech per loqual el puesca estre mort, lo
sia enmendat per la vila.

25 mai. — Pour faire la clôture de la ville, on prendra les matériaux des
maisons appartenant aux rebelles, après estimation faite. Et, s'il se trouvait quelques maisons qui dussent être payées, la ville les paierait au prix
d'estimation.

Die xxv maii. *(Présents : les consuls et onze jurats.)* — Tot
volgoron que per far la barradura de la vila d'Agen e per lo
profech del Rey nostre senhor e atincio (?) de la dicha vila e dels.
habitans d'aquela, sia pres per los senhos cosselhs per tota
la universitat los hostals dels rebellis del Rey nostre senhor,
preceden extimacio, e si caucas era que covengues a paguar
lo pretz que seran extimatz que la vila d'Agen o pague.

26 mai. — Réunion de quelques jurats et bourgeois qui n'avaient pas assisté
aux délibérations précédentes et qui s'associent aux décisions prises.

Die xxvi mai. *(Présents : quatre jurats et onze notables.)* —
Omnes consencierunt, excepto crosato (magister Bernardus
de Melione) quod caperentur hospicia rebellium et extima-
rentur ut in articulo supra continetur.

Item, eciam juraverunt super mutuo faciendo et recipiendo
pro clausura et fortifficacione.

30 mai. — On fera faire, pour distribuer à l'aumône de la Pentecôte, des
pains de trois deniers et on ne laissera entrer pour prendre part à la
distribution aucun habitant des lieux rebelles.

Die xxx maii. *(Présents : les consuls, onze jurats et sept
notables.)* — Tot volgoron que hom fes far lo pa per donar a
la caritat de iii diners tor., e que hom no laisses intrar negus
d'aquilh que vendran a la dicha caritat que sian dels locx
dels rebellis.

2 juin. — La ville fournira à Mgr Olivier de Laye, capitaine général pour le
Roi de France en ces parties, cinq cents ou trois cents pionniers pour faire
le dégât sur les terres de l'ennemi, mais à condition que cette prestation
ne tire pas à conséquence et ne portera pas atteinte aux coutumes et aux
privilèges de la commune, qui portent qu'elle ne doit que quarante
hommes pour l'host du suzerain. La levée sera faite aussi nombreuse que
possible, aux frais de la ville, et chaque habitant fournira son contingent
plus ou moins fort, un, deux, trois hommes, selon ses moyens et le
voisinage de l'ennemi.

Die iia junii. *(Présents : les consuls, dix-sept jurats et quarante notables.)* — Tot volgoron que ve talados o iiie la vila

saisida balhe hom a Mossenhor Oliver de Laia, capitani general, per talar e dampnaciar los enemix ab protestacio que nos tragua a consequencia ni prejudique a nostras coustumas e privilegis que fan mencio de xl homes que devon prestar al senhor per far ost, e que i fassam so que poyrem als despens de la vila, segon mais e segon menhs que cascu ne fassa I o II o mais, segon so poder, e aquo per la destrecio en que los enemix nos tenon.

8 juin. — Informée que le juge mage d'Agenais, Mgr J. Balbet, se rendait auprès du Roi, porteur de certaines informations dressées contre les consuls de l'année précédente, au sujet de la désobéissance qu'il prétendait lui avoir été faite, la Jurade décide qu'il sera écrit au Roi et que l'affaire sera soutenue vigoureusement aux frais de la ville.

Die VIII^a mensis junii. *(Présents : huit consuls et cinq jurats.)* — Tot volgoron que, cum, segon que es dich, Mossenhor Johan Balbet, jutge mager d'Agenes, sia anat en Franssa e porte ab si alcunas enformacios contra los cosselhs d'Agen de l'an passat e carta sobre alcuna deshobedienssa, facha, segon que disian, a lor, aissi cum es escriut el VIe fulh d'avan, que hom escriva al Rey, nostre senhor, e hom mene la causa als despens de la vila be e regeanment.

Il est permis à Arnaud de Cabanes de jeter sur le fossé vieux de la ville un pont de deux planches pour aller de sa maison de Bordeille à celle qu'il a achetée de R. de la Villedieu : mais il devra enlever ce pont, au besoin, à la première réquisition des consuls.

Tot volgoron qu'En Arnaut de Cabanas pogues far pon de doas planchas del seo hostal de Bordelha envers la hostal que el a comprat d'En R. de la Vila Deo, sobre lo valat velh de la vila, aissi empero qu'el sia tengut del deffar en cas de necessitat a la requesta des senhos cosselhs d'Agen.

8 juin. — Il sera écrit au Roi pour l'informer de la situation du pays, des entreprises faites par le sénéchal au préjudice de la commune et pour le supplier de ne pas accueillir les démarches de quelques personnes tendant à rappeler à Agen Mgr B. Calvet qui avait failli livrer la ville. Il est voté, pour cette dépense, une somme qui ne doit pas dépasser 30 livres.

Die VIII^a junii. *(Présents : les consuls et trois jurats.)* — Tot volgoron que hom escrivos al Rey nostre senhor l'estat del pais e las noveletat que lo senescalc d'Agenes fa a la vila e los griuhs, e cum Mossenhor B. Calvet eriget trazir la vila d'Agen, e que ges no l plassia que, a estigacio de alcuna persona, el lo volgues tornar dins Agen; e asso als despens de la vila, entro a la summa de xxx liv. torn. o d'aqui en jus.

14 juin. — Bases de l'accord qui se négocie avec le chapitre de Saint-Etienne au sujet des vins qu'il avait laissé introduire par des tiers, sous le couvert de la licence dont il jouissait. Il sera convenu que le chapitre ne pourra dorénavant vendre sa licence, ni invoquer ce qui s'est passé comme un précédent, pour obtenir cette faculté; il devra même renoncer à toute prétention à cet égard. De leur côté, les consuls s'efforceront d'obtenir de l'évêque la remise des droits qu'il peut réclamer à raison des vins introduits, et, s'ils l'obtiennent, ils en feront bénéficier le chapitre, qui n'aura ainsi rien à payer.

Die xiiiiª junii. — *(Présents : les consuls, quatorze jurats, un notable.)* — Sobre lo fach dels vis que son estat mes a Agen per la licencia de S. Stephe, volgoron totz que hom respongua e digua al dich capitol que ab una *(sic)* que ilh no vendan las licencias d'assi avant ni no o demandan per consequencia, e que lo dich capitol i renuncie que d'assi avant no o puscan demandar ni no o demanden a consequencia; que hom tribalhara que lo senhor done a la vila tot so que pot demandar els dichs vis per razo de la dicha mesa, e que obtenguda per los dichs senhos de cosselh la dicha gracia e do, los dichs senhos los o remetran.

18 juin. — Afin de pouvoir profiter des 650 livres dues à la ville sur les bénéfices du monnayage appartenant au Roi, il est décidé qu'on empruntera 60 marcs d'argent ou plus pour les remettre à la monnaie d'Agen. Le remboursement sera fait au moyen de pièces de vaisselle fabriquées aux frais de la ville et pesant chacune autant de marcs qu'il en aura été avancé par chaque prêteur. On se procurera ce métal à Toulouse, et s'il arrivait un accident, ce qu'à Dieu ne plaise, la perte serait au compte de la ville. Enfin on délivrera aux prêteurs des reconnaissances portant promesse de les rembourser dans deux mois.

Die xviiiª junii. *(Présents : les consuls, dix jurats, deux notables.)* — Tot volgoron que, per metre a la moneda d'Agen, afi que del profech del Rey la vila se pague de las viᵉ l liv. torn. que son degudas, hom malleve lx marcx d'argen o plus e que a aquels de cuy hom los mallevara hom reda tans marcx cum prestaran en vaissela facha en obra plana als despens de la vila sus las dichas viᵉ l liv. e que hom angua comprar lo bilho a Tholosa al perilh de la vila, si res y en devenia, qu'a Dios no plassa, e que hom ne done letras a aquels que prestaran a paguar dins ii mes.

Si le chapitre de Saint-Etienne consent à ne pas vendre dorénavant la licence
dont il jouit pour l'entrée de ses vins et à ne pas laisser introduire des
vins sous son nom par d'autres que des chanoines, chapelains, prébendés
et employés de son église, s'il renonce à ses prétentions à ce sujet, les
consuls, au nom de la ville, lui restitueront, en tant qu'il leur sera possible, les vins qui ont été saisis et s'efforceront d'obtenir de l'évêque, au
profit du chapitre, la remise des confiscations.

Item, volgoron que el cas que lo capitol St. Stephe d'assi
avant no pusca vendre la licencia, ni deguna persona jus lor
nom no y pusca metre vis, sino lo capitol, o capelas, o pro-
vendes, o servicials de la gleia, e renuncie del tot a la venda de
la dicha licencia, que d'assi avant no o puscan demandar per
consequencia, que la vila e los cosselhs, en quant que es de
lor, los relaxe los vis e prometan a lor que faran lor poder
que lo senhor los remeta encors o autra causa, si i avia.

22 juin. — Nouvelle délibération mettant à la charge de la ville les acci-
dents qui pourraient arriver aux 60 marcs d'argent qu'elle vient d'emprunter.

Die xxii[a] junii. (*Présents : les consuls, un jurat et trois
notables.*) — Tot se cossentiron que el cas que los lx marex
d'argent que hom a mallevatz de la vila se perdessan, qu'a
Dios no plassa, o alcun dampnatge en aquels endevengues
que tot fos sus la vila, cum dessus en aquest fulh es escriut.

28 juin. — Nonobstant la délibération qui portait que tout l'argent emprunté pour faire la clôture de la ville serait employé à ces travaux, sans
pouvoir être distrait pour d'autres usages, il est permis aux consuls de
prendre sur ces fonds le prix de leurs robes consulaires et du luminaire
dépensé pour les rondes de nuit, comme aussi d'y recourir pour les
besoins urgents de la ville. Six membres de la jurade sont d'avis qu'on
fasse contribuer à l'emprunt les bourgeois qui n'y ont pas pris part,
qu'une portion de cet argent soit affectée à la clôture de la ville, enfin que
la valeur des vins prêtés soit remboursée sur les premiers fonds qui
proviendront des revenus de la ville.

Die xxviii[a] junii. (*Présents : les consuls, dix-sept jurats et
douze notables.*) — Totz volgoron que, contrastan que fos
estat ordenat e promes que tot so que hom prestaria per la
barradura e clausura de la vila d'Agen fos mes en la dicha
clausura, e no en autre loc ni en autres usatges, que los
senhos cosselhs e lor thesaurer ne prengan en puscan prendre
per paguar las lors raubas fachas per lo cossolat, e per
paguar la lumenaria per far l'estilgach, e per las autras
necessitatz urgens no contrastan la ordenacio primeira. E los

crosatz (1) volgoron mais que los dichs senhos cosselhs fassan prestar a totz aquilh que pretat no an, e que partida d'aquo sia mes en la barradura de la vila d'Agen ; e mais volgoron que los vis que son alougutatz losquals se prestan se prengan, o so que montan del prumer argent que s'levara ni se prendra de las rondas de la vila.

30 juin. — Deux des consuls et un bourgeois avec eux se rendront à cheval à Toulouse pour présenter leurs devoirs à Mgr le comte de Foix et lui exposer l'état de la ville et du pays. Si Mgr d'Armagnac est dans les environs, ils iront aussi lui faire la révérence.

Die ultima junii. *(Présents : les consuls, treize jurats et quatre notables.)* — Tot volgoron que dos des senhos cosselhs e 1 autre ab lor, que sian tres a caval, angan a Tholosa per far la reverencia a Mossenhor lo compte de Foihs et per mostrar l'estament de la vila e del pais. E si Mossenhor d'Armanhac es pres, que hom y angua a luy far la reverencia.

4 juillet. — Il sera prêté au comte de Monlezun 306 deniers à l'écu ou 60 marcs d'argent qui lui manquent pour parachever la somme destinée à retirer des mains du seigneur de Fimarcon le château de Montagnac et le replacer sous l'obéissance du Roi de France. Mais il devra jurer par le serment le plus solennel, sur le missel et sur la croix, de rendre cet argent dans un mois.

Die IIIIe julii. *(Présents : dix-neuf jurats et vingt notables.)* — Tot volgueron que prestes hom al comte de Monlazu III^c diners de l'escut o LX marcs d'argen per 1 mes, mas que s'obligue e jure a pagar tant fort cum poyra hom de rendre aquels, sobre lo messal, e sobre la crotz, e plus fort, aissi coma se poyra far, losquals li son necessaris per complir la finansa que deu el senhor de Fios-Marcho per tornar Montanhac a la hobediensa del Rey de Fransa nostre senhor.

12 juillet. — Les consuls se rendront à Condom, auprès du Roi de Navarre ou du comte de Foix, pour lui exposer la situation de la ville et le supplier de préposer à sa garde un capitaine éprouvé.

Die XII julii. *(Présents : huit jurats, quatre notables.)* — Tot volgueron que los senhos angan a Condom al Rey de Navarra o al conte de Foys per demostrar l'estat de la vila e la oppressio que ls enemics nos fan e demandar capitani bo e sufficient per gardiar.

(1) Six noms sont précédés d'une croix.

14 juillet. — Le sénéchal d'Agenais ou son lieutenant ayant rendu une sentence au sujet des crimes imputés à Guillaume Maurel, sans l'assistance
des consuls, ce qu'il ne pouvait faire d'après les privilèges accordés par
les Rois à la ville, les consuls appelèrent au Roi de cette violation de la
coutume, et il fut décidé qu'au cas où le sénéchal ne donnerait pas réparation, l'affaire serait poursuivie rigoureusement aux frais de la ville.

Die x111ª julii. *(Présents : neuf jurats et cinq notables.)* —
Tot volgueron que cum Mossenhor lo senescalc d'Agenes o
son loctenen aian donat sentencia a Guillelmes Maurel, de
alcus crims a luy empausatz senes apelar los senhos cosselhs
d'Agen, laqual causa far no podia, quar per los privilegis
autrejatz per lo senhor a la vila d'Agen, e los dichs senhos
cosselhs se sian appelat al Rey nostre senhor, que la causa
se mene be e regeament als despens de la vila, e l cas que el
no o volgues reparar.

Nouvelle délibération relative au voyage des consuls à Condom
vers le Roi de Navarre ou le comte de Foix.

Item, que hom angua a Condom al Rey de Navarra o al
compte de Foyhs, en la maneira que dessus es escriut.

22 juillet. — Il sera offert deux pipes de bon vin au seigneur de Caumont,
en considération de ce qu'il veut bien aider la ville dans sa lutte contre le
château de Madaillan et pour la dévastation de cette localité.

Die xx11ª mensis julii. *(Présents : les consuls, douze jurats et
sept notables.)* — Tot volgoron que al senhor de Caumon
dones hom doas pipas de vi bo per so quar el ses uffert de
ajudar a la vila contro lo loc de Madalha e a dampnaciar lo
loch predich.

État de la vaisselle d'argent prêtée au comte de Monlezun pour l'aider
à retirer des mains des ennemis le château de Montagnac.

La vayssela d'argent renduda a aquels de cuy fo mallevada
per prestar al comte de Monlasu per la finanssa del loc de
Montanhac, laqual fo prestada lo (1) jorn de julh e fo renduda lo xv jorn de julh.

Primeirament a Mossenhor Arnaut Tavernas, x tassas de
planas. Rendem las a luy o a Mossenhor Guillem de Rica-
merio, presbitero suo, per ipsum ad hoc misso.

(1) La date manque.

Item, renderon a Johan Lormer iᵃ tassa de doas que n'avia prestadas.

Item, an R. del Caune, lo frachum que pesava i march.

Item, an Guillem a Ramon de Ferran, ii tassas de dos marchs.

Item, an Bertran de Taliva, iᵃ tassa de march.

Item, an B. de Carcassona, ii tassas de march e mech.

Item, an Pelicer, filh d'En P., iᵃ tassa de i march.

Item, a Mossenhor P. Rigau, ii tassas.

3 août. — Une députation se rendra à Condom auprès du Roi de Navarre, lieutenant du Roi de France, pour lui faire la révérence et lui exposer la situation de la ville. Cette députation se fera de la manière la moins coûteuse qu'il sera possible.

Die iiiᵃ mensis augusti. *(Présents : les consuls, dix-huit jurats et douze notables.)* — Tot volgoron que hom anes far la reverencia al Rey de Navarra, loctenen del Rey nostre senhor, à Tholosa, e demostrar l'estament de la vila d'Agen e del pais, als mendres despens que hom poyra.

19 août. — Prestation de serment de Bernard d'Armagnac, autrement dit Filhet, en qualité de bourgeois d'Agen.

Die xix augusti. — Bernardus d'Armanhaco, alias Filhet, juravit dominis Agenni consulibus, ut burgensis dicte civitatis, in presencia domini Arnaldi de Cassanea, militis, domini Vitalis de Fumello, legum doctoris, Johannis de Devezia, Johannis de Vineali, Saysseti Torti, Bernardi Garnerii, Johannis de Terminis, Helie de Teraco.

19 août. — Le Roi de Navarre devant arriver à Agen dans deux jours, comme lieutenant du Roi de France, il lui sera fait présent de six pipes de vin, de vingt torches de cire, du poids total d'un quintal, et de vingt cartières d'avoine.

Die xix augusti. *(Présents : dix-sept jurats et dix-neuf notables.)* — Tot volgueron que al Rey de Navarra que deu venir Agen d'aissi a ii jorns, loc tenen del Rey nostre senhor, donga hom vi pipas de vi e xx torchas entro a i quintal de sera, e xx carteiras de sivada.

État des vins chargés en couleur que les consuls permettent à certains habitants de faire entrer à Agen pour colorer ceux qu'ils ont déjà dans leurs caves.

Per lo cosselh e voluntat dels quals juratz e borgues, nos,

cosselhs d'Agen, donen licencia, per nostra auctoritat e reyal, a las personas dejus escriutas :

Primeirament, an Guillem del Luc, una **pipa** de vi tinch per acolorar sos vis.

Item, an P. de Mausac, de una pipa, per si e per sos personers, per la causa predicha.

Item, a maestre P. Mancel, per I tonel de vi, per la cause predicha.

Item, an Coli Berat e an B. Gasc, II barrials.

Item, an Johan dels Termes, II barrials.

Item, a G. de Calapia, II barrials.

Item, a R. Batalha, II barrials.

Item, Silvestro de Laynes, II barrials.

21 août. — Jean de Termes reçoit d'un consul trois cents carreaux pour être employés à la défense d'un moulin construit sur la Garonne.

Die xxi mensis augusti. — Fuit traditum per magistrum Petrum de Liobosol, conconsulem, de voluntate aliorum dominorum consulum, pro custodiendo molendino, supra flumen Garonne, IIIc cayrels Johanni de Terminis: IIIc cayrels.

29 août. — Informée que le Roi de Navarre, en sa qualité de lieutenant du Roi de France, avait accordé quelques droits de juridiction au château de Bajamont, dans les limites de la franchise d'Agen, juridiction qui appartenait de toute ancienneté à ladite ville et qui ne pouvait en être distraite sans un grand préjudice pour le commerce et les habitants, la jurade décide que si cette distraction a été faite au profit du château de Bajamont ou du sieur de Pléneselve, on requerra le Roi de Navarre de la révoquer, et, s'il s'y refuse, on portera l'affaire en justice, soit en France, soit ailleurs, et on la soutiendra vigoureusement et opiniâtrément aux frais de la ville et de la manière la plus avantageuse qu'il sera possible.

Actum die festi decollationis Beati Johannis. *(Présents : les consuls, vingt jurats et trente-trois notables.)* — Tot volgoron que, cum hom entenda que lo **Rey** de Navarra, loc tenen del Rey nostre senhor, done al loc de Bajolmont juridictio en la propria honor e juridictio de la ciutatz d'Agen e aquela que propriament se aparte antiquament a la dicha ciutat, en prejudici de la dicha ciotat e dels habitans d'aquela, que, el cas que lo sia donada honor e juridictio en la propria honor et juridictio de la dicha ciotat, a luy ni al senhor de Planaselva, que hom requerra al dich **Rey**

de Navarra que el o revoque, si fach o a, e el cas en que los
o done e revocar no o vulha, que hom o mene en Franssa
e alhors be e regeament e a forcidament als propris despens
de la dicha ciotat d'Agen e dels habitans d'aquela, en la
melhor maneira que far se poyra.

5 septembre. — Autorisation accordée par les consuls à G. de Talive de
tenir une boutique de changeur. Celui-ci prête le serment requis et
fournit pour caution Pierre Gautier de Talive, son frère.

Die v septembris. — Domini consules Agenni, videlicet
magister Jacobus Maynardi, magister P. de Liobosol, Guillelmus Vesati, Guillelmus Sobirani, magister Wilhelmus de
Cassaneis, magister R. de Gresolis, ad supplicacionem
Wilhelmi de Taliva, dederunt eidem licenciam tenendi, per
se vel alium ydoneum, tabulam nummulariam apud Agennum. Et juravit deposita et commendas, etc. Et cavit per
Petrum Galterii de Talivia, ejus fratrem, civem Agenni, et
obligavit bona sua nomine fidejussoris. Instrumentavit R. de
Calapiano. — Presentibus : B. de Carcassona, magistro
Galhardo de Gamavilla, Arnaldo Donadei.

13 septembre. — Pour protéger les vendanges et les vendangeurs contre les
excursions de l'ennemi, la ville lèvera à ses dépens cinquante sergents
qui resteront sur pied jusqu'à la fin des vendanges.

Die xiii septembris. *(Présents : les consuls, dix-sept jurats
et dix-sept notables.)* — Tot volgoron que per las vendenhas
e per gardar los vendenhados dels enemix hom fassa als
despens de la vila L sirvens, tant entro que hom aia ven-
denhat.

Autorisation aux bourgeois d'Agen, comme les années précédentes, d'introduire gratuitement le vin ou la vendange des vignes qu'ils possèdent
dans la franchise d'Agen.

Item, que hom done liccencia als borgues d'Agen o fores
de metre lo vi e la vendenha de lor vinhas que an en la honor
d'Agen per la maneira que en l'an passat fo dada.

Quant aux bourgeois qui ont des vignes hors de la franchise, ils paieront,
pour l'entrée de leur vin, 10 sols par tonneau destiné à leur consommation, et 20 sols par tonneau destiné à la vente. Mêmes droits pour les vins
des forains qui ne font pas le guet à Agen et ont des vignes dans la juridiction.

Item, a aquels borgues que an vinhas foras de la honor,

per x sols lo tonel per lor beure, e xx sols per vendre; e als
fores no gachans a Agen de dins la honor, per x sols lo tonel
a lor beure, e per xx sols per vendre.

> On enverra des sacs (?) pour loger le grain qu'on doit acheter
> pour la provision de la ville.

Item, que hom trameta per comprar blat capsas per la
provesio de la vila d'Agen.

15 septembre. — Les gardes se feront personnellement aux portes et de
nuit. Un consul aura chaque jour la garde d'une des portes, les portiers
manquant, et les gages de ceux-ci feront retour à la ville qui les emploiera
à payer des guetteurs ou à d'autres besoins.

Die xv septembris. *(Présents : neuf jurats et sept notables.)*
— Tot volgueron que hom gaches en sa propria persona a las
portas e de nuchs, e que cascus jorn i agues i cosselh a las
portas, en deffauta dels portes, e que los gatges d'aquels
s'appliquen a la vila en espias e en las autras necessitat de
la vila.

> Les forains faisant le guet dans la ville pourront introduire gratuitement
> le vin des vignes qu'ils ont dans la franchise.

Item, que los fores gachans en la vila ne metan lo vi que
an de lor vinhas dins la honor quiti.

On remboursera les personnes qui ont fourni les lingots d'argent que la
ville a remis à la monnaie dans le but de toucher, sur le bénéfice du monnayage, les 650 livres octroyées l'an passé par le Roi. Il sera payé aux
prêteurs 9 livres 10 sols par marc d'argent. c'est-à-dire le prix que coû-
terait le marc acheté chez un marchand.

Item, que aquels a cuy deu hom los marcs que an prestat
per metre a la moneda, per que del profech qu'en issiria se
pagues hom d'aquelas vi^c livras qu el Rey nos avia donadas
l'an passat. lor sian pagat ix liv. x sols per march, mas que
tans marcs cum hom poyra aver d'un mercader lor sian pagat.

23 septembre. — Le petit pont de bateaux donné par le Roi de Navarre sera
terminé avec les pieux et les poutres des maisons des rebelles. Aucun
ouvrier à gages ne sera employé à cette tâche: mais chaque habitant y
travaillera sans salaire, et l'ouvrage devra être bien conditionné, solide et
complet.

Die xxiii septembris. *(Présents : douze jurats et treize nota-*
bles.) — Tot volgueron que hom acabes ab pals, ab fitas, lo
petit pont qu el Rey de Navarra nos a donat de la fusta de la

vila e dels hostals dels rebelles fondut, et que negus obrers
no i gasanhen gatges, mas que cascus sia manobres senes
cost, e que se fassa bo e fort e perfech ab comporta (?).

28 septembre. — Il sera fait un présent convenable, d'une valeur de 100 liv.,
tel que les consuls le détermineront, au nouveau capitaine de la ville,
G. de la Barthe, et à madame sa femme.

Die XXVIII septembris. *(Présents : dix-sept jurats et dix
notables.)* — Totz volgueron que a Mossenhor G. de la Barta,
nostre capitani novel, e a madona sa molher, fassa hom bon
present entro a c liv. torn., aissi coma sara vist als senhors.

Les forains qui ont pactisé avec messire Amanieu du Fossat, du parti des
rebelles, pour pouvoir vendanger et cueillir leurs noix et autres fruits en
sécurité, devront remettre à la ville les fonds qu'ils avaient réunis pour
obtenir cette sauvegarde et il leur sera fait défense de rien payer à messire
Amanieu, mais la ville tâchera qu'ils ne soient ni maltraités ni mis en
cause pour ce fait. Quelques jurats voulaient même que les forains fussent
punis pour avoir pactisé sans l'autorisation du Roi.

Item, volgueron que la finanssa facha per los fores ab
Mossenhor Amaneu del Fossat, rebelle, per que poguesson
vendenhar e culhir los nocz e fruchs sia applicada a la vila, e
que ges per aisso no sian vexatz ni mes en causa, mas que
lor sia deffendut que non paguen point a Mossenhor Amaneu,
e los crosat (1) volgueron que fossan punit e corregit, quar
ses licencia del senhor fineron.

8 octobre. — Pierre de l'Arnaudie, marchand drapier, est reçu bourgeois
d'Agen et prête le serment requis par les ordonnances.

Die VIII octobris. — Petrus de l'Arnaudia, draperius mercator, fuit receptus in burgensem et juravit prout in libro
consuetudinum continetur. Presentibus : Willelmo Sobirani,
Willelmo Vesati, magistro P. de Liobosol, magistro Guillelmo de Cassaneis, Arnaldo de Cabanis, consulibus.

10 octobre. — A l'occasion du vol d'une corde commis par lui au préjudice
de la ville, Jean Maurel s'oblige par serment à s'en remettre à la décision
des consuls. Il jure de ne pas invoquer contre cette soumission le bénéfice
de minorité, ni aucune autre exception, et il donne pour caution Guillaume de Vernet, charpentier, qui prête le même serment.

Die x octobris, anno L primo, Johannes Maurelli, super eo

____

(1) Six noms sont précédés d'une croix, ce sont les suivants : dominus
Vitalis de Fumello, magister Guillelmus Raymundi d'Aubinho, Matheu
d'Aut-Corn, maestre R. de Causac, jurats ; P. Calvet, P. d'Ayquart, notables.

quod ipse quandam cordicellam ville furaverat et ad domum ipsius adportaverat, se submisit, juramento mediante, ordinacioni dominorum Agenni consulum et juravit non contra, etc., minoris etatis racione vel alias, et cavit per Guillelmum de Verneto, carpentarium, qui quidem Guillelmus juravit non contra, etc. Testes : B. de Carcassona, Galhardus Textoris (1).

13 octobre. — Les Lombards voulaient s'en aller à Castelsarrasin, et la ville allait se trouver sans garnison et par suite en grand danger. La jurade décide qu'on essaiera d'obtenir d'eux qu'ils restent huit jours de plus à Agen et qu'on écrira au Roi de Navarre pour le supplier de leur faire payer leurs gages et de les laisser dans la ville. Cependant la ville leur avancera 50 livres tournois pour leur subsistance, à rendre sur le premier prêt qu'ils toucheront, mais au cas où cette somme ne serait pas remboursée, elle resterait au compte de la ville.

Die XIII^a octobris. *(Présents : les consuls, douze jurats et dix notables.)* — Totz volguoron que, cum los Lumbartz s'en vulhan anar a Castel-Sarasi, e la vila demores vuia e senes garda e en gran perilh, que hom los restangue a Agen per lo espasi de VIII jorns, si demorar y volon, e que hom escriva sobre aquo al Rey de Navarra que a luy plassa que el los fassa far prest e paguament sufficient de lors gatges e los vulha laissar a la garda de la vila, e que entremech la vila lo preste L. liv. de tornes de que vivan, e que ilh las paguen del primier prest que auran. E el cas que no las paguessan, que la vila las pague.

14 octobre. — Défense est faite par les consuls à Pierre de Lordat, tondeur de drap, de ne plus aller dorénavant demander des draps à apprêter, sans être appelé par vendeur ou acheteur.

Die XIIII^a octobris, fuit inhibitum per dominos Agenni consules, Petro de Lorda, tonsori Agenni, sub pena LXV sol. aureorum, ne de cetero per se, vel per alium, perquireret pannum pro tondendo in operatorio, nisi vocatus per emptores vel venditores, cui inhibicioni concensiit. Testibus presentibus : R. de Calapiano, G. de Ruppe, clerico (2).

(1) Cet article a été barré postérieurement, mais sans intention de le rendre illisible.
(2) Après ce paragraphe, se trouve la mention d'une séance du 26 octobre et la liste des membres qui y assistaient, douze jurats et six notables, mais la délibération n'est pas relatée.

4 novembre. — Le territoire de la juridiction et de la franchise de la ville, et spécialement la circonscription de Bajamont et des paroisses environnantes, seront visités par le bailli royal, qui fera apposer sur les limites, en signe du droit de la commune, des panonceaux aux armes du Roi et dresser des fourches patibulaires auxquelles on pendra un homme condamné à mort qui se trouve dans les prisons d'Agen. On fera signifier à Arnaud de Durfort la sauvegarde octroyée à la ville, on abattra les potences qu'il a fait élever sur les limites de la juridiction de la commune, et il sera ajourné, en sa qualité de bourgeois d'Agen, pour prêter serment de fidélité, ainsi que les habitants des paroisses voisines de son château de Bajamont. La délibération sera tenue secrète jusqu'à la mise à exécution. On soumettra au bailli royal, garde des privilèges de la ville, le procès-verbal de la délimitation de la seigneurie de Bajamont, dressé par les commissaires des Rois de France et d'Angleterre, la sauvegarde octroyée par le Roi à la ville, avec les lettres qui la rendent exécutoire, l'enquête qui sera dressée par les anciens de la cité pour constater que le lieu de Bajamont et les paroisses voisines sont de la franchise d'Agen, enfin la charte de bourgeoisie accordée à Rainfroi de Bajamont ; et quand il aura vu ces pièces, on procédera à l'exécution des mesures prescrites et l'on fera des pieds et des mains pour défendre et conserver la franchise et la juridiction de la ville en leur intégrité, dût-on y employer toutes les ressources municipales.

Die IIII novembris. — *(Présents : quinze jurats et un notable.)* — Tot volgueron que nostra jurisdictio e nostra honor sia vesitada per lo baile royal, e especialmens lo loc de Bajolmont e las parroquias d'entorn, e penucels i sian mes per nostro drech e per nostra jurisdictio, e forcas i sian mesas, e que i meta hom i home que tenem pres que a servit mort, e que entime hom an Arnaut Durfort nostra salva garda, e, ostadas unas forchas lasquals el a plantadas de fach en nostra jurisdictio e abatudas, el sia adjornat coma nostre borgues per far sagrament a nos e tot los habitans de las dichas perroquias per la meissa maneira, e que sia tengut secret entro sia fach. E aissi fo promes e jurat, e fo cosselh que la redoa de Bajolmont que fo facha per los comissaris dels reys de Fransa, nostre senhor, e d'Anglaterra, e la salva garda reyal de que aiam exequtoria, e facha enformacio ab los prohomes anticis que sabon coma lo dich loc de Bajolmont e las perroquias predichas son en nostra honor, e la carta de la borguesia del Arrainfre de Bajolmont (1), tot aisso sia

(1) La charte de bourgeoisie accordée à Rainfroi de Bajamont est rapportée dans le registre, six feuillets plus bas. En voici la teneur :
« Tenor vero instrumenti qualiter domini consules civitatis Agenni rece-
« perunt Ramfre de Duroforti, dominum de Bajulimonte, in burgensem

mostrat al baile nostre gardiador, e facha fe a luy de tot
aisso, hom predisca en las dichas causas, e gardem e deffen-
dam la honor e jurisdictio de nostra vila ab los pes et ab las
mas per la melhor forma e maneira que poyrem, e que metam
tot so que avem.

On députera en France vers le Roi pour obtenir révocation de la donation
faite au préjudice de la juridiction et de la franchise de la ville par le Roi
de Navarre à Arnaud de Durfort, seigneur de Bajamont, pour lui prouver,
par les titres qui le constatent, que Bajamont est de la juridiction et de la
franchise d'Agen et que le seigneur est bourgeois de ladite cité. Les députés exposeront aussi au Roi la situation du pays et de la ville, les dégâts
qu'y commet l'armée du Roi de Navarre. Ils le supplieront de porter
remède à tous ces excès et d'approvisionner la cité de blé et de vivres,
ajoutant que le menu peuple est décidé à abandonner la ville si la guerre
recommence et qu'il est urgent de prendre des mesures pour conjurer les
dangers qui menacent la ville. Enfin le Roi sera également supplié, pour
le cas où il conclurait la paix, de conserver à son domaine la ville d'Agen
ou du moins d'obtenir pour elle de suffisantes sûretés.

Item, que trametam en Fransa al Rey nostre senhor per
aver la revocatoria de so qu'el Rey de Navarra a donada de
nostra jurisdictio e honor a Arnaut Durfort de Bajolmont, e
per demostrar cum Bajolmont es en nostra propria jurisdictio
e senhoria, e coma es nostre borgues ab carta qu'en esta, e

« dicte civitatis : Notum sit que l'an de Nostre Senhor M CC LXXIX, regnante
« domino Phillppo Rege Francorum, Arnaldo Agennensi episcopo, so cs asm
« ber VIII dias a l'issit d'abril, receberon lo cosselhs d'Agen en Ramfre de
« Durfort, donsel, per borgues, al qual los prediths cosselhs donet et autreget
« sa part cum a borgues en tota e cadauna las franquesas e las libertatz que
« li borgues ni li ciutadas del meis loc an ni deven aver per totz locs, loqual
« Na (sic) Ramphre juret sobre Sans Envangelis de Deu que el sera bon e
« leyals als senhors e als cosselhs d'Agen, e que totas horas e totas begadas
« qu'el prediths cosselhs lo mandara ni l fara mandar per messatge o per
« crida, que el vendra al lor mandament, els sera hobedient aissi cum
« borgues d'Agen deu estre hobedient; e que de tots los bes e de totas
« las possessios e de totas las heretatz que a dins los dex ni dins la
« honor d'Agen o per aenant aura, que el, segon que i aura, ne dara,
« al esgart del cosselh, a ost e a questa e a talhada e a autres devers,
« per sols e per liura, cum borgues d'Agen deu far. Aisso fo fach el dia e en
« l'an sobredich. Hujus rei testes sunt Vitalis Calvet, Raymundus de la Cas-
« sanha, filh d'en Aymat de la Cassanha qui fo, et ego Raimundus de Ver-
« neto, communis notarius Agenni, qui hanc cartam scripsi. »
    Résumé d'un acte du 1er avril 1336, par lequel noble Bertrand de Savignac,
seigneur de Mérenx, reçu bourgeois d'Agen, s'engage à payer, comme les
autres bourgeois, le souquet du blé et du vin, et, en outre, 20 sols arnaudins chaque année le 3e jour après Pâques, pour sa contribution aux tailles
et aux quêtes : « Item, magister Raymundus de Gresolas, notarius Agenni,
« recepit instrumentum in quo nobilis Bertrandus de Savinhaco, dominus
« de Merenches, fuit receptus burgensis Agenni per dominos consules et se
« obligavit solvere soquetum bladi et vini ut unus burgensis, nec non sol-
« vere anno quolibet, mediante juramento, vigenti solidos arn. tercia die
« festi Pache Domini, pro talliis et questis; die prima mensis aprilis, anno
« domini M° CCC° XXXVI° ».

per demostrar l'estat del pais e de nostra vila, e cum som dampnaciat per la ost del Rey de Navarra, e que nos volha far enmenda e provesir de blat et de vitalhas, e cum lo poble menut, si guerra es, volon desemparar la ciotat, e si no i provesis, que sarem en perilh. E si fazia pacz, que nos volha retenir en propri domaine, o nos volha provesir de bona segurtat.

6 novembre. — Le bailli royal d'Agen et son lieutenant, gardiens de la sauvegarde octroyée à la ville, accompagnés de plusieurs habitants d'Agen, tant à pied qu'à cheval, et du consul Guill. Cases, font le tour du territoire de la franchise et se transportent dans les paroisses d'Artigues, Cassou, Serres, Sainte-Gemme, Sainte-Foy et Bajamont, pour faire observer la sauvegarde et les lettres qui la rendaient exécutoire. Et attendu qu'il leur est démontré par les pièces officielles que lesdites paroisses et le lieu de Bajamont appartiennent de toute ancienneté à la juridiction immédiate de la ville d'Agen, comme ce fait est en outre constaté en un acte reçu par Me du Vernet, notaire, le 23 avril 1279, ils placent le territoire de la juridiction sous la sauvegarde du Roi et en conséquence ils apposent sur plusieurs points les panonceaux royaux, après avoir fait abattre les fourches patibulaires que ceux de Bajamont avaient élevées au préjudice des droits de la commune d'Agen. — Procès-verbal de ce qui précède est dressé par Arnaud de Tholzac, greffier de la cour du bailli.

Die dominica sequenti, videlicet VI novembris. — Bajulus regius Agenni et ejus locum tenens, gardiatores salve gardie Regis Agenni, accesserunt cum pluribus habitatorum Agenni equitibus et peditibus, una cum Guillelmo Casis, consule, circa honorem Agenni, videlicet ad parrochias de Artigiis, de Cassone, de Serris, Sancte-Gemme, Sancte-Fidis et de Bajolimonte, et pretextu salve gardie dicte ville et exequtorie ejusdem, cum sibi constaret tam per redoam de Bajolimonte quam per informacionem legitimam per ipsum bajulum inde factas, dictas parrochias et locum de Bajolimonte esse et fuisse ab antiquo de propria jurisdictione immediata civitatis Agenni, et insuper sibi constaret per instrumentum publicum, diu est, receptum per magistrum R. de Verneto, notarium, anno domini M° CC° LXXIX, VIII die exitus aprilis, gardigeaverunt dictum honorem et posuerunt in pluribus locis penuncellos regios. De quibus premissis magister Arnaldus de Tholsaco, scriptor curie dicti bajuli, recepit instrumenta et processus, furchis dirutis, quas illi de Bajolimonte, ut dicitur, ligerant in nostri prejudicium.

On apprend le lendemain qu'Arnaud de Durfort, seigneur de Bajamont, assisté de B. de Durfort, sujet du Roi de France, et de Séguin Croset, sujet du Roi d'Angleterre, et de leurs gens, ont renversé les panonceaux et relevé les potences au mépris de l'autorité royale et au préjudice de la ville d'Agen.

Et fuit dictum in crastinum quod Arnaldus Durforti de Bajolimonte, una cum domino B. de Duroforti, de nostra hobediencia, et domino Seguino Crosseti, de hobediencia Regis Anglie, et eorum committiva dirruerant irreverenter et viliter dictos penuncellos regios et fixerant alias furchas, in prejudicium et contemptum domini nostri Regis et civitatis Agenni prejudicium.

Or, il y avait trêve conclue entre les Rois de France et d'Angleterre, depuis le 11 septembre précédent jusqu'au 12 septembre de l'année suivante 1352.

Et est sciendum quod treuge erant inhite inter dominum nostrum Francie Regem, et Regem Anglie, a xi die septembris proxima preterita usque ad instantem diem xii septembris anno L° secundo.

14 novembre. — Nouvelle délibération pour l'envoi d'un député au Roi de France, et choix fait du consul R. de Grésoles, qui prête le serment requis en tel cas par la coutume.

Die xiiii° novembris. *(Présents : les consuls, dix-sept jurats et six notables.)* — Tot volgoron que hom trametos en Franssa, al Rey, nostre senhor, per la maneira que es escriut en l'autre fulh, e que y anes maestre R. de Gresolas, e que prometa e jure per la maneira que es contenguda en l'artigle de la coustuma.

23 novembre. — Comme il s'en faut de beaucoup qu'il y ait assez de vin dans la ville pour la consommation de toute l'année, la jurade décide qu'on en laissera entrer deux cents tonneaux d'ici à l'entrée du carême, moyennant un droit de 60 sols par tonneau pour les vins des forains, et de 20 pour celui des habitants. L'argent sera appliqué aux frais de clôture de la ville et non à d'autres usages. B. de Carcassone sera chargé de délivrer les licences pour l'entrée des vins et de recevoir le produit des droits, qu'il distribuera lui-même pour les dépenses de la clôture.

Die xxiii° novembris. *(Présents : les consuls, vingt-trois jurats et huit notables.)* — Tot volgoron que, cum en la vila no aia pro vi, ans ni aia gran fauta que no poiria abastar per tot l'an lo que y es, si no n'i metia hom, que hom y meta dos centz tonels de vis d'assi a caram entran, e tot home foras d'Agen, per cada tonel que y metra, pague lx sols torn., e tot home d'Agen pague per cada tonel xx sols torn., e que tot que s'en prendra de la dicha messa se convertisca en la clausura de la vila, e no en autres locx ni en autres usatges; e que En Bernat de Carcassona done las liccencias e prengua l'argent e o convertisca en ladicha clausura per la sua ma.

Vu le travail journalier et considérable auquel les consuls se livrent dans l'intérêt de la ville, chacun d'eux est autorisé à introduire gratuitement, outre les deux tonneaux de vin accoutumés, dix tonneaux pour être vendus ou pour tel autre usage qu'il plaira aux consuls.

Item. que los senhos cosselhs cum tribalhen tot jorn e aian gran tribalh per las besonhas de la vila, que, otra lo dich nombre de II tonels de vis, aian cascus la mesta de detz tonels de vis per far lor volontat, o per vendre, o que ques volhan.

On imposera un emprunt ou un don gratuit aux bourgeois et aux officiers, à l'exclusion du menu peuple. B. de Carcassone fera cette levée et en délivrera lui-même le produit pour les dépenses de la clôture et non pour d'autres.

Item, que leven prest o do dels borgues e menesteyrals, e no ponh de la gent menuda, e ques leve per la ma del dich En B. de Carcassona e se convertisca per la sua ma en la dicha clausura e no en autres usatges.

On paiera à Jean Tinel la pension que lui fait la ville.

Item, que a maestre Johan Tinel sia paguat de sa pencio que a sus la vila.

Séance tenante, les consuls, par grâce spéciale, accordent aux secrétaires du consulat, M⁰ R. de Calapian et G. de Gamaville, le droit, pour chacun d'eux, de faire entrer cinq tonneaux de vin.

E aqui miss, los senhos cosselhs, so es assaber maestre Jacmes Maynart, maestre P. Mansel, En Guilhem Vesat, N'Arnaut de Cabanas, maestre R. de Gresolas, En Willelm Casas e maestre P. de Liobosol volgueron que maestre R. de Calapia e Galhart de Gamavila, notaris secretaris, aguessan cascus de gracia especial mesa de sinc tonels de vi.

1ᵉʳ décembre. — Soumission de Jean des Termes à la décision du bailli et des consuls, relativement aux bruits qui avaient couru sur le fait des moulins. (Voir la délibération du 21 août.)

Die prima decembris, anno L⁰, Johannes de Terminis se submisit bone ordinac'oni dominorum Agenni bajuli et

consulum, ipso tamen audito in suis racionibus et deffencionibus, sub pena L. libr. tur. super eo quod dicebatur de facto
molendinorum. Testes : Bertrandus de Talivia, P. Galteri, etc.

*5 décembre. — Soumission collective de Jean des Termes, de Bernard
Garnier, d'Elie de Triac et de Guillaume Espagnol.*

Item, die III decembris, idem Johannes, non recedendo a
prima, B. Garnerius, Helias de Triaco et Guillelmus Spanhol
super predictis se submiserunt bone ordinacioni dominorum
bajuli et consulum Agenni et juraverunt sub pena L. libr.
turon. quilibet. — Testes : magistri R. de Calapiano, Johannes Calmeta, notarii, magister Johannes de Vineali.

*9 décembre. — Les consuls feront les rondes extérieures, comme d'habitude.
Les patrouilles de nuit parcourront leur quartier, avec des chandelles et
des lanternes. Si les consuls trouvaient vingt ou quarante hommes vigou-
reux qui voulussent faire les rondes extérieures, ils pourraient, en les
payant, se faire remplacer par eux, bien qu'ils en aient déjà employés qui
ont renoncé à ce service à cause des périls qu'il présente.*

Die IX decembris. *(Présents : treize jurats et neuf notables.)*
— Tot volgueron que li senhos fessan l'estialgach aissi cum
avian acostumat, e que los gachs angan ab candelas e ab
lanternas entorn de lor garda; e si trobavan XX o XL. bos
homes que volguesson far l'estialgach a lor despens, que o
fesso, ja sia que ades respondian d'alcus que no volian ja
estre d'aquels per lo perilh.

*Un député portera en France les pièces de l'affaire de Bajamont
et fera savoir la situation du pays.*

Item, que hom trameta en Fransa ab los artigles del fach
de Bajolmont e de las autras causas de l'estat del pais.

*On acensera les emplacements de Saint-Georges pour y établir
des moulins à blé ou à foulon.*

Item, que acense hom lo molinar de S. Jorgi a far molis
blades e parados.

*M⁰ Jacmes Maynart recevra le prix du cheval qu'il a perdu, pourvu qu'il
jure que la mort de ce cheval est due à un excès de fatigue dans le service de la ville.*

Item, que a maestre Jacmes Maynart sia enmendat son
rossi que a perdut per las besonhas de la vila, mas que jure

que aissi es la vertat; loqual, apres quant s'en foron partit,
o juret.

13 décembre. — Attendu la grande cherté du blé dans la ville, on accepte la
proposition de l'évêque d'Albi, qui offrait d'introduire trois cents tonneaux de grains de bonne qualité, froment et méture, si on lui accordait
l'entrée gratuite pour deux cents tonneaux de vin. On essaiera d'obtenir
qu'il se contente du dépôt de cent ou cent cinquante tonneaux de vin. Le
vin, dans tous les cas, ne pourra être introduit qu'après le blé. En outre,
le grenier où aura été déposé le blé sera ouvert à toute heure du jour aux
acheteurs de la ville, et le grain ne pourra être transporté hors de celle-ci.
Enfin les consuls ne pourront en autoriser la sortie que de l'avis des
vingt-quatre jurats.

Die XIII decembris. *(Présents : douze jurats, vingt-six
notables, e plusors autres.)* — Totz volgueron, per la granda
carestia de blat que es Agen, que coma Mossenhor d'Albi
volha metre Agen III^c tonels de blatz bos e merchans, froment
e bonas mesturas, si hom li laissa metre II^c tonels de vis, totz
o volgueron, mas que si pot hom mitigar los II^c tonels de vis
a c o a cL tonels, que o fassa : ab aquesta condicio que lo
blat intre prumer, e que, quant sara dins la vila, que tot jorn
estonga ubert lo graner a venda a gens de la vila, e que foras
de la vila non anga gra, ni non puscan dar licencia de traire
sino ab los XXIIII.

Au lieu des deux cents tonneaux de vin que la jurade du 23 novembre avait
permis d'introduire dans la ville, on n'en laissera entrer que cent aux
conditions établies ci-devant. Quant aux cent autres, pour atteindre ce
nombre, il est permis à chaque bourgeois de faire entrer en même temps
deux tonneaux de vin et trois de blé, ce qui devra donner, pour cent tonneaux de vin, cent cinquante tonneaux de blé. La cartière de froment devra
valoir 7 livres.

Item, que dels II^c tonels de vis que lo ordenat a XXIII de
novembre probdanament passat que metes hom en la vila
per la clausura d'aquela, non i meta hom mas los c tonels,
mas que volgueron que tot borgues nostre pogues metre dins
la vila II tonels de vi, mas que i metos tres tonels de blat que
venguessan prumers, senes autre cost de mesa, e aquo entro
al nombre des autres c tonels de vis amermatz e detrachs de
sobre, que montaran cL tonels de blatz, valia carteira de froment VII (1).

(1) Il s'agit ici de la livre, si l'on s'en réfère à la délibération du 5 janvier
suivant qui fixe le prix du blé.

19 décembre. — Si Mgr le sénéchal de Toulouse vient à Agen, comme le bruit en court, on lui fera un présent d'une valeur de 30 livres et, à l'occasion de la fête de Noël, on offrira également au capitaine de la ville, Mgr G. de la Barthe, et à Mgr le sénéchal tel présent que MM. les consuls jugeront convenable.

Die xix decembris. *(Présents : les consuls, quinze jurats et sept notables.)* — **Totz** volgoron que el cas que Mossenhor de Tholosa vengua Agen, aissi cum hom enten que fara, que hom lo fassa present entro a la soma de xxx liv. tor., e que, per la festa de Nadal, hom ne fassa a Moss. G. de la Barta e a Moss. lo senescalc, en la maneira que als senhos sera vist.

La ville fera de son mieux pour garder Mgr G. de la Barthe comme capitaine et pour empêcher que le comte de Comminges ou tout autre vienne le remplacer, tant qu'il y aura moyen d'éviter ce changement.

Item, que hom fassa tant e am las melhos maneiras que hom poyra que Mossenhor G. de la Barta demore capitani, e que lo compte de Cumenge ni autre no sia receubut per capitani, el cas que en deguna maneira hom s'en pusca garda.

Les gardes se monteront régulièrement de nuit et de jour et chaque habitant devra se présenter en personne, lorsque son tour viendra, ou fournir un remplaçant suffisant.

Item, que hom gache be e diligemment de nuchs e de dias, e que cascus i sia a son ser en sa propria persona, o i trameta home sufficient.

23 décembre. — On se rendra auprès de Mgr d'Armagnac, nouvellement arrivé de Paris, pour lui faire la révérence, lui exposer l'état du pays et le supplier de prêter à la ville son appui et ses conseils pour que le Roi pare aux dangers qui la menacent, car les habitants commencent à abandonner la ville, qui se trouve, par le fait, très exposée.

Die xxiii decembris. *(Présents : six jurats et trois notables.)* — Aquest volgueron que hom anes a Mossenhor d'Armanhac que era vengut de noel de Paris per far la reverencia e per demostrar l'estat del pays, e supplicar que nos volha ajudar e sostenir e acosselhar ab lo senhor, que remedi i sia mes o es perilh, que las gens desamparen la vila e que per consequen la vila se perda.

30 décembre. — Comme on disait que les meuniers prenaient trop de blé pour le droit de mouture, eu égard à la valeur actuelle du grain, on décide que la question sera soumise à deux fourniers notables et à deux meuniers, et qu'on abaissera le tarif s'ils décident qu'il est trop élevé.

Die penultima decembris. — *(Présents : les consuls, le conseiller de la ville, Mess. Vidal de Fumel, seize jurats et neuf* *notables.)* — Tot volgoron que, sobre asso que dison que los molines prendon trop blat de modura segon la valor que blat a al jorn de huey. que hom aia dos fornes prohomes e dos molines, que aquilh o debatan devant los senhos, e si trop prendon que sia mermat.

On suppliera Mgr G. de la Barthe de rester à Agen. ou, s'il veut en sortir pour aller prendre du repos ailleurs, d'y laisser pour la sûreté de la ville une partie de ses gens. Dans ce cas, la commune fera des avances pour la subsistance des soldats, jusqu'à ce que Mgr de la Barthe ait reçu le paiement de ses gages.

Item, volgoron que hom supplique a Moss. G. de la Barta que a luy plassa a demorar Agen, o el cas que s vulha anar aisar alhors, que a luy plassa a laissar de sas gens Agen per la segurtat de la vila, e que, a aquels que demoraran en nom de luy, la vila preste certana causa entro que lodich Moss. G. aia agut prest o pagament de sos gages.

La ville ayant grand besoin d'argent pour les dépenses publiques, on établira la gabelle, c'est-à-dire un droit de 3 deniers par livre, payables par le vendeur, sur les marchandises autres que le blé et le vin. On demandera au Roi l'autorisation d'établir cet impôt.

Item, volgoron que, cum la vila aia necessitat granda de argent per far las obras de la vila e las autras necessitat, que hom fassa gabela, so es assaber que de totas mercadarias ques vendran, exceptat blat et vi, lo vendedor pague III diners per livra, e que hom ne aia liccencia del senhor de far aquela.

31 décembre. — Pour retenir le capitaine Guiraut de la Barthe dans la ville, ou bien sa troupe. on lui prêtera 45 deniers d'or à l'écu, qui seront pris sur ce qui est dû aux marchands d'Agen par les gabeleurs de Moissac, et qu'il devra rembourser lorsqu'il aura reçu sa paie.

Die ultima decembris. *(Présents : les consuls, six jurats et trois notables.)* — Totz volgueron que, per retenir Mossenhor Guiraut de la Barta. nostre capitani, o sas gens, que hom prenga o malleve XLV deners d'aur a l'escut, d'aquo que es degut als mercaders d'Agen per los gavelers de Moyssac, e que, quant aura agut pagament, los renda.

On poursuivra l'exécution de biens commencée contre ceux de Moissac.

Item, volgueron que la execucio comensada contra aquels de Moyssac a requesta de partida se continue.

2 janvier. — Arnaud de Galaissac comparait devant les consuls. Il avait insulté Mr P. Mancel, consul, parce que, au mépris de la coutume, celui-ci avait fait saisir deux portes d'une maison à lui appartenant, pour le paiement d'une somme de 3 deniers arnaudins, plus une obole, le tout dû à raison d'oublies. Les consuls ordonnent la restitution des portes saisies.

Die IIᵃ januarii. — Die martis post festum Epiphanie domini est assignata Arnaldo de Gualaissaco super injuriis factis magistro P. Mancelli, consuli, eo quod pignoraverat, die Mercurii proxima preterita, portas cujusdam hospicii sui pro III denariis et obolo Arnaldensibus obliarum et hoc contra statuta et consuetudines Agenni, quas oblias petebat dumtaxat ab eodem : et fuit ibidem ordinatum quod incontinenti reduci faceret dictas portas. — Fuerunt presentes consules : magister Jacobus Maynardi, Guillelmus Vesati, magister Guillelmus de Cassaneis, magister P. de Liobosol, Colinus Beroti, Johannes de Venis.

3 janvier. — Géraud André, tailleur et bourgeois d'Agen, se soumet à la décision des consuls, pour avoir injurié Guill.-Sylvestre de Laynes, gardien ce jour-là de la porte de Garonne, qui refusait de le laisser sortir pour aller porter à Mirande de la laine filée.

Die IIIᵃ januarii. — Geraldus Andree, sartor, burgensis Agenni, se supposuit voluntati dominorum consulum Agenni super eo quod injuriaverat W. Silvestrum de Laynes, custodem diei hoderne porte de Garona, eo quod non permittebat ipsum exire cum quibusdam filis de lana que adportare volebat versus Mirandam, auditis suis racionibus et deffencionibus. — Presentibus : Guillelmo Sobirani, Arnaldo de Cabanis, consulibus, R. de Serra, Bertrando, Bergonho.

5 janvier. — On informera par lettres le sénéchal de Toulouse, capitaine pour le Roi de France en ces parties, de la disette de vivres dont souffre la ville, et des dégâts et pilleries que commettent les ennemis : on le suppliera de se transporter dans la ville et d'y mettre des forces et des subsistances.

Die Vᵃ januarii. *(Présents : seize jurats et sept notables.)* — Totz volgueron que escriva hom a Mossenhor lo senescalc de Tholosa, capitani en aquestas partidas per lo Rey de Fransa, nostre senhor, la necessitat que avem de vivres e de vitalhas, e los dampnatges e raubarias que fan los enemics, e que li plassa a vesitar nos e l pays e confortar e trametre vitalhas.

Le droit de mouture ayant été fixé par les fourniers et les meuniers à un boisseau de grain pesant neuf livres pour les moulins à eau de la Garonne, et à un boisseau de dix livres pour les autres, les meuniers se contenteront de ce tarif favorable pour eux, le blé ne se vendant que 7 livres ou 7 livres 15 sols.

Item, que los boyssels de ix livras de blat als molis de Garona e de x livras als terrenx sian balhat aissi cum es estat ordenat per fornes et moliners, quar. atendut lo for del blat que val de vii livras a vii e xv sols d'arnaldens, s'i poden be e grassament salvar.

Au sujet des gens de Port-Sainte-Marie et autres lieux du parti des rebelles qui viennent se jeter dans la ville, il est décidé, vu l'insuffisance de l'approvisionnement, qu'on demandera au conseil du Roi ce qui doit être fait à leur égard et que, cependant, on n'en recevra plus aucun, à cause des embarras qui pourraient en résulter.

Item, de las gens del Port e dels autres locs rebelles que se abaten (1) [en] esta vila, per la grand carestia que an, fo dich e cosselh que hom ne parles ab lo cosselh del Rey, e que so que ilh volran, ne sia fach. Ja sia que no volgueron que negus ne recebos hom per los perilh que i pot avenir.

16 janvier. — Prestation de serment du juge ordinaire. Raymond de Carneaux, faite conformément à celle du juge précédent, Pierre de Casaton, et à l'article des coutumes.

Die xvi januarii. — Dominus Raymundus de Carnellis, licentiatus in legibus, judex ordinarius, juravit dominis consulibus Agenni, ut judex ordinarius, scilicet prout dominus P. de Casetone, tempore quo fuit judex ordinarius Agennensis, suum prestitit juramentum, et prout tenetur ex privilegiis et consuetudinis concessis civitati Agenni. Presentibus : magistris Jacobo Maynardi, P. Mansselli, Guillelmo de Cassaneis, Guillelmo Vesati, Colino Beroti, Guillelmo Casis, consulibus Agenni.

18 janvier. — Réception de Jean de Cavaignac en qualité de bourgeois d'Agen.

xviii januarii, Johannes de Cavanhaco fuit receptus in burgensem et juravit prout in libro consuetudinis continetur. Presentibus : Jacobo Maynardi, Guillelmo Vesati, Guillelmo Sobirani, Petro de Liobosol, Raymundo de Gresoliis, Colino Beroti, Johanne de Venis, consulibus.

(1) Sans doute le Port-Sainte-Marie, alors occupé par l'armée anglaise.

20 janvier. — Le sénéchal ne voulait pas admettre les consuls à connaître avec lui de la cause criminelle intentée à Bernard Garnier, et à prononcer avec lui dans l'affaire de G. Maurel, monnayeur, quoique ce fût leur droit. Il est décidé qu'on appellera de l'atteinte portée à l'autorité consulaire, ou qu'on s'adressera au Roi par voie de requête, pour faire réparer le tort causé, le tout aux dépens de la ville.

Die xx januarii. *(Présents : les consuls, dix-sept jurats et deux notables.)* — Tot volgueron que dels greuchs que nos fa Mossenhor lo senescalc en so que [no] vol admetre en la causa cominal moguda davant luy contra En B. Garner los cosselhs que devon estre jutges ensems ab el; e d'aisso que no vol donar sentencia de Guillelmes Maurel (1), moneder, ensems ab los senhos cosselhs, que hom s'en apele o seguisca las appellacios, o per via de querela que o fassa hom reparar al Rey, nostre senhor o que o mene als despens de la vila.

Le sénéchal voulait connaître de l'affaire de messire B. Calvet, et il avait tenu sa cour, à cet effet, sur le Gravier, bien que la cause fut dévolue aux juges du pays de France et retenue par le grand conseil du Roi, qui avait entre les mains la procédure d'informations. Il est décidé qu'on lui fera des remontrances et qu'on le requerra de se désister de ses prétentions; au besoin, on s'adressera au Roi par voie d'appel ou de simple dénonciation. Il y en a qui voudraient l'adjonction des consuls au sénéchal, si celui-ci y consent, pour le jugement de l'affaire; d'autres pensent que le sénéchal n'avait pas plus qu'eux qualité pour en connaître, cette affaire étant pendante devant les juges du pays de France.

Item, de so que Mossenhor lo senescalc vol ausir la causa de Mossenhor B. Calvet (2) e en a tengut cort el Graver e la causa sia devoluda en Fransa e retenguda per lo Rey e per son gran cosselh, e las informacios son en Fransa, que lo demostre hom e qu'en requera hom que s'en delaisse, o que per appellacio o per notificacio ho fassa hom assaber al Rey, d'alcus volgueron que li senhos cosselhs si l senescalc los i volia ametre coma jutges. i fossan; d'autre acoselheron que no i fossan, quar ilh nil senescalc no s'en pot ni deu entremetre, quar en Fransa es.

26 janvier. — Des négociations verbales seront faites pour obtenir une composition avantageuse des gens de Moissac pour que les bourgeois d'Agen soient dispensés de la maltôte et soient remboursés des droits qu'ils ont payés. A cet effet, on enverra un ou deux notables à Auvillars.

Die xxvi januarii. *(Présents : douze jurats et sept notables.)* — Totz volgueron que si per la perlan pot hom trobar bona

(1) Voir la délibération du 14 juillet 1351-1352.
(2) Messire B. Calvet avait tenté de livrer la ville à l'ennemi.

composicio ab aquilh de Moyssac, que siam quitis de la mala
tolta (1), e que cobrem so que pres n'an, que hom o prenga,
e que i trameta hom 1 o 11 bos homes a Autvilar (2).

Les consuls se plaignant de faire les rondes de nuit, la ville n'ayant pas de
quoi subvenir à cette dépense, quarante ou cinquante prud'hommes
vaqueront à ce service, chacun une nuit par semaine, et seront dispensés
de toute autre garde.

Item, per so quar li senhos se dolon de far l'estial gach,
quar no y a argen de la vila, que elegisca hom XL. o L. prohomes de la vila, que cascus lo fassa 1 nuch (3), e que per
tota la semana sia quiti d'autre gach.

Le sénéchal sera prié de discontinuer ses entreprises contre les droits de la
ville en ne voulant connaître, sans l'assistance des consuls, des causes
criminelles. S'il ne défère pas à cette prière, on s'adressera au Roi par voie
de simple requête, on lui remontrera les torts du sénéchal et on le
suppliera de les redresser.

Item, que hom pregue a Mossenhor lo senescalc que los
greuchs que fa a la vila de so que vol conoisser de crimes
senes los cosselhs (4), o sino que per simpla querela demostre
hom al Rey nostre senhor lo tort que nos fa lo senescalc e
qu'el fassa que o repare.

30 janvier. — Le bailli et les consuls mettent en liberté Hélie de Verdilhon,
qui était détenu dans la maison commune. Celui-ci donne caution pour
50 liv. tour., et s'engage à se représenter et à se reconstituer prisonnier
le premier jour de carême, si le sénéchal de Toulouse n'a pas prononcé,
dans l'intervalle, sa mise en liberté définitive.

Die penultima januarii. — Domini bajulus et consules
Agenni relaxaverunt Heliam de Verdilhone ab arresto in quo
fuerat detentus in domo communi, et cavit per magistrum
Petrum Bosigueti, notarium Agenni, usque ad summam
L librarum turonensium, de presentando ipsum et rever-
tendo infra dictum arrestum prima die cadragesime, nisi
interim expedicionem habuerit a domino senescallo Tholo-
sano et a domino judice ordinario Agenni. — Presentibus :

(1) La *mallôte* était un droit qui se levait dans certaines villes sur les
marchandises qui les traversaient.

(2) Auvillars était le siège de la cour du comte d'Armagnac.

(3) Le mot *jorn* a été effacé et remplacé par le mot *nuch*, nouvelle preuve
que *l'estial gach* était la ronde de nuit.

(4) Le texte n'est pas complet: il manque quelques mots, tels que ceux-ci :
vulha reparar, ou autres, ayant un sens analogue.

magistris B. Chambonis, Geraldo de Serra, Galhardo de Gamavila, St. de Valseron, Johanne Praderii (1).

Réception de Bernard de Bassillane, tonnelier, en qualité de vérificateur et marqueur des mesures. Il jure de vérifier les mesures sur les étalons avant de les marquer des armes de la ville.

Anno domini millesimo ccc° L° primo. — Bernardus de Bassilhana, comporterius, fuit receptus in signatorem et apatronatorem mensurarum ville, qui juravit quod ipse bene et fideliter se habebit et mensuras apatronabit, antequam eas signet merca ville. Et ibidem domini consules tradiderunt eidem carpentario mensuras que sequuntur :

Série des étalons qui lui sont remis :

Un quarteron de cuivre.

Primo, unum carterium de cupro.

Un carton de cuivre.

Aliam mensuram de cupro tenentem unum cartum.

Deux demi-cartons de cuivre.

Item, duas mensuras de cupro vocatas mechcart.

Une livre et une demi-livre de cuivre, pour les mesures de l'huile.

Item, unam libram et mediam libram de cupro ad apatronandum mensuras olei.

Un quarteron et un demi-quarteron de bois pour mesurer l'huile.

Item, patronem carteyronis et medii carteyronis de fuste pro oleo.

Un boisseau et un demi-boisseau.

Item, patronem boisselli et medii boisselli.

Un poinçon de fer à la marque de l'aigle et du château pour marquer les barils et les comportes.

Item, unum ferrum cum signo ville de aquila et castelli (2), cum capite dicti ferri ad signandum barrilos et comportas (3).

(1) Article barré.
(2) Armes de la ville d'Agen.
(3) Vaisseau en bois, à deux anses, où l'on dépose la vendange.

Un autre poinçon de fer à la marque de l'aigle, et un autre, à la marque du
château pour poinçonner les pugnères et les demi-pugnères.

Item, alium signum ferreum cum signo de aquila, et alium
cum signo de castro ad signandum punherias et medias
punherias.

Que omnia et singula eidem tradita fuerunt in presencia
dominorum consulum et habuisse recognovit.

30 janvier. — Le procureur du Roi et le juge ordinaire avaient, au mépris
des statuts et privilèges de la ville, fait défense aux gardiens des portes
de rien laisser sortir sans leur permission, et ils avaient fait arrêter Mᵉ B.
Chambon, sans prendre l'avis des consuls, ce qui leur était interdit par la
coutume. On les sommera de réparer le mal qu'ils ont fait aux franchises
de la ville et s'ils s'y refusent, on déférera l'affaire aux juges de France.

Penultima januarii. *(Présents : les consuls, quatorze jurats
et vingt-quatre notables.)* — Totz volgoron que del greuh que
lo procuray del Rey e lo jutge ordinari fan, que an deffendut
als portes que alcuna causa non layssen trayre sens lor
liccencia, e aquo sia contra los privilegis e establimens, e an
arrestat maestre B. Chambo, no appellat los cosselhs, so que
far non podon segon la costuma, que hom los requerra be e
regeament, e el cas que no o vulhan reparar, que hom o
mene en Franssa als despens de la vila.

Les consuls feront eux-mêmes, comme par le passé, les rondes de nuit, et ils
aviseront, suivant leur idée ou d'après l'avis des vingt-quatre jurats, aux
moyens de procurer l'argent nécessaire à cette dépense. Ils lèveront d'ailleurs l'emprunt qui a été voté.

Item, que l'estilgach se fassa per los senhos cosselhs per la
maneira acostumada, e que, per aver argent de que se fassa,
los senhos cosselhs veian metiss la via e prist per lor vista, o
demostren a lor xxiiii, e que leven lo prestz per la maneira
que era estat ordenat.

30 janvier. — On enverra des députés à Castelsarrasin, vers le sénéchal
de Toulouse, suivant son commandement.

Penultima die januarii. *(Présents : six jurats et deux notables.)* — Aquest volgueron que hom anga o tram[eta] a Cas-
tel-Sarrazi a Mossenhor lo senescalc de Tholosa aissi cum
los a mandat.

3 février. — Soumission à la décision des consuls, faite par Thomas Augier,
qui avait introduit, sans l'autorisation des consuls, neuf barils de vin.

Die iii febroarii. — Quod Thomas Augerii, habitator

Agenni, super eo quod posuerat vinum ix barrillorum sine licencia, se supposuit voluntati et ordinacioni dominorum consulum Agenni, et juravit sub pena xxx librarum. — Presentibus : magistro Galhardo de Gamavila, notario, et Raymundo de la Serra.

4 février. — On enverra un des consuls, avec M⁹ Jean des Saignes et Jean Tinel, à Auvillars, pour s'entendre avec les consuls de Moissac.

Die iiiⁱⁱⁱ⁹ februarii. (*Présents : dix-sept jurats.*) — Tot volgoron que per parlar ab los cosselhs de Moissac a Autvilar, hom i trameta i dels senhos cosselhs e maestre Johan de Sanas e maestre Johan Tinel.

9-10 février. — Tous les membres présents, consuls, jurats et autres, jurent sur les Saints Évangiles de ne distraire dorénavant ni laisser distraire un denier ni une maille des ressources affectées aux travaux du pont, telles que dons, legs, amendes et autres, à l'exception toutefois du souquet et du droit de barrières qui sont hypothéqués au remboursement de l'emprunt de l'année passée. Tout le reste devra être appliqué à l'œuvre du pont, qu'on bâtira en pierre et en bois le plus promptement possible. Enfin M⁹ Pierre Bousiguet, notaire, Jean Malbert et M⁹ B. de Malmusson, qui se sont offerts à être maitres de l'œuvre, rempliront ces fonctions gratuitement à moins qu'ils ne sortent de la ville pour les affaires du pont, auquel cas leur dépense leur sera payée.

Die ix februarii. (*Présents : huit consuls, dix-sept jurats et seize notables.*) — Die x februarii. (*Présents : deux consuls, deux jurats et dix notables.*) — Tot aquels que son escriutz de l'autra part d'aquest fulh cosselhs e autres, jureron sobre los Sans Envangelis de Dieu que ilh no prendran d'assi avant, ni faran prendre ni suffertaran que sia pres diner ni mealha de so que s'aparten e s'apartendra al pont, o per dos, o per legat, o per penas, o per autras causas exceptat del soquet e de las barras, losquals son obligatz per lo vis que malevet hom l'an passat, mas que tot se convertisca a la obra del pont, e que se fassa de fusta e de peira al plus tost que hom poyra ; e volgueron que maestre P. Bosiguet, En Johan Malbert, e maestre B. del Malmusso sine vadiis sian obres, si non que anessan deforas per lo fach del pont, quar s'i eran uffertz, segon que es dich, e si anavan deforas, que aian lor despens.

Il sera fait présent à l'Évêque d'Agen de poissons et d'épices, ou de cire, ou d'autres choses, jusqu'à concurrence de 20 deniers d'or à l'écu.

E mais volgueron que a Mossenhor d'Agen sia fach present

de peys e de specias, o de cera, o d'autras causas, entro a
xx diners d'aur de l'escut.

> Deux jurats se feront rendre compte de l'argent en marc qui a été remis à la
> monnaie pour que, sur le bénéfice du monnayage, la ville puisse se payer
> de 670 livres que le Roi lui avait données. On constate une perte de plus
> de 7 marcs sur l'argent qui est rendu à la ville.

Item, que En P. Gauter de Taliva e En B. de Carcassona
avian lo conte dels marcs de l'argen que l'an present foron
mes a la moneda per satisfar a la vila, del gasanhatge
d'aquels, de vi^c lxx livr. que nos avia donadas lo Rey nostre
senhor, els quals se eran perdut vii marcs d'argen o mays.

> 1er mars. — Les commissaires entendent les comptes d'Arnaut Fournier,
> maitre de la monnaie, en présence d'un consul. Ils rapportent qu'il y a en
> effet une perte de 7 marcs 2 onces et 6 sterlings, provenant de ce que le
> monnayeur avait reçu des gros marcs de choix tandis qu'il n'en restituait
> que des petits.

Prima die marcii. — Li quals P. Gauter e B. de Carcassona auziron lo conte predich de Arnaut Forner, maestre
de la moneda, presen Guillem Casas, cosselh, e reporteron
que vii marcs e doas onsas e vi esterlis restavan que se
perdian els dichs marcs, per so quar hom balhet al maestre
gros march de tria e el redia petit marc.

> 17 février. — L'écluse qui se trouve près de la tour cornalière de la Bre-
> tonnerie étant mal placée pour la défense de la ville, on la transportera au
> bout de l'arrière-fossé. On construira devant la brèche de la muraille qui
> est auprès de la porte Saint-Pierre une autre écluse qui pourra se remplir
> ou se vider à volonté.

Die xvii febroarii. (Présents : huit consuls.) — Tot volgoron
que, cum la esclausa que es a la tor cornalera de la Bretonaria sia pausada en mal loc o en dampnacios a la vila, quies
mude e quies meta al cap del reyvalat, e que al trauc que es
el mur costa la porta de S. Pey se fassa una esclausa que s
pusca levar e baissar.

> 25 février. — Si les fermiers des revenus de la ville pour la présente année
> attestent par serment qu'ils sont en perte sur le prix de leurs baux, et
> que l'enquête le prouve, les consuls leur feront une remise arbitrée équi-
> tablement et proportionnée aux pertes éprouvées.

Die xxv febroarii. (Présents : les consuls, quatorze jurats et
onze notables.) — Totz volgoron que als arrendados de la vila
de l'an present, agut sagrament de lor e facha enformacio de

la perda que y fan, que, el cas que apparesca de la perda, los
senhos los fassan gracia e desduction a la lor bona arbitracio
segon la perda que y fan.

On abandonnera aux Frères Mineurs un pan de mur qui se trouve près de
leur maison, à la porte de Garonne: la valeur, fixée par des maçons, en
sera déduite de la somme que la ville leur doit.

Item, que als Fraires Menors, de so en que la vila los es
tenguda hom los balhe, a conoguda de peyres, ı tros de mur
que es pres de lor hostal a la porta de Garona.

A raison des dettes et des autres charges dont la ville est accablée, on ne
remplacera pas de trois ou quatre ans les robes des consuls; ils devront,
comme les sergents de ville, faire pendant trois ans avec les robes qu'ils
ont et celles qu'ils recevront à la prochaine fête de Pâques.

Item, que, per so que la vila es mot obligada, empachada
e cargada de deutes e d'autres carex, volgoron que, d'assi
avant, per lo espasi de ɪɪɪ o de ɪɪɪɪ ans, las raubas que fasian
los senhos cosselhs cessen, que n'en fassan ponh ni los sirvens dels senhos, mas que passen ab aquelas que an e auran
a Paschas per lo espasi de ɪɪɪ ans apres.

On se servira pour les rondes de nuit de lanternes et de chandelles de suif,
du poids d'un quarteron ou d'un demi-quarteron chacune, et l'on n'emploiera plus de cire. Chaque nuit, le consul qui fera la ronde recevra,
outre les chandelles, 4 s. t. pour sa dépense.

Item, que l'estilgach se fassa ab lanternas e ab candelas de
seo del pes cascuna de mech o d'un carteron, e que lo deppens
de la sera cesse, e que cascuna nuch lo cosselh que fara
l'estilgach, aia, oltra las candelas, v sols torn, per far
deppensa.

Les secrétaires du consulat seront payés de leurs gages de cette année en
monnaie courante, le surcroît de travail qu'ils ont leur faisant négliger
leurs affaires personnelles.

Item, que als notaris secretaris dels senhos cosselhs sia
pagada lor pencio de l'an d'ongan, de la moneda huey corren,
cum il tribalhen fort en perdan lor autres negocis.

Il sera fait une levée de 10 liv. t. sur chacun des petits quartiers de la ville,
et de 20 l. sur chacun des grands quartiers, pour subvenir aux frais des
rondes de nuit et autres besoins. On ne touchera à un denier ni à une
maille des revenus municipaux, sans le consentement de la ville, et on
emploiera une partie du produit de l'imposition qui vient d'être établie à
relever les remparts sur les points où c'est le plus nécessaire.

Item, que sia facha una levada de cascuna gacha simpla

d'Agen, de x liv. torn. e de gacha dobla (1) xx liv. torn. per paguar l'estilgach e per las autras despenssas necessarias, e que de las rendas de la vila no s prenga dener ni mealha, sino asolve la vila, e aquela sota a barrar aquela dobra de peyra els locx plus necessaris.

28 février. — Autorisation à Arnaut-Guillem de La Monie d'ouvrir une boutique de changeur. Le titulaire prête le serment requis et fournit pour cautions P. Gautier de Talives et Guillaume Cases.

Die xxviii febroarii, domini consules, videlicet Guillelmus Sobirani, Guillelmus Vesati, magister Guillelmus de Cassaneis, Guillelmus Casas, Johannes de Venis, ad supplicaciones Guillelmi Arnaldi de La Monia, dederunt eidem licenciam tenendi, per se vel per alium ejus nomine, tamen ydoneum, tabulam nummulariam apud Agennum, et juravit deposita et commendas, etc., et cavit per Petrum Galteri de Talivia et Guillelmum Casis, cives Agenni, et obligaverunt omnia bona sua fidejussoris nomine. Instrumentavit Galhardus de Gamavila. — Presentibus : Bernardo de Carcassona, Johanne Guitardi.

2 mars. — On députera à Paris deux ou trois personnes de marque pour exposer la situation du pays, si les autres villes d'Agenais veulent contribuer à la dépense; dans le cas contraire, on se contentera d'y envoyer un homme à cheval, porteur de lettres et des doléances de la cité, mais auparavant on écrira aux villes voisines à ce sujet.

Secunda die marcii. *(Présents : le conseiller de la ville, dix-sept jurats et six notables.)* — Tot volgueron que hom trametos a Paris i o ii o tres solempnials personas per demostrar al senhor l'estat del pays, en cas que las vilas d'Agenes i volhan contribuir, o sino, i home a caval ab los artigles e ab letra, e que hom ne escriva a las vilas.

On se servira de grosses chandelles pour les rondes de nuit, comme il a été prescrit par les consuls.

Item, que l'estialgach se fassa ab grossas candelas, cum es ordenat per los senhors.

(1) Les quartiers dits *doubles* sont ceux qui nommaient deux consuls. Tels celui de Vésat, celui de Floyrac et celui de Saint-Hilaire.

On fera acheter du blé à Toulouse et à Lectoure, et, pour le payer, on empruntera de l'argent aux gros bourgeois de la ville qui ont besoin de grain, ou aux autres, puis on les remboursera, soit en argent, soit en blé. Guillaume de Mechval et Mᵉ P. Bousiguet sont chargés de l'exécution de cette mesure. Gautier Tort ira à Lectoure pour parler à l'Évêque et s'informer du prix du blé.

Item, que hom trameta a Tholosa e a Leitora, per aver dels blatz, e que hom prenga argen de las bonas gens de la vila que an mesters blat e d'autres, e que hom lor renda l'argen o lo blat, e que sian d'asso cargatz En Guillem de Mechval e maestre P. Bosiguet, e que En Gauter Tort anga a Leitora per parlar ab mossenhor de Leitora e saber lo for del blat.

2 mars. — Les maçons commis à l'estimation des murailles de la maison de Monin de La Cassagne, rebelle, qui avait été donnée à Messire Martinon, évaluent la quantité de moellons à deux milliers et demi et en portent la valeur à 10 livres de la monnaie actuelle, l'écu représentant quinze sols tournois.

Lo segon jorn de marcz, P. Grant, Johan Garner, Petit, peires, deputatz a extimar lo mur del hostal d'En Moni de la Cassanha que fo rebelles, donat a Mossenhor Martinon, e fo estimat a ii miles et mech de peira, que valian a qui on son, part portaduras, a x liv. torn. d'aquesta moneda, escut a xv sols torn.

Autre estimation, faite par les mêmes maçons, des murailles de la maison démolie qui est aux Ragès, devant le logis des Frères Mineurs. La brique, évaluée à quatre milliers, et prise pour cette valeur, est donnée aux Frères en déduction des cinq milliers qui leur sont dus par la ville, d'après la reconnaissance qu'ils en tirèrent en 1341. On mentionne au bas de cet acte que les religieux ont donné quittance aux consuls de ces quatre milliers de brique, sur une feuille de papier scellée du sceau de leur couvent.

Item, lo mur de l'ostal deffach que es davant los frais Menors als Rages (1), fo estimat, v die marcii anno L primo, per los dichs peyres, a iiiiᵐ teules, e fo balhat als Frais Menors a lor requesta, en partida de paga de v miles de teule que la vila los deu ab letra de nostre sagel furnit de tans, laqual letra fo facha l'an xli, e es escriut en la fi de la dicha letra que ne avem quitansa e reconoissensa dels frais dels dichs iiiiᵐ teules, sagelada de lor sagel e escriuta en paper (2).

(1) Cette maison était située sur la grand'place, vis-à-vis la cathédrale Saint-Étienne.
(2) Au bas de cet article, l'annotateur du 17ᵉ siècle, a ajouté : « Les corde-« liers se bastissoient en ce temps à l'endroit où ils sont aujourd'huy. »

8 Mars. — A la requête des parents et amis des enfants et de la veuve de Géraud Tissandier, en son vivant notaire à Agen, les consuls remettent les papiers et registres du défunt à Pierre Andran, notaire, et commettent leur collègue Mr P. de Liobosol pour recevoir le serment du dépositaire.

Die viii martii. — Domini consules, videlicet Guillelmus Vesati, magister P. de Liobosol, Guillelmus Sobirani, magister Guillelmus de Cassaneis, Colinus Beroti, Arnaldus de Cabanis, tradiderunt papiros et libros magistri Geraldi Textoris quondan notarii Agenni, magistro Petro Andrani, notario, et hod ad requisicionem parentum et amicorum liberorum et uxoris dicti magistri Geraldi quondam, et receptionem juramenti commiserunt magistro P. de Liobosol, consuli.

9 mars. — États des remises accordées par les consuls, du consentement des vingt-quatre jurats, aux fermiers des revenus de la ville: enquêtes ayant été faites préalablement pour établir le montant des pertes que lesdits fermiers attestaient sous la foi du serment.

Die ix martii. — Sequuntur gracie et remissiones facte arrendatoribus per dominos consules de voluntate xxiiii^{or} juratorum, factis informacionibus legitimis et eorum juramentis super amissonibus quas faciunt.

Aux fermiers du souquet du vin, remise de 40 livres tournois.

Primo arrendatoribus soqueti vini, de iiii^{xx} xiii lib. x sol. tur. monete nunc currentis, quas amittunt per totum annum in dicto arrendamento, remiserunt eis xl lib. tui

Aux fermiers du souquet du blé, de 20 livres.

Item, arrendatoribus soqueti bladi, de xxxv lib. tur. quas amittunt in arrendamento, remiserunt dicti domini eisdem xx lib. tur.

Aux fermiers du droit des amendes dans la banlieue, de 17 livres 10 sols.

Item, arrendatoribus pecharum de infra decos remiserunt medietatem cartaironi carniprivii qui ascendit ad xvii lib. x sol. tur.

Remise aux fermiers du droit d'encan, de 6 liv. 15 s. et 9 d.

Item, arrendatoribus inquantus Agenni, de xii lib. x sol. tur. quas amittunt in arrendamento, remiserunt sibi vi lib.

xv sol. ix den. tur. et voluerunt quod solvant vi lib. tur. restantes et residuum sibi remiserunt.

Remise au fermier du poids de la boulangerie, de 6 livres 5 sols.

Item, arrendatoribus ponderis panis Agenni, de xiiii lib. tur. quas amiserunt et amittunt, remiserunt sibi vi lib. v sol. tur et voluerunt quod solvat vii lib. pro restante.

Remise aux fermiers du greffe et des oublies, 40 sols tournois.

Item, arrendatoribus scribanie et obliarum fuerunt remissi et quitati per dominos consules, die xxvi marcii, anno lii°, quadragenta solidi turonenses monete nunc currentis.

Remise aux fermiers des barrières de Saint-George et de Molinier, de 8 livres tournois.

Item, eadem die, arrendatoribus barrarum Sancti Georgii et de Molinerio, fuerunt remisse de bona moneta nunc currenti viii libre tur.

Remise au fermier de la barrière du pont, de 4 livres 10 sols tournois.

Item, arrendatori barre pontis fuerunt remisse iiii libre x sol. tur.

Remise au fermier des défauts, de 40 sols tournois.

Item, arrendatoribus deflectuum, de iiii^{or} libris tur. istius monete, quas juraverunt se amittere in dicto arrendamento, voluerunt quod deducerentur xl solidi turon.

Remise au fermier de la halle au pain, de 4 livres tournois.

Item, arrendatori ale panis fuerunt deducte iiii^{or} libre turon. eo quia domini voluerunt quod de isto ultimo cartairone qui valuerat c sol. tur., ut fuimus informati, nichil receperat a gentibus panem portantibus et tenentibus supra alam.

Die xiii marcii. — Guillelmus de Senato, revenditor bladorum, super eo quod ipse vendebat bladum ad petram canorem et faciebat ipsum carsuras et disligabat sacos et faciebat carum, se submisit bone voluntati dominorum consulum, sub pena x libr. tur. Presentibus : magistro P. de Montesio, Arnaldo Donadei. Declarata fuit.

15 mars. — Remise à P. Andran des minutes des anciens notaires Gaillard
Tissandier, P. de Montforton, P. de Marsac, R. de Gavarret.

Die xv marcii. — Papiri magistrorum G. Textoris, B. de
Montefortone, P. de Marsaco et R. de Guavarreto, etc., def-
functorum, fuerunt traditi magistro Petro Andrani.

Remise à Etienne Flamenc des minutes de Mⁱ R. de Marsac et
Bernard Garnier, notaires de Monflanquin.

Item, papiri magistrorum R. de Marsaco et Bernardi Garnerii, notariorium Montisflanquini, fuerunt traditi magistro
Sⁱ Flamenc.

Mⁱ R. Jausende dépositaire des minutes de Mⁱ P. du Fossal.

Magister R. Jausenda habet papiros magistri P. de Fossali.

19 mars. — Les percepteurs du droit de pontonage, accusés d'avoir exigé
des bateaux qui passaient devant Agen un droit supérieur à celui qui est
fixé par les chartes d'établissement et par le règlement des consuls, déclarent s'en remettre à la décision des consuls, sous peine d'une amende de
20 livres. Leur cause est ajournée au lendemain.

Die xix marcii. — G. de las Cotz et Vitalis Seguini, pon-
tonerii, se submiserunt bone voluntati dominorum consulum
super eo quod imponebatur eis quod ipsi contra statuta et
ordinacionem dominorum consulum receperant pro transitu
navium pontonatgii plus quam esset ordinatum; super eo se
submiserunt sub pena xx libr. tur., et juraverunt, etc., et
assignaverunt sibi diem crastinam.

La ville sera close de palissades dans les quartiers où cela sera nécessaire
pour la défense. Ce travail sera fait aux frais de chaque quartier et de tous
les habitants, d'après la proportion établie par les consuls et les commissaires ci-dessous nommés. Les quartiers qui auront leurs fortifications en
bon état contribueront à la clôture des autres.

(Présents : les consuls, les jurats et vingt-deux notables.) —
Tot volgoron que la vila se barres, so que y es necessari a
present en la garda de la vila, de fusta als deppens d'aquilh
que seran en cada garda a la conoguda dels senhos cosselhs
e dels depputatz dejus nompnatz a asso; e que aquilh que an
lor gardas aparelhadas aian a contribuir a las autras gachas.

Malgré la palissade, les travaux des remparts se continueront et un impôt
extraordinaire sera levé sur les habitants pour faire porter la pierre et
pour les autres dépenses qu'entraineront ces constructions.

Item, que la barradura de la peyra se fassa no contrastan
aquo, e que hom talhe a far portar la peyra e al demoran

necessaris a la dicha barradura los habitans de la dicha vila
d'Agen.

E a far la dicha taxacio foron mes e depputatz per Mossenhor lo senescalc En Guillem Bru, En B. de Carcassona,
En R. del Caune, En Johan Malbert, En Guilhem de Lestroa, los quals o promeseron en las mas deldich mossenhor
lo senescalc.

Item, que hom gache be e diligenmen cascu en sa persona.

Die xxvi marcii, anno lii°. *(Présents : onze jurats et trois
notables.)* — Tot volguoron que a Mossenhor P. Raymundi
de la Sala sia facha resposta grossa sobre lo fach de Moissac,
e que s mene aquel fach be e regeament el cas que no s
vulhan acordar ab la vila d'Agen, que cessessan de levar e
que paguessan so que levat n an.

Item, del fach de la revocacio dels griuhs de Mossenhor lo
senescalc, que hom ne parle ab luy e ab Mossenhor Gui
Rollan (1), si o vol reparar, e, el cas que reparar no o vulha,
que las appellacios que hom a fachas se exequistan.

Item, que dels denes que hom leva per lo fach de la ala,
que hom regarde la ordenacio que s fe sobre aquela, e que s
leva segon la dicha ordenacio.

---

(1) Peut-être Guillaume Rolland, sénéchal de Beaucaire à cette époque.

Mᵉ Jean Tinel recevra ce qui lui est dû pour ses gages, et jusqu'à ce que l'emprunt des marcs d'argent pour lequel la ville s'est engagée par serment soit remboursé. On ne touchera aux revenus municipaux que pour faire ce remboursement ; mais quand il sera terminé, Mᵉ J. Tinel sera payé sur le prix de la ferme.

Item, que a maestre Johan Tinel sia satisfach de so que l es degut per sa pencio, e que, paguat los marcx de l'argent per los quals es jurat, que res de las rendas de la vila no s pague ni se deppenda, si no que paguatz aquels e a paguar aquels e satisfachs, lo dich maestre Johan se pague d'aqui avant de l'arrendament de la escrivania.

Outre ses gages, Mᵉ Jean Tinel recevra de la ville une robe,
comme secrétaire du consulat.

Item, que lo dich maestre Johan Tinel aia d'assi avant sobre la vila, otra sa pencio, una rauba, aissi cum cadun dels escrivas secretaris an.

30 mars. — Les consuls nouvellement nommés s'engagent envers les consuls en charge à les garder de tous dommages et à les défendre aux frais de la ville, si quelqu'un d'entre eux était mis en cause à raison de leur administration, notamment à cause des contestations survenues avec le sénéchal et les gens de son tribunal au sujet de l'élection des consuls et de leur coopération au jugement de plusieurs affaires criminelles.

Penultima marcii, anno ʟ secundo. — P. Galteri de Talivia, magister P. de Bosqueto, Guillelmus Bruni, Arnaldus de Cabanis, B. Beroti, magister P. de Montesio, P. Picot, P. d'Ayquardo, Johannes Malberti, Arnaldus Furnerii, consules noviter creati, promiserunt, mediantibus eorum juramentis, dominis consulibus qui nunc sunt, videlicet magistro Jacobo Maynardi, Guillelmo Vesati, Guillelmo Sobirani, Colino Beroti, Johanni de Venis, magistro P. de Liobosol, magistro Guillelmo de Cassaneis, Arnaldo de Cabanis, magistro R. de Gresoliis, magistro P. Mancelli et aliis quod si occasione consulatus oppositionum et inhibicionum factarum a domino senescallo Agenni, seu ejus curia, tam super inhibitionibus factis super creacione consulum et super eo quod nolebant ipsos admittere judices in quibusdam criminalibus causis (1), promiserunt ipsos garentisare et ducere impensis ville et servare indempnes.

(1) Pour compléter la phrase, il faut suppléer quelques mots, tels que ceux-ci : « Aliquis poneretur in causam ». (Voir la délibération du 5 avril 1351.

M⁼ P. Bousiguet, maitre de l'œuvre du pont, obtient un vidimus, sous le
sceau du viguier de Toulouse, du don fait à la ville d'une valeur de
2,000 livres en bois, des lettres d'octroi d'une somme de 600 livres tournois, et l'ordonnance qui rend cette concession exécutoire.

Ista die magister P. Bosigueti, operarius pontis, habuit
unum vidimus sub sigillo viguerii Tholose, de duobus
millibus libris foreste et literam viᶜ lib. turon. item exequto-
riam dictarum viᶜ libr.

31 mars. — B. Dadelh avait été condamné pour avoir mal fait travailler
les vignes du doyen de l'Ile, à payer le salaire des onze ouvriers qui
avaient été employés à cette tâche, à raison de 14 deniers par tête,
dont 8 seraient fournis par lui et 6 par M⁼ B. de La Garde qui lui en avait
promis 18; et il était en prison pour n'avoir point payé sa part; mais il fut
relâché à la requête de B. de La Garde, qui se porta caution pour lui et
engagea ses biens jusqu'à concurrence de 100 sols tournois, promettant
de payer les ouvriers, mais eux seuls.

Die ultima marcii. — B. Dadelh, qui moratur a la Capela,
eo quia fecerat male operari vineas domini decani de Insula
que sunt a Torterat, fuit condempnatus ad solvendum
xi hominibus qui fuerant in opere predicto cuilibet xiiiⁱ den.
tur. videlicet idem B. viii den. tur., et magister B. de Gardia,
vi den. tur. de xviii den. tur. quos sibi promiserat, quia
male foderant; et cum dictus B. Dadelh esset arrestatus
pro dictis viii den. tur. pro quolibet homine, fuit relaxatus
ad requestam dicti magistri B. qui cavit pro ipso, et promisit
solvere dictis hominibus et obligavit bona sua usque c sol.
tur. et dictus magister B. promisit solvere operariis
dumtaxat.

Die iiii aprilis. (*Présents : les consuls, le conseiller pension-
naire de la ville (Vidal de Fumel), dix jurats et vingt-cinq
notables.*)

Totz volgueron que per los perilhs de la nuch, quar ab
candelas se fasia l'estialgach e per l'escaliu de las torchas,
l'estialgach se fassa be e diligenment ab faraos, e que cascus
aia per an iiii o vi torchas per cochas de anar de nuchs al
senhor. Item, d'alcus volgueron que aguessan mais v sols
torn. cascus per despensa de boca de l'estialgach.

où la même garantie est accordée aux membres sortants du consulat par
leurs successeurs.)

La fourniture des livrées consulaires étant onéreuse à la ville, et les consuls
étant en instance auprès du Roi pour en obtenir chacun deux ou leur
valeur, les anciennes continueront à servir tant qu'elles seront bonnes et
convenables; les sergents de ville ne porteront plus de fourrure au man-
teau ni au chaperon.

Item, que per so que las raubas es causa ondrada a la vila,
e per so que los cosselhs metan diligencia en aver del senhor
dos, o autras gracias que valran las raubas, volgueron que se
continuessan las raubas que las aguessan bonas e honorablas,
e que d'aissi avant los sirvens no porten folraduras els man-
tels ni els capairos.

On écrira à Mgr G. de La Barthe, capitaine de la ville, à Mgr le sénéchal et
aux capitouls de Toulouse pour les informer que le château de Bertrand
de Galard, près de Lusignan, est tombé aux mains de l'Anglais, pris, le
lundi de ce mois, par un bâtard de la compagnie d'Amanieu de Sainte-Foy.

Item, que hom escriva a Mossenhor G. de la Barta, nostre
capitani, e a Mossenhor de Tholosa e al capitol de Tholosa
d'aquesta mota de Bertran de Galart, pres de Lesinha, laqual
se fe anglesa e fo presa per i escuder bort que esta ab
N'Amaneu de Sancta Fe, lo dilus, segon jorn d'aquest mes.

6 avril. — Gratification accordée par les consuls à B. de Mercœur,
pour la perception du souquet.

Die vi aprilis. — Magister Jacobus Maynardi, Guillelmus
Vesati, Guillelmus Sobirani, magister Guillelmus de Cassaneis, magister P. de Liobosol, magister R. de Gresoliis,
Analdus de Cabanis, Johannes de Venis, consules, volgueron
que B. de Mercu aia per son tribalh de culhir lo soquet,
x liv. tor. d'aquesta moneda.

Indemnité accordée à Me P. Mancel, consul, pour un coffret d'argent
et autres objets perdus dans l'expédition contre Madaillan.

Item, voluerunt quod cum magister P. Mancelli hoc anno,
quando accesserunt cum domino Cavimontis apud Mada-
lhanum, amiserit unam caissam argenti et plura alia bona,
voluerunt dicti domini quod tam pro damno quam labore
habeat xii scutos auri.

Indemnité accordée à Arnaut de Cabanes, consul, pour un cheval perdu
au service de l'estilgach.

Item, cum Arnaldus de Cabanis, consul, amiserit unum
roncinum per l'estialgach, prout asseruit suo juramento,
voluerunt quod pro emenda dicti roncini c sol. tur [habeat].

Indemnité accordée à Mᶜ R. de Gresoles, consul, pour la peine qu'il a prise
dans son voyage de Toulouse.

Item, cum magister Raymundus de Gresoliis quam pluri-
mum laboraverit eundo Tholosam et alibi, voluerunt quod
pro labore suo habeat c sol. tur.

Indemnité accordée à Mᶜ G. de Cassaignes, consul, pour avoir réglé
les comptes de la ville et de l'œuvre du pont, etc.

Item, cum magister Guillelmus de Cassaneis laboraverit
valde in audiendis compotis ville et pontis et exequtorum
cesvi Bartholomei Mosteti, v denarios auri de scuto.

Indemnité accordée à six consuls pour dépenses de torches employées
au service de la ville.

Item, pro torchis expensis per dominos consules pro
negociis ville extraordinarie, videlicet magistro Raymundo
de Cassaneis, iiii torchas; item magistro Jacobo Maynardi,
iiii torchas; item magistro P. Mancelli, iii torchas; item Guillelmo Sobirani, i torcham; item Guillelmo Casas, iiii torchas;
item Arnaldo de Cabanis, ii torchas.

Gratification accordée à Mᶜ G. de Gamaville, secrétaire du consulat, pour
le travail qu'il a eu dans son voyage de Toulouse et autres.

Item, magistro Galhardo de Gamavila, pro labore suo
facto eundo Tholosam et alibi extra villam, c sol. tur. ultra
pencionem suam.

Gratification accordée à Mᶜ R. de Calapian, secrétaire du consulat,
pour surcroit de travail.

Item, magistro Raymundo de Calapiano, pro labore suo
facto, c sol. tur. ultra pencionem suam.

Indemnité accordée à G. Cases, consul, pour deux chevaux qu'il avait
perdus au service de l'estilgach.

Item, Guillelmo Casas, consuli, quia amiserat duos ron-
cinos pro stilgach anno presenti, ut asseruit suo juramento,
x lib. tur. : pro quolibet roncino, c sol. tur.

Indemnité accordée à Colin Bérot, consul, pour le travail qu'il a eu comme
trésorier de la ville, quatre files de quatre brasses et quatre panneaux de
six brasses en six planches.

Item, dederunt Colino Beroti, thesaurario ville, pro labore
suo, iiiiᵒʳ filas bastardas, iiiiᵒʳ brachiatarum et iii postes
vi brachiatarum in sex peciis seu fustibus.

Die vii **aprilis, anno Domini ccc° lii°. — Petrus Donde,
filius magistri P. Donde quondam, fuit creatus notarius per
dominos consules, et juravit et promisit, prout in articulo
consuetudinis continetur. — Presentibus : magistris R. de
Calapiano, Galhardo de Gamavila, notariis, Mateo de Alto-
Cornu, H. Saunerii.**

**Item, eadem die Ramundus del Trenth, filius P. Ray-
mundi del Trentz act[or].**

Die vii **aprilis, maestre Jacmes Maynart, Guilhem Sobira,
Guillem Vesat, P. de Liobosol, R. de Gresolas, Guilhem
Casas, Johan de las Venas, Arnaut de Cabanas, cosselhs
d'Agen. — Tot volguoron que Coli Berot, concosselh e thesaure, recepia lo conte de maestre P. Manssel e lo allogue en
sos contes e la resta que l es deguda lo satisfassa del argent
de la vila.**

ANNÉE CONSULAIRE 1352-1353.

Consuls.

Anno Domini m° ccc° quinquagesimo secundo, die x aprilis consules (1) :

De Vesato : P. Galteri de Talivia, 1 clau dessajus; B. Martini.

De Floyraco : P. Picot, 1 clau de lassus; Ar. Guillem, 1 clau de lassus.

De la Clausura : P. d'Ayquardo, 1 clau de lassus.

De Molinerio : Guill. Bru.

De S. Gili : Maestre P. de Montes. 1 clau dessus.

De S⁺ Stephano : B. Beroti, 1 clau dejus.

De Montecorni : Johannes Malberti. 1 clau dejus.

De S. Antoni : Magister P. de Bosqueto. 1 clau dessus.

De S⁺ Ylario : Arnaldus de Cabanis. 1 clau dejus; Arnaldus Furnerii. 1 clau dessus.

Secrétaire.

Dominus......, secretarii pencionarii.

Juge des consuls.

Magister Johannes Tinelli, judex.

Secrétaires des consuls.

Magister Galhardus de Gamavila, Raymundus de Calapiano, secretarii scriptores.

Sergents de ville.

P. de la Genesta, Arnaldus Donadei, B. de Mercurio, Petrus Helias. Stephanus de Pilhaco, Johannes Praderii, Raymundus de Serra, servientes.

(1) Neuf des consuls faisaient partie du corps des jurats de l'année précédente.

Trésorier des deniers du pont.

Galhardus Textoris, receptor seu thesaurarius fabrice pontis.

Maîtres de l'œuvre du pont.

Johannes Malberti, P. Bosigueti, B. de Malomussone, operarii pontis sine vadiis, nisi exirent villam pro negociis pontis, quo casu habeant expensas suas.

Trompettes.

R. de Lajas, G. d'Albiges, trompadors.

Commissionnaire.

Guilhemot lo jogla, servidor.

Jurats.

Juraverunt ut xxiiii⁰ʳ et ut burgenses xxiiii⁰ʳ jurati (1) :

Guillelmus Vesati, Guillelmus Sobira, Coli Berot, Johan de Venis, Mᶜ P. de Liobosol, Mᶜ R. de Gresolas, Mᶜ P. Mancel, Mᶜ Guillem de Cassanhas, Mᶜ Jacmes Maynart, Arnaut de Cabanas, junior, Guillem Casas, Mᶜ Johan de Sanas, P. de Mausac, Mᶜ Aymeric del Puch, Guillem a Ramon de Ferran, En Johan de la Devesa, P. Pelicerii, filh d'En Johan, Matheu d'Autcorn, Bertran de Taliva, B. de Carcassona, Guillem de Mechval, B. Garner, P. Pelicer, filh d'En P., Guillem del Moli, Mᶜ Johan Tinel, Mᶜ R. de Causac, R. del Caune, Mᶜ B. de Melio, Guillem de Pico, P. de Vinhas, En Guillem de Taliva.

11 avril. — Bernard de Carcassone est nommé trésorier de la ville ; la fixation de son salaire est laissée à l'arbitrage des consuls qui, par arrêté du 25 janvier 1353, le portent à 50 livres tournois.

Die xi aprilis. (*Présents : les consuls, vingt jurats et un notable.*) — Tot volgoron que Bernat de Carcassóna fos thesaurer de la vila e que los senhos lo satisfessan e l' paguessan de son tribalh a lor bona conoguda. Losquals ordeneron que agues per son tribalh ʟ lib. torn., so es assaber : En P. Gauter de Taliva, B. Marti, Ar. de Cabanas, Mᶜ P. del Bosquet,

(1) La liste des jurats comprend trente et un noms, parmi lesquels figurent onze des consuls et treize membres de la jurade de l'année précédente.

Me P. de Montes, Willelm Bru, Ar. Forner, B. Berot, lo
xxv jorn de jener.

> Les consuls auront, par nuit, pour faire l'estilgach, un denier d'or à l'écu
> en tout, pour l'éclairage et les autres dépenses.

Item, que los senhos aian per far l'estilgach tant per lumenaria que per totz autres despens per cada nuch, 1 dener
d'aur de l'escut entre totas causas.

> On fera prêter à Mgr le sénéchal 50 ou 60 livres tournois pour huit ou dix
> jours, à la condition qu'il jurera de les rembourser du premier argent
> qu'il touchera de ses gages ou d'ailleurs, et, qu'en outre, il fournira gage
> suffisant. Les consuls de leur côté s'engageront à rembourser les prêteurs
> si le sénéchal ne le fait pas.

Item, que hom fassa prestar a mossenhor lo senescalc l. o
lx liv. torn. per viii o per x jorns, ab que Mossenhor lo
senescalc prometa e jure que del primer argent que aura de
sos gatges o d'autre loc, el pagara, e que si obligue be e fort
e otra aquo que balhe bon gatge, e que los senhos prometan
a aquel qui las prestara que el cas que Mossenhor lo senescalc no pagues, la vila lo pagara.

> On fournira sur gages à Othon de Sentou, capitaine d'Agen, pour M. G. de
> La Barthe, la subsistance de huit journées, à la condition qu'il la paiera
> du premier argent qu'il touchera et qu'il jurera de ne pas quitter la ville
> jusqu'à ce qu'il ait remboursé ce qu'on lui aura prêté.

Item, que an Ot de Sentos, que es capitani Agen per
Mossenhor G. de la Barta, hom done chivenssa per viii jorns
sobre los gatges, ab que el o prometa a pagar del primier
argent que aura, e que no issira d'Agen tant entrò que aia
paguat so que y aura hom mallevat.

> 13 avril. — Délibération non transcrite.

Die xiii aprilis, hora vesperorum. *(Présents : les consuls,
onze jurats et vingt-sept notables.) (Cette délibération n'est pas
mentionnée.)*

> 14 avril. — Réception, en qualité de guetteur, de Peirot de Pomiers, aux
> gages accoutumés. Il jure de faire son service aux heures prescrites, de
> jour et de nuit, de vivre et de mourir dans la ville, ou du moins de n'en
> sortir qu'avec la permission des consuls.

Die sabbati, xiiii aprilis. — Peirotetus de Pomeriis fuit
receptus per dominos consules Agenni in gacha, ad vadia
seu emolumenta consueta, et juravit esse bonum et fidelem

et vivere et mori infra villam et exercere suum officium horis noctis et diei consuetis et congruis, et non exire villam sine licencia dominorum consulum.

Guillaume Maurel, bailli royal, prête le serment d'usage.

Item, Guillelmus Maurellus, bajulus regius, juravit dominis consulibus, prout in consuetudine continetur.

Jean Malbert, bailli de l'évêque, prête aussi serment.

Item, Johannes Malberti, idem. ut bajulus episcopalis.

M⁰ Arnaud de Tholzac, greffier des baillis, prête serment.

Item, magister Arnaldus de Tholzaco, scriptor curie bajul[orum], juravit etiam.

21 avril. — Mgr d'Armagnac étant venu à Agen en allant visiter son domaine, on lui fera présent de six torches de cire du poids de vingt-quatre livres, de six livres de chandelles doubles (doblos) et de six livres d'épices.

Die xxi aprilis. *(Présents : Mossenhor R. de Caravelas, jutge ordinari, maestre Johan de Sanas. procurayre reyal, onze jurats et trois notables.)* — Tot volgueron que a Mossenhor d'Armanhac que era arribat Agen, que disia hom que anava vesitar la terra de Mossenhor d'Armanhac (1), fassa hom presen, so es assaber de vi torchas de xxiiii livras de cera, de vi livras de doblos, de vi livras de specias.

2 mai. — On ne se contentera pas de la lettre adressée par ceux de Moissac sur le fait de la composition relative à la gabelle qu'ils perçoivent, car les jurats et habitants de Moissac n'ont pas été appelés à en prendre connaissance, et qu'on y met en doute s'ils avaient droit d'intervenir. On demandera une lettre valable, et, si on ne l'obtient pas, on poursuivra l'affaire devant les conservateurs des privilèges de la ville d'Agen.

Die secunda madii. *(Présents : dix-sept jurats et trois notables.)* — Tot volgueron. attenduda la letra la qual aquilh de Moissac an tramessa als senhors cosselhs sobre la fach de la composicio de la gabela que levan, que la letra no saria pas sufficient, quar los jurat e habitators de Moissac no foron apelat en aquela, e mais que o meto en dopte si far o poden o no, e autres dobtes contengut en ladicha letra; volgueron

____

(1) Il est probable que le nom d'Armagnac, à la fin de la phrase, a été écrit pour un autre.

que sia refacha bona e forta e que la causa se mene davant los conservadors.

Relativement à la halle au pain et à l'imposition d'un denier
pour droit de taulage.....

Item, del fach de la ala, que hom prenga lo diner de la taula, passada S. Johan..... an de la vila d'aquels que portaran lo pa a vendre e despuis que..... sobre las taulas del senhor de Taliva e d'aquo de S. Estephe en la messaria onte hom las fogassas non prenga hom ponch

17 mai. — On fera distribuer à l'aumône de la Pentecôte
des pains de quatre deniers chacun.

Die xvii *madii. (Présents : les consuls, seize jurats et onze notables.)* — Tot volgoron que hom fes far lo pa per donar a la caritat de Penthecosta de iiii deners tornes.

On ne laissera entrer en ville aucun pauvre des lieux soumis aux rebelles.
mais on leur distribuera du pain quand les autres auront eu leur part.

Item, que degus que sia dels locs del rebelles no intre en la vila, mas que hom los en done en apres quant los autres n'auran agut.

Une entremetteuse est condamnée à courir la ville, une hache sur le cou.

Item, que una artanoca (1) que y a, corra la vila ab la destral sul col.

On s'excusera du mieux possible, auprès du seigneur de Caumont, de ne
pouvoir lui fournir les bêtes de somme qu'il a demandées.

Item, que al senhor de Caumon se desencuse hom al plus bel que poyra dels saumes que demanda que non pot pas aver.

Treize membres sont d'avis qu'on relâche les deux nourrices qu'on avait
arrêtées parce qu'on avait trouvé un petit enfant étouffé entre elles.

Item, tot los crozatz (2) volgoron que las duas noyrissas que son presas, entre las quals trobe hom mort l'enfan d'En Arnaut Forner, las laisse hom anar quitias.

---

(1) L'annotateur du 17e siècle a traduit par *maquerelle* ce mot que nous n'avons peut-être pas bien lu et qui ne se trouve ni dans le *Lexique Roman*, de Raynouard, ni dans le *Glossarium*, de Ducange.

(2) Il y a treize noms précédés d'une croix.

21 mai. — Quatorze membres demandent que les nourrices ne soient pas
punies, pour qu'il ne s'établisse pas ainsi un précédent qui deviendrait
applicable aux mères elles-mêmes, si on venait à trouver leurs enfants
morts à leur côté. La minorité est d'avis que, pour l'exemple et pour que
la justice ne s'empare pas de l'affaire, les nourrices soient condam-
nées à courir la ville ou à telle autre peine que les consuls croiront
devoir fixer d'après l'avis des prud'hommes.

Die xxi madii. *(Présents : seize jurats et neuf notables.)* —
Los crosat (1) volgueron que, per so que a las mays, si se
endevenia que trobes hom mortz los enfans costa lor, se
poyria traire a consequencia que deurian estre punidas, que
las nuyrissias no sian punidas; els autres que no son crosatz
volgueron que per issample e per so que la senhoria no o
prenga assa ma, que sian punidas o de corre la vila, o aissi
cum lor sera vist, agut cosselh ab savis.

Autorisations d'introduire des vins accordées aux consuls de l'année précédente et à la dame de Lamerilac et à un homme qui en devait trois barils
à l'œuvre de l'aumône.

Item, que xvii tonels de vis que los cosselhs de l'an passat
an a metre dins la vila de lor licencia, e la dona de Lamerilac
ii tonels de que ague licencia, que l'en meta, e i home qu en
deu a lar caritat iii barrials.

28 mai. — On enverra à P. Raymond de La Salle, lieutenant du sénéchal de
Toulouse, au siège de Beauville, cent pionniers pour faire le dégât. Ils
resteront huit jours aux frais de la ville et recevront chacun 2 sols
tournois.

Die xxviii maii. *(Présents : les consuls, dix-sept jurats et
vingt-cinq notables.)* — Tot volguoron que hom trametos a
Mossenhor P. Ramon de la Sala, loctenen de Mossenhor lo
senescalc de Tholosa, que es devant Baovila per talar,
c talados als despen de la vila, per viii jorns e que home
[done] a cada talado ii sols tornes.

Deux des consuls iront aussi à Beauville, avec dix ou douze hommes à
cheval, ou plus, s'il est nécessaire, pour décider les habitants à se
rendre.

Item, que dos dels senhos cosselhs y angan ab x o ab
xii homes a caval, o mais si mais es necessari, per requerre
los de Buovila si s' volon rendre.

(1) Au nombre de quatorze. Le procureur du Roi, qui assiste à la délibération en qualité de jurat, maitre Jean de Sanas, vote pour la condamnation.

29 mai. — On mettra à la disposition du seigneur de Caumont vingt-cinq
ou trente sergents, et même plus au besoin, pour conduire à Clermont une
certaine quantité de blé que ledit seigneur a dans Agen et pour ramener
les bateaux de Clermont à Agen.

Die xxix maii. *(Présents : les consuls, dix-neuf jurats et onze
notables.)* — Tot volguoron que al senhor de Caumon preste
hom xxv o xxx sirvens o plus per condure una quantitat de
blat que a Agen entro a Clarmon, e per condure las naos
que portaran los dichs blats del dich port de Clermon entro
Agen.

Sur les instances de Mgr Ar. de La Cassagne, on fera remise à Rodrigue de
l'amende qu'il avait encourue pour avoir vendu du vin qu'il n'avait été
autorisé à introduire que pour sa consommation, mais on tiendra compte
de la différence entre le droit qu'il a payé et celui qu'il aurait dû acquitter
pour vendre son vin.

Item, que a Rodiguo sia quitat e remes la pena e la deshobedienssa que avia fach de vi que avia mes dins Agen per
licencia de beure e que lo avio vendut, e asso a las pregarias
de Mossenhor Ar. de la Cassanha, ab que pague lo plus de
la liccencia que deu mais per vendre que per beure.

30 mai. — Soumission de Martin Cassaigneau coupable d'avoir porté
obstacle au recrutement des pionniers requis pour faire le dégât.

Die martis, penultima madii. — Martinus de Cassanhali se
supposuit voluntati dominorum consulum Agenni super eo
quod perturbare fuit nisus accessus talatorum, et juravit.

4 juin. — Soumission de Pierre Payen, fournier, coupable d'avoir injurié
A. de Cabanes, consul, dans la nuit du dimanche précédent, pendant
l'estilgach.

Die iiii junii. — P. Pagani, furnerius, super eo quod fecerat
injurias et rebellionem Arnaldo de Cabanis, consuli, in nocte
dominica de cero, quando faciebat l'estialgach, sub pena
x libr. turon. danda operi clausure [se supposuit] et juravit.
— Presentibus : magistro B. Chambonis, Arnaldo de
Cabanis juniore, magistro B. de Malmusso.

9 juin. — Quinze bourgeois d'Agen sont tués à Cujat, près la borde de la
Cassagne, par messires Amanieu du Fossat, Bertrand de Gotz et autres, du
parti des Anglais.

Die ix junii. — P. Pelicerii, filius Petri, R. de Cassanea et
plures alii usque ad xv fuerunt interfecti juxta bordile de

Cassanea, loco vocato a Cujat, per inimicos regios, videlicet dominum A. de Fossato (1), dominum Bertrandum de Gotz et plures alios.

13 juin. — On fournira au lieutenant du Roi, pour faire le dégât sur les terres de l'ennemi, cent sergents armés et deux cents pionniers levés aux frais de la ville, et on les divisera par pelotons de deux en deux ou de six en six, comme on le jugera à propos.

Die xiii junii. *(Présents : Moss. V. de Fumel, dix-sept jurats, quarante-quatre notables.)* — Totz volgueron que hom balhes al senhor per anar talar e dampnaciar los enemics e sirvens armatz e ii^c talados als despens de la vila, e que hom los devise per quartels de ii en dos o de vi en ses e aissi cum lor sera vist.

26 juin. — On fera présent à Mgr de Craon, lieutenant pour le Roi de France ès parties du Languedoc, de six pipes de vin.

Die xxvi junii. *(Présents : les consuls, dix jurats et seize notables.)* — Tot volguoron que hom dones a Mossenhor de Creo (2). loc tenen del Rey nostre senhor en las partidas de Lengua d'O, iiii pipas de vi.

Présent au sénéchal de Toulouse, de deux pipes.

Item, a Mossenhor lo senescalc de Tholosa, ii pipas.

Présent au sénéchal d'Agenais, de deux pipes.

Item, a Mossenhor lo senescal d'Agenes, ii pipas.

Présent à Jean Mosta, de la compagnie de Mgr de Craon, d'une pipe.

Item, a Mossenhor Johan Mosta, que va ab Mossenhor de Creo. i^a pipa.

Présent à Nicolas Odde, d'une pipe.

Item, a Nicholas Odde (3), i^a pipas.

28 juin. — Arrivée à Agen du sire de Craon, avec de nombreuses troupes.

Die veneris, videlicet xxviii die junii, dominus de Credunio venit Agenni cum multitudine armatorum.

---

(1) Entre ces deux noms, on en a effacé un, celui de *Gausberlus de Borerila*.
(2) Amaury de Craon, nommé lieutenant du Roi en Languedoc au mois de mai 1352. (*Hist. gén. du Languedoc.* Nouv. édit., ch. XLVII, t. VII, 184.)
(3) Nicolas Odde, trésorier des guerres, en 1360. (*Ib.*, VII, 511. preuves.)

30 juin. — Première entrée de messire P. Raymond de Rabastens, sénéchal d'Agenais et de Gascogne pour le Roi de France. Après avoir exhibé ses lettres de provision, il prête le serment accoutumé entre les mains des consuls, et ceux-ci à leur tour lui font le serment auquel ils sont tenus. — Parmi les témoins de la cérémonie figurent le juge mage d'Agenais, Jean Balbet; le juge ordinaire d'en deçà la Garonne, Raymond de Caravels; le juge ordinaire d'au-delà, Louis Malbet; le procureur du Roi de la justice d'Agen, etc.

Die sabbati, videlicet die ultima junii (1), anno 1. secundo, nobilis et potens vir, dominus P. Raymundi de Rapistagno, miles, dominus de Campanhaco, senescallus Agennesii et Vasconie pro domino nostro Francie rege, cum literis suis ibidem lectis, venit noviter, juravit dominis consulibus, Agenni, prout in capitulo consuetudinis continetur, et, ibidem, facto dicto juramento, domini consules juraverunt eidem. — Presentibus : domino Johanne Balbeti, judice majore; domino R. de Caravelis, ordinario citra; domino Ludovico Balbeti, ultra Garonam judicibus; magistro Johanne de Sanis, procuratore regio; Johanne de Devesia; Bertrando de Taliva; P. Pelicerii; Saisseto et Galtero Torti; B. d'Aynardo; magistro Aymerico de Podio; magistro Johanne de Bajulmo.

3 juillet. — Chaque maison d'Agen fournira un homme pour aller ravager le territoire de Madaillan, dont le château est assiégé par Mgr de Craon, et ces hommes resteront sur le théâtre des hostilités jusqu'à la levée du siège.

Die III[a] julii. *(Présents : les consuls, douze jurats et vingt et un notables.)* — Tot volgueron que, per talar lo loc de Madalhan, devant lo qual es Mossenhor de Creo, loctenen del Rey nostre senhor, de cada hostal d'Agen y anga 1 home tant quant lo seti y estara entro que sia levat.

> Les boutiques seront fermées, aucun ouvrier ne pourra se louer pour quelque travail que ce soit, si ce n'est pour le dégât.

Item, que tot lo obrados estongan barrat e que neguna persona no s logue a deguna obra sino per anar talar.

23 juillet. — En vertu de la publication faite par le sénéchal, bien que les consuls n'aient pas été appelés à y prendre part, tous les gens qui ont été bannis de la ville devront en sortir. Les consuls ayant reçu à ce sujet la requête de trois habitants qui demandaient la protection, il fut décidé

(1) Ce mot a remplacé le chiffre xxix effacé. Le jour de l'arrivée du sire de Craon était donc le 29 ou un jeudi

qu'on s'adresserait au sénéchal et à son lieutenant pour obtenir leur maintien dans la cité, et que si leur démarche était vaine on poursuivrait l'affaire par voie d'appel, aux dépens de la commune.

Die xxiii julii. (Présents : les consuls, dominus Vitalis de Fumello, dominus Bernardus de Cabanis, dominus Arnaldus de Cassanea, *douze jurats et treize notables.)*

Tot volguoron que, cum una crida sia estada facha de las part? de Mossenhor lo senescalc d'Agenes, no apelat los senhos cosselhs, que tot home que fos estat aconjiadat de la vila d'Agen issis fora, e sobre aisso En Guillem a R. de Puech Stremer, En Bes, En Vidal de la Cassanha aian requeregut los dichs senhos que ilh los garden de tort e de forssa, que hom ne parle am Mossenhor lo senescalc o ab son loctenen per la melhor maneira que poyra ni saubra e que el y vulha remediar; e el cas on far no o vulha, que la causa sia menada per via de apellacio o en autra maneira be e regeament als despens de la vila.

Tout individu, quel qu'il soit, qui est commandé pour le guet, doit aller guetter en personne la nuit qui lui est fixée.

Item, que tota maneira de gen que sia ordenat a gachar, gache a la nuch a luy ordenada en sa propria persona.

R. du Port sera reçu bourgeois d'Agen.

Item, que hom recepia En R. del Port per borgues d'Agen.

1ᵉʳ août. — Soumission de P. Bataille, dit Panis, coupable d'avoir vendu le vin à un prix supérieur au tarif fixé, c'est-à-dire à 16 deniers tournois au lieu de 12.

Prima augusti. — P. de Bathala, alias Panis, tabernarius, super eo quod ultra inhibicionem factam ne venderet vina ultra forum consuetum, videlicet xii den. turon. et vendebat ad xvi den. turon. se submisit bone voluntati dominorum bajulorum et consulum, sub pena x lib. tur.; et juravit. — Presentibus : P. Galteri de Talivia, B. Martini, Arnaldo de Cabanis, P. Picoti, B. Beroti, Johanne Malberti, magistro P. de Montesio.

9 août. — On offrira au connétable de France, qui est sur le point d'arriver à Agen, quatre pipes de vin, huit torches et huit livres de chandelles de cire doubles.

Die jovis, videlicet ix augusti. *(Présents : treize jurats, treize notables.)* — Tot volgoron que a Mossenhor lo cones-

table de Franssa, que deu venir a Agen, hom done IIII pipas
de vi e VIII torchas e VIII livras de doblos de sera, se on troba
d'on o aia.

On offrira au maréchal de France deux ou trois pipes de vin.

Item, al marescale de Franssa, II o III pipas.

On offrira à Mgr d'Armagnac une ou deux pipes de vin.

Item, a Mossenhor d'Armanhac, Iª o II pipas.

*17 août. — Soumission de la femme de J. Roussel, accusée d'avoir promis
de payer le blé au-dessus du prix fixé.*

Die XVII augusti. — Uxor magistri Johannis Rosseli se
submisit pro eo quod promiserat in blado plus quam ven-
ditur, et juravit.

*Soumission d'un habitant du quartier de la Bretonnerie,
pour le même délit.*

Item, Guillelmus de Serra, habitator de la Bretonaria
Agenni, super eo quod dicebatur ipsum promisisse in blado
plus quam sibi teneretur, se submisit sub pena x librarum et
juravit.

*18 août. — Attendu que la ville est ouverte et qu'il faut relever quatre cents
brasses de remparts, sans compter la porte de la Croix, pour compléter les
fortifications du quartier de Vésat, il est décidé que l'on terminera cette
partie des murs en deux années. Pendant l'année courante, on munira de
créneaux la partie commencée et on la mettra en état de défense, on fera
le reste l'année prochaine. Quatre bourgeois répartiront le montant de la
dépense sur les habitants du quartier, proportionnellement à leur fortune.
Les autres quartiers en feront autant, et ceux dont les fortifications sont
en bon état viendront au secours des autres.*

Die XVIII augusti. (*Présents : les consuls, quatre jurats et
vingt-six notables.*) — Tot volgoron que, cum la vila sia
desbarrada e la clausura del mur de la gacha de Vesat se
pusca complir per IIIIᶜ brassas exceptat lo portal de la Crocz,
que hom acabe la dicha barradura, so es assaber en dos ans,
en l'an dongan acabar so que es comensat, dentelhar et
apparelhar, e en l'an que ve lo demoran, e que En Johan de
la Deveza, En Johan Normer e maestre Bernat lo Tolza, En
Huc Banuer e maestre Arneo taxen tot aquilh de la gacha
aissi cum a lor sera vist que an valen, e que ilh aian a jurar
que leialment los taxaran a lor poder; e que las autras gachas

fassan aissi metiss, e las gachas que son clausas de mur sian
tengudas de ajudar a las autras que son ubertas.

23 août. — Dans le temps, Mᵉ Pierre de Gassies avait accepté l'entreprise de
deux cents brasses de rempart, au prix de 400 liv. t. Plus tard, les consuls
avaient reconnu, par acte scellé au grand sceau de la ville, que ce marché
le constituait en perte et il avait interrompu les travaux qui pas plus
aujourd'hui que précédemment ne pouvaient être exécutés pour le prix
fixé d'abord. Or, d'après un compte dressé en 1341, il se trouve qu'il avait
reçu en trop 160 l. 11 s. 3 d. au prix que la brasse de maçonnerie lui était
payée, c'est-à-dire à raison de 53 s. 2 d. et une maille. Il est, en conséquence, décidé qu'on fera rapporter à ses héritiers cette somme de 160 liv.
11 sols 3 deniers, qui sera remise entre les mains d'une personne de confiance, pour être appliquée aux dépenses de la clôture, avec cette réserve
toutefois que si depuis le règlement du compte susdit il avait été fait de
nouveaux travaux, le prix en serait rabattu sur la somme due par la
succession.

Die xxiiiᵃ augusti. *(Présents : les consuls, vingt jurats, trente
notables.)* — Totz volguoron que cum maestre P. de Gassias
aguos pres a far iiᶜ brassas de mur a la barradura de la vila
per lo pretz [de] iiiiᶜ liv. torn., e los senhos cosselhs d'Agen
que adonc eran, ab letra sagelada del gran sagel, lo aguossan
convent que ilh e la vila lo estaria a perda, e al jorn de huey
no pogues far per aquel for; e segon que aper per i conte
escriot a la fi d'aquest libre (1). fach l'an mº cccº xli, fos
trobat que, contat a luy la brassa a liii sols ii den. mealha
torn. el devia clx liv. xi sols iii den. torn. que los heretes del
dich maestre Pey, paguen a la vila, per metre en la clausura,
las dichas clx liv. xi sols iii den. torn.; e aquelas sian
balhadas en la ma d'un bonhome per metre las e convertir en
la dicha clausura, aissi empero que, si despusc en sa que lo
dich conte fo fach, apperia que el aguos mais obrat, que
aquo li sia rebatut.

La ceinture de la ville sera réparée le mieux et le plus tôt que possible. On
fera des claies pour y être placées, et tous les habitants sans distinction se
mettront à cette besogne jusqu'à ce qu'elle soit terminée.

Item, que hom reparre la barradura de la vila be e al melhs
que hom poyra astivament e fassa far de las cledas per
metre, e que tota maneira de gens s'i meta tant entro que
sia fach.

(1) Il n'y a pas de trace de cet acte dans le registre, ni à la fin, comme dit
la délibération, ni ailleurs.

Toutes les portes de la ville seront fermées, excepté celle de Garonne. On y
placera des gens armés qui s'y tiendront tous les jours pour empêcher les
étrangers qui sont en garnison dans la ville d'aller dévaster les vignes,
comme ils le font.

Item, que totas las portas de la vila se barren, exceptat la
de Garona. e aqui que estongan de bonas gens armadas cada
jorn afi que los estranhs que son dins la vila no dampnacien
las vinhas per la maneira que fan.

On emploiera à la clôture de la ville les planches qui forment le tablier du
pont. On les fera estimer, et le prix sera remboursé à l'œuvre du pont.

Item, que hom prengua per metre a enbarrar la vila las post
que son sus lo pont. e que hom las fassa estimar, afi que la
estimacio se pague al pont.

27 août. — Prestation de serment de Guillaume de Lestroa en qualité
de régent du bailliage d'Agen.

Die xxvii augusti. — Guillelmus de Lestroa. domicellus.
regens bailliviam Agenni. juravit et prestitit juramentum
prout in libro consuetudinis Agenni continetur.

7 septembre. — On suppliera Mgr de Craon de donner. par titre authentique. le moyen aux habitants de faire la vendange, ou l'on s'adressera.
dans le même but, à Mgr G. de La Barthe ou à Mgr G. de Jauli.

Die vii septembris. — Tot los senhos cosselhs que eran
presens e ls autres xxiiii°⁵ jurati (1), totz volgueron que hom
supplique e requera a Mossenhor de Creo que nos meta
remedi cum puscam vendenhar, e ab carta, o que parle hom
ab Mossenhor Guilhemot de la Barta, o ab Mossenhor G. de
Jauli que nos i metan remedi. e que avans (?) los dones hom.

Tout bourgeois ou tout forain qui a des vignes dans la juridiction de la
ville pourra en faire conduire le vin à Agen, à cause du danger que
courent les récoltes, mais il devra auparavant en obtenir l'autorisation du
consul de son quartier.

Item. que tot borgues e fores d'Agen que aia vinhas Agen
o den la honor. la en pusca metre per los perilhs que i
podon venir. ab que demande licencia al cosselh de sa gacha.

____

(1) Quatre des noms qui figurent parmi les vingt-quatre n'appartiennent
pas à la liste des jurats de l'année.

Tout bourgeois qui a des vignes hors de la seigneurie d'Agen pourra en introduire le vin ou la vendange dans la ville, à raison de 10 sols s'il les destine à sa consommation, et de 20 sols s'il entend le vendre, mais il devra d'abord jurer qu'il n'en a pas pour sa provision.

Item, tot borgues que aia vendenhas foras la honor d'Agen ne pusca metre lo vi o la vendenha d'aquelas, per son beure per x sols torn. e per vendre xx sols torn., e que juren que no n an a beure.

Le seigneur de Castelculier pourra faire entrer dans la ville quatre pipes de vin, selon le désir qu'il en a fait exprimer par le lecteur des Carmes.

Item, que al senhor de Castelculher sia dada licencia de IIII pipas de vi metre. de que avia supplicat lo lector dels Carmes per luy.

9 septembre. — On contraindra rigoureusement les habitants à exécuter les travaux qu'ils doivent faire dans leurs postes, afin d'être en sûreté, et l'on fera préparer des chausse-trapes.

Die IX septembris. *(Présents : les consuls, neuf jurats et neuf notables.)* — **Totz volguoron que hom compelle totz aquels que an a dobar lor gardas be e regeament en maneira que hom y pusca estar segur, e que fassan far calcatrepas.**

On s'entendra avec Messire G. de La Barthe pour la vente des vendanges. Les consuls traiteront avec lui aux meilleures conditions possibles. Si la dépense de la garde incombe à la ville, chaque propriétaire y contribuera pour sa part, proportionnellement à ses vignes et d'après la répartition qui sera faite par les consuls.

Item, que hom parle ab Mossenhor Guilhemot de la Barta de la garda de las vendenhas e que fassa hom mercat ab luy, e que los senhos n'aian lo melhor mercat que poyran. Et si mester era que la vila o pagues, que cascu ne pague sa part aissi cum y aura vinhas, a la ordenacio dels senhos.

14 septembre. — On enverra à Toulouse auprès de Mgr de Craon pour avoir les 300 livres qui ont été promises à Messire G. de La Barthe pour la solde d'un mois de vingt hommes d'armes au moins, chargés de protéger la vendange. Si l'on ne peut recouvrer cette somme, les propriétaires la payeront en proportion de leurs vignes ou de leur vin.

Die XIIII septembris. *(Présents : les consuls, vingt jurats et six notables.)* — **Tot volgueron que hom trametos a Tholosa a Mossenhor de Creo per aver las III[c] livras de gatge que a hom promessas a Mossenhor G. de la Barta per I mes per**

xx homes d'armas o mais, per gardar nostras vendenhas, e
si no los pot hom cobrar, que la vila las pague segon que
cascus aura vinhas o vi.

Tous les bourgeois pourront prend... ... \i.l en paiement de leurs débiteurs,
même étrangers à la juridiction d'Agen, et ils pourront en introduire
jusqu'à cinquante tonneaux, à raison de 20 s. t. l'un, pour la vente, et de
10 s. pour la consommation, mais ils devront précédemment jurer qu'ils
n'en ont pas pour leur provision.

Item, que tot borgues pusca prendre vi en paga d'aquels
que lor o devon foras la honor e que l en puscam metre entro
a ι. tonels a xx sols torn. lo tonel per vendre e a x sols per
beure, ab que jure que non a ponch.

17 septembre. — Soumission d'un manouvrier, Jean Aldemar, qui avait
refusé d'obéir à un consul et l'avait menacé du diable ; qui, en outre, avait
recueilli dix barils de verjus dans ses vignes ou celles d'autrui, sans
permission et avant que la vendange fût autorisée, et qui s'était enfin
rendu coupable de plusieurs autres délits.

Die xvii septembris. — Quod Johannes Aldemarus, alias
Bodet, brasserius, super eo quod fecerat inhobedienciam
consuli, videlicet magistro P. de Montesio consuli, videlicet
quod recusavit respondere eidem et quasi minando dixit
eidem que « lo diable i auria part », et etiam super eo quod
fecerat ii barrilia agresta et vindemiaverat xi barrilia vini de
suis vel alienis vineis absque licencia, et super quibusdam
aliis, se supposuit bone voluntati et ordinacioni dominorum
bajuli et consulum sub pena ι. libr. turon. danda operi clausure, et juravit. etc. — Presentibus : Galtero Torti, Johanne
Praderii.

6 octobre. — Chaque habitant ira s'installer à son poste de garde ou dans la
maison la plus voisine et il y restera en armes nuit et jour, jusqu'à ce
qu'on ait de meilleures nouvelles de l'ennemi. Les chausse-trapes seront
posées et chacun devra se tenir à son poste.

Die vi octobris. *(Présents : les consuls, le juge mage, le
procureur du Roi, vingt et un jurats et quarante-trois notables.)*
— Tot volgoron que tantost cascus habitan d'Agen s'en anes
demorar en sa garda o al plus pres hostal d'aqui, e aqui que
demore nuch e dia ab tot son arnes tant entro que autras
novelas hom aia dels enamix, e que hom meta las calcatrepas
e repare cascus en sa garda.

Pour procurer l'argent nécessaire à quelques dépenses, on autorisera l'entrée de cinq cents tonneaux de vin, à raison de 20 sols par tonneau pour les bourgeois, et de 40 sols pour les étrangers.

Item, que hom meta v^c tonels de vis dins la vila d'Agen per pagar alcus deppens, e que tot borgues d'Agen pague per cada tonel xx sols torn., e tot home estranh xl sols torn.

Chaque consul pourra, en outre, faire entrer dix tonneaux de vin.

Item, que cascus dels senhos cosselhs ni meta otra lo dich nombre x tonels.

La barbacane de Saint-Pierre subsistera, mais on reculera le fossé qui l'entoure et on amoncellera de la terre en dedans, derrière la palissade, pour la mettre en état de défense.

Item, que la barbacana de S. Pey demore, mas que hom fassa recurar lo valat e levar de part dedins, pres del pal, la terra, afi que hom y pusca far deffensa.

8 octobre. — En considération de la fidélité que conservent à la ville d'Agen les habitants du lieu de Lafox, qui est un des postes avancés de cette ville, il est décidé qu'on fera remise à R. de Gratteloup, un de leurs concitoyens, de l'amende qu'il avait encourue pour avoir introduit dans Agen deux barils de vin, sans autorisation, et que le vin et le baril lui seront restitués pourvu qu'il paie le droit d'entrée sur le pied des forains et qu'il s'accorde avec les baillis pour le salaire qui leur revient.

Die viii octobris. (*Présents : les consuls, cinq jurats et six notables.*) — Tot volguoro que atendut la fieltat que las gens de La Fotz an a la vila d'Agen, e que lo loc de La Fots es barbacana de la vila d'Agen, que a R. de Gratalop, que avia mes ii barrils de vi Agen ses liccencia, sia quitat e remes lo gatge que era degut a la vila, e que lo vi e los barrils lo sia rendut quiti, ab que pague la mesa al thesaurer de la vila cum fore, e se acorde ab los bailes de lor gatge.

25 octobre. — Nomination d'une commission composée de consuls et de jurats pour recevoir les comptes du trésorier de l'année précédente.

Die xxv octobris. — Fuit ordinatum per dominos consules quod compotus Colini Beroti, thesaurarii ville de anno li^o, audiatur per Guillelmum Bruni, Petrum de Ayquardo, Petrum Picoti et Arnaldum Furnerii, consules, et in dicti compoti reddicione vocentur R. del Caune, Guillelmus de Mechval, Bertrandus de Taliva, Petrus de Mausaco, magister Geraldus de Serra et Johannes Lormer, burgenses Agenni.

12 novembre. — On s'entendra avec les autres villes fidèles pour députer en France, auprès du Roi, des personnes de marque chargées de remontrer l'état d'abandon du pays et le supplier d'y porter remède.

Die xii novembris. *(Présents : les consuls,* dominus thesaurarius (1), *quinze jurats et quarante-sept notables.)* — Tot volgueron que hom trametos ensems ab las autras vilas reyals personas solempnials en Fransa al Rey nostre senhor per demostrar l'estat avol del pays e per supplicar.

20 novembre. — On transigera avec M⁵ B. Chambon au sujet de la succession de feu P. Chambon dont il est héritier et qui, s'il décède sans enfants, doit revenir à l'œuvre du pont et des fortifications de la ville. Moyennant trois cents écus d'or, si l'on n'en peut tirer davantage, on lui abandonnera tous les droits de la ville, de l'église Saint-Étienne et des couvents des quatre Ordres mendiants sur cette succession, attendu que déjà trois de ces couvents, les Frères Prêcheurs, les Cordeliers et les Augustins ont cédé leurs droits à la ville, par acte du 6 novembre dernier. Le 27 du même mois, les Carmes firent le même abandon.

Die xx novembris. *(Présents : les consuls, treize jurats et quarante notables.)* — Omnes voluerunt, exceptis crucesignatis (2), quod fiat composicio cum magistro Bernardo Chambonis, herede Petri Chambonis quondam, super successione quam opera pontis et clausure ville habere debet si contingeret ipsum decedere sine liberis, et quod quitetur cum v⁵ scudatos, si plus habere nequeamus, et fiat pro nobis seu jure ville et jure ordinum et ecclesie Agenni : nam jam tres conventus videlicet Fratres Predicatores, Minores et Augustini, cesserunt et remiserunt ville jus suum dicte successionis cum instrumentis publicis receptis per maestre R. de Calapiano, vi die novembris, anno domini m° ccc° lii°. — Item, xxvii die novembris Carmelitani fecerunt similem donacionem et cessionem (3).

<hr>

(1) Ce n'était pas le trésorier de la ville, puisque Bernard de Carcassonne, qui l'était cette année, figure quelques lignes au-dessous sur la liste des membres présents. Le trésorier n'y peut figurer deux fois.

(2) Au nombre de quatre seulement, qui veulent que la transaction ne soit consentie que moyennant mille écus d'or.

(3) Au premier feuillet du registre se trouve un extrait du testament de Pierre Chambon et la répartition des biens de la succession, faite éventuellement par les exécuteurs testamentaires :

    « *Sequitur clausula testamenti P. Chambonis, tangens operi pontis*
          « *et clausure Agenni civitatis.*

« Fet per son hereter so es assaber maestre Bernat Chambo, son fraire, si « vios era, e si vios no era, o del dich maestre Bernat Chambo, son fraire, « desanava o era desanat nienh de heret procreat de son leial matrimoni, en « aquel cas lo mies testaire vole, ordenet et comandet que totz sos bes e cau- « sas, paguat e complit, tot prumerament aquest seo present testament e las

Approbation de l'arrêté des consuls du 23 octobre précédent, qui nommait une commission pour la réception des comptes du trésorier de ville.

Item, voluerunt quod computa ville anni proximi preteriti et presentis audiantur per iiii°ʳ consules, videlicet Guillelmum Bruni, P. Ayquarti, P. Picoti et Arnaldum Furnerii, consules, et per vi burgenses, videlicet R. del Caune, Bertrandum de Taliva, Guillelmum de Mediovalle, P. de Mausaco, Johannem Lormerii et magistrum Geraldum de Serra.

3 décembre. — Les consuls délèguent deux de leurs collègues pour se faire rendre compte, en présence de l'official d'Agen, par l'héritier de Mᵉ Jacques Maynart, de l'état des biens délaissés par feu Arnaut Martin, en son vivant docteur ès lois.

Die lune post festum beati Andree, apostoli, domini consules ordinaverunt quod B. Beroti et magister P. de Monte-

« laissas contengudas en aquel, cum dessus es dich, fossan distribuidas a la
« obra del pont d'Agen, e a la obra de la vila d'Agen, e a la obra del moster de la
« gleia de S. Stephe d'Agen, e als autres paubres e ordres d'Agen mendians,
« a la conoguda e a la ordenacio de sos ordenes e exequtors dejus escriotz,
« senes que neguna autra persona ni personas no s'en puescan entremetre ni
« s deian, sino aissi cum sos exequtors dejus escriotz ne volian ordenar, e en
« aquel cas on del dich son fraire seria desanat o desanaria, cum dich es, lo
« meiss testaire fet e substituit a si e al dich son fraire per hereteras las dichas
« obras e paubres, senes que degun de son linatge re no y puesca demandar,
« sino aquo que sos ordenes exequtors dejus escriotz los volran donar, e que,
« ab aquo que sos exequtors darian, fossan talans e avondos de totz sos
« autres bes e causas. E per exequtors del present son testament e paguadors d'aquel, En P. Pelicer, filh que fo d'En P. maestre Johan Negre, En
« B. de Carcassona, mossenhor P. Baster, prestre, En Bartholomeo de Mostet, als quals e als dos de lor acordadament donet poder de exequir, etc. —
« Factum fuit dictum testamentum per magistrum Stephanum Flamenc,
« notarium Agenni, xxv die octobris, anno domini mº cccº xlviii°. »

« Die xxiiª febroarii, anno domini mº cccº lº. Bernardus de Carcassona et
« dominus Petrus Basterii, presbiter, exequtores testamenti et ultime volun« tatis Petri Chambonis quondam, declaraverunt voluntatem eorum de
« bonis et rebus que fuerunt dicti P. Chambonis, secundum ordinacionem
« ejusdem Petri, decesso magistro Bernardo Chambonis, herede dicti Petri
« Chambonis, absque liberis, prout in testamento ipsius continetur et ordi« naverunt concorditer super predictis, ut sequitur:
« Et primo, quod eo casu, dentur fabrice ecclesie Sancti Stephani Agenni,
« l. libr. tur.
« Item, conventui Fratrum Predicatorum Agenni, pro amore Dei, l. libr. tur.
« Item, conventui Fratrum Minorum Agenni, amore Dei, l. lib. tur.
« Item, conventui beati Augustini de Agenno, amore Dei, l. libr. tur.
« Item, conventui beate Marie de Carmelo Agenni, amore Dei, l. libr. tur.
« Item, fabrice clausure civitatis Agenni, scilicet lapidarie, c libr. tur.
« Item, retinuerunt penes se, pro missis celebrandis, juxta eorum volun« tatem, l. libr. tur.
« Item, quod residuum omnium bonorum mobilium et immobilium que
« quondam fuerunt dicti Petri Chambonis, sit et remaneat operi pontis
« Agenni supra Garonnam, in constructione illius convertendum et non
« in aliis usibus, et eidem opere, condicione eveniente, concorditer dederunt.
« — Testibus presentibus: discretis magistris Jacobo Maynardi, Willelmo de
« Cassaneis, Petro de Liobosol, Petro Mancelli, Guillelmo Sohirani, Colino
« Beroti, Johanne de Venis, consulibus Agenni, B. Johannis de Viridario,
« sabaterio, P. de Helia, Johanne Praderii, Petro Blanc, P. de Pesquerio,
« magistris R. de Calapiano, Stephano Flamenc, Galhardo de Gamavila,
« notariis, qui de predictis retinuerunt unum aut plura publica instru« menta. »

sio audiant compota, coram domino officiali Agenni, ab herede magistri Jacobi Maynardi quondam, de bonis que fuerunt domini Arnaldi Martini quondam, legum doctoris, in quibus quidem bonis erat inter cetera quedam recognicio, seu quoddam instrumentum recognicionis in quo Geraldus Salmonis, quondam burgensis Layraci, recognoverat habuisse ab heredibus et exequtoribus testamenti dicti domini Arnaldi Martini vi^{xx} xviii marcha argenti et unam unciam, quod instrumentum uxor magistri Jacobi restituerat dominis consulibus et fuit receptum per magistrum Johannem Rotundi, quondam notarium Agenni, ix die mensis novembris, anno domini m° ccc° xxvi°.

6 janvier 1353. — Moyennant six cent cinquante écus on donnera quittance à M° B. Chambon de tous les droits qu'avait la ville, à titre successif, sur les biens de feu P. Chambon. Cet argent sera employé aux travaux des remparts et à la construction du pont. Il sera remis à B. de Carcassone, qui lui donnera la destination prescrite. Les consuls l'obligeront, en donnant hypothèque sur les biens de la ville, à garantir ledit Chambon de toutes les réclamations que pourraient exercer le chapitre de Saint-Etienne et les couvents des quatre Ordres à raison des droits successifs qu'ils avaient sur les biens de feu P. Chambon.

Die ix januarii (1). *(Présents : les douze consuls,* dominus Vitalis de Fumello, legum doctor, *dix-sept jurats et soixante et un notables.)* — Totz se cossentiron et volgoron que a maestre Bernat Chambo sia facha quittanssa de tot lo drech que la vila a els bes que foron de P. Chambo, son fray qui fo, per razo de la successio contenguda el testamen del dich P. Chambo, per lo pretz de v° l escutz, los quals sian mes en la barradura de la peyra o en la obra del pont; e aquels sian balhat en la ma d'En B. de Carcassona, per metre e convertir en la obra predicha e no en autres usatges; e que los dichs senhos cosselhs en obligacio dels bes de la dicha ciotat se obliguen a trayre luy quiti del capitol de S. Stephe et dels convens dels Presicadors, Carmes, Menors e de S. Augusti, dels drechs que els an els dichs bes per razo de successio : de lasquals causas los dichs senhos cosselhs requeregoron carta.

(1) Le 26 décembre eut lieu une séance de la jurade, qui est simplement indiquée dans le registre et à laquelle assistèrent dix-sept jurats et treize notables. Nulle mention de l'ordre du jour et de la délibération prise.

Séance tenante, B. de Carcassone jure de ne remettre à personne lesdits cinq cent cinquante écus et de les employer exclusivement aux travaux des remparts et du pont. De leur côté, les consuls jurent de ne pas autoriser un autre emploi de cet argent.

E aqui miss En B. de Carcassona promes e jure que dels dichs v^e escut no balhara a deguna persona ni metra en deguna autra causa sino en la barradura de la vila de la peyra e en la obra del pont. E los dichs senhos cosselhs et autres promeseron et jureron que no cossentiran que s metan en autres usatges sino en la dicha barradura e en la dicha constructio del pont.

11 janvier. — Les consuls décident que la somme de cinq cent cinquante écus qu'on a touchée ou qu'on doit toucher de B. Chambon sera divisée en deux parts, dont l'une affectée aux travaux des remparts, l'autre à la construction du pont sur la Garonne.

Die xi januarii. — Los senhos cosselhs d'Agen ordeneron que los v^e escut que son estatz agutz o se auran per la composicio facha ab maestre Bernat Chambo, cum hereter d'En P. Chambo, son fray, sian divisit e mes, so es assaber la mitat a la obra del pont d'Agen que s fa sobre Garona, e l'autra mitat a la obra de la peyra de la clausura de la vila d'Agen.

Vingt-trois membres sont d'avis que pour payer ce qui est dû en fait de gages et des dépenses de l'estilgach, on emprunte quarante tonneaux de vin, ou davantage, s'il est nécessaire, en s'obligeant par serment de les payer sur les revenus de l'année prochaine, au prix d'un marc d'argent la pipe.

Même jour. (Présents : les consuls, quinze jurats et quarante-sept notables.) — Totz los que son punchatz (1) volgoron que per pagar so que es degut dels estials gachs e de las pencios hom manleve xl. tonels de vis o plus, si mesters era, e que hom los obligue a pagar sobre las rendas de la vila de l'an que ve, ab sagrament, al for d'un march d'argen per pipa.

On écrira au Pape pour lui exposer la situation du pays, la misère qu'y apporte la guerre et son épuisement bientôt complet, et pour le supplier de vouloir bien négocier la paix entre les rois de France et d'Angleterre.

Item, que hom escriva al Papa, nostre senhor, l'estament

(1) Les noms de vingt-trois membres sont marqués d'un point, en guise de croix.

del pais e la paubretat en que es per la guerra, ni cum se pert del tot, e que a luy plassa far patz entre lo Rey nostre senhor e l rey d'Anglaterra.

14 janvier. — On empruntera trente-cinq ou quarante tonneaux de vin, ou même davantage, pour payer ce qui est dû des gages et dépenses de l'estilgach et les autres besoins de la ville, et on s'obligera à les payer sur les revenus de l'année prochaine, au prix de deux marcs d'argent le tonneau. Les consuls, les jurats et les autres bourgeois présents jurent de ne pas permettre qu'il soit prélevé un denier sur les revenus de l'an prochain, avant le remboursement complet de l'emprunt qu'on va faire.

Die XIIII januarii. *(Présents : les consuls, quinze jurats et vingt-quatre notables.)* — Totz volguoron que hom manleve xxxv o xl tonels de vis o plus per pagar so que es degut per los estials gachs e las pencios e las autras causas necessarias, e que obligue hom per cada tonel pagar sobre las rendas de la vila de l'an que ve dos marcz d'argen. E aqui miss jureron totz senhos cosselhs e xxiiii e autres que ilh no cossentiran que de so que se aura de las rendas de la vila en l'an que ve no sia pres ni mes dener ni mealha sino a pagar so que sera degut per los dichs vis, tant entro que so que sera degut per los dichs vis sia paguat et satisfach.

Attendu qu'il a été fait à l'œuvre du pont des donations et des legs, encore dus et en train de se pe... re, parce qu'il n'y a personne qui s'occupe de les faire rentrer, on décide que M⁰ P. Bosiguet sera chargé de ce qui regarde la construction du pont et qu'il recevra annuellement pour ses gages une somme de 20 livres tournois, à payer sur les fonds affectés à l'œuvre du pont.

Item, que, cum al pont sia degut, tant per dos quant per laissas, e aquo sia en via de perdre per so que no y a persona que o culha ni y trabalhe a levar e a cobrar, que a maestre P. de Boziguet sian donadas cada an xx livr. torn. de pencio per cada an, e aquel sia tengut de trabalhar en la obra del pont, e a cobrar los deutes e laissas que se apartenon ni se apartendran a la obra del dich pont, e que s paguen de so que se apartendran al dich pont; loqual promes e juret (1).

<hr>

(1) Au premier feuillet du registre est relevée l'indication suivante d'un legs fait à l'œuvre du pont d'Agen : « Testamentum R. de P...., quondam, cujus heredes B. et Arnaldus, ejus filii existunt, legavit operi pontis xxv libras arnaldensium in suo ultimo testamento, recepto per magistrum B. del Cause, anno domini m° ccc° xvi, ultima die novembris. »

14 janvier. — Les consuls de 1346 avaient prêté le titre constitutif de l'exemption du droit de péage à feu B. Bocalh, qui l'avait envoyé en Normandie; les marchands de la ville sont aujourd'hui très embarrassés par l'absence de ce document, les capitouls de Toulouse refusant d'ajouter foi à la copie ou vidimus qui leur a été produite et demandant qu'on exhibe l'original. Les consuls, en conséquence, requièrent le fils et héritier de B. Bocalh de restituer l'original, le prévenant qu'ils exerceront leur recours contre lui pour les dommages et intérêts qu'ils auraient à supporter. B. Bocalh répond que, de concert avec Guill. Bru, il a déjà envoyé en Normandie un messager pour chercher et rapporter le titre qu'on réclame. Le 16 juin suivant, il en fait la remise aux consuls.

Die xiiii januarii, domini consules Agenni requisiverunt Bernardum Bocalh, filium Bernardi Bocalh quondam, quod ipse traderet eis originale cujusdam litere regie.

Cum B. Bocalh, quondam mercator Agenni, habuerit a dominis consulibus Agenni, anno xlvi, quandam literam declaracionis privilegiorum pedatgiorum quam habuerat et miserat in Normandia, et dicti domini consules et villa, seu mercatores, paterentur dampnum, cum domini capitolani Tholose nollent dare fidem transcripto sive vidimus, nisi haberent et sibi hostenderentur originalia, ipsi domini consules requisiverunt B. Bocalh, filium et heredem dicti Bernardi Bocalh, ibidem presentem coram ipsis, ut dictum originale sibi redderet, aut alias ipsi haberent recursum contra ipsum pro dampnis et interesse que ipsos pati et sustinere contingeret : qui respondit quod ipse et Guillelmus Bruni jam miserant unum nuncium apud Normandiam pro perquirendo et adportando dictum originale. — Presentibus : Guillelmo de Lestroa, magistro Galhardo de Gamavila (1). Cancellatum fuit de voluntate dominorum consulum, xvi die junii, eo quod dicta die restituit originale predictum, presentibus : magistro Galhardo de Gamavila, R. de las Fossas, Arnaldo Donadei.

30 janvier. — B. Martin recevra une indemnité fixée par les consuls pour les dépenses du voyage qu'il a fait en France l'année précédente, mais on saura préalablement des consuls qui l'y avaient envoyé les conventions faites entre eux à ce sujet. (Voir la délibération du 2 mars, p. 271.)

Die xxx januarii. (*Présents : les consuls, dix jurats et dix-neuf notables.*) — Tot volguoron que a'n Bernat Marti sia satisfach de la anada que fe en Franssa a la conoguda dels

(1) Ce paragraphe a été barré sur le registre.

senhos cosselhs, sabut prumerament ab los cosselhs de l'an passat que lo i trameteron las convenensas que foron entre los.

Les trompettes et le guetteur recevront chacun 100 sols tournois.

Item, que als trompadors e a la gacha sia donat a cadaun c sols torn.

On donnera à M. J. Darnos deux mille tuiles sur les confiscations opérées au préjudice des rebelles.

Item, que a maestre Johan Darnos sia donat dels bes dels rebelles dos miles de teule.

On remboursera à A. Fournier les 12 écus d'or qu'il a prétés à Othon de Sentou qui s'était chargé de garder le lieu de Lusignan.

Item, que a'n Arnaut Forner sia paguat XII escutz d'aur los quals avia prestatz a'n Ot. de Sentos per la garda del loc de Lesinha.

4 février. — On dépêchera vers M. le comte d'Armagnac, lieutenant du Roi de France, qui se trouve à Toulouse ou sous les murs de Saint-Antonin, pour lui parler des entreprises des Toulousains qui, au mépris des privilèges accordés par le Roi à la ville d'Agen, veulent percevoir les droits de péage, de gabelle et autres impôts semblables, si on ne leur produit pas les originaux des lettres d'exemption.

Die IIII februarii. *(Présents : treize jurats et onze notables.)* — Super eo quod mitteretur domino comiti Armaniaci, locum tenenti domini nostri Regis, qui est Tholose vel ante Sanctum Antoninum, pro facto pedatgiorum, gabele et aliarum imposicionum quas exhigere nituntur apud Tholosam a burgensibus nostris contra privilegia regia, nisi hostendentur originalia.

Il ne sera plus permis de faire entrer des vins dans la ville si l'on n'en a déjà reçu l'autorisation et si l'on n'appartient pas aux gens du Roi.

Item, sobre aquo si volon que d'aissi avant no donga hom licencia de metre vis dins la vila, mas aquels que an agudas lor licencias e las gens del senhor.

Sur les fonds provenant de la transaction passée avec Mⁱ B. Chambon, déjà perçus ou à percevoir, on donnera à chacun des quatre Ordres mendiants de la ville quatre cartières de froment pour l'amour de Dieu et en reconnaissance de l'abandon qu'ils ont fait de leurs droits sur la succession du frère dudit B. Chambon.

Item, que de l'argen agut per la vila e avedor de la finansa de maestre B. Chambo, a cascun ordre d'Agen de paubretat sia donat iiii carteiras de froment per amor de Deu e per amor d'aisso quar avian remes e donat a la vila tot lor drech.

Attendu que R. de La Serre, sergent postulant à l'hôtel-de-ville, mène une mauvaise conduite et a donné lieu à des plaintes répétées pour injustices envers les bourgeois, les consuls dénoncent ces faits à la jurade, qui décide que ledit R. ne recevra plus de livrée de la ville et que son temps de surnumérariat ne lui sera pas compté.

Item, que per so quar Ramon de La Serra, espectan de l'offici de sirvens del cossolat, es desordenat e dissolut e a gravat d'alcus borgues, aissi coma es estat reportat plusors vegadas als senhos cosselhs, e ilh no an facha relacio als xxiiii, acosselheron que d'aissi avant no aia ponhs de rauba de la vila e que sa expectacio no l tenga loc (1).

11 février. — Attendu les charges et les dettes de la ville, on ne fournira pas d'argent pour le siège de Monbalen, mais on y enverra des hommes sur l'ordre du sénéchal.

Die xi febroarii. (*Présents : sept jurats, un notable.*) — Tot volgueron que, quar la vila es mot cargada e obligada, que i dener ne metos hom per deffar locum Montis-Valentis; tamen voluerunt quod, ad jussum domini senescalli mitteremus de gentibus nostris.

19 février. — Les consuls de l'année précédente et ceux de l'année passée avaient été chargés par les jurats, comme il est dit ci-dessus, de régler l'indemnité que réclamait B. Martin pour le voyage qu'il avait fait en France dans l'intérêt de la ville. Vu la diligence qu'il y a mise et l'importance des lettres obtenues, il recevra 50 deniers d'or à l'écu, en outre de ce qui lui avait été avancé par M⁰ B. Chambon.

Die xix febroarii. (*Présents : les consuls et huit jurats.*) — Sobre aisso que los xxiiii avian a lor remes de so que demandava En Bernat Marti per la anada que avia fach en Franssa per las cochas de la vila, aissi cum es contengut e escriot en la pagina d'aquest paper devant aquesta, volguoron que al dich En Bernat Marti, quar aparia que bona diligenssa y avia mes, sian donat e paguat l deners d'aur de l'escut, quar

(1) Raymond de La Serre fut rappelé plus tard au service de la ville, comme le prouve la décision suivante du 23 janvier 1355, rapportée au-dessous de la précédente : « Die xxviii januarii, anno domini m° ccc° liiii° fo « ordenat per los senhos cosselhs so es assaber, etc., que per so que ilh ni lor « thesaurer no an sirvent ni exequtor que leves los deutes de la vila ni las « rendas, que R. de La Serra, sirvent reyal, sia el loc de Galhart de La Tor a « levar e exequir los deutes de la vila, e que aia, tant cum sera el servisi de « la vila, rauba coma avia lo dich Gualhart. »

enpetret de bonas letras. e aquo oltra so que avia agut de maestre B. Chambo.

22 février. — Estimation faite par des manouvriers de deux parcelles
de vigne situées près de la carrière de Tourteirac.

Die festi cathedre Sancti-Petri. — Johannes lo pay, St. de Lias, Sancius de Bonas et Johannes de Moysiaco, accesserunt apud peyreriam ville que est a Torteyrac, et juramento suo extimarunt denariatam vinee Johannis del Toron que est ibi, ad IIII libras turonensium monete nunc currentis et obolatam vinee que fuit Arnaldi Fornerii, seu boygue, ad xxx solidos turonenses dicte monete, presentibus ibidem : Arnaldo de Cabanis, Bernardo Berot, P. de Ayquardo et magistro P. de Montesio, consulibus, et B. de Carcassona, thesaurario.

23 février. — Quelques-uns des fermiers des revenus se plaignant d'être en
perte sur le prix de leur bail et réclamant une remise. on décide qu'ils
fourniront l'état de leur perte, et que, si, enquête faite, cet état est reconnu
exact, on leur fera une déduction. car il vaut mieux que cette perte soit
supportée par la ville que par eux.

Die xxiii febroarii. (Présents : les consuls, quatorze jurats, quatre notables.) — Tot volgoron que, cum alcus dels arrendadors de l'an present demandon que ilh perdon en lo arrendament que hom lor fassa gracia del dich arrendament. que aquilh que demandan la dicha gracia expliquen la perda, e, facha enformacio, si y perdon aissi cum explicaran, que los sia facha gracia, quar melhs es que la vila o pague que si ilh o perdia.

Il sera fait au fermier de la barrière de la Recluse, sur le prix de son bail,
une remise proportionnelle au temps pendant lequel la porte de
Saint-Georges est demeurée fermée, car pendant ce temps il n'a rien
perçu.

Item, que al arrendador de la barra de la Reclusa de l'an present sia desduch del dich arrendament per lo temps que la porta de S. Jorgi a estat clausa, quar no a agut alcu profech, so es assaber per tres carteros d'anes (?).

François de Lucques réclamait ce qui lui restait dû du temps passé sur sa
pension annuelle fixée à 20 liv. tournois, mais la ville n'avait pas de quoi
le payer actuellement. On décide qu'on lui assignera le montant de sa
créance sur les sommes dues à la ville pour avance de solde ou à raison

du don octroyé par le Roi, et qu'il essaiera de faire rentrer ce qui lui est dû; autrement, qu'il attendra jusqu'à ce que la ville soit en mesure de le désintéresser. On décide, en outre, qu'à l'avenir l'argent de ses gages sera assigné et lui sera payé sur le produit de l'encan, aux termes habituels. (Voir la délibération du 11 mars suivant, p. 310.)

Item, que, cum Francisco de Lucas demandes que so que es a luy degut de temps passat d'una pencio de xx liv. torn. que a sobre la vila, que cum la vila no aia de que pagar a present, que de so que es degut a la vila de arreratges per do fach per lo senhor, o per gatge degut, que hom l'en balhe, e que el se sage si ne poira cobrar, e, si ne pot cobrar, que s'en pague, o autrament que demore entro que la vila aia de que lo pusca satisfar; e mais volgueron que d'aissi avant, cascun an, la dicha pencio li sia pagada e assignada de e sobre los emolumens de l'encant als cartairos acostumatz.

Les gages des secrétaires et du juge des consuls, qui leur sont encore dus de l'année 1351, leur seront assignés sur les revenus de l'année prochaine et leur seront payés en vin ou en argent, selon la décision des consuls de l'année précédente.

Item, volgueron que las pencios dels cleres secretaris e del jutge que l s son degudas de l'an m ccc li sian pagadas o assignadas sobre las rendas de l'an que ve, per maneira de vis e de marcs, en aital moneda coma los senhos de l'an passat volgoron que los fos pagada.

24 février. — Marché passé pour la construction du pont entre les consuls et le maitre de l'œuvre du pont, Pierre Bosiguet, d'une part, et Me Raymond Martinola, de l'autre. Celui-ci se charge de faire dans dix jours l'échafaudage avec son échelle, et de terminer dans un autre délai de trente jours un pont de service suffisant. Il lui sera fourni tout ce qui lui sera nécessaire, et, en récompense de la bonne volonté dont il fait preuve, les consuls et le maitre de l'œuvre promettent de lui donner, pour ses quarante journées de travail, 16 livres de petits tournois.

Die xxiiii febroarii. — Fuerunt inita pacta inter dominos consules et magistrum Petrum Bosigueti, operarium pontis Agenni, ex una parte, et magistrum Raymundum Martinola, ex altera, ut sequitur : videlicet quod dictus magister Raymundus debet facere infra x dies arcamenta et scalam unam pro hedificacione dicti pontis, quodque infra xxx^{ta} dies sequentes post dictos decem dies, perficiet pontem passantem seu transeuntem communiter, dum tamen sibi tradantur necessaria ad hoc, et pro predictis laboribus dicti domini

consules et operarius, attenta ejus bona voluntate, promiserunt sibi dare pro labore suo dictarum xl. dierum,
xvi libras turonensium parvorum. — Domini consules
presentes : B. Martini, Arnaldus Furnerii, Arnaldus de
Cabanis, magister P. de Bosqueto, Johannes Malberti,
P. Picoti, B. Beroti, magister Petrus de Montesio, Arnaldus
Guillelmi de la Basta.

Artillerie distribuée le 15 août 1352, le jour où les Anglais
entouraient la ville.

Asso la artilharia balhada l'an м ccc lii, lo jorn de Nostra
Dona d'aost, que los Angles foro en torn de nostra vila.

Munitions pour la tour cornalière, du moulin de Saint-Caprais, de la Bretonnerie et de la porte du Pin : cinquante carreaux pour arcs de deux pieds,
une grande caisse pleine de carreaux, un coffre plein de viretons.

En P. d'Ayquart, lo jorn de Nostra Dona d'aost, per portar
a la tor cornalera e al moli S. Crabari, a la Bretonaria e a la
porta del Pi, l cairels de dos pes e una granda caissa de
cairels e una ucha de viratos.

Tour de la Bretonnerie : six carreaux pour arcs à tour.
vingt-cinq pour arcs à deux pieds.

Item, aguo maestre R. de Gresolas, per portar a la porta
de la Bretonaria vi cairels de torn e xxv de ii pes.

Porte du Temple : une caisse longue pleine de carreaux.

Item, pres En P. d'Aycart, per metre a la portal del
Temple, une caissa longua de cayrels.

Tour cornalière et porte Saint-Pierre : deux caisses de viretons.

Item, per metre a la tor cornalera e a la porta S. Pey, doas
caissas de viratos.

Porte du Temple : une caisse de viretons.

Item, pres En Guillem Pico, per metre a la porta del
Temple, una caissa de viratos. (Rendet la xxviii marcii,
anno liii°).

Gache de Bézat : une caisse de viretons.

Item, a la gacha de Vezat, una caissa viratos.

Gache Saint-Antoine : une caisse de viretons, un canon avec sa clé.

Item, a la gacha S. Antoni, una caissa viratos e 1 cano ab la clao.

A J. Gras, un arc à tour et un tour.

Item, a Johan Gras, 1 arc de torn e 1 torn.

Derrière Saint-Etienne, un arc à étrier.

Item, darrey S. Stephe, 1 arc d'estreop.

A B. de Malmusson, un canon.

Item, a maestre Bernat de Malmusso, 1 cano.

A P. Montois, un arc à deux pieds pour la maison de Vignes.
Cet arc, brisé, a été rendu.

Item, a maestre P. Montes, 1 arc de dos pes. Me R. de Causac lo ago per metre a l'ostal de Vinhas. (Rompet et fo rendut).

A P. Maury, un arc de deux pieds et trente-quatre viretons de ce calibre.

Item, P. Mauri ago 1 arc de dos pes e xxxiiii virotos de ii pes per la ma d'En Aymeric de la Marcha.

A Mondo, le trompette, un arc à tour, auquel il doit faire mettre une corde.

Item, pres Mondo lo trompador, 1 arc de torn per metre corda.

A P. d'Ayquart, consul, pour l'armement des postes de la Bretonnerie, de la Gravière et du moulin Saint-Caprais, quarante-quatre balles de plomb pour les canons (31 août). Il avait déjà reçu un arc à deux pieds.

Item, P. d'Ayquart, cosselh, per las gardas de la Bretonaria, e de la Gravera, e del moli de S. Cabrari, xlviii plombadas als canos, lo darrer jorn d'aost, e avia agut avant 1 arc de ii pes.

Pour le poste de Saint-Hilaire : une caisse de viretons (8 octobre).

Item, Me B. Joyos pres a viii d'octobre 1 caysseta de viretos, presens N'Arnaut de Cabanas e Me P. de Montes, cosselhs, per portar a S. Ylari.

A A. de Cabanes et A. Fournier, consuls, pour l'armement de leurs quartiers, cent carreaux de deux pieds.

Item, Arnaldus de Cabanis et Arnaldus Furnerii, consules, habuerunt pro eorum gachis c cayrels de ii pes.

Poste de Saint-Antoine : cinquante carreaux de deux pieds.

Item, magister, P. de Bosqueto habuit L cadrellos duorum pedum pro gacha Sancti Antonii.

Poste de Saint-Etienne : cent carreaux de deux pieds.

Item, P. Picoti, pro gacha Sancti Stephani, c cadrellos duorum pedum.

Autant à Jean Malbert.

Item, Johannes Malberti, totidem.

B. Garnier a la clé de la petite chambre, au-dessus de la porte Saint-Pierre, où sont placés les carreaux.

En B. Garner te la clau de la cambreta ont son los cayrells sul portal de S. Pey.

11 mars 1353. — En conséquence de la délibération du 23 février dernier, les consuls remettent au bourreau François de Lucques, pour qu'il parvienne à se faire payer des arrérages qui lui sont dus de ses gages, des lettres du Roi de Navarre, alors lieutenant du Roi de France, datées du 21 septembre 1351, scellées de son grand sceau pendant et adressées à Nicolas Odde, receveur général du Languedoc, par lesquelles il faisait don à la ville d'Agen d'une somme de 200 livres pour servir aux fortifications. On confie, en outre, à François de Lucques un reçu des consuls, tout prêt et scellé de leur sceau, et il s'engage à leur remettre la somme sur laquelle il devra être payé, ou, à défaut d'argent, leur reçu et les lettres du Roi. Ce furent les lettres et le reçu qu'il rapporta (12 juin 1353).

Consulibus P. Galteri de Talivia, B. Martini, Guillelmo Bruni, Arnaldo de Cabanis, magistro P. de Bosqueto et Arnaldo Guillelmi de Lamoni, anno domini M° CCC° LII° die XI marcii, domini consules Agenni tradiderunt Francisco de Luquesio, ministro, pro arrayratgiis que debebantur eidem de temporibus preteritis, racione illarum XX^li librarum turonensium per predecessores nostros sibi datarum ad ejus vitam, quasdam literas domini Karoli, Dei gracia Navarre Regis, locum tunc tenentis domini nostri Francie Regis in partibus Occitanis, directas provido viro Nicholao Odde, receptori generali pecunie in lingua Occitana, confectas sub data videlicet XXI mensis septembris anno domini M° CCC° L. primo, ejusque sigillo magno impendenti sigillatas, continentes donum ducentarum librarum turonensium per dictum dominum Regem Navarre nobis datarum pro clausura dicte ville; et dictus Franciscus habuit etiam litteram recognicionis dicte summe sub sigillo consulatus, et dictus Franciscus debet reddere dictas litteras doni et recognicionis, vel dictam summam pecunie, et de ipsa debemus sibi satisfacere de array-ratgiis. — Presentibus : B. de Carcassona, Gualhardo Textoris. (Die XII junii, anno L.III°, Bernardus de Carcassona, nomine dicti Francisci, restituit dictam litteram doni dictarum II° librarum turon. et dictam litteram recognicionis in domo communi, presentibus Guillelmo de Talivia, Johanne de Sanis, R. d'Audrenchis, P. de Maussaco, Johanne Malberti, consule, Johanne Bauda.)

12 mars. — On enverra, en secret et avec précautions, des gens de la ville ou des sergents à M. le sénéchal pour détruire le fort de Monbalen.

Die XII marcii. *(Présents : douze jurats et deux notables.)* — Tot volgueron que hom trameta gens o sirvens saviamens et secretamens a Mossenhor lo senescalc per darroquar aquela sala de Monbalen.

Au sujet de l'affaire de Bajamont, on écrira au Roi de France pour qu'il n'accorde pas au seigneur confirmation de la juridiction qu'il exerce sans droit sur ses terres, et pour qu'il ne lui octroie aucune autre grâce au préjudice de la ville ; on écrira aussi à M. le sénéchal, pour avoir les pièces de l'information qu'il a dressée.

Item, que per lo fach de Bajolmont que lo senhor no aia del Rey nostre senhor confermatoria de jurisdictio en sos locs, trameta hom en Franssa letras al Rey que non autreie res en nostre prejudici, e qu'en fassa hom escriure a Mgr lo senescalc per sa informacio.

Attendu qu'il est notoire que les fermiers du souquet du vin perdent sur leur bail près de moitié, on leur fera remise de la moitié de la somme qu'ils perdent réellement. Quant aux autres fermiers, s'ils peuvent faire constater leur perte par enquête, par le témoignage d'honnêtes gens, par leurs comptes de recettes et par leurs serments prêtés sur le missel et la croix, on leur fera remise de la moitié ou du tiers de la somme qu'ils perdront, évaluation préalablement faite par les consuls. Pour les sommes dont il sera ainsi fait remise, on donnera aux fermiers des billets payables postérieurement sur les revenus de la ville, après le remboursement de l'argent qu'on a emprunté cette année pour acheter le vin, et qu'on aura acquitté les dettes dont la commune est grevée pour l'an prochain.

Item, que als arrendadors del soquet del vi que perdon notoriamen el arrendament pres de la mitat del pretz, los fassa hom gracia de la mitat de so que perdon vertaderamens e se nes tota malvestat ; e als autres arrendadors que poyran mostrar per informacio e per bonas gens, et per lors contes de la recepta, e per sagrament sobre lo messal e la crocz, que lor remeta hom la mitat o lo ters de so que i perdran, a la bona conoguda e cossiensa dels senhos cosselhs; e de so que lor sera facha gracia lor donga hom letra a pagar de las rendas de la vila del temps que ve, pagatz los marcz obligat et jurat per los vis malevat l'an present, e souta la vila de so que deura l'an que ve.

Les héritiers de Me P. de Gassies devaient, après compte fait, 8 marcs d'argent pour les travaux de la clôture que leur auteur n'avait pas terminés. On les décharge de la besogne qui restait à faire, pourvu qu'ils paient 6 marcs d'argent d'ici à la Pentecôte ou à la Saint-Jean, et à condition que les rebuts et matériaux qui sont restés près du mur appartiendront à la ville. M. P. del Clusel sera requis de payer la chaux qu'il doit.

Item, que los bes els heretes de maestre P. de Gassias que devon viii marcs d'argen, fach conte de la obra que devia far en la clausura de la vila (1), sian quitis de la obra ab so que fach i es, e ab vi marcs d'argen que pague d'aissi a Penthecosta o a S. Johan, e que tot lo rebot e pertrach que es lor pres del mur sia de la vila, e que pague Me P. del Clusel la caus que deu.

On remboursera à P. Picot le marc d'argent qu'il a prêté l'année dernière pour la monnaie. Ce serait un crime de le lui faire perdre.

Item, que a'n P. Picot sia pagat son march d'argen que prestet l'an passat a la vila per metre a la moneda, quar pecat saria si lo perdia.

15 mars. — La ville paiera l'excédent de ce que coûtent les robes des consuls au delà du prix qui avait été fixé.

Die veneris xv marcii. *(Présents : dix-huit jurats et trois notables.)* — Tot volgueron que so que costan mais las raubas dels senhos cosselhs oltra la ordenacio e lo for ordenat, se pague sobre la vila.

Comme les chanoines de Saint-Étienne réclamaient et faisaient clore les emplacements situés derrière leurs maisons canoniales, il est décidé qu'on les leur abandonnera s'ils peuvent prouver par titres que ces terrains étaient anciennement dans la mouvance du chapitre, et aussi à la condition que tous prêtres et chapelains et autres donneront reconnaissance pour la servitude des remparts et pour la rente due à la ville, à raison de laquelle ils devront payer les oublies. S'ils ne peuvent prouver l'ancienne mouvance, la ville fera respecter sa possession.

Item, cum lo capitol de S. Estephe demanden e amparen

(1) Voir la délibération de la jurade du 24 août 1552, page 293.

las plassas que son darrey los hostals de S. Estephe, si podon mostrar que movan de lor ancianamens per cartas, que los o laisse hom, mas que los capelas e autres que tenon los hostals reconogan lo mur de la vila e la carga a la vila, e qu'en fassan oblias, e si no o podon mostrar, que gardem nostra possessio.

Les 50 écus dus à B. Martin pour son voyage de France, en sus des 10 marcs qu'il a reçus de M^c B. Chambon, lui seront assignés sur les confiscations et le nouveau droit de péage.

Item, que aquels L escut degut a'n B. Marti per la anada de Fransa, oltra los x marcs que ago de M^c B. Chambo, li sian assignatz sobre los encors e sobre lo peatge novel.

Vu la présomption que l'obligation de 1326, qu'on a trouvée consentie par Guill. de Lestroa, Mc Fr. de Barosse et autres, a été payée, on la leur rendra.

Item, que, coma aia hom trobada una obligacio de l'an M CCC XXVI de arrendament en que En Guill. de Lestroa e Mc Frances de Barossa e d'autres (1), cum sia presumpcio de que sia pagat, que l sia renduda la obligacio.

Les habitants qui ont perdu les tentures qu'ils avaient prêtées pour le service de Mgr de Craon et des autres seigneurs de sa suite recevront des billets pour la somme à laquelle ces étoffes seront estimées.

Item, que a aquels que an perdutz l'an present los drapz prestatz a Moss. de Creo e als autres, lor sia dada letra a leyal estimacio de so que valran.

18 mars. — Acquisition faite par la ville de la plus petite parcelle au prix d'estimation. Le vendeur consent à ce que la ville se fasse investir de ce terrain par les seigneurs du fief.

Postquam, die xviii marcii. Guillelmus de Luco, exequtor testamenti dicti Arnaldi Fornerii, e de mandato uxoris dicti deffuncti, cessit, vendidit et concessit ville dictam obolatam vinee precio dictorum xxx solidorum turonensium, quos recognovit habuisse a Bernardo de Carcassona thesaurario ville, ad faciendam voluntatem ville perpetuo de dicta vinea et terra in qua est, et voluit investiri villam per dominos

---

(1) Il manque évidemment un ou deux mots pour que la phrase soit complète.

feudales. — Presentibus : Arnaldo Furnerii, P. de Ayquardo, consulibus, Guillelmo Vesati, Johanne Lormerii, magistro P. Bosigueti (1).

20 mars. — La commission nommée pour la vérification des comptes du trésorier de l'an passé, Colin Bérot, avait reconnu l'exactitude et la sincérité desdits comptes et constaté que l'ancien trésorier, après paiement fait de toute la dépense de l'estilgach, qui s'était élevée à 40 écus d'or, demeurait débiteur envers la ville d'une somme de 18 marcs et 14 esterlins. La jurade règle l'emploi de cette somme de la manière suivante : au trésorier, 4 marcs d'argent pour son travail; à P. Picot, 1 marc; à messire J. de La Garde, 1 marc; à P. Pelissier, 2 marcs, comme remboursement des lingots qu'ils avaient prêtés l'année dernière pour être remis à la monnaie, afin que sur le monnayage du métal la ville pût prendre le bénéfice qui lui avait été assigné. Les 10 marcs et les 14 esterlins restants seront remis à B. Martin pour les 50 deniers d'or à l'écu qui lui sont dus à l'occasion de son voyage à Paris, en sus des 10 marcs qu'il avait reçus de M° B. Chambon. Ce paiement sera effectué aux termes que fixeront les consuls. On donnera alors quittance finale audit trésorier.

Die xx marcii. *(Présents : les consuls, quinze jurats et trois notables.)* — Totz volgueron que, coma los senhos e los autres borgues a aisso deputatz aian vist e palpat lo conte de Coli Berot, thesaurer de l'an passat, e per aquel apara que deu certana resta aissi coma en la fi d'aquel es contengut, e aian lo trobat bo e vertader, e aian trobat que, pagat totz los estialgachs d'aquel an que montavan xl escut d'aur, de resta lo dich Coli devia a la vila xviii marcs e xiiii esterlis, dels quals volgueron totz que l sian deduchs o pagat iiii marcs d'argen per son tribalh, e volgueron que dels xiiii marcs e xiiii esterlis sian pagatz a'n P. Picot i march, e a mossenhor Johan de la Garda i march, e a'n Pey Pelicer ii marcs, losquals presteron a la vila l'an passat per metre a la moneda, per que la vila fos pagada de so que li era assignat sobre la moneda; el demorant a'n B. Marti, per aquels l deners d'aur de l'escut que l son degut per la anada de Paris, oltra los x marcs que avia agut de M° B. Chambo, e que li dongan termes a la conoguda dels senhos, e puys que lo dich Coli aia sa quitansa, e so li reservada sa bona fama.

<hr>

(1) En tête de cet article, l'annotateur du xviii° siècle a écrit : « Pierière à « Tourterat despuis vandue par la ville pour planter vigne. » Ce terrain, sis près d'une carrière, avait sans doute été acquis dans le but d'en extraire de la pierre pour les travaux de la ville.

Remises faites par les consuls, du consentement des jurats, aux fermiers des revenus municipaux, en considération des pertes que la guerre et le malheur des temps leur avaient fait éprouver sur le prix de leurs baux : mais on convient que les sommes qui feront l'objet de ces remises ne seront payées que lorsque la ville aura remboursé les marcs d'argent qu'elle a empruntés et qu'elle se sera acquittée de toutes ses dettes de l'an présent et du prochain.

Remissiones facte per dominos consules civitatis Agenni, de voluntate xxiiii^or juratorum, arrendatoribus ville qui amittebant propter guerram et diversitatem temporis; et quod dicte summe sibi remisse exsolvantur eis quando villa fuerit quitata de marchis et aliis omnibus anni presentis et futuri.

Au fermier du souquet du vin, qui est en perte de 22 marcs d'argent, il est fait remise de 10 marcs.

Primo, Petro de Mausaco et ejus sociis, arrendatoribus soqueti vini, qui amiserunt in dicto arrendamento, prout dicti domini sunt legitime informati, xxii marchas argenti. Remiserunt sibi x marchas argenti.

Au fermier du greffe, qui est en perte de 8 livres, remise de 4 livres.

Item, magistro Geraldo de Payraco, arrendatori scribanie, pro perda per ipsum facha in dicto arrendamento, que ascendit ad viii libras turon. et amplius, remiserunt iiii libras turon. de quibus habeat litteram, ut est ordinatum.

Au fermier du droit d'encan, qui est en perte de 15 livres, remise de 100 sols tournois.

Item, arrendatori inquantus, qui amittebat xv libras turon. et ultra, prout sunt legitime informati, remiserunt sibi c solid. tur.

Au fermier du droit des amendes, remise de 60 sols tournois.

Item, Stephano de Pilhaco, arrendatori pecharum lx solid. tur.

23 mars. — Soumission à la décision des consuls, faite par P. d'Arman, pour avoir débité pendant ce carême des tranches de saumon et d'autre poisson, sans en avoir l'autorisation, ce qui était contraire aux règlements municipaux.

Die xxiii marcii. — Quod P. d'Arman super eo quod ipse scinderat in ista cadragesima pices salmonis et alios sine licencia, contra statuta ville, se submisit, sub pena x libra-

rum turon. bone voluntati et ordinacioni dominorum bajuli
et consulum, et juravit non contra facere. — Presentibus :
omnibus dominis et B. de Carcassona et Guillelmo de
Molendino, magistro Petro Moncelli.

Même soumission de Gênes.

Item, Genesius. etiam se submisit.

ANNÉE CONSULAIRE 1353-1354.

Ave Maria.

Installation des consuls, le 26 mars. Pâques tombait cette année le 24 mars. Huit des consuls appartenaient au corps de la jurade de l'année précédente.

Anno domini m° ccc° quinquagesimo tercio, die martis, xxvi marcii, domini consules Agenni intraverunt possessionem consulatus :

De Vesato : Guillelmus de Talivia, 1 clau dejus; Johan Lormer, 1 clau dessus.

De Floyraco : B. de Carcassona, 1 clau dessus; R. d'Andrenx.

De Clausura : P. de Vineis, 1 clau dessus.

De Molinerio : Magister Johannes Tinelli.

De S. Gili : Guillelmus de Medio valle, 1 clau dessus.

De S. Estephe : Magister Johannes de Sanas, 1 clau dejus.

De Moncorni : P. Johan Malbert, [1 clau] dejus.

De S. Antoni : Guillelmus Raymundi de Ferran, 1 clau dessus.

De S. Ylari : P. de Mausaco, 1 clau dejus; magister Johannes Bauda, 1 clau dessus.

XXIIII^{or} JURATI *(sic).*

La liste des jurats comprend trente quatre noms, parmi lesquels figurent les douze consuls et seize membres du corps de la jurade de l'année précédente.

P. Galteri de Talivia, B. Martini, Johannes de Devesia, Guillelmus Vesati, B. Bocalh, Guillelmus Sobirani, P. Pelicer, P. Picot, Ar. Guillem de la Basta, Bertrandus de

Talivia, Matheus de Alto-Cornu, Johan de Venas, P. d'Ayquart, Guillelmus de Molino, B. Garner, Guillem Bru,
magister Raymundus de Gresoliis, St. Flamenc, M° P.
Montes, Magister R. de Causaco, Guillelmus Pico, B. Berot,
Raymundus del Caune, Johan Malbert, St. de Valseron,
magister Guillelmus de Cassaneis, M° P. del Bosquet,
R. de Albinho, Saissetus Torti, N'Arnaut de Cabanas, Ar.
Forner, magister Aymericus de Podio, Arnaldus de Cabanis,
junior, Bernardus Jocundi, Guillelmus de Sordas.

29 mars. — Guillaume de La Fitte est nommé sergent de ville chargé de la
convocation du guet, à la place de Raymond de La Serre. Comme celui-ci,
il recevra une livrée.

Die xxix marcii. — Guillelmus B. de Fita, taulacherius (1),
fuit receptus in mandagach per dominos consules, cum
voluntate juratorum, loco Raymundi de Serra, et fuit ordinatum quod habeat vestes, sicut habebat dictus Raymundus.

Les consuls auront un écu d'or par nuit pour le luminaire de l'estilgach.

Même jour. (Présents : huit jurals.) — Totz volgueron que
los senhos aian per l'estialgach cascuna nuch i escut d'aur (?)
per luminaria.

Les impositions municipales seront payées chaque mois en monnaie ayant
cours, ou aux quartiers ordinaires : les bourgeois devront renoncer au
bénéfice des ordonnances et grâces royales contraires à cette mesure.

Item, que las rendas de la vila se paguen de la moneda
corren en cada mes pro rata temporis o als cartayros acostumatz, e que renuncien a totas ordenacios e gracias reyals.

Les consuls enverront à Toulouse pour l'affaire des livrées.

Item, que los senhos trametan per las raubas a Tholosa.

15 avril. — Tous les membres présents s'obligent, par serment prêté sur les
Saints Évangiles, à ne faire de cinq ans aucune remise aux fermiers des
revenus municipaux, si ce n'est pour les cas dont la ville demeure responsable, comme elle le serait envers les fermiers des barrières si les portes
desdites barrières restaient fermées, ou envers ceux du pontonage, si le
pont devenait impraticable. Si l'on prend cette mesure, c'est que la ville
est accablée de charges et de dettes, et aussi parce que tous les ans les
fermiers qui ont fait des bénéfices réclament des remises aussi bien que
ceux qui sont en perte.

Die xv aprilis. *(Présents : les consuls, ringt-six jurals et
treize notables.)* — Totz lo senhos ab los xxiiii juratz et totz

(1) Fabricant d'une espèce de bouclier, appelé *taulocha* ou *talocha*.

los dejus escriuts, volgueron e jureron sobre los Sans Envangelis de Dieu que d'aissi avant entro a v ans no faran gracia a negun arrendador de la vila, sino que fos de causa o de accident de que i fossan tengut e astrech de drech, coma als barres si la porta era barrada, o del pontonatge si lo pont passava, o d'autres semblans. E volgueron que dures per v ans. E aisso fo jurat e aquo volgueron per so que la vila es cargada e endeutada, e cascun an demandan gracia aissi be aquel que gazanho coma aquel que perdo.

Il est décidé, sans garantie du serment, que ceux à qui les consuls de l'an passé permirent d'introduire des vins et qui ont payé le droit pourront user de cette autorisation.

Item, volgueron senes sagrament so que s'en sec : so es assaber que a aquels que an aguda licencia dels predecessors dels senhos de metre vis e an pagada la messa en lor temps, que aquels l'en metan.

Il est aussi décidé que l'exportation des blés de la ville ne pourra se faire que dans les lieux soumis au Roi de France et par ceux-là uniquement qui seront munis de lettres de créance signées par les consuls du lieu où ils résident. Ces lettres émaneront de trois ou quatre consuls et non de quiconque autre. En outre, on devra s'assurer de la destination des chargements de blé qui passeront aux environs de la ville, et faire jurer aux conducteurs que ces chargements sont dirigés sur des localités du parti du Roi de France.

E mais volgueron que a negun d'aissi avant no donga hom licencia de traire blat sino als locs que seran de la hobediensa e a aquels que aran letra testimonial dels cosselhs de lor loc, e que a aquels dongan licencia iii o iiii dels senhors e que autras singulars personas no donga hom. E mais que a totz aquels que portaran blat e passaran pres d'esta vila, que sapia hom on lo portan e que no aia hom sagrament que l' portan e l' volon portar ells locs de la hobediensia.

Désormais tout marchand ou autre personne pourra porter, pour le vendre, du blé dans Agen ou au dehors, à la condition qu'il n'en soit fait nul mélange avec celui qui est actuellement déposé dans la ville. Cette autorisation n'est donnée qu'à ceux qui sont du parti du Roi de France.

Item, volgueron que totz mercaders e autres que d'assi avan portarian blat a Agen per vendre o portar en autre loc, hom los en done licencia, ab que d'aquel que lo jorn d'uey i es en la vila no s'en i mescle ni s'en traga per ombra d'aquel ;

e aquela licencia que s' donga a aquels que son de la hobe--
diensa.

*5 mai. — La valeur des pains qu'on fera pour l'aumône de la Pentecôte sera
de 2 deniers toulousains, équivalent à 4 deniers tournois. On fera bonne
garde aux portes deux jours avant la distribution et on visitera les pauvres
qui arriveront en ville. pour s'assurer qu'ils ne portent point d'armes.
Ceux-là, d'ailleurs, seuls entreront, qui viendront des lieux soumis au Roi
de France. Cet arrêté sera publié par le crieur.*

Die v madii. *(Présents : les consuls, seize jurats et cinq
notables.)* — Totz volgueron que hom fes lo pa de la caritat
de ii deners tholzas valens iiii deners tornes, e que ii jorns
davant el jorn de Penthecosta meta hom bonas gardas a
las portas de la vila e que no i laisse hom intrar negun
paubre que no sia regardat si porta arnes, ni negun d'autra
hobediensa. e que sia cridat.

*Toute personne en possession de lettres de bourgeoisie de la ville sera
invitée par ledit crieur à remettre ces lettres aux prud'hommes. à telle
date qui sera indiquée. Ceux qui n'auront pas rempli cette formalité ni les
devoirs imposés aux bourgeois par la coutume seront privés des droits
de bourgeoisie et ne pourront les recouvrer que pour la durée d'un an.
Les consuls. s'ils le jugent utile, informeront de cet arrêté les propriétaires des péages établis autour d'Agen.*

Item, que cride hom que tot home que aia aguda letra de
borguesia de la vila, la porte dins i jorn cert, e que als bos
homes la renda hom, e las autras d'aquels que no auran fach
so que far devon coma borgues segon la costuma, e aquelas
d'aquels que no las auran portadas sian revocadas d'aquel
jorn avant, e que a aitals borgues vagavals no los autreie
hom borguesia que valha sino per i an, e que d'aisso escriva
hom. si es vist, als senhos, als **peatges** (1).

*Une punition exemplaire sera infligée à P. de l'Arnaudie, qui a abusé de son
droit de bourgeoisie pour tromper les péages. en faisant passer sous son
nom du blé appartenant à R. de Monestiers. (Cette décision, prise le 3 ou
le 4 avril, fut plus tard annulée. et la bonne réputation de P. de l'Arnaudie déclarée non atteinte.)*

Item, que de P. de l'Arnaudia, borgues, quar a mal usat
de sa borguesia. en amparan autrui blat per defraudar los

(1) Ainsi qu'on peut l'inférer du paragraphe suivant. des étrangers. pour
profiter de l'exemption des droits de péage accordée aux habitants d'Agen.
se faisaient octroyer des lettres de bourgeoisie. et. non contents de tromper
le fisc royal. ils trouvaient moyen d'éviter les charges municipales.

peatges, so es assaber lo blat que era de R. de Monesters, sia fach tal razo e correctio que als autres passe en issample (1). (Declarata fuit die IIII vel v aprilis et fuit sibi remissa tota pena et ejus bona fama.)

28 mai. — Les consuls emploieront les meilleurs moyens possibles pour faire rentrer le reliquat d'une somme de 500 livres accordée par Mgr de Craon, reliquat d'une dette de la monnaie d'Agen, irrecouvrable sans grande dépense.

Die xxviii maii. *(Présents : les consuls, dix-huit jurats et cinq notables.)* — Totz volgoron que cum los deguda una resta en la moneda d'Agen de I do de v^e livras tornes fach per Moss. de Creo, loc tenen del Rey nostre senhor, de laqual no pot hom estre satisfach senes gran dampnatge, que los senhos o cobren en la melhor maneira que far se poyra.

Mgr l'Évêque d'Agen ayant fait abandon à l'œuvre du pont de tous les biens laissés par messire Arnaut Martin, on réclamait aux héritiers de G. Saumon 138 marcs d'argent qui provenaient desdits biens et que Saumon avait pris en dépôt. Mais les héritiers prétendaient ne rien devoir, ayant, disaient-ils, obtenu une sentence qui les déchargeait de cette dette. On décide que l'affaire sera soumise à l'official d'Agen, qui la réglera à son gré, prononçant la décharge en faveur des opposants, si elle résulte du jugement allégué.

Item, que cum Mossenhor d'Agen agues donat a la obra del pont tot los bes que foron de Mossenhor Arnaut Marti, e hom demandes als heretes d'En G. Saumo vi^xx xviii marcz d'argen, losquals lo dich En G. avia pres en depposit dels dichs bes, e ilh alleguen que quitis ne son, e ne an sentencia absolutoria, que hom o remeta en la bona cossienssa de Mossenhor lo official d'Agen, que si quitis ne son, que o sian, seguon la dicha sentencia, e que el no ordene so que lo sara vist.

Pour remercier l'Évêque d'Agen de ses libéralités et de son zèle en faveur de l'œuvre du pont, on lui avait offert un esturgeon du prix de 8 écus d'or. Cette somme sera prise sur les fonds affectés aux travaux dudit pont.

Item, que, cum los senhos aguessan donat a Mossenhor d'Agen I creat que costava viii escutz d'aur, e asso per los grans dos e bona affectio que el a a la obra del pont, que aquilh se paguen sobre lo dich pont e de l'argent d'aquel.

(1) La première partie de ce paragraphe est barrée.

3 juin. — Réunion tenue dans la boutique de R. d'Andreux. — On décide qu'il sera fourni au sénéchal deux ou trois cents pionniers, entretenus aux frais du Roi de France, pour aller faire le dégât ; mais on les choisira en dehors de ceux qui sont commis à la garde de la ville, pour que celle-ci ne reste pas sans défense.

Die III junii. (*Présents : seize jurats et onze notables.*) — Tot ajustat en l'obrador d'En R. d'Andrenx, volgueron que hom prestes al senhor de c a m^e talados per anar talar als gatges del Rey nostre senhor, e que no bailhe hom mas al menhs que poira d'aquels que an la garda de la vila, per tal que la vila no demore senes garda.

4 juin. — Guillaume des Coutures, qui avait été arrêté sous la prévention d'avoir caché quelques soldats de Thibaud de Barbazan, est rendu à la liberté. Il jure de se représenter et fournit pour caution Jean Barbot.

Die IIII junii. — Guillelmus de Coturas, qui fuerat arrestatus eo quod oscultaverat, ut dicebatur, gentes domini Theobaldi de Barbasano (1), fuit relaxatus, et juravit comparere, et cavit per Johannem Barbot.

10 juin. — Attendu que les travaux du pont devraient être interrompus dimanche prochain, faute d'argent, les personnes qui n'ont rien donné à l'œuvre, ou qui possèdent delà Garonne des héritages d'une contenance de vingt dinerades ou au-dessous, devront payer pour la première de ces mesures agraires, 5 sols tournois ; et pour chacune des autres, 6 deniers. Ceux qui possèdent plus de vingt dinerades payeront 6 deniers pour chacune ; ceux enfin qui ont souscrit pour l'œuvre du pont seront poursuivis à fin de paiement.

Die x junii. (*Présents : dix-huit jurats et cinq notables.*) — Tot volgueron que per so que la obra del pont deu cessar per fauta d'argen de dimenge en la, fo ordenat que tot aquels que no an donat al pont e an heretatge dela Garona entro a xx dinaradas o d'aqui en jus, paguen de la primeira v sols tornes e de las autras vi deners tornes de cascuna, e aquel que aura de xx dinaradas en sus, pague de cascuna dinarada vi deners tornes, e que aquels que i an promes sian compellit a pagar.

On a vendu les biens légués à l'œuvre du pont par feu Jean de Calhauperros, sous réserve de deux ou trois barriques de vin au profit de l'aumône générale. Le produit de cette vente servira à l'achat d'une rente de trois barriques de vin et aux travaux du pont.

Item, que cum los bes que foron d'En Johan de Calhau-

____

(1) Thibaud de Barbazan fut retenu à la solde d'Amaury de Craon, lieutenant du Roi en Languedoc, pour la garde de la ville de Condom, au mois de septembre 1352. Le 15 décembre 1355, il était sénéchal de Carcassonne. (*Histoire du Languedoc*, nouvelle édition, tome VII, ch. 47-60, pp. 184-193.)

perros se apertengan al pont e deian cascun an a la caritat
ii o iii barrils de vi, e fossan vendut, volgueron que de
l'argen sia compratz iii barrils de vi de renda e qu'el remanent de l'argen se convertisca al pont.

La question des 30 sols dus pour les oublies, par les héritiers de Huguet del
Bosc et réclamés par Gaillard Tissandier et les autres fermiers des oublies,
sera soumise à la justice dont la décision fera loi.

Item, dels xxx sols d'oblias que fan los heretes d'Uguet del
Bosc que demandan Galhart Tissender els autres arrendadors
de las oblias, que sia mes en drech e que segon aquel ne sia
fach.

On n'enverra pas de députés en France pour le moment, pour n'offenser
point Mgr d'Armagnac et pour défaut de ressources. Il n'y a pas d'ailleurs
nécessité.

Item, que quant es de present no trameta hom en Fransa,
car senes enjuria de Mossenhor d'Armanhac no i poyria hom
trametre, ni no aven de que, ni es necessitat.

Les 6 marcs d'argent que doivent Me Pierre del Clusel et sa femme pour
le travail que devait faire à leur compte Me P. de Gassies seront remis
aux mains d'un prud'homme du quartier Saint-Étienne, pour servir aux
travaux dont P. de Gassies avait fait l'entreprise.

Item, que aquels vi marcs d'argen que deu maestre P. del
Clusel e sa melher per la obra que devia far maestre P. de
Gassias, se metan en las mas d'un prohome de la gacha de
S. Estephe, e que se meta en aquela obra del dich maes-
tre P.

B. de Carcassone ou tout autre seront payés de la pierre qu'ils auront fournie pour les remparts, et cela dans le cours de cette année, à condition
qu'ils n'en livrent pas plus qu'on n'en pourra payer cette année même.

Item, que, si lo senhor de Carcassona o autre metia o
prestava en la obra de la vila de la peira, qu'el sia pagat,
mas que se garde que no i preste tant que no pogues estre
pagat de l'an d'ongan.

On enverra à Toulouse Me Gaillard (de Gamaville), avec les titres de l'exemption du péage qui ont été rapportés de Normandie par J. Normer et qu'on
retirera des mains de P. Bocalh. Le député fera faire lecture publique du
privilège et en délivrera copie aux péagers, pour que nul n'en ignore.

Item, que hom trameta a Tholosa Me Galhart ab los pri-

vilegis dels peatges que aia hom de B. Bocalh que an portatz
de Normandia en Johan Lormer, et que los fassa publicar
lassus, en done vidimus als peatges, afi que no ls ignoren
negus.

13 juin. — B. Bocalh et A. de Ferrand ayant avancé les frais du privilège en
vertu duquel tous les bourgeois d'Agen et leurs marchandises sont
exempts de tout péage royal dans l'étendue du royaume de France, la ville
s'engagera envers les héritiers des susdits à leur rembourser ce qui aura
été dûment et raisonnablement payé pour les frais des sollicitations seulement, abstraction faite de tous autres frais de procédure, et de leur tenir
compte des dommages qu'ils ont supportés pour retard dans le paiement
desdits frais de sollicitation. Mais, quand ils auront reçu ce qui leur est dû
pour cette affaire, ils devront remettre aux consuls, munis de leur quittance, le titre d'obligation qui leur aura été souscrit par la ville.

*Die XIII junii. (Présents : les consuls, quinze jurats et dix
notables.)* — Totz volgoron que, cum fos dich qu'En Bernat
Bocalh, e N'Arnaut de Ferran aguessan pagat la enpetracio de
la declaracio dels privilegis per losquals tot borgues d'Agen e
lor mercadarias son quitis els peatges reials en tot lo reialme
de Franssa, que la vila se obligue als heretes dels dichs
N'Arnaut de Ferran et d'En Bernat Bocalh de pagar a lor so
que a lor degudament e razonablament a costat ni an pagat
per la dicha empetracio tant solament, senes aleus autres
despens de plach contar, e de esmendar a lor tot dampnatge
que a lor vengues per so que es degut per la dicha enpetracio; e, paguat a lor so que lor ne sera degut per la dicha enpetracio, que ilh sian tengut de restituir als senhos cosselhs
d'Agen la dicha letra de obligacio sota e quitia.

Pour pouvoir payer cette dette et les autres dépenses qu'entrainera la mise
à exécution du privilège obtenu, on percevra sur tous les marchands,
bourgeois d'Agen, qui jouissent ou jouiront de ladite exemption, trois
mailles par livre à raison des marchandises qu'ils achèteront hors la ville
ou qui passeront par les lieux où sont établis les péages.

Item, que per pagar a lor so que los sara degut per la
dicha enpetracio e los despens que se faran per far exequir
los dichs privileges, que hom leve de tot los mercades d'Agen
que son borgues ni se gausison ni se gausiran dels dichs
privileges, de las mercadarias que compraran d'assi avant
delloras de la vila d'Agen, que passaran per los peatges
predichs, tres mealhas per livra.

15 juin. — Séance tenue dans la boutique de R. d'Andreux. — On entrera en
composition avec Mᵉ R. de Grésolles au sujet des biens de Pierre Le Picard,
qui appartiennent à l'œuvre du pont, et on le tiendra quitte moyennant
les quarante écus d'or qu'il offre. On ne retirerait pas davantage desdits
biens.

Die xv junii; in operatorio R. d'Andrenxs. *(Présents : quatorze jurats et sept notables.)* — Totz volgueron que hom
preses composicio ab maestre R. de Gresolas dels bes que
foron de P. lo Picart apartenen al pont, e que, per xl. escut
d'aur que a presentat, sia quiti, que plus aver non pot.

On enverra Mᵉ Jean Tinel et Mᵉ Gaillard de Gamaville à Toulouse pour communiquer aux capitouls le titre original portant exemption de péage au
profit de la ville d'Agen, mais leur voyage devra se faire avec le moins de
dépense possible.

Item, volgueron que, per mostrar los originals dels privileges als senhos capitols de Tholosa, trameta hom Mᵉ Johan
Tinel e Mᵉ Galhart de Gamavila, als mendres despens que
hom poyra.

23 juin. — Informée que l'ennemi rassemble des forces considérables aux
environs de la ville, la jurade décide que chaque habitant fera le guet en
personne et redoublera de surveillance, que les étrangers seront prévenus
par criée publique d'avoir à vider la ville et que chacun des consuls, tant
que le danger durera, fera des visites domiciliaires dans son quartier.

Die xxiii junii. *(Présents : neuf jurats et treize notables.)* —
Tot volgueron e acosselheron que, per so que hom entendia
que los enemics fasian de grans amas en torn de la vila, que
hom gache be e diligenment cascus en sa propria persona e
que hom fassa cridar que tot home estranh voje la vila, e que
cascus dels senhos, tant cum durara aquesta paor, vesite sa
gacha.

29 juin. — Un des consuls se rendra vers Mgr d'Armagnac, à Montauban,
pour l'informer que le château de Lusignan est tombé au pouvoir des
Anglais et pour le supplier de prendre des mesures afin que les autres
localités voisines d'Agen ne subissent pas le même sort, ce qui arriverait
s'il n'y était pourvu.

Die penultima junii. *(Présents : dix jurats et quatorze notables.)* — Tot volgoron que 1 dels senhos cosselhs anga a
Mossenhor d'Armanhac, loctenen del Rey nostre senhor, a
Montalba o aqui on sara, per demostrar del loc de Lesinha
que es fach Angles que l'plassa a y metre remedi e aqui e als

autres locs que son entorn Agen, de que es dobte, si no y es
pervist.

5 juillet. — Dans la crainte d'une attaque des ennemis, on continuera à faire
double estilgach, comme on fait déjà double guet, jusqu'à ce que Mgr le
sénéchal soit revenu à Agen, tant que le danger existera. Chaque habitant
devra se trouver en personne à son poste de nuit et de jour.

Die v julii. *(Présents : six jurats et quatorze notables.)* —
Tot volgueron que per lo dobte dels enemics, que hom continue lo estialgach doble, aissi cum es acostumat, e l' gach
doble, entro que Mossenhor lo senescalc sia vengut e tant
cum estaria deforas ni aurian aital regart, e que cascus i sia
de nuche e de jorn en sa propria persona.

11 juillet. — Distribution de munitions : viretons, chevilles de bois pour
servir de bourre aux canons, boulets de plomb, carreaux pour arcs à deux
pieds et pour arcs à un étrier.

Die xi julii. — Guil Maurel : c viratos.

En Coli Berot : xii plombadas.

En P. d'Ayquart : xii calhivas de fust a cano.

En Bernat Garner : i arc de ii pes e xxv cairels de ii pes. —
Item, may iiii plombadas. — Item, may ii° cairels.

En Guillem de Mechval : vi plombadas e c cairels d'estreup.

Maestre Johan Bauda : c cairels de ii pes. — Item, viii calhivas de cano. — Item, una ucha viratos.

18 juillet. — L'ennemi se massant à Beauville et dans d'autres lieux occupés
par les Anglais, on décide que tous les habitants qui sont astreints au guet
ou à l'arrière-guet se tiendront en personne à leur poste, dans le meilleur
équipement qu'ils pourront se procurer. On fera signifier par cri public
de n'ouvrir demain aucune boutique et que chacun gagne son poste pour
le mettre en état de défense.

Die xviii julii. *(Présents : quinze jurats et vingt notables.)* —
Tot volgoron que, cum avia hom agut sabenssas que los
enamics an fach gran amas a Buovila e en d'autres locs dels
Angles, que a tuicio de la vila tot home que sia del gach o
del rey-gach y sia en sa propria persona, ab lo melhor arnes
que aia, e que hom fassa cridar que nulh obrador no s'ubra
dema, mas que cascus sia e anga en sa garda per reparar
aquela.

2; juillet. — Nouvelle distribution de munitions de guerre.

Die xxiii julii. — Artilharia :

En P. Gauter de Taliva e a n P. Pelicer : 1ª ucha viratos. xi. plombadas e xxv calhivas.

A n B. Garner : 1ª ucha viratos.

Mº Johan Negre : 1ª ucha viratos.

En R. d'Andreux : i. cairels.

La dona de Galart, per la ma d'En R. d'Andrenx : c cairels.

2 août. — B. Bocalh se soumet à la décision du bailli et des consuls, sous peine d'une amende de 100 mares d'argent, pour avoir abandonné la garde de la porte de Garonne et être rentré en ville à travers la palissade, le mardi précédent, jour du 30 juillet, où les Anglais vinrent chevaucher jusqu'à la tête du pont, sur l'autre rive de la Garonne. (Le 6 février suivant, les consuls, sur l'intervention de messire V. de Fumel, firent remise entière à B. Bocalh de la peine qu'il avait encourue.)

Die secunda augusti. — Bernardus Bocalh se submisit bone voluntati dominorum bajuli et consulum super eo quod se absentaverat a custodia porte Garonne die martis proxima preterita qua Anglici equitaverant ad caput pontis ultra Garonam, et super eo quod intraverat villam per palos, et hoc sub pena c marcharum argenti. — Instrumentavit R. de Calapiano. — (vi die febroarii presens submissio fuit cancellata de voluntate et precepto dominorum consulum, videlicet B. de Carcassona, magistri Johannis Tineli, Johannis Lormerii, Guillelmi Raymundi de Ferrando, Guillelmi de Mediovalle, magistri Johannis Bauda et Petri de Vineis, et fuit sibi totum remissum interventu domini Vitalis de Fumello, presentis ibidem.)

Arnaud Martin, Guillaume Tort et Jean de Gausie ont été condamnés, comme Bocalh, pour n'avoir pas fait bonne garde le jour susdit : Martin avait accru sa faute en injuriant G. R. de Ferrand. Ils font tous leur soumission, sous peine d'une pareille amende de 100 mares d'argent. (Article biffé du consentement réciproque des parties intéressées.)

Arnaldus Martini, Guillelmus Torti et Johannes de Gausia se submiserunt, sub pena c marcharum argenti quilibet, super eo quod non custodierant bene die supra predicta, et dictus Arnaldus Martini, per se, super eo quod injuriaverat verbo Guillelmum Raymundi de Ferrando. (Item cancellatum fuit de parcium voluntate.)

5 août. — On achètera quatre cents arbres de la forêt d'Aubiac pour réparer la clôture de la ville. Chaque consul, dans son quartier, répartira en conscience, suivant les facultés de chaque habitant, le montant du prix d'achat et des frais de transport dudit bois.

Die v augusti. *(Présents : dix-sept jurats et vingt-deux notables.)* — Tot volgueron e acosselheron que hom compres de bose d'Albiac IIIe albres a far pals per enmendar la barradura de la vila, e que leven los senhos per gachas de cascus segon son poder, a lor bona ordenacio, so que costaran de compra e de portar.

Au sujet des frais du voyage qui doit être fait à Toulouse à la fin de ce mois pour communiquer le titre de nos privilèges, on s'enquerra si Mgr d'Armagnac, qui doit venir à Agen, pourra nous assister.

Item, que del fach dels privilegis de la jornada que n anem a Tholosa a la fi d'aquest mes per mostrar nostres privilegis, que veia hom enqueras si Mossenhor d'Armanhac, que deu venir, y poyra metre remedi.

9 août, vendredi. — On enverra à Toulouse messire Vidal de Fumel à une autre personne notable, pour montrer aux capitouls les titres des privilèges et s'entendre avec eux au sujet des péages que, contrairement auxdits privilèges, ils prétendent percevoir sur les bourgeois d'Agen. Le voyage se fera le plus économiquement possible, et on délivrera aux députés une copie collationnée des privilèges.

Die veneris, IX die augusti. *(Présents : vingt-trois jurats et huit notables.)* — Tot los sobre nommatz volgueron que per mostrar nostres privilegis e per veser aquels de Tholosa de lor gabela que demandan e s'esforsan de levar de nostres borgues, contra la forma de nostres privilegis, trameta hom Moss. V. de Fumel e i autre bon home al menhs de despens que hom poyra, e que o metan en collacio.

Autorisation préalablement obtenue du Roi, on chargera l'Évêque d'Agen de négocier un pactis avec l'ennemi pour la région située entre le Lot et la Garonne, et, plus tard, pour tout le pays, si c'est possible, car Agen est la seule des villes et localités du duché de Guyenne qui n'ait pas conclu de pareil traité. Aussi ses bourgeois sont-ils journellement exposés à être pris et pillés et à recevoir d'autres dommages, au point qu'ils n'osent faire travailler leurs terres. Le Roi ne défendant ni ne pouvant défendre la ville contre les pillards, ses habitants l'abandonnent. Un pactis serait donc profitable au Roi et à la ville.

Item, que, aguda licencia del senhor, fassa hom far e tractar pati (1) a Mossenhor d'Agen entre Olt et Garona, e apres general, si far se pot, quar totas las autras vilas e locs del dugat l'an, salb de nos, e de tot jorn [s]em dampnatgat e pres e raubat, e no ausam far obrar nostres heretatges, ni lo senhor no nos deffen ni pot deffendre de malvadas gens, e nostras gens que nos desamparan de tot jorn, e aissi sara profech al senhor e a nos.

13 août. — On députera vers Mgr d'Armagnac un consul à cheval, un ecclésiastique et un bourgeois, pour obtenir l'autorisation de traiter d'un pactis avec l'ennemi. On fera le moins de frais possibles.

Die xiii* augusti. *(Présents : treize jurats et sept notables.)* — Tot volgoron que hom trametos a Mossenhor d'Armanhac, per obtenir licencia de aver pati e far ab los enemics, e per 1 dels senhos de cosselhs, si autre a caval, ab 1 clerc e 1 borgues, al mendre deppens que poira.

23 août. — On transigera avec François (le bourreau), au sujet de la pension de 20 livres que la ville lui fait et des arrérages échus qui lui sont dus. On s'en tirera au meilleur marché possible. Une obligation sera passée à son profit, en échange de quoi il donnera quittance.

Die xxiii augusti. *(Présents : seize jurats et quatorze notables.)* — Tot volgueron que hom fine al plus bel que poyra ab Francisco d'aquelas xx liuras tor. de renda que a sobre la vila e dels arrayratges que l' son degut de temps passat, e que n'aia hom tant bon mercat cum poyra, e que cobre sas letras e obligacio e que ne quite la vila.

La transaction eut lieu, et François donna quittance moyennant une somme de 205 livres dont on lui passa obligation par-devant R. de Calapian, sur l'ordre du sénéchal.

Laqual composicio fo facha ab luy e el quitet la renda e ls arreyratges per iic v lib. torn., e fen carta ab decret de Mossenhor lo senescalc R. de Galapian.

17 septembre. — Mgr d'Armagnac ayant demandé à la ville des pionniers pour faire le dégât, on lui en fournira deux cents, pour huit jours, aux gages du Roi.

Die xvii septembris. *(Présents : les consuls, quatorze jurats et onze notables.)* — Tot volgoron que a Mossenhor d'Ar-

(1) Les *pactis* étaient des conventions conclues entre les parties belligérantes, en vertu desquelles l'ennemi s'engageait, moyennant finance, à respecter les lieux qui s'étaient ainsi rachetés.

manhac, loc tenen del Rey nostre senhor, loqual a demandat talados a la vila, que hom l'en balhe als gatges del senhor iiᵉ talados per viii jorns.

Si on emprunte aux particuliers, pour le service des officiers du Roi, des lits ou d'autres meubles et que quelque chose se perde, la ville tout entière contribuera au paiement des effets perdus.

Item, que, si hom prenia lechs o autra vidilha d'assi avant per balhar a las gens del senhor, e deguna causa s'en perdia, que tota la vila pague so que se perdria d'aquo que hom auria pres.

27 septembre. — Les 205 livres tournois dues à François, par suite de la transaction intervenue entre les consuls et lui, seront prises sur les 400 livres données à la ville par Mgr d'Armagnac et qu'il a assignées sur la monnaie.

Die xxvii septembris. *(Présents : six consuls, neuf jurats et sept notables.)* — Tot volguoron que las iiᶜ v livr. torn que son degudas a Francisco per la composicio lo sian paguadas de las iiiiᶜ livr. torn. que son estadas donadas a la vila per Mossenhor d'Armanhac e assignadas en la moneda.

Relativement à la députation qu'on doit envoyer en France, on décide que i. à la suite de la conférence qui doit se tenir vers la Saint-Rémy (1ᵉʳ octobre), la guerre continue ou qu'il n'y ait qu'une courte trêve, ce projet sera mis à exécution; mais si la paix était conclue, ou une trêve à long terme, on préparerait mûrement les moyens de subvenir à cette dépense.

De la anada de Franssa, volguoron que si hom a novelas que en aquest parlament que deu estre de la S. Rami demore hom en guerra o en treva corta, que la anada se fassa; e si paez era o treva longua, que hom agues son avis per qual maneira y trameta hom.

Quant aux 100 écus qui reviennent à la ville sur les bénéfices du maître de la Monnaie et de Guillaume Maurel, monnayeur, on tâchera de les recouvrer et, au besoin, on s'obligera envers le trésorier à les restituer, au cas où un mandement du Roi ne lui passerait pas cette dépense en compte.

Dels c escut que se devon apartenir a la vila de la finanssa del maestre de la moneda e de Guilheumes, que hom fassa que hom los cobre, e que hom se obligue, si mester es, al thesaurer de rendre el cas que hom no l agues mandament... del Rey que los passes en sos contes.

25 octobre. — On veillera à ce qu'il ne se produise aucune fraude dans l'exécution de l'accord intervenu entre la ville et le chapitre de Saint-Étienne, accord que devait notarier Me Jean Darna et qui porte que les chanoines ne pourront vendre aux bourgeois ni à autres personnes la licence dont ils jouissent pour l'entrée de leur vin, mais qu'ils devront la diviser entre les chapelains, les prébendiers et les serviteurs de leur église.

Die xxv octobris. *(Présents : Domini consules totz, exeptat de Me Johan de Sanas, de P. Johan, de R. d'Andrenx, seize jurats et douze notables.)* — Totz volo que la ordenacio facha de dos ans en sa entre lo capitol de S. Stephe e la vila de que Me Johan Darna dego recebre carta, so es assaber que ilh no vendan la licencia a nulh borgues ni a autre, mas que la distribuiscan entre los capelas e prevendes e servidos de la gleya, senes tot frau e barat se tenga.

On indemnisera J. de la Praderie de la perte d'une jument qui se cassa la jambe dans la ronde de nuit que conduisait Jean Tinel, et qui en mourut.

Item, que una ega de G. de la Pradaria laqual se trenquet la camba a l'estialgach que fasia Me Johan Tinel, cosselh, e laqual murit, li sia enmendada.

Pour payer cette indemnité, on imposera, d'après la règle précédemment établie, tous les habitants au marc le franc, proportionnellement aux moyens de chacun, suivant la répartition aussi équitable que possible qui sera faite par les consuls.

Item, volgueron que fassa hom la levada coma la vila s'aquitie, aissi coma desobre es ordenat, e que leven per sot e per livra de cadaun segon que a poder e facultat a la bona ordenacio dels senhos, tant leyalmens cum poyran.

La jurade charge les consuls de procurer aux bourgeois, par pactis, traités ou autres moyens, la possibilité de cultiver leurs terres, car celui qui sort de la ville pour aller au travail est infailliblement pris. Les consuls demandent que cette requête soit constatée par acte authentique, pour avoir un titre en cas de besoin. La jurade est d'avis qu'on écrive à Mgr l'Évêque pour le prier de négocier le pactis, d'autant que M. de Monlezun qui, à l'entrée des vendanges, avait été établi capitaine de la ville par Mgr d'Armagnac, ayant sous ses ordres cent hommes d'armes et deux cents sergents qui ne devaient pas plus que lui sortir d'Agen, s'en est allé avec sa compagnie, laissant la ville livrée à ses propres forces et sans soldats du Roi. Les consuls répondent qu'ils ont écrit à Mgr d'Armagnac, au sénéchal et au capitaine, il y a déjà huit jours, et que, la réponse arrivée, ils prendront les mesures les plus profitables à l'honneur et à l'intérêt du Roi et de la ville.

Item, que volgueron totz e requeregoron los dichs senhos que per pati o suffrensa o autramens, aissi cum lor sera vist fazedor, fassan e metan remedi cum pusca hom laborar lors heretatges, quar negus no auza issir de la vila per obrar, que no sia pres : de laqual requesta li senhos volgueron estre fachas cartas publicas, si mesters n'an. E que del pati hom ne escrivos a Mossenhor d'Agen que l plassa affar, majormen quar Mossenhor lo compte d'Armanhac nos avia, a l'intran de vendenhias, autreiat capitani Mossenhor de Monlazu ab c homes d'armes e ab ii sirvens que no se devian partir d'Agen, e tantost dins v jorns s'en aneron, e nos estam totz sols, senes gens del senhor. E li senhos responderon que, aguda resposta de Mossenhor d'Armanhac et de Mossenhor lo senescal d'Agenes e de nostre dich capitanis als quals avian escriut, viii jorns a, sobre aisso, ilh i metra bon remedi, si podon, a la honor e profech del Rey nostre senhor, e de la vila, tot aquel que poyran. Testes sunt : Arnaldus Donadei, Johannes Praderii, P. de la Genesta, Belenguer, de Marti.

25 octobre. — Jean de La Devèze, en présence des consuls, somme M⁵ Jean des Sagnes d'avoir à enlever la porte que celui-ci a fait poser à l'entrée d'une venelle donnant sur la rue des Juifs, près de sa maison et de celle du réclamant : il requiert les consuls de lui faire justice et d'arrêter le dommage qui lui est causé. De son côté, M⁵ Jean des Sagnes déclare qu'i fournira des défenses, car il n'a fait qu'user de son droit. En conséquence, les parties fourniront par écrit leur demande et leur défense.

Die xxv octobris. — Coram dominis consulibus, Johannes de Devesia requisivit magistrum Johannem de Sanis ut quandam portam per eum factam in capite cujusdam carrairoti siti in carrairia de Judeis, juxta hospicium habitacionis dicti magistri Johannis et dicti Johannis, cum esset facta, ut dixit, in ejus prejudicium, amoveret, et requisivit dominos consules ut super hoc sibi facerent justiciam et deffenderent eum ne oprimetur. Et ibidem dictus magister Johannes dixit se velle facere responcionem, nam juste et licite fecerat dictam portam : et quilibet ipsorum debent tradere in scriptis requestam et responcionem. — Presentibus : Arnaldo Donadei, Johanne Praderii, B. de Mercur.

7 novembre. — La compagnie de M. de Monlezun pourra introduire du vin pour sa boisson, aussi longtemps que leur capitaine séjournera dans la ville en cette qualité.

Die vii novembris. *(Présents : les consuls.* dominus R. de

Carnellis, judex ordinarius; dominus Vitalis de Fumello, *douze jurats et sept notables.)* — Tot volgoron que la companha de Mossenhor de Monlasu, capitani d'Agen, pusca metre vi a Agen per lor beure, tant quant estara coma capitani.

22 novembre. — La jurade, apprenant de plusieurs sources que les ennemis du Roi de France rassemblent des troupes, décide que chaque bourgeois montera sa garde en personne, de nuit et de jour, au poste qui lui sera assigné, à moins qu'il n'y ait cas de maladie et encore, en ce dit cas, faudra-t-il prévenir le consul du quartier. Cette mesure sera en vigueur depuis le présent jour jusqu'à la fête de Saint-Hilaire (14 janvier).

Die XXII novembris. *(Présents : les consuls, vingt-deux jurats et soixante-sept notables.)* — Totz volgoron que, per alcunas sabenssas que hom a agudas que los enemics del Rey nostre senhor fan gran amas, que cascu gache en sa propria persona al gach de la nuch e del jorn la qu'en sera, tota excusacio cessan si no malausia, e aquo que o diga al cosselh de sa gacha. E aquo promeseron totz e jureron als Sans Evangelis de Dio, del jorn d'uey a la festa de S. Ylari.

16 décembre. — Dans la boutique de R. d'Andrenx. — Messire Arnaud de La Cassagne, chevalier et bourgeois d'Agen, qui est revenu habiter la ville avec sa femme, est autorisé à faire entrer huit ou dix pipes de vin pour sa consommation, attendu qu'il n'en a pas une provision suffisante.

XVI die decembris. — In operatorió Raymundi d'Andrenx. *(Présents : tous les consuls, vingt-quatre jurats et cinq notables.)* — Totz los senhos cosselhs e XXIIII ajutat volgueron que Mossenhor Arnaut de La Cassanha, cavaler e borgues nostre, loqual es vengut de novel per demorar Agen ab la dona e no a provi de que beure, qu'en pusca metre VIII o x pipas de vi per son beure.

Le receveur du pont, assisté d'au moins trois ou quatre consuls, procédera à la vente des biens donnés à l'œuvre du pont par Mgr d'Agen; le produit de cette vente sera appliqué aux travaux du pont, et non à d'autres usages.

Item, volgueron que lo recebedor del pont, essems ab III o IIII dels senhos, o mais, fassan las vendas dels bes appartenens e donatz per Mossenhor d'Agen al pont d'Agen, e que l'argen qu'en issira se convertisca al pont e no en autre loc.

On traitera, si c'est possible honnêtement, avec les ennemis, pour qu'ils laissent les habitants de la ville travailler en paix leurs terres.

Item, que hom fassa, si pot bonamens, suffrensa ab los enemics, cum puscam laborar nostres heretatges.

M⸲ Pierre Bosiguet, maître de l'œuvre du pont, sera payé de ses gages et remboursé des frais qu'il a pu faire hors la ville pour les affaires du pont, ainsi que cela a été décidé il y a déjà longtemps.

Item, que a M⸲ P. Bosiguet, obrer del pont, sia pagada sa pencio a luy promessa e autres despens, si fachs n'avia per anar deforas per las besonhas del pont, en aissi cum fo ordenat, gran temps a.

31 décembre, lundi après la fête de la Nativité. — Les ennemis du Roi de France se réunissant en force à Sainte-Livrade et dans les autres postes anglais des environs d'Agen pour attaquer la ville, il faut redoubler de vigilance. On postera des guetteurs sur les hauteurs, pour la sûreté des travailleurs et du bétail, et on avertira les propriétaires de maintenir leurs bêtes le plus près possible de la ville.

Die lune post festum Natalis Domini. *(Présents : les consuls,* Domini Vitalis de Fumello, Arnaldus de Tavernis, Raymundus de Carnellis, Bernardus de Cabanis, *quatorze jurats et vingt-quatre notables.)* — Tot volgoron que, cum los enamics del Rey nostre senhor fassan gran amas a Sancta Liorada e als autres locs angles pres d'Agen, per damnaciar la vila d'Agen, que hom meta bona diligensa en la garda d'aquela e que hom meta espias lo dia sus los puchs afi de gardar las gens de las obras e lo bestiar e que hom avise los que an bestiar que tengan lor bestiar pres d'Agen al plus que poyran.

Pour qu'on puisse réparer la palissade, chaque habitant devra fournir un certain nombre de planches appropriées à cet usage et dont le nombre sera fixé par les consuls.

Item, que per reparar lo pal, que tot home d'Agen pague pals apparelhatz a la barradura, a la ordenacio dels senhos cosselhs.

Attendu que la construction que Mgr Bernard d'Armagnac veut élever sur la motte de Lécussan pourrait être un danger pour la ville, on tâchera d'obtenir qu'il renonce à son projet et, s'il s'obstine, on s'adressera à Mgr d'Armagnac, lieutenant du Roi de France, pour qu'il y pourvoie.

Item, que, cum Mossenhor Bernat d'Armanhac vulha bastir en la mota del Lacussa, laqual poira estre damnaciosa a la

vila d'Agen, que hom ne parle ab luy que el s'en vulha cessar,
e el cas que el no vulha, que hom o aia a demostrar a mossenhor d'Armagnac, loctenen del Rey nostre senhor, que el
y remedie.

Attendu qu'il y a dans la ville deux sergents de Madaillan prisonniers, et
qu'il s'en trouve douze d'Agen à Madaillan, on fera un échange, si l'on
peut obtenir la restitution des douze contre les deux. Le juge ordinaire,
qui assiste à la séance, n'est pas de cet avis, pour la raison qu'un des sergents détenus à Agen s'est rendu coupable de trahison en désertant le
parti du Roi de France et se faisant Anglais.

Item, que, cum a Agen aia dos sirvens de Madalha pres, e
a Madalha ne aia xii de nostres pres, el cas que hom pusca
cobrar los xii nostres per aquels ii, que hom lo los renda. E
en asso lodich Moss. lo jutge que era present no s cossentit
en res, quar la (*sic pour* lo) un d'aquels s comes traiezo que
era de la hobediensa del Rey de Fransa, nostre senhor, e se
se Angles.

18 février. — Guillaume Maurel et Raymond Bonigas, monnayeurs d'Agen,
refusaient de comparaître judiciairement devant le juge pour raison de
délits commis par eux dans l'exercice de leur office, prétendant qu'ils
étaient monnayeurs avant d'être bourgeois de la ville et que le prononcé
des peines dont ils pouvaient être passibles appartenait aux maitres géné-
raux des monnaies et non à aucun juge royal ou lieutenant du sénéchal.
Là-dessus, la majorité de la jurade et le juge ordinaire furent d'avis qu'il y
avait lieu de laisser agir Hugues du Boisset et son collègue, qui étaient
chargés, par commission spéciale, de conduire à Toulouse les deux délinquants, en protestant que cette tolérance ne pourrait préjudicier aux privilèges, coutumes et statuts de la ville, et messire Vidal de Fumel fut
chargé de rédiger la protestation. Huit membres votèrent pour que l'affaire fut jugée à Agen même, afin de créer par le fait un précédent utile à
la conservation de la coutume.

xviii die febroarii. — *(Présents : huit consuls,* dominus
R. de Carnelis, judex ordinarius; V. de Fumello, legum
doctor; Arnaldus de Tabernis, officialis Agenni; B. de Cabanis, licenciatus in legibus; P. Rigaudi, *dix-neuf jurats, dix-
sept notables.)* — La major partida de totz volgueron e Mossenhor lo jutge determinet que, per so que Guillems Maurel
e R. Bonigas, moneders, foron moneders avans que borgues, e no volian estar a drech davant alcus jutge sino davant
lo lor jutge, a ilh avian delinquid en lor offici de moneda, e
per so dels maestres generals de las monedas del Rey de
Fransa, nostre senhor, e no d'autres, ni del Rey ni del senes-

cal, s'apertenia la punicio e la correccio d'aquels, fo cosselh
que An Huc del Boisset e a son companho, comissaris deputatz a prendre los dichs moneders e a menar a Tholosa,
hom prestes patiensa, ab protestacios lasquals Moss. Vidal
de Fumel devio ordenar que no prejudique a nostres costumas e privilegis e establimens. — Los crosat acosselhairon
qu'en esta vila no fos facha razo e drechura per tal que passes
en issample a totz, e que nostra coustuma ne fos melhs
gardada.

20 février. — On publie à Agen la trêve conclue jusqu'à
la quinzaine de Pâques.

Die jovis xx die febroarii, anno liii, fuerunt publicate
treuge apud Agennum durature usque ad quindenam festi
Pasche Domini.

Le lendemain vendredi, la garnison de Madaillan prend, tue ou pille les
hommes de la ville qui travaillaient dans les vignes.

Die veneris sequenti. illi de Madalhano ceperunt, interfe-
cerunt et depredaverunt gentes nostras in vineis B. de Carcassona.

Le dimanche d'après, la garnison de Lusignan enlève nuitamment une
gabarre sur le Gravier d'Agen et s'empare du poisson et des effets des
pêcheurs.

Die Dominica sequenti de cero in nocte. illi de Lesinhano
furtive de nocte habuerunt de Graverio unam gabarram, et
depredaverunt peyssoneriis pices et vestes.

22 février. — On répondra à la lettre qu'on a reçue du Roi de Navarre, en
tournant la réponse de sorte qu'elle satisfasse le Roi de France et le Roi
de Navarre.

Die xxii febroarii. *(Présents : les consuls,* venerabiles et
discreti viri, domini R. de Carnellis, judex ordinarius;
Vitalis de Fumello. legum doctor; Arnaldus de Tabernis,
officialis Agenni; P. Rigaldi, baccalaureus in legibus;
B. Chambonis, baccalaureus in legibus, *dix-neuf jurats, dix-
huit notables.)* — Totz volgoron que hom fes resposta al Rey
de Navarra de la letra que tramessa a, tal que sia bona e
graciosa al Rey de Fransa, nostre senhor, e a luy.

25 février. — Du consentement unanime de la jurade, le juge ordinaire
rédige la lettre suivante en réponse à celle du Roi de Navarre.

xxv die febroarii. *(Présents : domini consules, dominus
R. de Carnellis, judex ordinarius; Vitalis de Fumello,
legum doctor; Bernardus de Cabanis, licenciatus in legibus;
vingt jurats, dix notables.)*

Sobre la resposta facha al Rey de Navarra de voluntat de
tot so acordada e ordenada per Mossenhor lo jutge.

Copia responsionis facte eidem domino Regi Navarre.

« Tres cher et tres redoubte seigneur, Nous avons veues
« vostres letres et la teneur d'icelles. Si faisons assavoir à la
« vostre seigneurie que, gardée la foi et la loyauté es quels
« nous somes tenus au Roy nostre sire de France, nous
« sommes prestz de fere pour vous quant que nous porrons
« bonnement. Tres cher et tres redoubte seigneur, plaise
« vous nous et la cité d'Agen avoir pour recommandez. Le
« Saint Sperit vous doint bonne vie et longue. — Escriut
« Agen, le xxv jorn de fevrier, jus le seel du Cossole.

« *Les vostres humbles borgoys et habitans*
« *de la cité d'Agen.* »

La copie de cette réponse est attachée par un lien avec la lettre
du Roi de Navarre.

La qual copia fo encordada ab la letra del Rey de Navarra.

28 février. — Le juge ordinaire avait entrepris sur les droits des consuls en
autorisant les marchands d'Agen à tirer leurs draps hors de la ville pour
aller les vendre à Toulouse; il fait réparation aux consuls.

Ultima febroarii, cum dominus judex ordinarius turbaret
dominos consules in dando licenciam abstrahendi pannos
mercatorum Agenni pro adportando Tholose, causa vendendi
eos, est sciendum quod idem dominus judex reparavit
premissa. Instrumentavit magister Gualhardus de Gamavila.

2 mars. — Les habitants de Madaillan et des autres lieux soumis à l'ennemi,
qui conduisaient à Agen des marchandises, voulaient en emporter de la
ville, à la faveur de la trève. La jurade est d'avis et le juge ordinaire déclare
qu'il n'est permis en aucune manière d'enfreindre la trève, et qu'en conséquence les étrangers qui apporteront des marchandises à Agen pourront
en emporter pour la même valeur, pourvu que ce ne soit ni du fer, ni de
l'acier, ni de la poudre à canon, ni des armes. On écrira à Mgr d'Armagnac

pour lui demander son avis sur cette mesure et le prier d'envoyer copie du traité portant conclusion de la trêve. — A chaque porte de la ville se tiendra un homme de garde qui s'assurera que les étrangers venant des localités ennemies n'apportent ni armes ni lettres. Enfin, les consuls, chacun dans son quartier, veilleront à ce que les hôteliers ou autres habitants ne reçoivent personne à coucher pendant la nuit.

Die iiᵃ marcii. *(Présents :* Domini consules, R. de Carnellis, V. de Fumello, Arnaldus de Tabernis, Bernardus de Cabanis, Arnaldus de Cassanea, miles, *dix-neuf jurats, ringt-six notables.)* — Totz volgueron e lo dich Moss. lo jutge declaret que, cum las gens del loc de Madalha e des autres locs rebelles d'entorn Agen portan a Agen de lor mercadarias, ne vulhan trayre mercadarias d'Agen, per vigor de la treva, que, per so que la treva en deguna maneira no s'en pogue enfranher, hom ne laisse trayre a aquels que y portaran alcuna mercadaria tant de mercadaria d'Agen cum montara so que portat y auran, exceptat que fer, ni asser, ni polveras de cano, ni artilharia no y aia, e que entremech hom ne escriva a Mossenhor d'Armanhac que a luy plassa que vulha mandar sobre aisso sa ententa, si la licencia se tendra tala o no ves menhs lo plassa trametre lo tenor e la forma de la treva. — E que a cada porta aia i home d'aquels que seran de garda o autre que s prengua garda d'aquelh que intraran dels locs rebelles, si portarian pas armas ni letras, e que cada cosselh en sa gacha avise los ostalers o autres que non reculhan nulh per jaser la nuch.

Les manouvriers qui se louent à la journée étant devenus hors de prix, et ce renchérissement faisant craindre qu'on ne puisse, s'il se continue, faire exécuter sans de grandes pertes les travaux indispensables, la jurade décide qu'il sera publié à son de trompe un arrêté portant défense à tout propriétaire d'être assez hardi pour louer aucun manouvrier, et à tout manouvrier de se louer à plus haut prix que 12 deniers tournois par jour, sous peine d'une amende de 10 sols arnaudins, payable moitié par le maître et moitié par l'ouvrier, et applicable un tiers au Roi, un tiers à la ville et un tiers au dénonciateur. Chaque consul, dans son quartier, fera jurer aux chefs de maison d'observer le règlement ; enfin, défense est faite à aucun journalier d'aller se louer et aux maîtres d'aller arrêter des ouvriers ailleurs que sur la place publique ou dans les lieux accoutumés, sous peine de l'amende ci-dessus.

Item, que, cum lo homes logados s'en sian montat a gran for, e es perilh que si montavan a l'avinen que nulh no pogue far obra que necessaria lo sia sino a son gran dampnatge, que hom fassa cridar publicament ab trompa que degus, per ardimen que aia, no logue ni fassa logar, ni digus no se logue a deguna obra de vinha, sino xii den. torn. per dia, e d'aqui en jus, e asso en pena de v sols arnaldens de gatge, so es assaber d'aquelh que los y prometria e atretan d'aquel que los prendria, lo ters al senhor, el ters a la vila, el ters a aquel que lo revelaria; e que cada senhor de cosselh o fassa jurar e prometre a cada senhor d'ostal en sa gacha; e que degun no s logue ni autre vol[ha] logar sino en la plassa cominal o els locs acostumatz, en la dicha pena.

8 mars. — Quoique la connaissance de toutes les causes criminelles appartienne, tant en vertu des privilèges de la ville que de ses coutumes et usages, aux consuls et aux baillis du consulat et de l'Évêque, Mgr R. de Carnels, juge ordinaire et lieutenant du sénéchal, au lieu de se prononcer sur l'appel interjeté dans l'affaire de dame Jeanne de Raby, accusée d'avoir empoisonné Guillaume de Talive, son mari, et de déclarer si l'appel était bien ou mal fondé, faisait attendre indéfiniment sa décision, donnant lieu de craindre qu'il ne voulût procéder dans la cause comme juge ordinaire, ce qui pouvait, avec le temps, amener de fâcheuses conséquences et aboutir à enlever aux consuls et aux baillis la connaissance en première instance des causes criminelles, au grand détriment de la ville et au mépris de ses privilèges et coutumes. Aussi la jurade arrête-t-elle qu'on défendra lesdits privilèges et coutumes, que l'affaire sera poursuivie vigoureusement aux frais de la ville, et qu'en attendant, on sommera chaque jour le juge ordinaire de faire la remise de la cause qu'il veut accaparer.

viii die marcii. *(Présents : Domini consules, V. de Fumello, dominus Arnaldus de Cassanea, sept jurats, huit notables.)* — Sobre aquo que la conoissensa de tota causa criminal s'apartenga als senhos cosselhs e als bailes, tant per privilegi que per costuma e usatge, e Mossenhor R. de Carnelas, jutge ordenari e loctenen de Mossenhor lo senescale, loqual devia pronunciar que la causa criminal de Na Johana de Rabi, accusada de la mort per poysos d'En Guilhem de Taliva, son marit, que fo, laqual sera apelada, devia pronuncia[r] si era mal apelat o be apelat, et tot jorn anga en delayan e sia perilh que per via ordenaria volha procedir, e sia dobte que per temps se tragues a consequensa, e en aissi la primeiro conoyssensa de tota causa criminal saria tolta als bailes e cosselhs e poyra estre a gran dampnatge de la vila e contra nostres dichs privilegis e costumas, volgueron nostres borges que sostenguessam nostres dichs privilegis e costumas, e que o menem be e fort als despens de la vila, e que tot jorn demandem la remessio de la causa.

Sur la requête des pontonniers, qui demandaient une réduction des prix de leur ferme pour le temps écoulé depuis le 1er mai, jour où l'eau avait emporté leur pont de bateaux, jusqu'au 17 janvier dernier, temps pendant lequel le pont fixe avait servi au passage des piétons, on décide que, attendu qu'avant le 1er mai et avant le 17 janvier les pontonniers avaient perçu, là où ils n'avaient le droit de percevoir qu'un denier, 5, 6 et jusqu'à 8 deniers, même davantage, une compensation s'est produite qui dispense de toute réduction.

Item, d'aquo dels pontones que demandan a lor estre facha deductio del jorn de S. Jacme entro al jorn de S. Antoni, que l'ega ne menet los II bigatz, e entre las dichas doas festas lo pont passet gens a pe, tot volgueron que, per so que, devant lo dich jorn de S. Jacme e apres S. Antoni, los pontones, de so que no devion prendre mas I dener, ne prendian v et vi e viii e mais, que pot compassar la I per l'autre, e per so no volgueron que los fos facha alcuna gracia o desductio.

12 mars. — Tout bourgeois devra, quand il sera de garde, être personnellement à son poste, de jour et de nuit, sous peine d'une amende de 10 sols, s'il est capitaine, et de 5 sols s'il n'a pas de commandement. Le produit de ces amendes sera appliqué aux travaux de fortification. Ce règlement sera en vigueur jusqu'au troisième jour après Pâques.

Die XII marcii. *(Présents :* domini consules, Moss. V. de Fumel, Moss. R. Arnaud de Preyssac, Moss. thesaurer. *vingt jurats, soixante-dix-sept notables.)* — Tot volgueron que cascus gaches aissi cum sera del gach del jorn e de la nuch en sa propria persona, e aquo, lo capitani, en pena de x sols, e l sosmes, en pena de v sols donados a la obra de la vila, e aqui d'aqui al ters jorn de Paschas.

La palissade de la ville ayant besoin de réparations, il est décidé que tout homme habitant d'Agen, et âgé d'au moins quatorze ans, devra déposer à la maison commune une planche longue au moins de deux cannes et large d'un demi-pied. On les prendra partout où on en trouvera, à l'exception toutefois de celles qui sont employées dans la construction ou l'intérieur des maisons.

Item, volgueron que, per so que lo pal a mestes reparacio, tot home habitan d'Agen, de XIIII ans en sus, aia I pal de II canas o de mais de lonc et de mech pe d'ample, e que los porten en la maio cominal per metre en la clausura e que ne prenga hom d'aqui on ne trobara, mas que no sia domesge.

19 mars. — Les planches qui devront être fournies, conformément au règlement ci-dessus, auront deux brasses ou deux brasses et demie de long, sur un demi-pied de large et seront payées, à ceux à qui on les prendra, à raison de 4 deniers tournois pièce.

Die xix marcii. *(Présents :* Domini consules, V. de Fumello, dominus Arnaldus de Cassanea, *dix jurats, vingt-six notables.)* — Tot volgoron que aquels que auran los pals per la maneira que es estat ordenat, los aian de ii brassas o de ii e meia de lonc e de mech pe d'ample, que sian tengutz de pagar a aquel de cuy sera lo bosc d'on lo prendran, iiii den. torn. per pal.

28 mars. — Bien qu'il ait été décidé qu'on ne mettrait pour les robes consulaires que 24 deniers gros tournois d'argent par canne d'étoffe, comme celles qu'on vient de faire faire coûtent plus cher que cela par suite de l'élévation du prix des draps et des autres marchandises, la ville paiera le surplus et cette dépense sera portée en compte sur l'exercice de la présente année.

Die xxviii marcii, anno Domini m° ccc° liiii°. *(Présents :* Domini consules et dominus V. de Fumello, *dix-sept jurats, huit notables.)* — Tot volgoron que, cum fo ordenat que per cascuna rauba que faria per lo cosselhs ague hom e la fes entro a la valor de xxiiii deners gros tornes d'argent la cana, e eras costen mais per la granda carestia que y a en draps e en las autras causas, que tot so que costan mais pague la vila e sia pres en conte ais dichs senhos cosselhs de l'an present.

Par suite des charges extraordinaires que la ville a eues et a encore à supporter, les dépenses ayant excédé les recettes d'environ 25 marcs d'argent, il est arrêté qu'on délivrera à ceux à qui cette somme est due des obligations payables en deux termes sur les revenus de la ville, le premier pacte à la Saint-Jean-Baptiste et le second à la Saint-Michel.

Item, que, cum per los grans despens que a convengut a far per la vila e fa de tot jorn, sia estat deppendut mais que pres xxv marcs d'argent d'enviro, que a aquels a cuy seran degutz sian obligatz a prendre sobre las rendas de la vila, so es assaber el primier terme de S. Johan Babtista, que sera la mitat, e l'autra el terme de S. Miquel.

Publication sera faite ordonnant aux habitants qui n'ont pas encore fourni leur planche d'avoir à la remettre de dimanche prochain en huit jours, avec une somme de 3 deniers tournois, et à ceux qui l'ont fournie de remettre aussi 3 deniers pour façonner la planche en palis.

Item, que hom fassa cridar que tot home que no aia portat

lo pal. que lo aia portat del primer dimenge que sera en
viii dias, e iii den. torn. per cada pal. e aquels que an portat
e pagat d'aqui al dich dia iii den. torn. per aquel far fita.

Les maitres de l'œuvre du pont. agissant à raison de la donation qui avait
été faite à ladite œuvre des biens de feu Jean de la Main, s'adressaient à
Boson et à Vidal de La Cassagne, en leur qualité d'héritiers de feu Vidal
de La Cassagne. leur père. qui avait été l'un des exécuteurs testamentaires
de Jean de la Main et avait dressé l'inventaire des biens qu'il laissait. et
ils leur demandaient compte de l'administration desdits biens. Mais, la
jurade. prenant en considération la pauvreté des deux frères et le rapport
fait par Mʳ G. de La Serre. qui déclarait que V. de La Cassagne père
n'avait commis aucun détournement qui pût donner lieu à une réclama-
de la part des autres exécuteurs testamentaires. pas plus que des maitres
de l'œuvre du pont. on décide que les héritiers de Vidal seront tenus pour
quittes et qu'on ne pourra rien leur réclamer à l'avenir, sans que pour
cela les autres exécuteurs testamentaires soient déchargés en rien de leur
responsabilité.

Item. que. cum los obres del pont. per donacio facha dels
bes que foron de Johan de la Ma. demanden au Bos e a Vidal
de la Cassanha. coma a heretes d'En V. de la Cassanha. lor
pay que fo. lo qual. essems ab d'autres. era estat exequtor
del dich En Johan de la Ma e avia fach enventari dels bes,
compte de lor administracio. que. per la paubretat que es en
lor, e per so quar maestre G. de La Serra avia repportat que
lo dich En V. non avia res appropriat assi, ab que los dichs
obres els autres exequtors puscan demandar de jorn en
johan (sic) que lo dichs fraires sian quitis. e que a lor no
demande hom res d'assi avant. e que ges per aquesta renun-
ciacio los autres exequtors no sian quitis en res.

4 avril. — Mᵉ Pierre Bousiguet. en qualité de maitre de l'œuvre du pont.
avait commencé des poursuites contre Pierre de Valseron, pour obtenir le
payement d'une créance de 44 livres 10 sols tournois que feu Guillaume
de La Mer avait sur le père dudit Etienne. et qui appartient aujourd'hui à
l'œuvre du pont en vertu de la donation faite à titre d'aumône par l'Évêque
d'Agen ou par son official. Les consuls. faisant droit à la requête d'Etienne
de Valseron. arrêtent qu'il sera sursis aux poursuites jusqu'à la prochaine
fête de la Nativité de Saint-Jean-Baptiste. et que. d'ici là. le suppliant
recherchera les quittances et les reçus qu'il peut avoir et. à cet effet.
enverra à Villeneuve.

Quarta die aprilis. — Domini consules ordinaverunt quod
magister Petrus Bosigueti supersedat ab exequcione seu lite
per ipsum, ut operarium pontis Agenni. incepta contra
Stephanum de Valseron. pro debito xliiii libr. x sol. turon.
in quibus pater dicti Stephani tenetur Guillelmo de Mari

quondam, quod debitum pertinet ponti Agenni pro jure
pauperum, ex donacione domini episcopi seu domini officialis, supercedat usque ad instantem festum Natalis Beati
Johannis Baptiste, et quod interim perquirat quitaciones et
recogniciones suas, si quas habeat, et mittant Villenove,
prout dicebat in supplicacione sua.

Les consuls déclarent accepter la soumission de P. de L'Arnaudie et lui infli-
gent une amende d'un marc d'argent et de quatre piques, lui faisant
remise d'une plus forte peine qu'il avait encourue et lui conservant intacte
sa bonne réputation; mais leur décision ne porte que sur le fait dont la
ville a à se plaindre, et ils n'entendent nullement s'immiscer dans ce qui
est du domaine de la juridiction royale. L'Arnaudie est, en outre, autorisé
à prendre des lettres de bourgeoisie.

Item, declaraverunt submissionem Petri de Arnaudia et
contra eum in una marcha argenti et IIII aculeorum (1), a
majori pena ipsum absolvendo et sua bona fama sibi reservata : et hoc quantum tangit injuriam ville dumtaxat, de jure
domini nostri Regis se nullathenus intromittentes. — Voluerunt etiam quod habeat litteras borguesie.

8 avril. — On alloue à B. de Carcassonne, consul et trésorier de la ville
l'année précédente, pour la peine que lui ont donnée ses fonctions de trésorier à l'occasion de la levée de la quête et des autres affaires de la ville,
une indemnité de 50 livres tournois, comme les années précédentes,
payable à chaque quartier, en espèces ayant cours pendant ledit quartier.

Die VIII^a aprilis. *(Présents : les consuls, quinze jurats et
quatre notables.)* — Tot volgoron que al senhor de Carcassona, per lo tribalh que a fach l'an present en lo office de la
dicha thesauraria e en levar la questa e las autras causas de
la vila, que aia, coma als autres ans sa en rey, L livr. de
tornes, so es assaber de la moneda que corria en cada car-
teyro.

G. Tissender ayant rendu ses comptes, comme il appert du rapport des commissaires chargés de les recevoir, on lui donnera quittance pour la gestion
qu'il a exercée cette année, en qualité de trésorier de l'œuvre du pont.

Item, volgoron que an Galhart Tissender, loqual a rendut
son conte, aissi cum per la relacio dels depputatz a ausir

(1) Jusqu'à la fin du XVIIe siècle, les nouveaux bourgeois d'Agen étaient
tenus de remettre à la ville une arme de peu de valeur, le plus souvent une
pique. Il est probable que les quatre piques dont il est ici question sont la
prestation imposée à Pierre de Larnaudie pour obtenir ses lettres de bourgeoisie, prestation qui, avec le marc d'argent, dépasse le taux ordinaire, en
raison probablement de la condamnation encourue et de la grâce accordée.

aquel a hom agut, sia facha e autreada sa quitansa de so que
a administrat l'an present coma thesaurer de la obra del pont.

Les consuls de l'année présente ayant consommé des torches de cire pour
des rondes extraordinaires, on leur remboursera la somme entière qu'ils
auront avancée et qu'ils fixeront consciencieusement.

Item, que, cum los senhos cosselhs de l'an present aian
despendut sera en torchas en exordenairas visitacios, que lor
sia satisfach tot so que ausaran afermar que y an despendut
en lor bonas cossiensas.

ANNÉE CONSULAIRE 1354-1355.

15 avril 1354. — Installation des consuls.

Anno domini m° ccc° lIII°, die martis, videlicet xv die aprilis, domini consules Agenni (1) intrarunt possessionem consulatus Agenni.

Vesat : Johan de la Deveza, 1 clau dejus; B. Bocalh, 1 clau dessus.

Floyrac : R. del Port, 1 clau dessus; Matheo d'Autcorn.

Clausura : Guillem del Moli, 1 clau dessus.

Moliner : R. de la Vernha, 1 clau dessus.

S. Gili : P. Manssel, 1 clau dessus.

S. Stephe : R. del Caune.

Moncorni : Mᵉ Guilhem de Cassanhas, 1 clau dejus.

S. Antoni : Mᵉ Guillem a Ramon d'Aubinho, 1 clau dejus.

S. Ylari : Arnaut de Cabanas, 1 clau dessus; Mᵉ Aymeric del Puch, 1 clau dejus.

Trésorier de la ville.

B. de Carcassona, thesaurer.

Nomina xxiiiiᵒʳ juratorum (2).

Liste des jurats.

Mossenhor Arnaut de la Cassanha. P. Gauter de Taliva. B. Marti vel Johannes de Gausia. En Johan Lormer vel

---

(1) Huit seulement appartenaient au corps de jurade de l'année précédente.

(2) Cette liste des jurats nous donne l'explication de l'irrégularité qu'on remarque dans la plupart des autres listes qui précèdent, où le nombre des jurats est toujours supérieur au chiffre normal de vingt-quatre. C'est que, outre les jurats titulaires, il y en avait de supplémentaires. Il est vrai qu'ici la liste comprend, sans compter les remplaçants, vingt-cinq jurats, mais le

Guillelmus Vesati. P. Pelicer vel Guillelmus Sobirani, P. de
Carcassona, R. d'Andrenx, Bertran de Taliva. Arnaldus
Guillelmi de la Moni, P. de Vinhas, Aymericus de Marchia,
Maestre Johan Tinel. Guillelmus Bruni. Guillelmus de
Mediovalle vel magister R. de Causaco, Magister P. de
Montesio, P. Picoti vel Guillelmus del Caune, Maestre Johan
de Sanas, P. Johan Malbert, Johan Malbert, Guillem a
Ramon de Ferran. M᷎ P. de Bosqueto vel Saissetus Torti,
P. de Mausaco. Magister Johannes Bauda. Arnaldus de
Cabanis senior, Arnaldus Fornerii vel Guillelmus Cazas.

Prestation de serment des secrétaires du consulat.

Los officiers e servidos de la vila jureron : videlicet magistri Galhardus et Raymundus (1).

Prestation de serment des sergents de ville.

Item servientes : videlicet Arnaldus Donadei. P. Helias,
St. de Pilhaco. Bernardus du Mercurio, P. de la Genesta.

15 avril. — Un des premiers articles de la coutume portait que les autorisations nécessaires pour l'entrée des vins ne pourraient être accordées que
par le corps entier des consuls et des vingt-quatre jurats. Aujourd'hui on
décide que cet article sera conservé, mais avec cette modification : dans
des circonstances pressantes, les autorisations pourront être accordées,
alors même que quelques consuls ou jurats seraient absents, par ceux qui
seraient dans la ville.

Die xv aprilis. *(Présents : onze consuls, vingt jurats et douze
notables.)* — Totz jureron cum es acostumat.

Totz volgueron que lo establiment de la messa dels vis
que es el comensament del libre de la coustuma que fa mencio que a negus ne sia donada licencia de metre vi dins la
vila sino que totz los senhos e xxiiii jurat fossan ensems, fo
mitigat, que sia gardat, mas que si ni avia alcus dels senhos
cosselhs o dels xxiiii que fossan absens o deforas la vila, que
ab aquels que sarian dins la vila presens se pusca donar la
licencia en temps de necessitat.

premier, messire Arnaud de La Cassagne, qui était chevalier et qui figure
toujours en tête des noms des membres présents aux jurades, lorsqu'il
prend part aux séances, semble être un jurat *honoraire*, que l'on nous passe
cette expression bien moderne. Des jurats de cette année, onze avaient été
consuls et seize, y compris quatre jurats supplémentaires, avaient fait
partie du corps de la jurade l'année précédente.
(1) Galhardus de Gamavila et Raymundus de Calapiano, secrétaires du
consulat.

Même jour. — Prestation de serment de noble Othon de Montault, seigneur
de Mérens, qui, en présence du juge ordinaire et des consuls, jure fidélité
au Roi de France et à la ville, dont il est bourgeois. Les consuls lui remettent, ainsi qu'à Guillaume de Lestroa, la garde du château de Mérenx et
s'engagent à les entretenir pendant huit ou quinze jours, se réservant
d'écrire au comte d'Armagnac pour qu'il les prenne à ses gages.

Die predicta, xv mensis aprilis, nobilis Otho Montis Alti,
dominus de Merenchis, venit in domo communi Agenni,
coram dominis judice ordinario et consulibus novis, et juravit ibidem esse bonum et fidelem domino nostro Regi et
ville, et etiam ut burgensis Agenni. Fuit ibidem ordinatum
quod dictus nobilis et Guillelmus de Lestroa custodiant
fideliter locum de Merenxs, et juraverunt sibi ad invicem esse
alter alteri bonus et fidelis et dicti domini debent providere
eis per viii vel xv dies, et interim scripserunt domino comitti
Armaniaci ut eos ad vadia recipiat — Presentibus dominis
judice predicto, R. de Carnelis, et consulibus, domino
Arnaldo de Cassanea, milite, magistris R. de Gresoliis,
Galhardo de Gamavila.

16 avril. — Les membres qui composent cette jurade et d'autres bourgeois,
au nombre de quatre-vingts, devront fournir chacun 5 sols, soit, en tout,
une somme de 20 livres pour entretenir pendant quinze jours le seigneur
de Mérenx et G. de Lestroa, chargés de la garde du château de Mérenx.
Pendant ce temps, on écrira à Mgr d'Armagnac pour le prier de vouloir
bien prendre à sa solde ces capitaines ou de pourvoir d'autre façon à la
garde dudit château. Quelques-uns des bourgeois présents à la jurade
acquittent cette contribution: leur nom est suivi du mot *solvit*, indiquant
qu'ils ont payé comptant.

Die xvi aprilis. — Domini consules, dominus judex ordi-
narius, dominus Arnaldus de Cassanea (solvit v solidos tur).
Bertrandus de Talivia, P. Pelicerii (solvit). B. Martini (sol-
vit). B. de Carcassona (solvit). Johannes Tinelli, Johannes
Lormerii (solvit). Johannes Malberti (solvit). Wilhelmus
Bruni, Wilhelmus de Mediavalle (solvit). P. Picoti, Arnaldus
de Cabanis (solvit). P. Johannes Maberti. P. de Vineis,
St. de Valseron. Arnaldus Guillelmi de la Monia (solvit).
Johannes de Venis, P. d'Aycart (solvit). Mᵉ P. del Bosquet,
P. Probri, Mᵉ Rami, Mᵉ Coli, Guillem Audoart, Johan des
Termes. P. de Maussac, P. Montes (solvit). Galhart Tissen-
der, Salvestre de Laynes. Johan del Perer, Jacmes d'Alba-
terra. Bertran de Villatas. Mᵉ B. lo Tolsa. Guillem a Ramon

de Ferran, Johan de Nagausia (solvit). Guillem a Ramon de Puch-Estremer (solvit iiii obolas).

Tot volgueron que cascus dels sobre nommat e mais. entro al nombre de iiii^{xx} en tot, donga e pague v sols tornes que montaran xx liv. torn. per prestar al senhor de Merenx e an Guilhem de Lestroa per gardar es xv jorns lo loc de Merenx, e que entre tant escriva hom a Mossenhor d'Armanhac, loc-tenen del Rey nostre senhor, que los volha recebre als gatges, o y volha provesir cum sia gardat lo dich loc.

Item, volgueron que los senhos fassan e continuen l'estialgach, e que aian per cascuna nuch en totas causas i escut d'aur.

Prima die madii. *(Présents : vingt-six jurats, dont six supplémentaires. et dix-neuf notables.)* — Tot volgueron que la letra del Rey que maestre Johan de Sanas a tramesa de Fransa sobre lo fach de la gabela, sia tramessa e exequida a Tolosa e a Mossenhor d'Armanhac, a las despensas dels mercaders, e que i trameta hom tal home que o sapia far.

Item. que a las portas fassa hom bonas gardas. que cascus i sia en sa persona, en las penas de x sols. capitanis, e de v sols. autres sosmes, donados, cum es ordenat, a la barradura de la vila.

Item. que lo creat sia donat e trames a Mossenhor d'Armanhac.

Les torches que les consuls ont brûlées ou qu'ils brûleront utilement pour les rondes extraordinaires, tant que les troupes ennemies se tiendront rassemblées autour d'Agen, seront payées sur les fonds de la ville.

Item que las torchas que los senhos an despendudas e despendran razonablament per far lo gach extraordinari, tant quant los enemics sarian amassa[ts] entorn de nos, sian pagadas sobre la vila.

On fera rentrer les planches non encore fournies, on réparera la clôture de la ville, on posera des chausse-trapes dans les passages où elles seront nécessaires. Ceux qui les arracheront seront punis.

Item, que los pals d'aquels que no an pagat sian cobratz e que se repare la barradura e las calcatrepas els pas necessaris, e que aquilh que las deffitan sian punitz.

5 mai. — Les consuls auront à renouveler les gardes de la boucherie et de la poissonnerie.

v die madii. *(Présents : dix-sept jurats et huit notables.)* — Tot volgueron que los senhos metan gardas novelas als masels e als peissones.

Un des consuls, accompagné d'un marchand ou d'un notable élu par les bourgeois, portera à Toulouse et à Mgr d'Armagnac la lettre du Roi, relative à l'exemption de la lède (péage), qui a été envoyée de France par M᷉ Jean des Sagnes.

Item, volgueron que i dels senhos ab i mercader o autre bon home eslegidor per los borgues, angan a Tholosa e a Mossenhor d'Armanhac, ab la letra del Rey que M᷉ Johan de Sanas a tramessa de Fransa sobre lo fach de la leda e dels privilegis.

R. Martinola touchera ses 10 livres de gages, à charge par lui de surveiller les bois qui appartiennent à la ville et leur emploi dans les réparations de la clôture.

Item, que M᷉ R. Martinola aia sa pencio de x liv. torn. ab que vaque en la garda o barradura de la fusta de la vila.

Gardes de la boucherie.

Las gardas dels masels : Guillem Sobira, Gualhart Feire.

Gardes de la poissonnerie

Item, gardas dels peys : Genes d'Audebert, P. de S. Machari.

Gardes de la mercerie, de l'épicerie et de la droguerie.

Las gardas dels merces e daner de pes e de ypothecarias : P. Picot. Guillem del Caune.

Gardes des cordonniers.

Las gardas dels sabates : M⁰ Johan Gayri, M⁰ Arveu de S. Paul.

Gardes des couturiers.

Las gardas dels sartres : G. Adreu, Jauffre d'Ombreras.

Gardes des courtiers.

Las gardas dels afachados : En Elias Sauner, En Guillem Faure.

Gardes des drapiers.

Las gardas dels drapes : En Johan Lormer, En Guillem Bru.

Gardes des peaussiers.

Las gardas dels pelicers : M⁰ G. del Fraisse.

Gardes des marchands de chandelles et d'huile.

Gardas de candelas e d'oli : M⁰ Coli; de velha moneda, Gueraut Bru.

Gardes des orfèvres, dépositaires du poinçon.

Gardas dels dauraders que gardan lo senhet : En P. de Maussac.

Gardes des forgerons.

Gardas dels faures : Jacmes Bonissa, M⁰ Jacmes del Brulh.

Gardes des maçons et tailleurs de pierres.

Gardas dels peyres : P. Gohaut, Johan de Vilanova, lathomi.

Gardes des charpentiers.

Gardas dels carpentaris : M⁰ Johan del Coderc.

Prêtèrent serment.

Crosati juraverunt.

15 mai. — A cause de l'extrême pauvreté de la ville, on donnera deux pipes
de vin pour tout présent à Mgr d'Armagnac, lieutenant du Roi, qui viendra prochainement à Agen en quittant Beauville, qu'il vient de faire rentrer sous l'obéissance du Roi. On le suppliera de prescrire les mesures
nécessaires pour la clôture et la garde de la ville et pour les autres besoins
que les consuls lui signaleront.

Die xv madii. *(Présents : les consuls, dix-sept jurats, cinq
notables.)* — Totz volgueron que a Mossenhor d'Armanhac,
loctenen del Rey nostre Senhor, que deu venir de davant
Buovila, que a tornat a hobediensa, fassa hom present de
II pipas de vi per la gran paubretat de la vila, e que li supplique hom de la clausura e garda de la vila e de las autras
causas que lor sera vist.

Mgr le sénéchal, qui était absent, et messire Pierre de Caseton devant arriver avec Mgr d'Armagnac, les consuls leur donneront des torches ou de la
cire, à leur choix.

Item, que, car Mossenhor lo senescal a estat absens e
deu venir ab Mossenhor d'Armanhac et Mossenhor P. de
Caseto (1), que a cascu d'aquels dongan torchas o sera, aissi
cum lor sera vist.

17 mai. — Le juge ordinaire est autorisé à faire entrer, pour sa consommation et celle de sa maison, un tonneau de vin qu'on lui a donné.

Die xvii maii. *(Présents : tous les consuls, vingt et un jurats
et trois notables.)* — Tot volgoron que cum a Moss. lo jutge
ordenari sia estat donat I tonel de vi e aquelh el vulha metre
dins la vila d'Agen, que hom len done licencia de metre per
son beure e de son hostal.

23 mai. — Simon de Naus et Jean Gras, orfèvres, restituent aux consuls le
poinçon servant à marquer la vaisselle d'argent, avec sa boîte de cuir et
sa clé. Les consuls remettent ledit poinçon en garde à Pierre de Mausac,
qui prête le serment requis. — (Le 23 juin, P. de Mausac rend le poinçon;
les consuls le confient à R. del Caune, leur collègue.)

Anno LIIII°, die veneris, xxiii maii. Simon de Navibus et
Johannes Gras, dauraderii, restituerunt dominis consulibus,
in domo communi Agenni, signetum dauraderie cum quibus
tasse et vasa argentea signantur, una cum brustia de corio

____

(1) Le comte d'Armagnac ratifia la capitulation de Beauville, « dans ses
tentes devant Beauville », le 13 mai 1354, après en avoir délibéré avec Pierre
de Caseton, chevalier et maître des requêtes de l'hôtel, depuis sénéchal de
Beaucaire, Pierre-Raymond de Rabastens, sénéchal d'Agenais, et les autres
membres de son conseil. (*Histoire générale de Languedoc*, nouv. édit., t. vii,
ch. LV, p. 189.)

et clave sua. Et ibidem domini consules tradiderunt eum pro custodiendo Petro de Mausaco, qui juravit se bene et fideliter habiturum in predictis. — Presentibus dominis consulibus omnibus, vel circa. Die xxiii junii, Petrus de Mausaco restituit dominis consulibus, in domo communi Agenni, signetum dauraderie cum quibus tasse et vasa argenti signantur, una cum brustia de corio et clave sua. Et ibidem domini consules tradiderunt eum pro custodiendo Raymundo del Caune conconsuli.

21 mai. — Mgr d'Armagnac, qui était campé devant Aiguillon pour en faire le siège, écrit aux consuls qu'il a appris que l'ennemi se réunit en force à La Réole pour venir l'attaquer, et il demande qu'on lui envoie deux cents sergents vêtus d'armures de fer et munis de bassinets, d'arbalètes, de piques et autres harnais, lesquels devront marcher nuit et jour pour se rendre à son camp. La jurade décide qu'on expédiera les deux cents sergents bien équipés, et, en outre, vingt ou trente hommes d'armes à cheval, avec leurs sommiers, leur équipement, leurs tentes et leurs vivres, que ces soldats seront recrutés dans chaque quartier et que la ville payera leur solde, au cas où Mgr d'Armagnac ne la paye pas. Enfin, on s'emploiera du mieux qu'on pourra pour l'honneur de la ville et l'avantage du Roi et de Mgr d'Armagnac.

Die xxi (1) madii. — Presentes domini consules, dominus judex ordinarius, dominus Arnaldus de Cassanea *(dix-sept jurats et quarante-neuf notables)*. — Coma Mossenhor d'Armanhac, loctenen del Rey nostre senhor, sia aseti per talar davant Agulho e aia escriut de part de sa als senhors que el a aguda sabensa de que los enemixs an fan gran amas a La Reula e devon venir per combatre ab Mossenhor d'Armanhac, e que l trametossam ii[c] sirvens cubert de fer, ab bassinet e ab balestas et ab lansas e autres arnes, e aquo de nuch e de jorn, tot volgueron que hom complis so que demanda, que li trameta hom los dichs ii[c] sirvens ben apparelhatz e xx o xxx homes armatz a caval ab lor saumes e arnes e traps e vitalhas, e que se prengan per gachas, e que la vila los pague lor gatges, en cas que Mossenhor d'Armanhac no los pagues, e que hom i fassa e i ajude a la honor de la vila e profech del Rey nostre senhor, e del dich Mossenhor d'Armanhac.

(1) Ou il y a une erreur dans cette date, qui devrait être postérieure à celle de la jurade qu'on vient de lire, ou il y a eu un oubli par suite duquel la délibération qu'elle vise n'a pas été consignée à son rang.

29 mai. — Estimation d'une tente fournie par Guillaume des Cassagnes, pour la compagnie des sergents d'armes envoyée par les consuls au comte d'Armagnac. La valeur en est fixée à 30 deniers d'or à l'écu.

Lo xxix jorn de mach, l'an cccliiii, en la presencia de M⁰ W. a Ramon d'Aubinho, de M⁰ P. Manssel, d'En Johan de la Deveza, d'En R. del Caune, e d'En Ar. de Cabanas, e d'En R. del Port, cosselhs d'Agen, fo extimat per P. de Monferran, sartre, i trap que M⁰ Willem de Cassanhas a balhat per las cochas de la vila, per portar am los ii⁰ homes cubertz de fer que Mossenhor d'Armanhac a mandat que hom li trameta en ca a Agulho, quar entendia aver camp ab los enamics del Rey nostre senhor, a xxx diners d'aur de l'escut.

30 mai. — Les consuls et les personnages présents à la séance, le juge ordinaire excepté, s'obligent, en nom privé et chacun pour sa part, à rembourser, d'ici à la prochaine fête de sainte Marie-Madeleine, à Guillaume Raymond d'Auvignon, trésorier d'Agenais et Gascogne pour le Roi de France, une somme de 100 deniers d'or à l'écu que celui-ci a prêtée à la ville, ou bien de lui procurer décharge valable de pareille somme. Ils consentent, en outre, à être contraints à ce paiement, comme s'il s'agissait des deniers du fisc. — Semblable obligation est contractée par les consuls et les membres de la jurade, mais cette fois au nom de la ville.

Die penultima maii. — Domini consules, videlicet Johannes de Devesia, B. Bocalh, magister Aymericus de Podio, R. de Vernhia, Guillelmus de Molendino, R. del Caune, R. de Portu, magister Guillelmus de Cassaneis, Matheus de Altocornu, — dominus judex ordinarius, dominus V. de Fumello, dominus Arnaldus de Cassanea, dominus P. Galteri de Talivia, Bernardus Martini, Bertrandus de Talivia, Aymericus de Marchia, Johannes de Gausia, Johannes Tinelli, B. de Carcassona, B. d'Aynardo, Saissetus Torti, P. de Bosqueto, Arnaldus Furnerii, P. d'Ayquardo, Colinus Beroti, B. Tholsani, Guillelmus Vesati, Cuillelmus de Lestroa, Johannes de Venis, P. de Bosigueto, Geraldus de Serra, Guillelmus Raymundi de Ferran, Johannes Lormerii, R. d'Andrenx, Arnaldus Guillelmus de la Moni, Guillelmus Sobirani, magister P. Cluselli, Geraldus Salmonis.

Dicti domini consules, ut private persone, promiserunt solvere, quilibet parte sua, c denarios auri de scuto magistro

Guillelmo Raymundi de Albinhone, thesaurario (1), et omnes alii. excepto domino judice ordinario, hinc ad instantem festum beate Marie Magdalene, vel habere exoneracionem (2) sufficientem et ydoneam ; et adhuc voluerunt omnes et singuli, quilibet pro parte sua. tanquam pro fiscali debito compelli.

Et ibidem domini consules, nomine consulatus et universitatis dicte civitatis, recognoverunt quod dicti supranominati burgenses se obligaverant simul cum ipsis, erga dictum dominum thesaurarium, in c denarios auri a scuto, ex mutuo. cum instrumento per me recepto die hodie contra (?) inquisicionem hujusdem instrumenti et compelli ut supra et emendare dampna, et obligaverunt bona consulatus.

Testes : Arnaldus de Taliva. P. de Lias, V. de Pelaguinho (3).

(Même jour, 1355. — Avec l'autorisation du lieutenant du trésorier royal, et en vertu d'une ordonnance de Mgr le comte d'Armagnac portant donation desdits 100 deniers d'or a l'écu au profit de la ville. et injonction d'annuler l'obligation consentie l'année précédente, les consuls biffent l'acte qui la constituait.)

(Cancellatum fuit xxx die maii, anno l. quinto, de precepto domini thesaurarii. seu magistri Guillelmi de Cassaneis, ejus locum tenentis. de mandato domini comitis Armaniaci, locum tenentis domini nostri Francie Regis, in partibus Occitanis, per dominos consules Agenni eidem locum tenenti tradito et oblato, continenti quod dominus Armaniaci donaverat dictos c scudos ville, et mandante cancellare dictam obligacionem dictorum c scudorum auri.)

31 mai. — Ayant appris, par une lettre de Mgr d'Armagnac, que les Anglais doivent passer par Castelmoron pour venir l'attaquer sous les murs d'Aiguillon et craignant que l'ennemi ne se dirige du côté d'Agen, aujourd'hui que la ville est démunie de troupes, par suite du départ des soldats qui se rendent auprès de Mgr d'Armagnac, la jurade décide que chaque habitant, sans exception, montera la garde nuit et jour et mettra ses armes en état, qu'on tiendra des espions hors de la ville, qu'on fera double estilgach et que Jean Lormer dirigera ces rondes à la place de Jean de La Devèse et de B. Bocalh, qui sont allés au siège d'Aiguillon.

Die ultima madii, in domo communi. — Domini consules,

(1) Guillaume Raymond d'Auvignon est qualifié, à la fin de mars 1348, *thesaurarius seu receptor Agenni et Vasconie regius.*

(2) Après le mot *exoneracionem,* on a effacé les mots suivants : *a domino nostro Rege, vel a domino Armaniaci, locum tenente,* qui indiquent que Guill. Raymond agissait encore comme trésorier royal.

(3) Tout ce procès-verbal de la jurade du 30 mai est barré dans le manuscrit.

dominus judex ordinarius, venerabilis dominus decanus de Insula, dominus V. de Manhassac. Mossenhor V. de Fumel, Mossenhor official, Mossenhor A. de Monlaut, Mossenhor P. Rigaut, magister B. Chambonis, magister Sancius de Lauroeto, magister P. de Bosqueto, dominus R. de Fonte, *(onze autres jurats et autant de notables).*

Tot volgueron e acosselheron que per so que Mossenhor d'Armanhac nos avia escriut que los Angles passarian a Castelmauro per anar combatre ab Mossenhor d'Armahac que era davant Agulho, e dobtes hom que a aventura venguessan de part de sa eras quant la vila es espantada, quar nostras gens s'en son huey danaladas vert Mossenhor d'Armanhac, per so fo cosselh que tota maneira de gens garde de nuch e de jorn e aparelhe son artilharia, e que aguessam espias de foras, e que se doble l'estialgach, e que En Johan Lormer lo fassa el loc d'En Johan de la Devesa e d'En B. Bocalh, que son al seti anat.

9 juin. — Mgr d'Armagnac ayant accordé une somme de 200 livres tournois aux Agenais qui s'étaient rendus en armes devant Aiguillon, lorsque les Anglais avaient dû attaquer son camp, et qui y étaient restés depuis le samedi avant la Pentecôte jusqu'au jeudi suivant, il est arrêté que cette somme sera partagée entre ceux qui ont pris part à l'expédition, car c'est à eux seulement que Monseigneur en a fait don pour qu'ils s'amusent et fassent bonne chère.

Nona die junii. *(Présents : les consuls, onze jurats et vingt-neuf notables.)* — Tot volgueron que aquelas II[c] liv. torn. que Mossenhor d'Armanhac, loc tenen del Rey nostre senhor, avia donadas a tot aquels que eran estatz ab armas a luy davant Agulho, quant los Angles se degueron combatre ab lo dich Mossenhor d'Armanhac, e esteron del dissapte davant Penthecosta entro al digeus apres Penthecosta, que fossan divisidas entre totz aquels que i foron; quar Mossenhor d'Armanhac lor o avia donat propriament a totz, de que se vigolesson (1) e deportesson.

Me Bernard Chambon, commissaire député par Mgr le sénéchal d'Agenais pour dresser l'information dans le procès criminel qui se poursuivait contre dame Jeanne de Rabi, avait cité comme témoins quelques bour-

(1) Le terme de *vigolar* est encore usité, avec la signification de *faire bombance*, dans divers patois, entre autres le limousin.

geois d'Agen, avec ordre de se présenter devant lui, sous peine d'une amende de 2 marcs, de 10 marcs, ou autre, quoique ces taux ne fussent pas spécifiés dans les coutumes, priviléges et statuts de ville, qui ne reconnaissent au Roi le droit d'appliquer que trois sortes de peines : une amende de 5 sols, une de 65, et la prise de corps. Aussi les consuls avaient-ils fait des remontrances au commissaire et l'avaient-ils prié et requis de rapporter son ordonnance. En conséquence, Me B. Chambon déclare qu'il n'a pas eu l'intention de porter en rien atteinte aux coutumes, usages, libertés, statuts et franchises de la ville, qu'il a, d'ailleurs, juré de respecter, et qu'il désavoue tout ce qu'il a fait à leur préjudice en prononçant les amendes dont il est question, en tant que cela pourrait porter et porterait atteinte auxdites coutumes, libertés, franchises, priviléges et statuts. Il donne acte de son désistement.

Item, cum Me B. Chambo, commissari per Mossenhor lo senescalc d'Agenes, deputat en la causa que s demenava contra Na Johana de Rabi, fes citar los borgues d'Agen per portar testimoniatge en la dicha causa criminal, en pena de II marcs, de X marcs e autras penas, e aquo sia contra nostres coustumas, privilegis e establiments, per so quar a Agen no a acostumat lo senhor, sino III gatges, I de V sols, autre de LXV e autre de cors; e sobre aisso los senhos l'aguessan apelat e demostrat, e pregat, e requeregut que o volgues reparar e revocar e que s'en delaisses, e es assaber que lo dich Me B. Chambo, comissari dis que el no volia far res que fos contra las coustumas, usages e libertat e establimens e franquesas de la dicha ciotat, quar juradas las avia, e tot so que a fach en contrari, so es assaber totas aquelas multas de penas e de gatges, el revocava e revoquet en quant que podian prejudicar ni prejudicarian a las dichas coustumas, privilegis, libertat, franquesas e establimens. Et concessit instrumentum presentibus supradictis.

14 juin. — Comme Mgr d'Armagnac a mis le siège devant Madaillan, tous les marchands d'Agen, boulangers, cabaretiers, bouchers et autres, seront avertis par cri public d'avoir à aller demain au camp, avec un approvisionnement de denrées.

Die XIIII junii. — Domini consules, dominus V. de Fumello, *(dix-huit jurats et seize notables).* — Tot volgoron que, cum Mossenhor d'Armanhac sia devant Madalha, que hom fassa cridar que tota maneira de gens, fornes, tavernes, masclers e autres marcadiers sian appellatz doma ab lor marcadarias per portar al seti.

Pour l'honneur de la ville et la perte de l'ennemi, on enverra au siège deux cents pionniers, auxquels on avancera la paye de deux jours. Dans le cas où Mgr d'Armagnac voudrait les faire payer avec l'argent du Roi, on remettrait l'argent à ceux qui en ont fait l'avance.

Item, que, per la honor de la vila e dampnaciar los enamics, hom i trameta ii° taladoz e que hom los pague per ii jorns, e que, el cas que lo senhor los vulha far pagar del argent del senhor, que hom lo renda a aquels que l'aurian pagat.

Remise des clefs des portes de Saint-Georges et des Ratgés à Pierre de Saint-Macaire, boucher, qui prête le serment requis.

Eadem die, fuerunt tradite claves portarum Sancti-Georgii e dels Ratges Petro de Sancto-Machario, carnifici, qui juravit.

18 juin. — On prendra la défense des usages, statuts et coutumes de la ville que M. le juge ordinaire avait enfreints en prétendant ouïr des témoins, faire des informations et procéder contre des individus accusés d'émission de fausse monnaie, sans appeler les consuls à juger avec lui.

Die xviii junii. (Présents : seize jurats et cinq notables.) — Tot volgoron que hom menes e deffendes nostras coustumas e usatges e establimens, e per so que Mossenhor lo jutge s'esforsa de ausir testimonis e far enquestas e procedit contra alcus acusat de portamen de monedas falsas, senes apelar los cosselhs coma jutges.

23 juin. — Remise faite aux consuls par Jean de Sagne, sergent d'armes du Roi, d'une copie du privilège qui porte exemption au profit des habitants d'Agen des droits de péage et de gabelle, et d'une lettre royale défendant de bâtir sur la motte de Lécussan, lettre qu'il avait impétrée à la prière instante de la ville.

Die xxiii junii. — Domini consules, dominus V. de Fumello, (vingt et un jurats et onze notables). Johannes de Sana, serviens armorum domini nostri Regis, restituit dominis consulibus Agenni in domo communi : vidimus privilegii, pedagii et gabelle; item unam litteram regiam quam impetraverat ad instanciam ville, ne mota de Lecussano construeretur.

FIN

TABLE ANALYTIQUE

DES MATIÈRES.

C

E

F

INDEX

DES NOMS DE PERSONNE ET DE LIEU[1].

A

ABELHA (V.), 27.

ABRE (Richart), 89.

Achaïe (Duc d'), 60.

Aculeum, Agulho, Aiguillon, commune du canton de Port-Sainte-Marie, 61, 73, 76, 352, 353, 355.

ADREU (G.), 350.

Agassa (Carrière d'), près Agen, 117.

Agen, passim.

AGREFOLIO (Raymundus de), 180.

ALAUSA (Guillem d'), 109.

ALBATERRA (Senhor d'), 229.

   — (Jacmes d'), consul, 26, 200, 233, 347.

   — (R. d'), consul, 109, 123, 125, 128, 132, 135, 142, 144.

Albi (Évêque d'), 259.

Albiac, Aubiac, commune du canton de Laplume, 328.

ALBIGES (Guillem d'), trompette, 234, 239, 283.

ALBINHONE (De), Alvinhione, Albinhon, Aubinho, Albinho (Guillelmus Arnaldi) jurat, 46, 161.

   — (Guillelmus Bernardi), 42.

ALBINHONE (De) (Guillel. Raymundi), consul, 26, 43, 49, 52, 53, 61, 79, 80, 85, 93-96, 103, 105, 106, 109, 140, 200, 223, 227, 234, 235, 353, 354.

   — (R. de), jurat, 318.

ALBOYNI, Alboy (Geraldus), jurat, 58, 129, 144.

ALBRET, 213.

ALDEMARUS (Johannes), 296.

ALMOYNII (P.), 158.

ALTO CORNU (De), Aut-Corn (G.), 33, 90.

   — (Matheus), consul, 18, 24, 26, 28, 30, 33, 89, 128, 160, 184, 189, 195, 200, 233, 281, 283, 318, 345, 353.

Altum Villare, Autvillars, Autvilar, Auvillars, chef-lieu de canton (Tarn-et-Garonne), 101, 123, 129, 195, 265, 268.

Amiens (Somme), 138.

ANDRANI (Petrus), notaire, 273, 275.

ANDRAO (P.), 235.

ANDREA (Geraldus), 262.

ANDRENCHIS (De), Andrenx *ou* Andrenxs (Raymundus), consul, 201, 311, 317, 322, 325, 327, 331, 333, 316, 353.

BARO (Guillelmus de), 90.
— (Johannes de). 88.
BAROSSA (Frances de). 313.
BARRA (Andreu). 91.
BARRANI, Baran (Gasbertus). 34, 119.
— (V.). 165.
BARRAST DE CASTRO NOVO, seigneur de Thémines, sénéchal d'Agenais. 204, 205, 207.
BARRAUT (P.), 58.
BARRERA (G.), 89.
BARTA (Ar. Guilhem de La). jurat. 317.
— (G. de La). 236.
— (Guilhemot de La). 294, 295.
— (Guiraut de La), capitaine d'Agen. 251, 260, 261, 279. 284.
BARTAUDI (P.). 135.
BARTHOLOMEI (Johannes), 21.
BASCO (Johannes de), 205.
BASES (P. de). 205.
BASILHANA (Arnaldus de), 90.
— (Bernardus de). 266.
— (Johan de), 89.
BASTA (de La) ou de Lamoni (G). (Arnaldus). consul. 282, 308.
BASTE (Wilelmus), 18.
BASTERII. Baster (Petrus), prêtre, 299.
— (Stephanus). 205.
— (W. Lo), 128.
BATHALA (P. de). hôtelier, 291.
— (R.), 248.
BAUCERII, Baucer (P.). 72, 90, 110. 140, 145.
BAUDA (Johannes). consul. 201, 311. 317, 326, 327, 346.
BAUSSIO (Agotus de). 16, 167.
BAYNES (Bernardus), 149.
Bazatz, Bazas (Gironde), 98.
BAZETZ (P. de). 18.
Beauvais (Évêque de), 138.
BEDEYSSA (Jorda de), 27.
BELDIA (Petrus de). 157.
BELENGUER, 332.
BELINHACO (B. de), 91.
— (Guillelmus de). bailli d'Agen. 51, 53, 60, 66.
Belleperlice (Abbas). Belleperche. abbaye (Tarn-et-Garonne). 163.
BEMIVENHA (Johan), 90.
BENEDICTUS, Benech, 9. 75 à 77, 85.
— (Johannes). notaire. 90. 150, 159.

BENELHA (Johannes), capitaine. 33. 69.
BERGONHAC (R. de), 27.
BERGONHO (Bertrandus). 262.
BERGONHOS (Johan Lo), 18.
BERNARDUS, bailli d'Agen. 124.
BERNI (R. de), 61.
BERNOVILLA (Robbert de), 90.
BERONIE (Johannes) fournier, 184.
— (Stephanus), 30, 33. 35, 48. 53, 59. 62.
BEROTI, Bérot (B.), consul. 31, 58. 59, 91, 160, 184, 188, 190, 195, 200, 234, 277-282, 284, 291, 299. 306, 308, 318.
— (Colinus). consul. trésorier de la ville, 1, 9, 19, 20, 23, 25, 31, 33, 35, 36, 38, 44, 45. 49. 56, 63. 65, 92, 129, 143. 148. 149, 151, 155, 160, 233. 234, 248, 253. 262. 263, 273, 277, 280, 283, 297, 299. 314, 326.
— (P.). 69.
BERTAUDI (P.). 158.
BERTRANDO (Arnaldus de). 18. 73. 130.
BES. 291.
BEULAYGUE (Johan), 67.
BIGORRA (S.). 90.
BINET (Berthomel de), 66.
BISSOL (B.), 28.
BLANC (Petrus), 24. 31. 299.
BLAYMONT (Johan de), 28.
— (Stephanus de), 17.
BLONDELLI (Johannes), 48.
BLOY (Guillelmus), 86.
BOCALII (Bernardus), consul, 1, 19. 20, 33, 35, 36, 38, 43, 45. 47, 50, 51, 56, 64. 65, 87, 92. 99. 108, 144, 174. 180, 303. 317, 324, 327, 345, 353, 355.
BOE (Guillelmus B.), 31.
BOET (G. Bernardi). 33.
BOGES (Guillelmus de). 91.
BOIS (B.), 21.
BOISSET (Huc del), 336.
Bologne (comte de). 76
BONA CARA (B. de). 91.
BONAFOSSA. Bonafos (P. de), consul. 53, 61. 62, 65. 79. 80. 109.
BONAS (Sancius de), 306.
BONET (St.). 32. 34. 48. 197. 202.
— (W.), 17.
BONIGAS (R.). 335.

BONHOMINIS (Geraldus), notaire, 149, 158.

BONIS (B.), jurat. 2, 17, 21, 28, 61, 205.
— (Fors de), 17, 18, 24, 36, 37, 49, 51, 53, 58, 59.
— (Guillelmus), 21, 22, 25, 28, 31, 33, 36, 43, 44, 48, 49, 51, 61, 73 à 75, 91, 118, 120.
— (Johan), 24.

BONISSA (Jacmes), 350.

Bordeilhe, quartier d'Agen, 242.
— Écluse et moulin, 33, 45.

BORDELIA (Marti de La), 89.

BORDIALS (Arnaldus dels), 158.

BORRIANA (B.), notaire, 150.

BORUSA (Jacmes), 205.

Bosco (De), del Bosc (Guillelmus), 24, 60.
— (Hugo), 22, 31, 37, 40, 51, 53, 91, 109, 119, 323.
— (Raymundus), 181.

BOSIGUAS (Aymeric), 89.

BOSIGUETI, Boziguet (B.), 88.
— (Petrus), notaire, maitre de l'œuvre du pont, 28, 180, 235, 265, 268, 272, 278, 283, 307, 314, 334, 342, 353.

BOSQUETO (P. de), médecin, consul, 193, 234, 277, 282, 283, 302, 308, 310, 318, 346, 347, 353, 355.

BOSSER (B.), 88.
— (G.), 34.

BOSSET (G.), 34.

BOURBON (Duc de), lieutenant du Roi France en Languedoc et en Gascogne, 9, 29, 34, 35, 37, 38, 67.

BOURGOGNE (Duc de), 60.

Borisvilla, Buovila, Beauville, chef-lieu de canton du Lot-et-Garonne, 61, 174, 287, 326, 351.
— (Gausbertus de), 236, 237, 289.
— (Pons de), 237.

BOY (Raymundus), 28, 48, 55, 66, 70, 72.

BOYSSERA (Johannes de La), 231.

BOYSSERIIS (Matheus de), marchand, 199.

BOYSSO (Guillelmus), 48, 106, 110, 145.

BRAFONT (P. de), 18.

BRAGAYRAC (Ar. de), 61.

BRANDAL (P.), 91.

BRANDO (P.), 9.

BRET (B.), 145.

Bretonaria (La), quartier d'Agen, 28, 29, 51, 55, 156, 229, 292, 308, 309.
— Porte et tour, 44, 46, 110, 114, 140, 308.

BROC (Arnaldus), consul, 2, 17, 20, 26, 51, 53, 58, 66, 91, 92, 109, 123, 128, 132, 141, 143, 144.

BRU (Gueraut), 350.
— Barrau, 205.
— (Voir *Bruni.*)

BRUET (Berthomeu de), 109.

BRUGAL (Ar. del), 59.
— (Fors del), capitaine, 18, 27, 31, 55, 58 à 60, 69, 73.
— (Guillem del), 73, 90.

BRULII (Jacmes del), 350.

Brulhes, Bruillois, vicomté limitrophe de la juridiction d'Agen, 179, 187, 197.

BRUNI, Bru (Guillelmus), consul, 2, 17, 26, 49, 65, 76 à 78, 81, 88, 92, 96, 104, 108, 128, 160, 181, 191, 194, 200, 205, 234, 276, 277, 282, 284, 297, 299, 303, 310, 318, 346, 350.

BUDER (Johan Lo), 126.
— (Philipes Lo), 46, 57.

BULBETI (Guillelmus), 15.

Burdegala, Bordeaux, 165, 170.

BUSCO (Doat del), 204.

BUXERIA (Guillelmus de), 206.

C

CA (P. del), 91.

CABANIS (De), Cabanas (Arnaldus), consul, 2, 9, 23 à 25, 31, 33, 35, 36, 38, 45, 47, 49 à 51, 54, 56, 61, 63 à 65, 72, 88, 92, 96, 99, 109, 129, 144, 151, 160, 180, 184, 189, 194, 198, 200, 201, 206, 233, 234, 242, 251, 257, 262, 273, 277, 279 à 283, 288, 291, 306, 308 à 310, 318, 345, 346, 353.
— (Bernardus), consul, 2, 18, 20, 21, 24, 28, 33, 34, 36, 45, 46, 48, 49, 58 à 60, 62, 66, 75, 88, 92, 129, 143, 146, 147, 155, 160, 291, 331, 335, 337, 338.

D

FAURE (Berthomieu J.), ib.
— (Guillem), 35b.
— (Jacmes), 205.
FAYRAC, Feirac (G. de), 205.
— (Fors), ib.
FEBRER, Febre (P. R.), ib, 34.
FEIRE, Ferre (Galhart), 69, 349.
FERRANDO (de), Ferran, jurat (Arnaldus), 2, 17, ib, 25, 31, 33 à 35, 39, 49 à 51, 324.
— (Guillem a Ramon de), 247, 283, 317, 327, 346, 347, 353.
FIALS (Guillem de), 18, 25, 33.
Fios Marco, Fimarcon (seigneur de), 245.
FITA (Guillelmus de B. de La), 318.
Flamarench, Flamarens (Gers), 144.
FLAMENC (G.), 90.
— (Stephanus), notaire, jurat, 150, 158, 161, 180, 226, 275, 299, 318.
FLAURENT (St.), 30.
Floyraco (De), gache ou quartier d'Agen, 1, 65, 89, 108, 143, 160, 189, 191, 200, 205, 233, 345.
Foc (B. de La), 205.
Foix (Comte de), 245, 246.
FOLBERTI, Fulbert (P.), 48, 75.
FOLCARAN (Bernardus de), 132, 135.
FONTE (Raymundus de), 227, 355.
FoR (Guillem del), 31.
FORCII, Fors (P.), 31, 41, 45, 53, 54, 56, 109.
FORESTERII (V.), 93.
FORNE (P.), ib.
FORNERII, Furnerii, Forner (Arnaldus), consul, 30, 57, 60, 73, 90, 115, 151, 201, 277, 279, 282, 286, 297, 299, 304, 306, 308, 309, 313, 314, 318, 346, 353.
— maitre de la Monnaie, 269.
— (Guillelmus), 8, 25, 48, 57, 60, 113.
— (Imbertus), 49, 57, 73, 91.
— (P.), 21, 26, 57, 61, 73, 109, 119, 125, 135.
FOSSALI (de), Fossal (Guillelmus), 90.
— (P.), notaire, 28, 275.
FOSSAS (R. de Las), 303.
FOSSATO (de), Fossat (Amaneus), 167, 171, 174, 213, 251, 289.
FRAISSE, Fraysse, Frayshe (B. del), 205.

FRAISSE (G.), 33, 350.
— (Guiraud), ib.
FRANCES (R.), ib, 58, 73, 88.
FRANCHOT (Raos), 88.
Francia, Fransa, avec le sens de pays au delà de la Loire, 18, 19, 31, 84, 85, 97, 100, 101, 104 à 106, 186, 187, 219, 225, 242, 254, 256, 258, 264, 298, 303, 305, 313, 323, 324, 330, 348, 349.
FRANCISCUS, bourreau d'Agen, 32.
FRATRES MINORES, PREDICATORES. (Voir *Minores, Predicatores*.)
Fraysses, paroisse, commune de Madaillan, 19.
FRENER (Bordes), ib.
— (Marot Lo), 205.
FROMATGER (Johan), 91.
FULCODII (Bermondus), notaire, 144.
FUMEL (Vitalis de), 214, 223, 227, 234, 235, 247, 260, 278, 289, 291, 300, 327, 328, 333 à 344, 353, 355, 357.
FURNO (de), del Forn (Faure), 51.
— (Guillelmus), notaire, 18, 24, 26, 28, 30, 36, 38, 48, 49, 51, 55, 58, 59, 87, 91, 150.

G

GALAPIANO (De), (Voir *Calapiano*.)
GALAYSSACO (De), Gualayssaco, Galayssac, Galaissac (Arnaldus), 38, 262.
— (B. ou Bernardus), 31, 35 à 39, 43, 48, 49, 51, 54, 58, 59, 69, 72, 99, 138.
— (F.), 33.
— (G. ou Geraldus), consul, 25, 31, 32, 37, 46, 49, 51, 54, 57, 59, 60, 62, 65, 71, 76 à 80, 85, 92, 104, 108.
— (G. B.), 73.
— (P.), 18, 58.
— (V.), 61.
GALHACO (De), de Gualhaco, Galhac (Belenguerius), jurat, capitaine, 4, 17, 18, 23, 24, 36, 37, 39, 51, 53 à 55, 58, 60, 66, 69, 73, 87, 92, 99, 111, 119, 146, 154.
— (P.), 140.

M

N

NAOS (Simon de), 218.

NARBONA, Narbonne, 103.

NAU (pont de *La*), 158.

NAUSA (P. de La), 48. 91.

NAVARRE (Roi de), lieutenant du Roi de France, 245 à 250, 252, 254, 255, 310, 336, 337.

NAVIBUS (Simon de), orfèvre, 351.

NICASII, Nicasi (Johannes), 26, 31, 58, 128.

NICHOLAUS, Nicholau, 53, 90.

NIGRES (B. de), 59.

NIGRI, Nègre (Johannes), 38, 53. 128, 144, 299. 327.

NOAILHACO (de), Noalhac (Aymericus), 27, 85.

NODES (Coli), 174.

NOGAROL (Guillelmus de), charpentier juré, 234.

NORMANDI (B.), bailli d'Agen, 144.

NORMANDIA, Normandie, 303, 324.

— (Duc de). (Voir *Jean de France.*)

— (Duchesse de), 186.

NUTRITO (de), Nuyrit, Noyrit (Forcius de), 28, 31, 36, 57, 73, 105.

— (Johannes), 29.

O

ODDE (Nicholaus), trésorier des guerres, receveur général du Languedoc, 289, 310.

ODINUS. (Voir *Valencort.*)

OLERII, Oler (B.), consul, 2, 32, 34, 35, 38, 46, 48, 49, 51, 53, 54, 60, 61, 65, 72, 73, 80, 87, 91, 99, 109, 111, 119 à 121, 124, 125, 128, 132, 135, 141, 144, 197.

OLIVER (R.), 130.

OMBRERAS (Jauffre d'), 350.

OSSET (Johan), 50.

P

PAGANI (P.), fournier, 288.

PAGET (Johan), 18, 90.

PAIRA (Guillelmus Ar. de), peintre, 88.

PALACIO (De), dels Palayts (Bertrandus), 49, 73.

— (Guillelmus), 61.

Palaytz (Dels), maison, 27.

PANHAGAS (Johan de), trompette, 234.

PANISSALIBUS (Arnaldus de), 117.

PAPE, 146, 195, 196, 202, 212, 301.

Paolhacum, Pauliac, paroisse, commune de Foulayronnes, 179.

Parisius, Paris, 32, 132 à 134, 214, 260, 271, 314.

PART (Bernardus de La), notaire, 150.

PARVI (P.), 175.

PASCAL, Paschal (Bertran), capitaine, 76. 91.

PAYRACO (Geraldus de), 149, 315.

— (P.), 18.

Payrinhacum, Pérignac (Abbaye de), commune de Montpezat, 70, 86.

PELAGUINHO, Pelaguilho (V. de), 110, 145, 354.

PELICERII, de Pelicerio, Pelicer, 76, 149.

— (B.), 31, 72.

— (Johannes), 1, 2, 19, 20, 26, 31, 35, 36, 38, 44, 47, 54, 56, 65, 72, 87, 92, 97, 99, 285.

— (P.), jurat, 25, 32, 38, 48, 49, 51, 62, 73, 91, 161, 180, 206, 208, 233, 247, 283, 288, 296, 299, 314, 317, 327, 346, 347.

— (Stephanus), consul, 2, 17, 20 à 22, 25, 28, 30 à 32, 35 à 37, 39, 41, 46, 48, 49, 51, 53, 54, 57, 59, 60 à 62, 66, 75, 84, 87, 92, 102, 109, 120, 121, 124, 125, 127, 128, 132, 135, 141, 144.

PELICOT, 89.

PENA (Johannes de), notaire, 150.

— (R. P.), 90.

PENHAFLOR (Rodigo de), 106, 109.

Peregort, Périgord (sénéchal de), 161.

PERER (Johan del), 347.

PESA (R. *ou* Raymundus de La), consul, 2, 17, 18, 25, 30, 31, 34, 37, 48, 50, 51, 58, 78, 143, 147.

PESQUERIO (P. de), 299.

PESQUIT (R.), 109, 145.

PESTORIA (G. de La), 91.

PEYRE (Johan), 109.

R

STAMFORT (comte de), 191.
STEVE (Matheu), 203.
STEVENET (P.), 18.
SUC (B. de), 41, 62, 73.

T

TABERNIS (de), Tavernas (Arnaldus), official, 27, 195, 227, 246, 334 à 336.
TALIS (Petrus de), 106, 116.
Taliva, maison forte, commune de Foulayronnes, 104. 1 5.
TALIVA (De) *ou* de Talivia, 98, 286.
— (Arnaldus), 18, 24, 25, 28, 31, 36, 37, 46, 48, 49, 57, 99, 354.
— (Bertrandus), jurat, 20, 25, 28, 30, 31, 33, 37, 49, 57, 73, 99, 160, 180, 189, 201, 206, 233, 247, 258, 283, 290, 297, 299, 318, 346, 347, 353.
— (Gaucelm), 24.
— (Gauter), 327.
— (Guillelmus), consul, 2, 17, 18, 20 à 22, 24 à 26, 30 à 34, 36, 37, 46, 49, 51, 54, 58, 60, 65, 72, 73, 80, 82, 88, 94, 96, 99, 106, 117, 143, 144, 146, 147, 160, 177, 181, 188, 189, 195, 197, 200, 202, 203, 223, 224, 233, 240, 249, 283, 311, 317, 339.
— (P. Gaucelm), 31, 51.
— (Petrus Galteri), consul, 160, 174, 178, 179, 190, 194, 198, 200, 206, 249, 269, 271, 277, 282, 283, 291, 310, 317, 345, 353.
TAMPONERAS (B. de), 18.
TAPIA (G. de La), 49, 90, 91.
— (Jacmes), 24.
— (P.), 89.
TEBACO (Helias de), 247.
TERMIS (De) *ou* Terminis, Termes (Jacobus), 31, 57, 59, 61.
— (Johannes), 22, 24, 26, 28, 31, 33, 38, 51, 53, 58, 59, 61, 99, 138, 247, 248, 257, 347.
TEXTORIS, Tissender (G.), 90.
— (Galhardus), trésorier de l'œuvre du pont, 22, 24, 31, 33, 38, 49, 55, 73, 88, 96, 221 à 223, 252, 283, 311, 323, 343, 347.

TEXTORIS (Geraldus), notaire, 44, 148, 149, 275.
— (Johannes), 57, 59.
THABRESTONA (Johan de), 178.
THOLOMER (Stephanus), notaire, 148.
THOLOSA, Toulouse, 12, 16, 39, 53, 56, 78, 93, 96, 97, 100, 102 à 104, 114, 115, 117, 119, 123, 127, 131, 147, 161, 172 à 174, 183, 192, 201, 209, 220, 228, 229, 230, 237, 243, 245, 260, 278 à 280, 289, 295, 303, 304, 318, 323, 325, 328, 330, 337, 348, 349.
THOLSA *ou* Tolsa (Lo), 347.
— (Bernat), 34, 190, 292.
THOLSACO (Arnaldus de), greffier de la cour du bailli, 255.
THOLSANI (B.), 353.
THOMAS (G.), 62.
TINELLI (Johannes), consul, 198, 200, 203, 223, 227, 234, 257, 268, 277, 282, 283, 317, 325, 327, 331, 346, 347, 353.
TIRAT (V.), 27.
TISSENDER. (Voir *Textoris*.)
Toarte, Thouars, commune du canton de Lavardac, 172.
Tocz (Geraldus de La), 33.
TOLZATI (Arnaldus), 180.
TOPINERII (Benedictus), notaire, secrétaire de la ville, 8, 19, 27, 37, 48, 78, 93, 109, 112, 113, 128, 143, 144, 181.
— (Bernardus), 4, 60.
TOR (Galhart de La), 305.
TORNUDO (De), Toron (Guillelmus), consul, 143, 146, 147.
(Johannes), 306.
Torterat, Tourterat, Torteyrac, carrière, près d'Agen, 278, 306, 314.
TORTI, Tort (Galterius), jurat, 62, 233, 272, 290, 296.
— (Guillelmus), jurat, 26, 158, 160, 180, 195, 201, 217.
— (Saissetus), jurat, 28, 31, 46, 49, 51, 57, 72, 91, 161, 189, 247, 290, 318, 346, 353.
TOURNEUR, 139.
TRENTH *ou* Trench (Raymundus), 179, 281.
TRIACO (De), Triaci, Triat (Helias), 258.
— (Laurencius), 34, 48, 51, 60.
— (V.), 28.

Y

ERRATA

Page   1. ligne 8 : au lieu de *coli Berot.* lire *Coli Berot.*

—   4, ligne 29 : au lieu de *Silvester Olili,* lire *Silvester Clerici.*

—   5. titre courant : au lieu de *année 1435,* lire *année 1345.*

—   7, ligne 12 : au lieu de *Agennun.* lire *Agennum.*

—   18, ligne 2 : au lieu de *Nagorssia,* lire *Nagaussia.*

—   28. ligne 36 : au lieu de *vecurentur.* lire *recurentur.*

—   29, ligne 9 : au lieu de *de Facto,* lire *de Facto.*

—   33. ligne 32 : au lieu de *Thoma comittis,* lire *Thoma Comittis.*

—   88, note : au lieu de *soixante dix-huit jurats.* lire *huit jurats.*

—   160, ligne 6 : au lieu de *Matheu d'Aut Corn.* lire *Matheu d'Aut Corn.*

—   226, ligne 7 : au lieu de *lors du passage du Roi.* lire *lors de la députation envoyée au Roi.*

—   260, ligne 1 : au lieu de *sénéchal de Toulouse,* lire *archevêque de Toulouse.*

—   296, ligne 15 : au lieu de *dix barils.* lire *deux barils.*

AUCH. — IMPRIMERIE LÉONCE COCHARAUX, RUE DE LORRAINE. — 7-91